Eugen Schaefer –
Zuverlässigkeit, Verfügbarkeit und Sicherheit in der Elektronik

Prof. Dr.-Ing. Eugen Schaefer

Zuverlässigkeit, Verfügbarkeit und Sicherheit in der Elektronik

Eine Brücke von der Zuverlässigkeitstheorie zu den Aufgaben der Zuverlässigkeitspraxis

1. Auflage

CIP-Kurztitelaufnahme der Deutschen Bibliothek

Schaefer, Eugen:
Zuverlässigkeit, Verfügbarkeit und Sicherheit in der Elektronik : e. Brücke von d. Zuverlässigkeitstheorie zu d. Aufgaben d. Zuverlässigkeitspraxis / Eugen Schaefer. – 1. Aufl. – Würzburg : Vogel, 1979.
ISBN 3-8023-0586-8

ISBN 3-8023-0586-8
1. Auflage. 1979

Printed in Germany

Herstellung: VOGEL-DRUCK WÜRZBURG

Vorwort

Die Erfolge der Raumfahrtelektronik waren nur möglich durch die erstmalige konsequente Anwendung zuverlässigkeitstheoretischer Erkenntnisse. Seit den 60-er Jahren werden diese Erkenntnisse nach und nach in zivile Bereiche der Elektronik übertragen, weil höhere Zuverlässigkeit lebensdauerverlängernd und dadurch kostensenkend ist.

Das vorliegende Buch soll dazu beitragen, jeden Elektroniker mit Zuverlässigkeitsberechnungen bekannt zu machen. Es soll eine *Brücke* schlagen von der strengen mathematischen Zuverlässigkeitstheorie zu den Aufgaben der Zuverlässigkeitspraxis.

Das Buch wendet sich an *Studenten* und *Jungingenieure*, die mit den Zuverlässigkeitsproblemen elektronischer Einrichtungen konfrontiert werden und auf der Hochschule dazu keine Vorlesungen gehört haben. Ihnen soll das Buch eine *Einführung* in den Problemkreis vermitteln.

Es werden aber auch *ältere Elektroniker* angesprochen, die bereits auf speziellen Arbeitsgebieten Zuverlässigkeitserfahrungen gesammelt haben. Ihnen soll Gelegenheit gegeben werden, ihre Kenntnisse auf benachbarten Teilgebieten zu vertiefen und einen zusammenhängenden *Überblick* über das Thema zu gewinnen.

Lernziele: Der jüngere Leser wird bei gründlicher Durcharbeitung des Buches in die Lage versetzt, selbständig kleinere Zuverlässigkeits-Berechnungen durchzuführen und andere Zuverlässigkeitsanalysen zu bewerten. Außerdem erkennt er die Wechselwirkung zwischen den einzelnen Arbeitsgebieten in der Zuverlässigkeitstechnik wie sie Bild 10.1 darstellt. Das Bild 10.1 zeigt auch, welchen Gewinn der ältere Ingenieur aus dem Buch ziehen kann: Als Spezialist in einem der dargestellten Arbeitsbereiche hat er es leichter, sich in jedes der benachbarten, ihm weniger bekannten, Arbeitsgebiete einzuarbeiten. Allen Lesern wird klar werden, daß hochgesteckte Zuverlässigkeitsanforderungen nur durch gemeinsame, sinnvoll koordinierte Anstrengungen aller Beteiligten erfüllt werden können.

Dazu werden im 1. Kapitel in straffer Form die *Grundbegriffe* dargelegt.

Es folgt im 2. Kapitel eine vergleichende und bewertende Beschreibung der mathematischen *Lebensdauer-Modelle*, die die Grundlage für Zuverlässigkeits-Prognosen sind.

Im 3. Kapitel geht es um die Problematik der *Zuverlässigkeits-Parameter* wie Ausfallrate, Weibull-Exponent u.ä., denn mit deren Erfassung und Genauigkeit steht und fällt die Genauigkeit der Zuverlässigkeitsberechnungen, z.B. des MTBF-Wertes.

Das 4. Kapitel ist der *Zuverlässigkeit nichtreparierbarer Systeme* unter Verwendung des BOOLEschen Zuverlässigkeits-Modelles gewidmet.

Im 5. Kapitel werden die *reparierbaren Systeme* behandelt, wobei das MARKOFFsche Zuverlässigkeits-Modell herangezogen wird. Damit kann man die Verfügbarkeit von Systemen berechnen.

Im 6. Kapitel geht es um den Aspekt der *Sicherheit* redundanter Einrichtungen speziell der 2-aus-3-Schaltungen.

Es schließt sich das 7. Kapitel über *Zuverlässigkeits-Analysen* an, die unter den Namen Worst-Case-Design und Monte-Carlo-Methode bekannt sind. Es wird auch auf die Fehlerbaum-Analyse eingegangen.

Zahlreiche *Fotos von Ausfallmustern* elektronischer Bauelemente sollen im 8. Kapitel den Lesern den Blick für die in der Praxis anfallenden Ausfälle schärfen.

Im 9. Kapitel werden Hinweise für eine umfassende Zuverlässigkeitsarbeit gegeben, man faßt diese Bemühungen unter dem Begriff der *Zuverlässigkeits-Sicherung* zusammen.

Zum schnellen Nachschlagen unbekannter Fachausdrücke zum Thema dient im 10. Kapitel ein *Begriffelexikon,* wobei zum deutschen Wort jeweils die englische Vokabel angegeben wird.

Das 11. Kapitel enthält *Formel-Herleitungen* für den überwiegend mathematisch interessierten Leser. Diese Herleitungen wurden in den Kapiteln 1–7 nicht gebracht, um die Lesbarkeit dieser Abschnitte zu erleichtern.

Das 12. Kapitel bringt – aufgeteilt in 15 Unterabschnitte – 419 Aufsatz- und andere Literaturhinweise zum Thema «Zuverlässigkeit» aus dem Zeitraum 1960–1978. Dort wird der Leser die Detailinformation finden, die er in diesem Buch vermißt.

Eine *Besonderheit des Buches* ist, daß jeder neue Begriff auf vier Arten erläutert wird («Vierfach-Redundanz»): mit Worten, formelmäßig, durch ein Diagramm und mittels eines Zahlenbeispieles. Neu ist gegenüber bisherigen Büchern zum Thema Zuverlässigkeit die Fotosammlung von Ausfallmustern und das 350 Fachausdrücke umfassende Begriffelexikon. Neu ist bei diesem Buch auch die einheitliche Darstellung der Zuverlässigkeitsberechnung und der Zuverlässigkeitsdatenerfassung.

Das Buch ist entstanden aus *Vorträgen* und *Vorlesungen*, die der Verfasser seit dem Jahre 1970 an folgenden Orten regelmäßig gehalten hat: AEG-Telefunken/Werk Backnang, Technische Akademie/Esslingen, Haus der Technik/Essen, Internationales Elektronik Zentrum/München, Österreichisches Zentrum für Wirtschaftlichkeit und Produktivität/Wien, Fachhochschule Aachen. Es ist die erweiterte Niederschrift der 36-teiligen *Aufsatzserie* «Zuverlässigkeit», erschienen 1976–1979 in der Fachzeitschrift «elektronikpraxis» des Vogel-Verlages, Würzburg.

Kritische Anmerkungen zu einem frühen Manuskriptentwurf verdankt der Verfasser Dipl.-Math. A. Deixler. Ferner ist der Verfasser besonders den Herren Dr. phil. A. Etzrodt, Siemens AG München, Dr. F. Martin, AEG-Telefunken Ulm und Prof. Dipl.-Ing. K. Meerbeck FH Aachen für Verbesserungsvorschläge zum Buch zu Dank verpflichtet. Darüber hinaus sei an dieser Stelle den zahlreichen früheren Lehrgangsteilnehmern und Studierenden im Wahlfach «Zuverlässigkeitstheorie» an der FH Aachen gedankt, die mit dazu beitrugen, Fehler im Manuskript zu beseitigen. Schließlich gilt der Dank für die Fotos der elektronischen Bauelemente im Kapitel 8 den dort genannten Firmen.

Aachen-Kornelimünster

Eugen Schaefer

Inhaltsverzeichnis

1 Zuverlässigkeit und Ausfallcharakteristik

1.1 Bedeutung der Zuverlässigkeit

Als «zuverlässig» bezeichnet man im allgemeinen Sprachgebrauch einen Gegenstand oder einen Menschen, auf den man sich «verlassen» kann. Zuverlässigkeit ist danach ein Attribut oder eine Charaktereigenschaft im guten Sinne.

Im technischen Bereich wird der Begriff «Zuverlässigkeit» als eine quantisierbare Größe im Sinne einer Wahrscheinlichkeit aufgefaßt und benutzt. Der Buchinhalt bezieht sich im wesentlichen auf die «Technische Zuverlässigkeit». Dieser Begriffsinhalt wird in den folgenden Abschnitten schrittweise erläutert und vertieft.

Wie noch dargelegt wird, sprechen wir in diesem Buch von 100 % zuverlässig, wenn bei einer sehr großen Anzahl von N Betrachtungseinheiten in einem sehr langen Prüfzeitraum Δt unter Nennbetrieb keine Fehler, die zum Ausfall führen (Fehlerzahl $c = 0$), registriert werden. Weil nicht alle Fehler vorhersehbar sind und weil man sich nicht vor allen Fehlern schützen kann, ist absolut 100 %ige Zuverlässigkeit nicht realisierbar. Man kann jedoch durch geeignete Maßnahmen die Wahrscheinlichkeit, daß dieser Idealfall eintritt, erhöhen.

Zuvor sollen einige Gründe aufgezählt werden, warum speziell im Bereich der Elektronik die Technische Zuverlässigkeit heute so bedeutsam geworden ist.

Lebenswichtige Anlagen,
deren Ausfall Gesundheit und Leben von Menschen kosten kann wie z.B. Herzschrittmacher, Herz-Lungen-Maschinen, Navigationseinrichtungen, Verkehrssteueranlagen usw., müssen äußerst zuverlässig sein.

Außergewöhnlich wertvolle Anlagen,
wie Raumfahrtanlagen, Satelliten, Forschungsapparaturen, die meist Einzelprojekte sind, müssen vor Ausfällen geschützt werden, weil sonst Verzögerungen eintreten, jahrelange Bemühungen zunichte gemacht werden und große Verluste entstehen.

Vermeidung von Reparaturen:
Je zuverlässiger eine technische Einrichtung ist, desto weniger Reparaturkosten und Stillstandzeiten entstehen. Beispielsweise kann in der Verfahrenstechnik ein Prozeßstillstand ungewöhnlich hohe Kosten verursachen.

Komplexität nur über Zuverlässigkeitserhöhung:
Spätestens seit der Raumfahrtelektronik hat man begriffen und bestätigt gefunden, daß man komplexe Anlagen mit sehr vielen Bauelementen nicht für längere Zeit funktionsfähig aufbauen kann, ohne alle zuverlässigkeitserhöhenden Maßnahmen zu ergreifen.

«Zuverlässiger» heißt billiger:
Gerätekonzeptionen, die infolge aufwendigerer Zuverlässigkeitsmaßnahmen in der Anschaffung zwar teurer waren, erwiesen sich nach längerem Zeitraum infolge ausbleibender Reparaturen preiswerter als die billigeren Konzeptionen.

Lebensdauerprognosen:
Der Kunde, der ein Gerät kauft, verlangt nicht nur Auskunft über die technischen Kennwerte. Er fragt auch, wie lange das Gerät unter gegebenen Randbedingungen seine Funktion erfüllen wird. Außerdem will der Kunde anhand der Zuverlässigkeitskenndaten die vorliegende Gerätekonzeption mit Wettbewerbsprodukten vergleichen. Bundeswehrbeschaffungsämter, Bundesbahn, Bundespost oder die Luftfahrtindustrie und ähnliche Bereiche mit hohem Risiko machen den Kauf technischer Einrichtungen von der Darlegung der Zuverlässigkeitskenndaten abhängig.

Zuverlässiger heißt sicherer:
Sicherheitseinrichtungen findet man bei Geräten der Bahn und der Schiffahrt, beim Flügverkehr und in Kernkraftwerken. Sicherheitsmaßnahmen sind nicht gleichzeitig lebensdauerverlängernd, aber höhere Zuverlässigkeit bedeutet immer höhere Sicherheit. Aus diesem Grunde sind auch die Sicherheitsexperten an zuverlässigeren Anlagen interessiert.

1.2 Ausfall und Zuverlässigkeit

In Anlehnung an DIN 40 041 Vornorm und DIN 40 042 Vornorm werden hier folgende Begriffe verwendet:

Merkmal (characteristic)*)
Eigenschaft eines Bauelementes, einer Schaltung, eines Gerätes, einer Anlage oder eines Systems, die für dessen Funktion oder Beurteilung von Bedeutung ist.

Fehler (defect)
Unzulässige Abweichung eines Merkmales. Eine Betrachtungseinheit kann mehrere Fehler aufweisen.

---

* in Klammern stehen die englischen Vokabeln zu den Fachausdrücken.

Abweichung (deviation)
Nichtübereinstimmung des Istzustandes eines Merkmales mit dem Sollzustand.

Störung (malfunction)
Aussetzen oder Beeinträchtigung einer Funktion. Störungen sind in der Regel kurzzeitig.

Änderung (change)
Nichtübereinstimmung des Istzustandes eines Merkmales mit dem Sollzustand zu verschiedenen Zeitpunkten. Änderungen sind in der Regel bleibende Abweichungen.

Ausfall (failure)
Verletzung mindestens eines Ausfallkriteriums bei einer zu Beanspruchungsbeginn als fehlerfrei angesehenen Betrachtungseinheit. Nicht jeder Fehler führt zum Ausfall. Für Zuverlässigkeitsangaben werden Ausfälle infolge unzulässiger Beanspruchung nicht gewertet.

Teilausfall (partial failure)
Ausfall eines Teiles der Funktionen einer Betrachtungseinheit.

Gesamtausfall (blackout)
Ausfall aller Funktionen einer Betrachtungseinheit.

Folgeausfall (secondary failure)
Ausfall einer Betrachtungseinheit bei unzulässiger Beanspruchung, die durch den Ausfall einer anderen Betrachtungseinheit verursacht wird. Sie werden für Zuverlässigkeitsangaben nicht gewertet.
Die Begriffszuordnung Fehler-Ausfall zeigt Bild 1.1

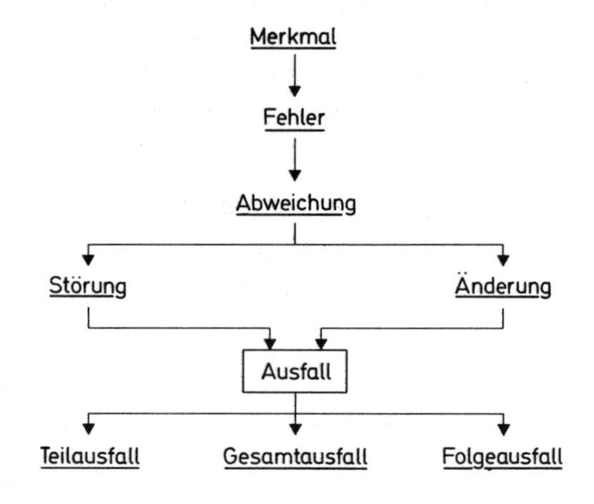

Bild 1.1
Begriffszuordnung Fehler-Ausfall

Ausfallkriterium (failure criteria)
Festgelegter Grenzwert für die nach Beanspruchungsbeginn durch Änderung entstehenden Abweichungen von Merkmalswerten eines Bauelementes.

Zuverlässigkeit (reliability)
Zuverlässigkeit ist nach DIN 40 041 die Fähigkeit einer Betrachtungseinheit, innerhalb der vorgegebenen Grenzen denjenigen durch den Verwendungszweck bedingten Anforderungen zu genügen, die an das Verhalten ihrer Eigenschaften während einer gegebenen Zeitdauer gestellt sind.

1.3 Qualität und Zuverlässigkeit

Qualität (quality) vgl. DIN 55 350/Teil 11 Entwurf.
Beschaffenheit eines Erzeugnisses, die es für seinen Verwendungszweck geeignet macht. Die Eignung setzt zunächst die dem Verwendungszweck angemessenen, direkt prüfbaren Eigenschaften voraus, d.h. die Ausführungsqualität, als zweites eine vom Verwendungszweck geforderte Betriebs-, Bereitschafts- oder Lagerzeit.

Die ältere auch heute noch anzutreffende Beschränkung des Begriffes Qualität auf die «statischen», der unmittelbaren Prüfung zugänglichen Merkmale, steht im Widerspruch zu dem anwendungsorientierten Sachinhalt des Begriffes «Qualität», der die Zuverlässigkeit als integrierenden Teil enthält.

Zuverlässigkeit (reliability)
ist in Kurzfassung die Zeitkomponente der Qualität.

Verfügbarkeit (availability)
Unter Verfügbarkeit versteht man die Wahrscheinlichkeit, daß eine Anlage zu irgendeinem Zeitpunkt t in einem funktionsfähigen Zustand angetroffen wird. Diese Kenngröße beschreibt Systeme, deren Ausfall man nicht verhindern kann, die aber durch eine rasche Reparatur in hohem Maße «verfügbar» sind.

Die Begriffszuordnung Qualität-Zuverlässigkeit-Verfügbarkeit veranschaulicht Bild 1.2.

Sicherheit (safety)
Fähigkeit einer Einrichtung, gefährliche Auswirkungen für Mensch und Maschine zu vermeiden, wenn es zu einem Ausfall oder einer Störung kommt.

Wirtschaftlichkeit (economy)
Gewährleistung der geforderten Eigenschaftsmerkmale einer Einrichtung mit den geringsten Anschaffungs- und Unterhaltungskosten. Die Begriffszuordnung Zuverlässigkeit–Sicherheit–Wirtschaftlichkeit zeigt Bild 1.3.

Bild 1.2 Begriffszuordnung Qualität – Zuverlässigkeit – Verfügbarkeit

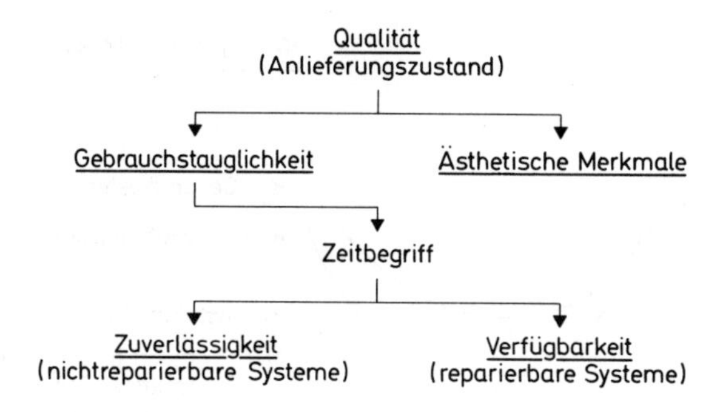

Bild 1.3 Begriffszuordnung Zuverlässigkeit – Sicherheit – Wirtschaftlichkeit

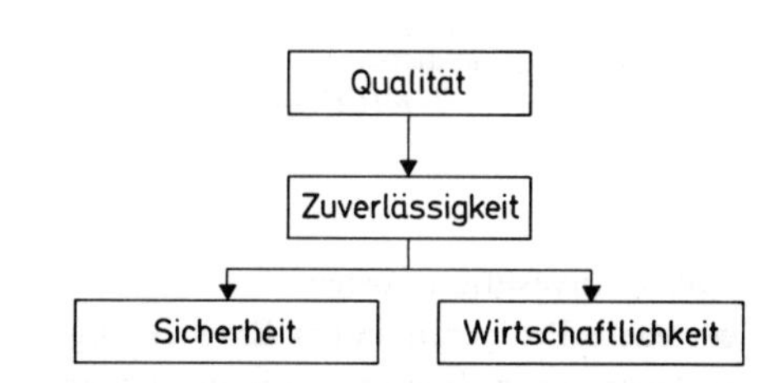

1.4 Zuverlässigkeit und Kosten

Auf den Zusammenhang zwischen Kosten und Zuverlässigkeit weist Rottgardt [1] hin. Er begründet den Umstand, daß mit steigender Zuverlässigkeit eines Gerätes – ausgedrückt durch den MTBF-Wert, der im Abschnitt 2.2 genauer erläutert wird – die Verkaufskosten wie folgt steigen:

Höhere Entwicklungskosten:

- durch umfangreichere Typenprüfungen der Bauelemente,
- kompliziertere Schaltungsauslegung, z.B. Redundanz,
- Neuentwicklung von Fertigungsverfahren,
- Einbeziehung besonderer konstruktiver Ideen,
- Fehlersimulation im Gerät durch Umweltsimulation oder Simulation auf dem Rechner.

Höhere Herstellungskosten:

- durch Verwendung teurer Bauelemente,
- qualifiziertere Fertigungsverfahren,
- weitgehende Automation,
- umfangreichere Qualitätsprüfung,
- sichere Verpackung.

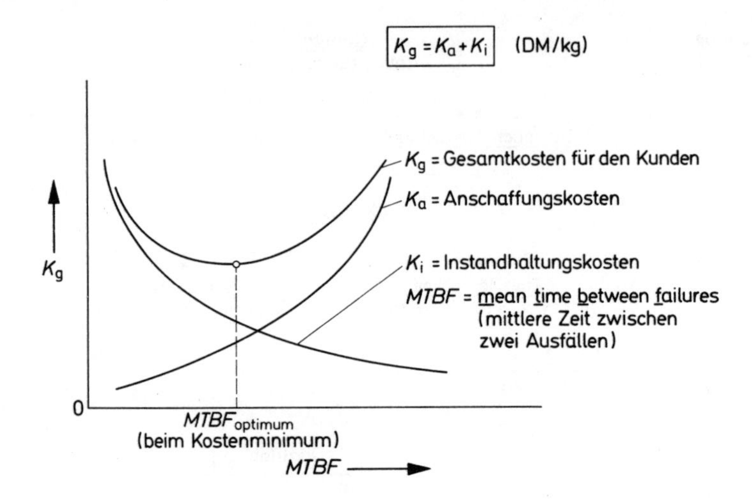

Bild 1.4 Relation Kosten-Zuverlässigkeit

Höhere Investitionskosten:

- teuere Prüfgeräte in der Entwicklung,
- teuere Spezialmaschinen in der Fertigung,
- höherer Automatisierungsgrad.

Die Relation Kosten-Zuverlässigkeit in Form des MTBF-Wertes bringt Bild 1.4.

Bei einem gut organisierten Kundendienst sinken mit höherer Zuverlässigkeit die Instandhaltungskosten. Der Kunde hat weniger Ausfallzeiten, die Wartung ist bei langlebigen Teilen billiger. Aus dieser Situation ergibt sich für jeden Gerätetyp ein optimaler MTBF-Wert. Aus der Sicht des Kunden hat die Kennlinie $K_g = f$ (MTBF-Wert) ein Minimum, das er anstreben muß. Erläuterungen zu diesem Sachverhalt finden sich auch in [2].

Mit weiterem technischen Fortschritt ist zu erwarten, daß bei einer Geräteserie der Entwurfs-MTBF-Wert steigt und gleichzeitig die Gerätekosten sinken. Der MTBF-Wert ist streng genommen der «mittlere Ausfallabstand» wird aber in der Regel als die «mittlere Lebensdauer» bezeichnet, vgl. Abschnitt 2.2.

Den Zusammenhang Kosten-Zuverlässigkeitsniveau zeigt nach Rottgardt Bild 1.5.

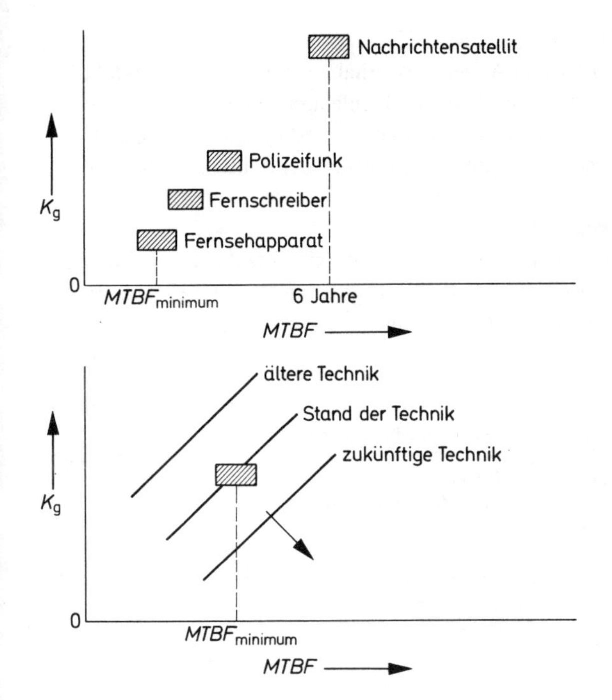

Bild 1.5 Relation Kosten-Zuverlässigkeitsniveau – technischer Fortschritt

1.5 Ausfall und Bestandsfunktion

In den DIN 40041 und DIN 40042 sind hierzu folgende Ausdrücke festgelegt, im Interesse des besseren Verständnisses nicht wörtlich zitiert sowie mit Ergänzungen versehen.

Ausfall (failure)
Die Verletzung mindestens eines Ausfallkriteriums bei einer zu Beanspruchungsbeginn als fehlerfrei angesehenen Betrachtungseinheit.

Grundsätzlich unterscheidet man die beiden folgenden Ausfallkategorien:

Sprungausfälle (catastrophic failures, sudden failures)
Ausfälle mit nicht gesetzmäßigem Änderungsverhalten. Der Ausfall läßt sich nicht vorhersagen. In der Regel handelt es sich um das Zusammentreffen von Bedingungen, die jede allein nicht zum Ausfall geführt hätten. Der Ausfall erfolgt «zufällig». Beispiel ist ein Drahtbruch oder das Platzen eines noch nicht abgefahrenen Autoreifens. Die Beurteilung erfolgt durch eine attributive Kenngröße (abzählbar).

Driftausfälle (degradation failures)
Ausfälle mit statistisch gesetzmäßigem Änderungsverhalten. Der Ausfallzeitpunkt läßt sich vorhersagen. Beispiele sind die Abnutzung der Kohlebürsten bei einem Motor oder das Abfahren eines Reifenprofiles beim Auto. Durch die Festlegung eines Grenzwertes wird diese an sich meßbare Eigenschaft einer attributiven Beurteilung unterzogen.

Bestandsfunktion (survival function)
Der Zusammenhang zwischen relativem Bestand und der Zeit. Unzulässigerweise spricht man von einer Lebensdauer-Verteilung (life distribution), denn es handelt sich um das Komplement zu einer Summenhäufigkeitsverteilung.

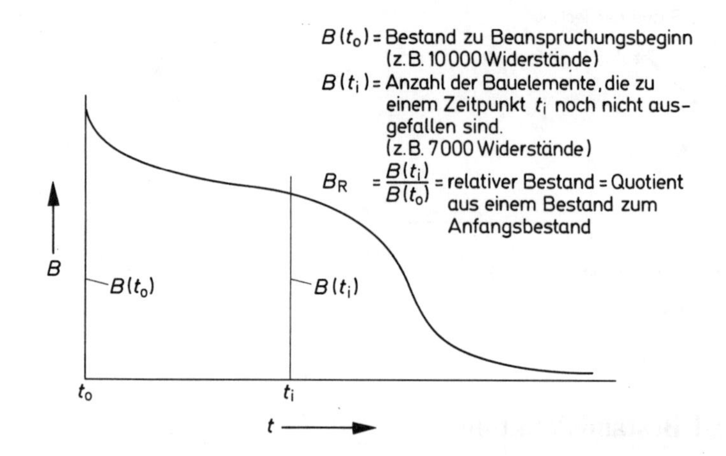

Bild 1.6
Typische Bestandsfunktion

Eine typische Bestandsfunktion zeigt Bild 1.6. Der relative Bestand ist die relative Häufigkeit, vgl. Abschnitt 1.8.

Ausfallhäufigkeit (failure frequency)
Die Differenz der relativen Bestände am Anfang und Ende des betrachteten Zeitintervalles.

$$a = \frac{B(t_i) - B(t_{i+1})}{B(t_0)}$$

Bezugsgröße ist der Anfangsbestand.

Ausfallhäufigkeitsdichte (failure density)
Der Quotient aus Ausfallhäufigkeit und betrachtetem Zeitintervall.

$$d = \frac{1}{\Delta t_i} \cdot \frac{B(t_i) - B(t_{i+1})}{B(t_0)} = \frac{a}{\Delta t_i}$$

Ausfallquote (failure quota)
Der Quotient aus temporärer Ausfallhäufigkeit und betrachtetem Zeitintervall. Die Ausfallquote q ist ein Schätzwert für die Ausfallrate λ.

$$q = \frac{1}{\Delta t_i} \cdot \frac{B(t_i) - B(t_{i+1})}{B(t_i)}$$

Bezugsgröße ist der Bestand am Anfang des betrachteten Zeitabschnittes.

Ausfallsatz (cumulative failure frequency)
Summe der Ausfallhäufigkeiten bis zu einem vorgegebenen Zeitpunkt.

1.6 Lebensdauer und Überlebenswahrscheinlichkeitsfunktion

Lebensdauer (life, life time)
Die Lebensdauer T (in h) ist die Zeit vom Beanspruchungsbeginn bis zum Ausfallzeitpunkt (Totalausfall) einer nicht mehr reparierbaren Betrachtungseinheit. Sie ist eine Zufallsgröße und eine nichtnegative Zahl. Die Lebensdauer wird meist als stetige Zufallsgröße aufgefaßt. Im Zusammenhang mit Schaltzyklen, z.B. bei Relais, kann es auch eine diskrete Zufallsgröße (abzählbar) sein.

Ausfallwahrscheinlichkeit (probability of failure) $F(t)$
ist die Wahrscheinlichkeit für ein Bauelement des Bestandes bis zum Zeitpunkt $T < t_i$ auszufallen. Den Zusammenhang nennt man die «Verteilungsfunktion».

Überlebenswahrscheinlichkeit (probability of survival) $R(t)$
ist die Wahrscheinlichkeit für ein Bauelement des Bestandes, daß der Ausfall nach dem Zeitpunkt t_i erfolgt. $F(t)$ ist das Komplement zu $R(t)$. Sie ist bei nichtreparierbaren, nichtregenerativen Systemen immer eine monoton fallende Funktion.

$$R(t) = 1 - F(t) \qquad * \qquad (1.1)$$

Ausfallwahrscheinlichkeitsdichte (failure-probability density) $f(t)$
Das Produkt $f(t) \cdot dt$ ist die Wahrscheinlichkeit, daß der Ausfall im Intervall $(t, t + dt)$ erfolgt. $f(t)$ ist danach die Wahrscheinlichkeit, in diesem Intervall Ausfälle anzutreffen.

$$f(t) = \frac{dF(t)}{dt} \qquad (1.2)$$

* Die Formeln mit Formelrahmen sind besonders wichtige Beziehungen der Zuverlässigkeitstheorie. Sie werden kapitelweise durchnumeriert, um darauf im Text zurückgreifen zu können.

Gleichungen mit *-Zeichen, z.B. (1.4)*, werden im Kapitel 11 hergeleitet.

Ausfallrate (failure rate) $\lambda(t)$
ist der negative Wert der Ableitung der zum betrachteten Zeitpunkt t_i differenzierbaren, logarithmischen Bestandsfunktion. Die Ausfallrate ist gleich der Ausfalldichte, bezogen auf die Überlebenswahrscheinlichkeit im betrachteten Zeitpunkt. Nur im Fall der Exponential-Verteilung ist die Ausfallrate konstant.

$$\lambda(t) = -\left[\frac{\mathrm{d}\ln R(t)}{\mathrm{d}t}\right]_{t=t_i}$$

$$\lambda_{(t)} = \frac{f(t)}{R(t)} \qquad (1.3)$$

In der Meßpraxis wird die Ausfallrate wie folgt abgeschätzt:

$$\lambda \approx \frac{c}{N \cdot \Delta t} \qquad (1.4)^*$$

c = Fehlerzahl, die zum Ausfall führt
Δt = Prüfzeit
N = Stichprobenumfang

Wurden z.B. an 10^4 Bauelementen nach 10^3 h zwei Ausfälle beobachtet, dann ist $\lambda = 2 \cdot 10^{-7}/\mathrm{h}$

Residueller Erwartungswert (residue expectation value) $r(t)$
im Zeitpunkt t_i ist die verbleibende Lebenserwartung von Erzeugnissen, die bereits ein Alter t_i überlebt haben.

$$r(t) = \frac{\int_{t_i}^{\infty} R(x) \cdot \mathrm{d}x}{R(t)} \qquad \text{für } x \geqq t_i \qquad (1.5)$$

In Tabelle 1 sind die am häufigsten genannten Größen nochmals mit ihren Einheiten aufgeführt:

Im allgemeinen begnügt man sich mit der Angabe der Zuverlässigkeitskenngrößen R, F, f und λ. Man hat daher die Kenngröße $r(t)$ nicht in die DIN 40041 aufgenommen.

Tabelle 1

Zuverlässigkeits-Kenngröße	Größenbuchstabe	Einheit
Lebensdauer	T	h
Überlebenswahrscheinlichkeit	R	%
Ausfallwahrscheinlichkeit	F	%
Ausfallwahrscheinlichkeitsdichte	f	%/h
Ausfallrate	λ	1/h
Residueller Erwartungswert	r	h

1.7 Badewannenkurve

Definition:
Der Verlauf der Ausfallrate in Abhängigkeit vom zeitlichen Haupteinflußparameter wird wegen des typischen Verlaufes «*Badewannenkurve*», Bild 1.7, genannt. Dieser Verlauf ist aufschlußreicher als die Bestandsfunktion, weil er die drei typischen aufeinanderfolgenden Bereiche Frühausfälle I, Zufallsausfälle II und Verschleißausfälle III abgrenzt. Auch im biologischen Bereich beobachtet man ähnliche Zeitabläufe: Kindersterblichkeit, normale Sterberate der Erwachsenen durch Unfälle, Infekte oder ähnliches, erhöhte Alterssterblichkeit durch Verschleiß der Organe und durch das Alter bedingte Krankheiten.

Frühausfälle (early failures)
Der Abschnitt der Frühausfälle ist gekennzeichnet durch eine Ausfallrate, die mit der Zeit abnimmt. Der Exponent der Weibull-Verteilung, die im Abschnitt 2.9 behandelt wird, ist kleiner als eins ($\beta < 1$). Ideal wäre es bei technischen Produkten, wenn das Ende der Frühausfälle mit dem Verlassen des Prüffeldes zeitlich übereinstimmen würde.

Zufallsausfälle (random failures)
Im Abschnitt der Zufallsausfälle ist die Ausfallrate zeitunabhängig (konstant). Der Weibull-Exponent hat den Wert eins ($\beta = 1$). Dieser Abschnitt sollte die normale Betriebsdauer umfassen. Er wird auch «Brauchbarkeitsdauer» genannt. Die Ausfälle erfolgen durch unstetige Schadensursachen.

Verschleißausfälle (wearout failures)
In diesem Bereich steigt die Ausfallrate mit der Zeit an. Der Zeitabschnitt beschreibt den

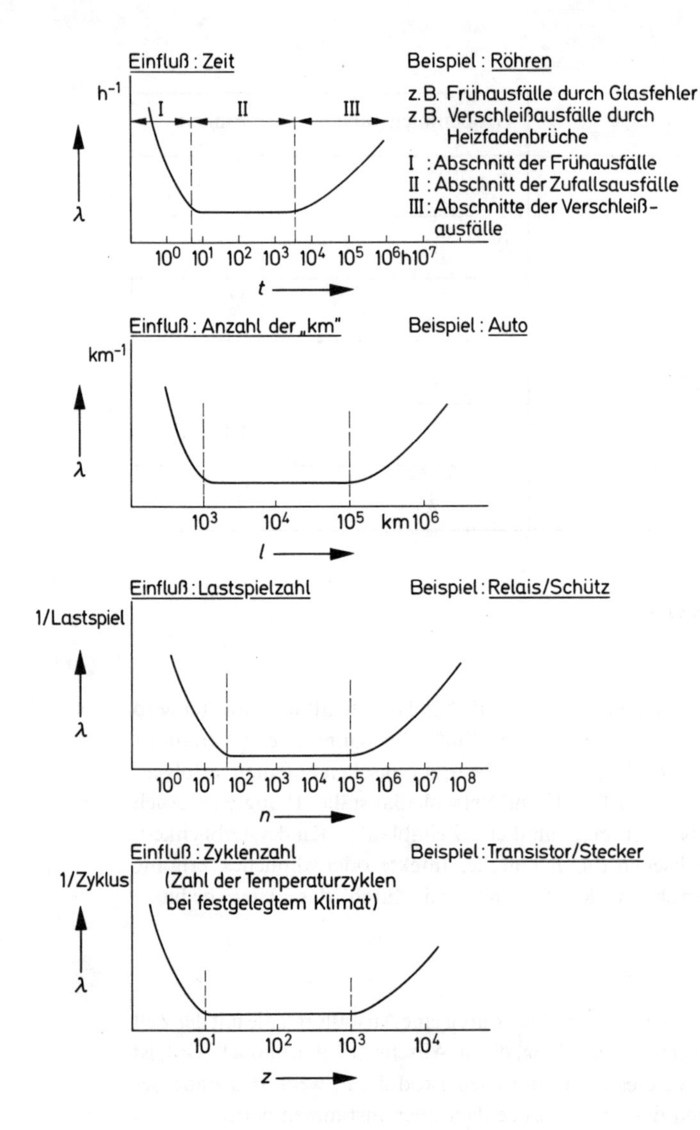

Bild 1.7 Beispiele für „Badewannenkurven" mit unterschiedlichen Einflußgrößen

verstärkten Ausfall infolge Abnutzungserscheinungen. Der Weibull-Exponent ist größer als eins ($\beta > 1$). Weil sich die Ausfälle in diesem Abschnitt mehr und mehr häufen, sollten in diesem Abschnitt die verschleißbehafteten Teile erneuert werden.

Bemerkenswert ist, daß bei der «Badewannenkurve» der immer zeitbedingte Haupteinflußparameter, der auf der Abszisse aufgetragen wird, auch ein anderer als die Zeit selbst sein kann, vgl. dazu Bild 1.7. Bemerkenswert ist ferner, daß durch verbesserte Konstruktionen, technologische Fortschritte sowie Verwendung geeigneter Materialien die Übergänge der Bereiche I/II und II/III sich nach links bzw. nach rechts verschieben können. Bild 1.7 zeigt dazu einige typische Beispiele. Die Zahlen sind Richtwerte.

1.8 Zuverlässigkeit und Wahrscheinlichkeit

Da der Ausfall oder die Lebensdauer Zufallsgrößen einer Betrachtungseinheit sind, basiert der Begriff Zuverlässigkeit auf dem Begriff «Wahrscheinlichkeit». Die Wahrscheinlichkeit ist aber der Grenzwert der relativen Häufigkeit. Die Ergebnisse der Zuverlässigkeitstheorie ergeben sich aus den beiden nachstehend angeführten Grundregeln der Wahrscheinlichkeit.

Relative Häufigkeit (relative frequency) $H(X)$

Die relative Häufigkeit ist das Verhältnis der beobachteten Ereignisse einer bestimmten Art (X) zur Gesamtzahl der Ereignisse (N). Der Wert kann zwischen Null und Eins liegen.

$$H = \frac{X}{N} \tag{1.6}$$

Beispiel: Jemand würfelt 6-mal und erhält 2-mal die «6». Dann ist $H = 2/6 \mathrel{\hat{=}} 33{,}3\,\%$. Ein anderer würfelt mit dem gleichen Würfel ebenfalls 6-mal. Er bekommt keine «6», dann ist $H = 0\,\%$.

Wahrscheinlichkeit (probability)

Die Wahrscheinlichkeit ist der Grenzwert der Häufigkeit bei unendlich vielen Ereignissen, die grundsätzlich beobachtbar sind:

$$P(X) = \lim_{N \to \infty} H(X) \tag{1.7}$$

Bei $P = 0$ handelt es sich um ein *unmögliches Ereignis*, bei $P = 1$ um ein *sicheres Ereignis.*

Beispiel: Die Wahrscheinlichkeit mit einem idealen Würfel eine «6» zu würfeln ist $P(X) = 1/N = 1/6 \mathrel{\hat{=}} 16{,}6\,\%$. Man braucht in der Regel über hundert Würfe, um dieses Ergebnis zu bestätigen. Beim Münzwurf – der Fall, daß die Münze stehen bleibt, sei ausgeschlossen – stellt man nach über 200 Würfen fest, daß $P(X) = 1/N = 1/2 \mathrel{\hat{=}} 50\,\%$ beträgt.

Will man die Wahrscheinlichkeit des Eintretens von zwei oder mehr Ereignissen bestimmen, dann muß man die Gesamtwahrscheinlichkeit ausrechnen. Bei einander sich ausschließenden Ereignissen gilt dann:

$$P(A \text{ oder } B) = P(A) + P(B) \tag{1.8}$$

Beispiel: Wie groß ist die Wahrscheinlichkeit bei zwei Würfen mindestens einmal eine «6» zu würfeln? Sie ist:

$$P = \frac{1}{6} + \frac{1}{6} \mathrel{\hat{=}} 33{,}3\,\%$$

Beispiel aus der Elektronik. An 1000 Dioden habe man 10 Ausfälle beobachtet. Davon seien 7 Leerlaufausfälle und 3 Kurzschlußausfälle. Weil an einer Diode nicht gleichzeitig ein Ausfall durch Unterbrechung und durch Kurzschluß vorkommt, schließen sich die beiden Ausfallarten bei einer Diode aus. Es gilt dann für die Fehlerwahrscheinlichkeit der Bauelemente:

$$p = \frac{10}{10000} \mathrel{\hat{=}} 0{,}1\,\% \quad \text{und wegen} \quad p = p_\mathrm{L} + p_\mathrm{k}$$

$p_\mathrm{L} \mathrel{\hat{=}} 0{,}07\,\%$ und $p_\mathrm{K} \mathrel{\hat{=}} 0{,}03\,\%$
p = Fehlerwahrscheinlichkeit bei einem Bauelement
P = Wahrscheinlichkeit bei einem Ereignis allgemein

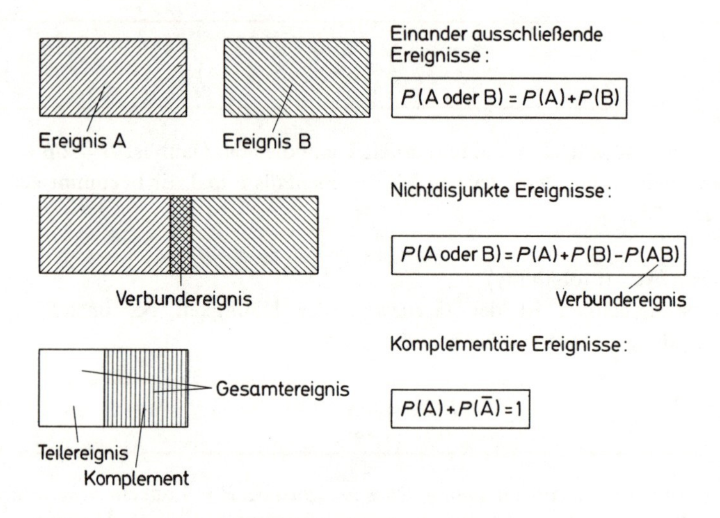

Bild 1.8 Grafik zum Begriff „Verbundereignis"

In Bild 1.8 oben ist dieser Fall grafisch dargestellt. Ergänzen sich die beiden Ereignisse in ihrer Gesamtwahrscheinlichkeit zu 100 %, dann spricht man in diesem Sonderfall von einem *komplementären Ereignis*. Es heißt dann:

$$P(A) + P(B) = 1 \tag{1.9}$$

Wenn also von 100 intakten Geräten 20 ausgefallen sind, dann müssen die restlichen Geräte noch intakt sein, vgl. Bild 1.8 unten. Muß man die Gesamtwahrscheinlichkeit von zwei Ereignissen bestimmen, die einander bedingen, dann sind die Einzelwahrscheinlichkeiten miteinander zu multiplizieren. Im Sonderfall *disjunkter Ereignisse*, d.h. daß die Ereignisse nicht voneinander abhängig sind, gilt:

$$P(AB) = P(A) \cdot P(B) \tag{1.10}$$

Beispiel: Von zwei Spielkartendecks mit je 52 Karten und 13 Karten einer Farbe wird je eine Karte gezogen. Die Wahrscheinlichkeit, daß z.B. «Herz» kommt, ist in beiden Fällen:

$$P(AB) = \left(\frac{13}{52}\right) \cdot \left(\frac{13}{52}\right) = \frac{1}{16} \mathrel{\hat{=}} 6{,}25\,\%$$

Beispiel zur Multiplikationsregel aus der Elektronik: Die Ausfallwahrscheinlichkeit des Isolationsteils eines Steckers sei $p_{is} = 10^{-4}$, die Ausfallwahrscheinlichkeit für das Kontaktelement sei $p_{kont} = 10^{-3}$. Die Wahrscheinlichkeit, daß der Stecker durch Isolationsschaden und Unterbrechung am Kontaktelement gleichzeitig ausfällt, ist dann:

$$p_{ges} = p_{is} \cdot p_{kont} = 10^{-4} \cdot 10^{-3} = 10^{-7}$$

Unter 10 Mio. Steckerelementen wäre ein solcher Ausfall zu erwarten. Die Überlebenswahrscheinlichkeit dieses Steckers wäre dann bei Zugrundelegung nur dieser Fehlerart das Produkt der Komplemente der Ausfallwahrscheinlichkeiten, wenn man Zwischenzustände ausschließt:

$$R_{ges} = (1 - p_{is}) \cdot (1 - p_{kont}) = 0{,}9999 \cdot 0{,}999 \mathrel{\hat{=}} 99{,}89\,\%$$

d.h. unter 10000 Steckern wären 11 Stück ausgefallen und 9989 intakt.

Allgemein kann nun der Fall vorkommen, daß die Ereignisse A und B statistisch voneinander abhängen. Dann gilt die *Multiplikationsregel der Wahrscheinlichkeit* (logisch «UND»):

$$P(AB) = P(A) \cdot P(B \mid A) = P(B) \cdot P(A \mid B) \tag{1.11}$$

$P(B \mid A)$ ist dann die Wahrscheinlichkeit für B, wenn das Ereignis A eingetreten ist. Es ist die *bedingte Wahrscheinlichkeit.*

Beispiel zum allgemeinen Fall: Kartenspiel mit 52 Karten und 13 Karten einer Farbe ohne Zurücklegen und Mischen. Die Wahrscheinlichkeit, daß in beiden Fällen «Herz» kommt, ist dann:

$$P(AB) = \left(\frac{13}{52}\right) \cdot \left(\frac{12}{51}\right) = \frac{1}{17} \mathrel{\hat{=}} 5{,}9\,\%$$

Weil eine Karte fehlt und nicht zurückgelegt wurde, ist wegen dieser Abhängigkeit die Gesamtwahrscheinlichkeit mit 5,9 % geringer als im statistisch unabhängigen Fall mit 6,25 %.

Nun kann man auch die allgemeine *Additionsregel der Wahrscheinlichkeit* (logisch «ODER») formulieren. Die Gesamtwahrscheinlichkeit ist danach die Summe der Einzelwahrscheinlichkeiten abzüglich der Verbundwahrscheinlichkeit:

$$P(A \text{ oder } B) = P(A) + P(B) - P(AB) \tag{1.12}$$

Beispiel: Wie groß ist die Wahrscheinlichkeit daß bei zwei Würfen mit einem Würfel höchstens einmal eine «6» fällt? Hier muß man unter 36 Kombinationen die Möglichkeit ausschließen, daß der Wurf 6–6 kommt. Es heißt also dann:

$$P = \frac{1}{6} + \frac{1}{6} - \frac{1}{6 \cdot 6} = \frac{1}{3} - \frac{1}{36} \mathrel{\hat{=}} 30{,}5\,\%$$

Dieser Fall ist in Bild 1.8 Mitte grafisch veranschaulicht. Das Verbundereignis ist abzuziehen.

Ein weiteres Zahlenbeispiel, welches sich auf zwei Netzwerkstrukturen bezieht, wird in Bild 1.9 veranschaulicht. Zur Lösung müssen die Additionsregel und die Multiplikationsregel der Wahrscheinlichkeit angewandt werden.

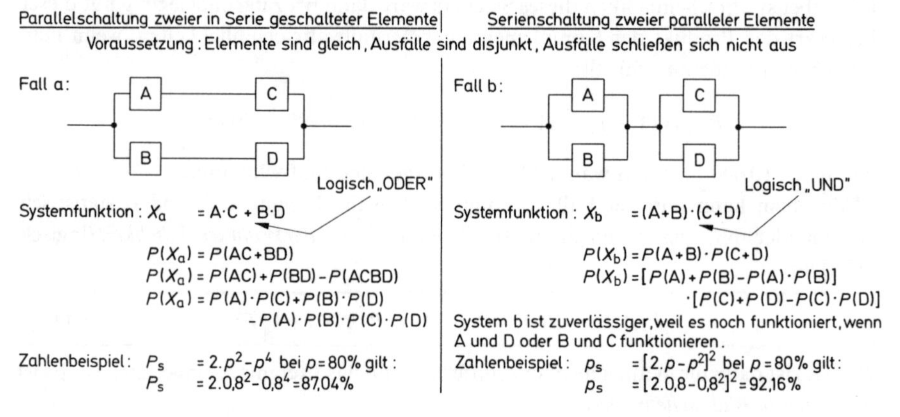

Bild 1.9 Zahlenbeispiel zur Additions- und Multiplikationsregel der Wahrscheinlichkeiten

2 Lebensdauer-Modelle

2.1 Momente einer Verteilung

Die Größe $F(t)$ nennt man die Verteilungsfunktion der Zufallsgröße X.

Diskrete Verteilung (discrete distribution)

$$F(t) = P(X \leqq t) = \sum_{t_i \leqq t} p(t_i) \tag{2.1}$$

wobei P die Wahrscheinlichkeit für das Ereignis A, t die Zeitvariable und i die laufende Variable ist. Nimmt X nur endlich viele Werte an, so ist $F(t)$ eine *Treppenfunktion*. Man spricht von einer diskreten Verteilung, die abzählbar in den Stufen ist. Entlang der Variablen x nimmt die Wahrscheinlichkeit nur an bestimmten Stellen von Null verschiedene Werte an.

Stetige Verteilung (continuous distribution)

$$F'(t) = f(t) \tag{2.2}$$

$$\int_{-\infty}^{+\infty} f(t) \cdot \mathrm{d}t = 1 \tag{2.3}$$

Kann X unendlich viele Werte annehmen, und ist $F(t)$ eine *differenzierbare Funktion*, so nennt man diese Verteilung eine stetige Verteilung, deren Stufen nicht mehr abzählbar sind. Es gelten dann die Gleichungen (2.2) und (2.3). Grundsätzlich sind beliebig viele Verteilungen möglich. In der Zuverlässigkeitspraxis interessieren jedoch nur wenige mathematische *Modellverteilungen*. Diese kann man durch *statistische Maßzahlen* kennzeichnen. Es sind dies Mittelwert, Varianz, Schiefe und Exzeß. Sie berechnen sich aus den *zentralen Momenten* mit $k = 1, 2, 3, 4, \ldots$ Diese ergeben sich aus den *Erwartungswerten* von X.

k-tes Moment (moment of k)

stetig:

$$\mu_k = E(X^k) = \int_{-\infty}^{+\infty} x^k \cdot f(x) \cdot \mathrm{d}x \tag{2.4}$$

diskret:	$\mu_k = E(X^k) = \sum_{i=1}^{\infty} t_i \cdot P(t_i)$	(2.5)

μ_k ist das k-te Moment der zufälligen Größe X. Es ist der Erwartungswert von X^k. In der Praxis interessieren meist nur der Mittelwert und die Varianz bzw. Standardabweichung als statistische Kenngrößen zur Beschreibung der Verteilung. Nachfolgend werden nur die Formeln für stetige Verteilungen angegeben.

Mittelwert (mean value)

stetig:	$\mu = E(X) = \int_{-\infty}^{+\infty} x \cdot f(x) \cdot \mathrm{d}x$	(2.6)

1. zentrales Moment mit $k = 1$: $\mu_1 = E(X - \mu) = \int_{-\infty}^{+\infty} (x - \mu) \cdot f(x) \cdot \mathrm{d}x$

Der *Mittelwert* μ ist der Erwartungswert der Zufallsvariablen, der angibt, um welchen Wert sich die Zufallsvariablen scharen. In der Mechanik ist dies der Schwerpunkt einer analogen Massenverteilung.

Varianz (variance)

stetig:	$\sigma^2 = E[X - \mu]^2 = E(X)^2 - \mu^2$	(2.7)

2. zentrales Moment mit $k = 2$: $\mu_2 = \int_{-\infty}^{+\infty} (x - \mu)^2 \cdot f(x) \cdot \mathrm{d}x$

Die Varianz σ^2 bzw. die *Standardabweichung* σ ist ein Maß dafür, wie eng sich die Zufallsvariablen um den Mittelwert scharen. σ^2 gibt den Erwartungswert der Abweichung von X vom Mittelwert an. Das mechanische Analogon ist das Trägheitsmoment der entsprechenden Verteilung einer Einheitsmasse bezüglich des Schwerpunktes. Im Gegensatz zu den Zuverlässigkeitskenngrößen: R, F, f, λ und r sind μ und σ für eine gegebene Verteilung konstant und daher als Maßzahlen für eine Verteilung sehr beliebt.

Die Formelbeziehungen der statistischen Maßzahlen einer eindimensionalen Grundgesamtheit sind zur besseren Übersicht in der Tabelle 2 für die diskrete und die stetige Verteilung zusammengefaßt. Bei allen symmetrischen Verteilungen ist die Schiefe gleich Null ($\gamma = 0$). Bei der symmetrischen Gauß-Verteilung ist außerdem der Exzeß Null ($\varepsilon = 0$). Ist $\varepsilon > 0$, dann verläuft die Verteilung bei gleichem Durchschnitt (Mittelwert) und gleicher Varianz «zugespitzter». Ist $\varepsilon < 0$, dann verläuft die betreffende Verteilung «abgekappter» als die Gauß-Verteilung. Aus Aufwandsgründen begnügt man sich bei der Qualitätskontrolle lediglich mit der Bestimmung des Mittelwertes und der Standardabweichung. μ und σ sind die Kennbuchstaben für den Mittelwert bzw. die Standardabweichung der Grundgesamtheit (alle Werte). $\bar{x}$ und s sind dagegen die entsprechenden Buchstaben für die Stichprobe.

Am Beispiel eines *idealen Würfels* sollen die Maßzahlen für eine diskrete symmetrische Verteilung veranschaulicht werden. Es gilt $p_1 = p_2 = p_3 = p_4 = p_5 = p_6$.

Es ist der Erwartungswert:

$$E(X) = \sum p(x_i) \cdot x_i \tag{2.8}$$

Die Wahrscheinlichkeit p berechnet sich bei gleichwahrscheinlichen Ereignissen der Anzahl n wie folgt:

$$p = \frac{1}{n} = \frac{1}{6} \mathrel{\widehat{=}} 16{,}6\,\% \tag{2.9}$$

Damit wird der Erwartungswert mit $x_i = 1, 2, 3, 4, 5, 6$:

$$E(X) = \frac{1}{6}(1 + 2 + 3 + 4 + 5 + 6) = \frac{21}{6} = \frac{7}{2} = 3{,}5$$

Der Mittelwert ist in der Zuverlässigkeitstheorie die mittlere Lebensdauer m. Er wird hier

$$m = E(X) = 3{,}5 \tag{2.10}$$

Dieser Wert tritt beim idealen Würfel als Ereignis nicht auf. Das 1. zentrale Moment ($k = 1$) wird wegen der Symmetrie gleich Null:

$$\mu_1 = E(X - m) = m - m = 0 \tag{2.11}$$

Das 2. zentrale Moment ($k = 2$) bestimmt sich wie folgt:

$$\mu_2 = E\,[(X - m)^2] \tag{2.12}$$

$$\mu_2 = E(X^2) - 2 \cdot m \cdot E(X) + m^2 = E(X)^2 - 2 \cdot m^2 + m^2$$

Damit beträgt die Varianz:

$$\mu_2 = E(X)^2 - m^2 \tag{2.13}$$

$$\mu_2 = \frac{1}{6}(1 + 4 + 9 + 16 + 25 + 36) - \frac{49}{4} = \frac{35}{12} = 2{,}916$$

Tabelle 2

Kenngröße	Diskrete Verteilung		Stetige Verteilung	
Merkmal	x_i	$i = 1, 2, 3, 4, \ldots$	x	
Wahrscheinlichkeit / W.-Dichte	$p(x_i)$	$\sum_i p(x_i) = 1$	$f(x)$	$\int_{-\infty}^{+\infty} f(x) \cdot dx = 1$
Mittelwert (Durchschnitt)	$\mu = \sum_i x_i \cdot p(x_i)$		$\mu = \int_{-\infty}^{+\infty} x \cdot f(x) \cdot dx$	
Varianz (Streuung)	$\sigma^2 = \sum_i (x_i - \mu)^2 \cdot p(x_i)$		$\sigma^2 = \int_{-\infty}^{+\infty} (x - \mu)^2 \cdot f(x) \cdot dx$	
Standardabweichung	σ		σ	
Schiefe	$\gamma = \frac{\sum_i (x_i - \mu)^3 \cdot p(x_i)}{\sigma^3}$		$\gamma = \frac{\int_{-\infty}^{+\infty} (x - \mu)^3 \cdot f(x) \cdot dx}{\sigma^3}$	
Exzeß	$\varepsilon = \frac{\sum_i (x_i - \mu)^4 \cdot p(x_i)}{\sigma^4} - 3$		$\varepsilon = \frac{\int_{-\infty}^{+\infty} (x - \mu)^4 \cdot f(x) \cdot dx}{\sigma^4} - 3$	

Zentrale Momente	$\mu_k = \sum_i (x_i - \mu)^k \cdot p(x_i); \qquad k = 1, 2, 3, 4$	$\mu_k = \int_{-\infty}^{+\infty} (x - \mu)^k \cdot f(x) \cdot dx; \qquad k = 1, 2, 3, 4$
1. zentrales Moment	$\mu_1 = \sum_i (x_i - \mu)^1 \cdot p(x_i) \qquad k = 1$	$\mu_1 = \int_{-\infty}^{+\infty} (x - \mu)^1 \cdot f(x) \cdot dx \qquad k = 1$
2. zentrales Moment	$\mu_2 = \sum_i (x_i - \mu)^2 \cdot p(x_i) \qquad k = 2$	$\mu_2 = \int_{-\infty}^{+\infty} (x - \mu)^2 \cdot f(x) \cdot dx \qquad k = 2$

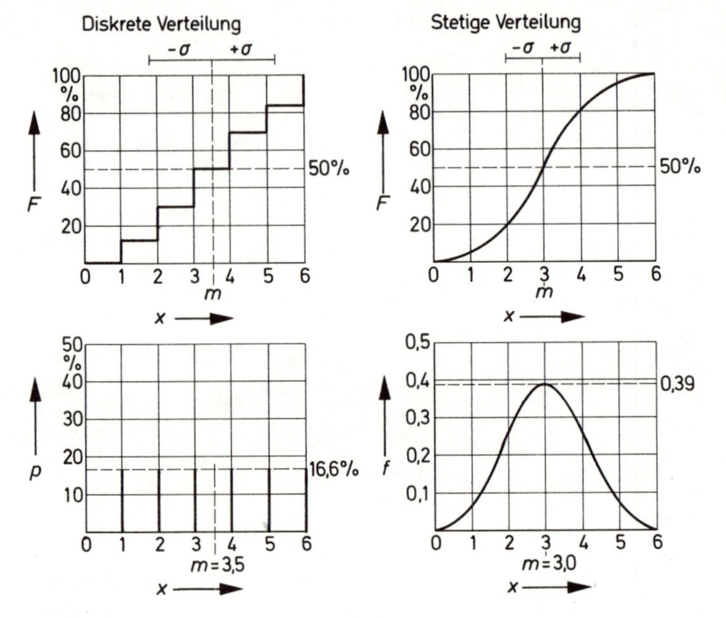

Bild 2.1
Links diskrete Verteilung beim idealen Würfel, rechts die Gauß-Verteilung als Beispiel für eine stetige, symmetrische Verteilung mit $\sigma = 1$

Die Standardabweichung beim idealen Würfel ist dann:

$$\sigma = \sqrt{\mu_2} = \sqrt{2{,}916} = 1{,}71 \qquad (2.14)$$

Bild 2.1 links zeigt die diskrete Verteilung beim idealen Würfel. Bild 2.2 links zeigt die diskrete Verteilung bei einem unsymmetrischen Würfel. Die Berechnung der Werte für m und σ befindet sich in Kapitel 11.

Die Funktion $f = x \cdot e^{-x}$ diene als Beispiel zur Veranschaulichung einer stetigen, unsymmetrischen Verteilung. Sie wird in Bild 2.2 rechts grafisch dargestellt. Die Dichtefunktion ist:

$$f(t) = \begin{cases} 0 & \text{für negative } x\text{-Werte} \\ x \cdot e^{-x} & \text{für positive } x\text{-Werte} \end{cases}$$

Die Verteilungsfunktion heißt dann:

$$F = \int_0 f(x) \cdot dx = \int_0 x \cdot e^{-x} \cdot dx$$

Der Mittelwert ist

$$\mu = E(X) = \int_0^\infty x^2 \cdot e^{-x} \cdot dx = 2$$

Bild 2.2
Links nichtidealer Würfel mit
$p_1 = p_2 = p_3 = 20\%$
und
$p_4 = p_5 = p_6 = 13,3\%$
als Beispiel für eine diskrete, unsymmetrische Verteilung, rechts die Funktion $x.\ e^{-x}$ als Beispiel für eine stetige, unsymmetrische Verteilung

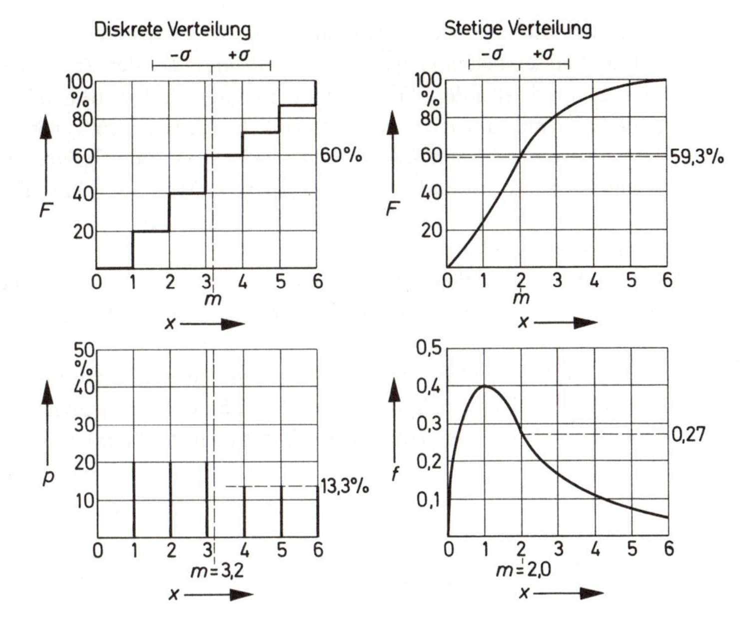

und das 2. zentrale Moment

$$E(X)^2 = \int_0^\infty x^3 \cdot e^{-x} \cdot dx = 6$$

Daraus erhält man die Standardabweichung mit $\sigma = 1{,}41$ und ferner die Schiefe $\gamma = 1{,}41$, vgl. die Herleitung in Kapitel 11.

Im Gegensatz zur symmetrischen, stetigen Gauß-Verteilung in Bild 2.1 rechts, hat die Verteilung in Bild 2.2 rechts einen Steilabfall links vom Mittelwert und einen flachen Abfall rechts vom Mittelwert der Dichtefunktion. Bei der Gauß-Verteilung ist wegen der Symmetrie die Schiefe Null.

2.2 Lebensdauer/Ausfallabstand

Mittlere Lebensdauer (mean life)

$$m = \int_0^\infty R(t) \cdot dt \qquad (2.15)^*$$

$$\text{mit } m = \frac{1}{\lambda} \quad \text{wenn} \quad \lambda = \text{konstant.}$$

Mittlere Lebensdauer nennt man den Mittelwert der Lebensdauerwerte gleicher Betrachtungseinheiten. Es ist der Erwartungswert der Zufallsgröße «Lebensdauer». Mathematisch ist es der Flächeninhalt unter der relativen Bestandsfunktion. Die Angabe erfolgt in Stunden. Da der m-Wert bei nichtregenerativen Systemen eine Konstante ist, wird er gern zur Zuverlässigkeits-Kurzbeschreibung von Geräten und Systemen benutzt. Wenn $\lambda =$ konst. ist, dann gilt $m =$ MTBF = MTTFF = MTTF.

Mittlerer Ausfallabstand:

MTBF-Wert (*m*ean *t*ime *b*etween *f*ailures) ist die mittlere Zeit zwischen zwei Ausfällen bei vielen Einheiten, die wieder instand gesetzt werden können. Man spricht auch vom mittleren Ausfallabstand.

Der MTBF-Wert kann auf verschiedene Arten geschätzt werden. Ist N die Anzahl der Prüflinge in einer Stichprobe, Δt die Zahl der Prüfstunden und c die Zahl der beobachteten Ausfälle, dann gilt bei konstanter Ausfallrate:

$$\Theta' = \frac{N \cdot \Delta t}{c}$$

$$\Theta' = \frac{50 \cdot 100\,\mathrm{h}}{5} = 1000\,\mathrm{h} \quad \text{wenn:} \quad N = 50,\ \Delta t = 100\,\mathrm{h},\ c = 5$$

Man kann aber auch von jeder einzelnen Einheit die Zeit bis zum 1. Ausfall notieren (m_i) und dann durch die Zahl der im Einsatz befindlichen Einheiten (i) dividieren wie folgt:

$$\Theta'' = \frac{m_1 + m_2 + m_3 + \cdots + m_i}{i}$$

$$\Theta'' = \frac{1200 + 800 + 1000}{3} = 1000\,\mathrm{h} \quad \text{wenn:} \quad m_1 = 1200\,\mathrm{h},\ m_2 = 800\,\mathrm{h},\ m_3 = 1000\,\mathrm{h},\ i = 3$$

Schließlich kann man auch nur eine Einheit betrachten, und die Zeit bis zum 1. Ausfall erfassen (m'). Es seien nur Zufallsausfälle zugelassen. Nach der Reparatur sei die Einheit wieder in Ordnung, und es vergeht die Zeit m'' bis zum 2. Ausfall. Nach der 2. Reparatur sei die Einheit wieder vollständig erneuert, und es vergehe die Zeit m''' bis zum 3. Ausfall. Dann gilt:

$$\Theta''' = \frac{m' + m'' + m''' + \cdots + m^c}{c}$$

$$\Theta''' = \frac{1100 + 900 + 1050 + 950}{4}$$

$$\Theta''' = 1000\,\mathrm{h} \quad \text{wenn:} \quad m' = 1100\,\mathrm{h},\ m'' = 900\,\mathrm{h},\ m''' = 1050\,\mathrm{h},\ m'''' = 950\,\mathrm{h},\ c = 4$$

Am Würfelspiel kann man sich die Identität der beiden letzten Fälle klarmachen. Gegeben seien ideale Würfel und stochastisch unabhängige Ereignisse, dann ist es gleich, ob man z.B. 10 Würfe mit einem Würfel macht oder mit 10 Würfeln einmal gleichzeitig würfelt, um z.B. die mittlere Augenzahl zu ermitteln.

Die Schätzwerte für den MTBF-Wert sind umso genauer, je länger die Prüfzeit dauert und je größer die Stichprobe bei ausreichend großer Fehlerzahl ist.

Zentrale Lebensdauer (median life)
Als zentrale Lebensdauer bezeichnet man den t-Wert, bei dem die Zuverlässigkeitsfunktion von 100% auf 50% abgesunken ist. Bei der Gauß-Verteilung ist $\tilde{m} = m$, bei der Exponential-Verteilung ist $\tilde{m} = m \cdot \ln 2 = 0{,}7 \cdot m$. Der $\tilde{m}$-Wert ist ohne Integration direkt aus dem R-Diagramm zu entnehmen.

MTTFF-Wert (*m*ean *t*ime *t*o *f*irst *f*ailure)
ist die mittlere Zeit bis zum ersten Ausfall bei vielen Betrachtungseinheiten. Es ist ein Schätzwert für den MTBF-Wert aufgrund der frühest möglichen Erkenntnisse. Bei nichtreparierbaren Systemen ist dieser Wert gleich dem m-Wert.

MTTF-Wert (*m*ean *t*ime *t*o *f*ailure)
ist die mittlere Zeit bis zum Ausfall bei einer einzelnen Einheit. Diese Kenngröße ist sinnvoll, wenn z.B. das Ausfallverhalten und damit die Instandsetzungsabstände einer Großmaschine (z.B. einer Turbine, Generator) charakterisiert werden soll. Bei Zeitabhängigkeit der Ausfallrate können MTTFF-Wert und MTTF-Wert voneinander differieren.

Diskussion:
Der m-Wert und der MTTF-Wert beschreiben einen ähnlichen Sachverhalt. Man kann deshalb in der Regel beide Werte in gleicher Weise betrachten. Die Kennwerte enthalten jedoch weniger Information, als sich aus der Kenntnis der Verteilungsfunktion ergeben würde. Wieviele Elemente zum Zeitpunkt $t = m$ noch in Funktion (intakt) sind, hängt von der Verteilung ab. Bei einer Linear-Verteilung und einer Gauß-Verteilung sind es 50% der Elemente. Bei einer Exponential-Verteilung sind es nur 37%. Bei der Weibull-Verteilung hängt es vom Exponenten β ab.

Da der Anwender naturgemäß mehr an intakten als an ausgefallenen Einrichtungen interessiert ist, kann der m-Wert nur zum Vergleich dienen. Beispielsweise wird bei einer e-Verteilung die Überlebenswahrscheinlichkeit von 90% bereits nach

$$t = -\frac{\ln 0{,}9}{\lambda} = 0{,}106 \cdot m$$

d.h. 1/10 des m-Wertes unterschritten. Hat also eine Serie von Funkgeräten einen m-Wert von 1000 h, dann sind bereits nach 106 h nur noch 90% in Betrieb, wenn sie nach einer e-Verteilung ausfallen würden. Der m-Wert muß also wie der λ-Wert mit Vorsicht interpretiert werden. Bild 2.3 zeigt an sechs Beispielen wie man durch grafische

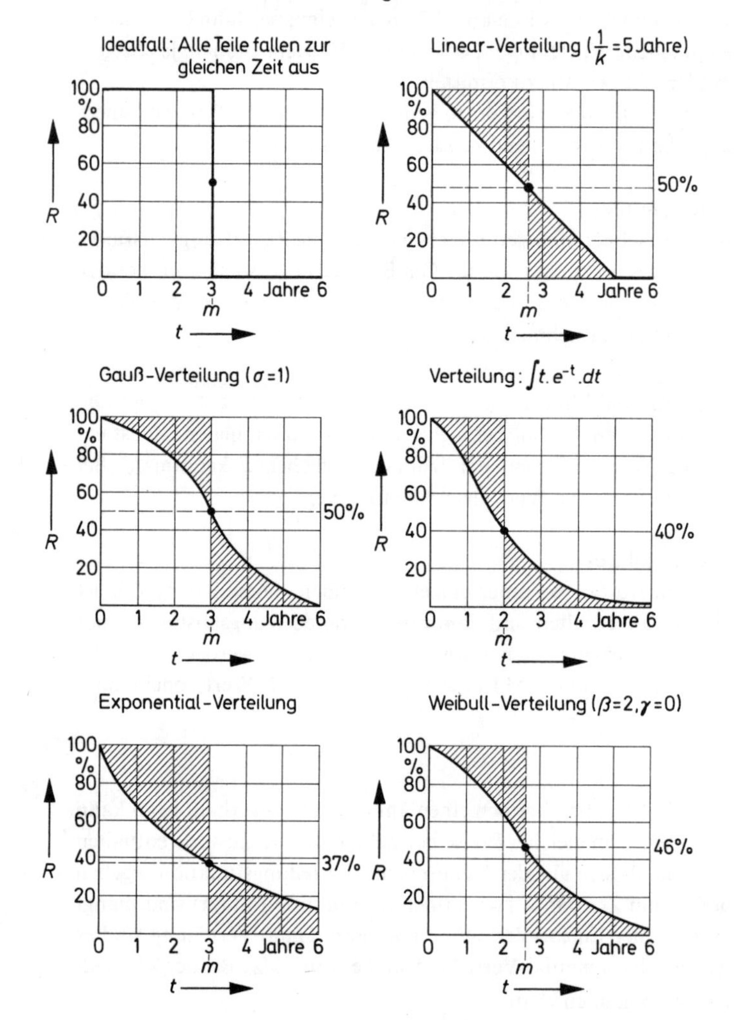

Bild 2.3
Beispiele zum Zusammenhang Verteilung – Lebensdauer. Der Flächeninhalt der beiden schraffierten Flächen soll gleich sein. Das Produkt $m \cdot 1$ ist der Flächeninhalt unter der relativen Bestandsfunktion. m wurde frei gewählt

Integration aus der *Lebensdauerkurve* den Mittelwert bestimmen kann. Ferner zeigt das Bild 2.3 den Zusammenhang zwischen R-Wert und m-Wert bei einigen Verteilungen, vgl. die Herleitungen in Kapitel 11.

2.3 Lebensdauerverteilung beim Menschen

Es ist reizvoll, den zeitlichen Verlauf der Zuverlässigkeitskenngrößen R, F, f, λ einmal bei der *Lebensdauerverteilung* beim Menschen zu studieren. Dieses Beispiel ist einerseits kompliziert und andererseits jedermann durch die tägliche Lebenserfahrung verständlich. Es zeigen sich dabei folgende Besonderheiten, vgl. Bild 2.4:

1. Es gibt über 400 Krankheiten (Ausfallmechanismen), die jede für sich zum Tode führen können. Ähnlich führen in der Elektronik mehrere Fehlerarten zum Totalausfall. Trotzdem ergibt sich eine monoton abnehmende Bestandsfunktion.
2. Die Ausfalldichtefunktion verläuft unsymmetrisch.

Bild 2.4
Lebensdauerverteilung beim Menschen

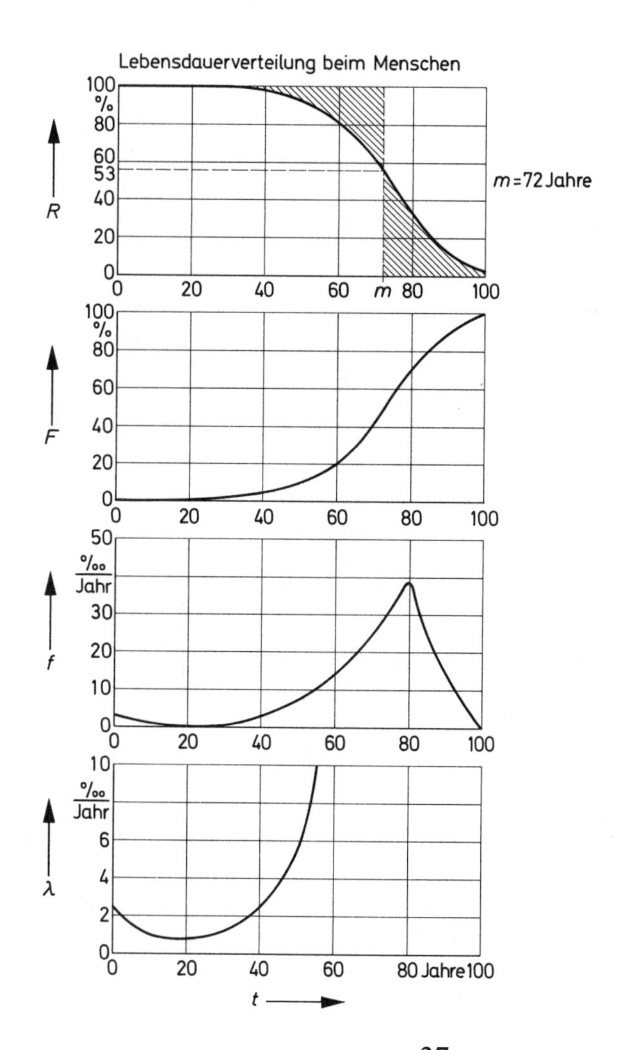

3. Der Abschnitt der Verschleißausfälle, wie er z.B. in der Elektronik bei Steckern und Relais zu beobachten ist, läßt sich hier besonders deutlich erkennen.

4. Aus der Geschichte der Medizin ist bekannt, daß durch geeignete Maßnahmen der Abschnitt der Frühsterblichkeit verkürzt, der Abschnitt der Verschleißausfälle (z.B. durch Bewegungstherapie) hinausgeschoben werden kann. Die Übergänge I/II und II/III der Badewannenkurve sind also keine Fixpunkte!

5. Im Beispiel fallen der f_{max}-Punkt und der m-Punkt nicht zusammen wie bei der symmetrischen Gauß-Kurve.

6. Wie falsch es sein kann, bei zeitabhängigen λ-Werten den Kehrwert zu bilden, um den m-Wert zu erhalten, zeigen folgende Zahlenbeispiele: Der Kehrwert des λ-Wertes der 69...74-jährigen ergibt den Wert 23 Jahre. Der Kehrwert der Gruppe der 9...14-jährigen ergibt als Kehrwert 2000 Jahre!

Tabelle 3

Alter	$\lambda/^0/_{00}$/Jahr
0–1	25,6
1–4	1,7
4–9	0,7
9–14	0,5
14–19	0,6
19–24	0,9
24–29	1,1
29–34	1,2
34–39	1,6
39–44	2,5
44–49	3,8
49–54	6,0
54–59	9,5
59–64	15,3
64–69	26,1
69–74	43,7
74–79	78,5
79–84	130,5
>84	226,6

Die Lebensdauerverteilungen sind natürlich bei Männern und Frauen verschieden, ferner haben sie sich im Laufe der Jahrhunderte entscheidend verändert. Es gibt große Unterschiede von Land zu Land. Die Lebensdauerverteilung ist auch von der Belastung des Menschen abhängig. Nach einer Statistik der Bundesversicherungsanstalt für Angestellte (BFA) betrug im Jahre 1970 das Durchschnittsalter der früher im Beruf tätigen Frauen 68,5 Jahre. Berufstätig gewesene Männer starben dagegen erst mit 75,9

Jahren. Normalerweise haben jedoch Frauen eine um fast sieben Jahre größere Lebenserwartung als die Männer, d.h. der m-Wert kann um ± 7 Jahre im Mittel schwanken, je nach der beruflichen Belastung und Lebensweise.

Die nachstehenden Daten stammen von Reinschke [3] nach Werten von Winter aus dem Jahre 1964. Es sind Häufigkeitsangaben, die exakt eine Histogramm-Darstellung (Säulendiagramm) erfordern würden. Zur Veranschaulichung wurden die Treppenfunktionen durch stetige Funktionen approximiert. Die Abgrenzung I/II liegt bei etwa 10 Jahren, die Abgrenzung II/III bei etwa 40 Jahren, wonach die Verschleißausfälle beginnen. Die Werte nach Winter/Reinschke finden sich in Tabelle 3.

2.4 Linear-Verteilung

Definition:
Die Linear-Verteilung hat eine konstante Ausfalldichte. Die Ausfallwahrscheinlichkeit strebt mit steigendem Wert der Zufallsvariablen dem Wert Eins geradlinig zu. Diese Verteilung beschreibt den Fall, daß je Zeiteinheit gleichviele Elemente ausfallen, unabhängig von der Größe des Kollektives. Sie ist ein Spezialfall der Rechteck-Verteilung mit $a = o$ und $b = 1/k$.

Anwendung:
Die *Linear-Verteilung* ist zwar neben der *Eins-Verteilung* (Idealfall, vgl. Bild 2.3 oben links) die mathematisch einfachste Verteilung, sie ist aber in der Elektronik nur als erste Näherung an Verteilungen verwendbar. Ein Beispiel sind die Wassermoleküle, die aus einem Becherglas konstanter Oberfläche verdampfen. Die Ausfallrate ist zu Anfang gering und steigt bis zum Ende der Verteilung progressiv an. Anfangs belastet der Ausfall das Kollektiv kaum. Ein anderes Beispiel ist das Absägen eines rechteckförmigen Querschnittes. Zu Anfang schwächt der Ausfall der Randfasern die Festigkeit wenig. Am Schnittende bestimmen nur wenige Fasern das Abkippen des Profilstückes.

Formeln:
Die Überlebenswahrscheinlichkeit beträgt hierbei

$$R(t) = 1 - k \cdot t \tag{2.16}$$

wobei k die Ausfalldichte ist, bzw. die Ausfallrate zum Zeitpunkt $t = 0$. Die Ausfallwahrscheinlichkeit

$$F(t) = k \cdot t \tag{2.17}$$

Die Ausfalldichte ist damit:

$$f(t) = k \tag{2.18}$$

und die Ausfallrate ist dann mit $\lambda = f(t)/R(t)$

$$\lambda(t) = \frac{k}{1 - k \cdot t} \tag{2.19}$$

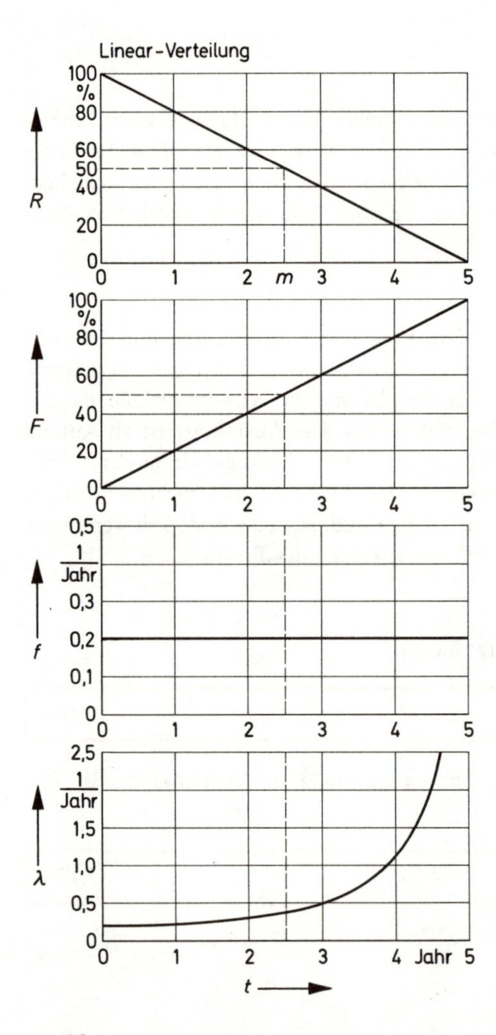

Bild 2.5 Linear-Verteilung (m = 2,5 Jahre)

Mit der Gleichung (2.15) erhält man dann als mittlere Lebensdauer

$$m = \frac{1}{2 \cdot k} \qquad (2.20)$$

Den Verlauf der vier Funktionen R, F, f, λ zeigt das Bild 2.5. Hierbei wurde ein m-Wert von 2,5 Jahren zur Veranschaulichung und zum Vergleich mit den anderen Verteilungen angenommen.

Beispiel:
An $n = 10\,000$ Bauelementen, die unter gleichen Bedingungen betrieben werden, habe man die ersten Ausfälle ermittelt und im Überlebensdiagramm $R = f(t)$ eingetragen. Die Tangente an den ersten Abschnitt der Lebensdauerkurve liefert den Wert $1/k$ auf der Zeitachse, wobei $k = 2 \cdot 10^{-5}/\text{h}$ ermittelt wurde. Wie groß sind R_1, F_1, B_1, λ, m bei $t_1 = 10\,000\,\text{h}$ bei Annahme einer Linear-Verteilung?

$$R_1 = 1 - k \cdot t_1 = 1 - 2 \cdot 10^{-5}\,\text{h}^{-1} \cdot 10^4\,\text{h} = 1 - 0{,}2 \mathrel{\hat{=}} 80\,\%$$
$$F_1 = k \cdot t_1 = 2 \cdot 10^{-5}\,\text{h}^{-1} \cdot 10^4\,\text{h} = 0{,}2 \mathrel{\hat{=}} 20\,\%$$
$$B_1 = B_0 \cdot R_1 = 10\,000 \cdot 0{,}8 = 8\,000 \text{ intakte Bauelemente}$$

$$\lambda = \frac{k}{1 - k \cdot t_1} = \frac{2 \cdot 10^{-5}\,\text{h}^{-1}}{0{,}8} = 2{,}5 \cdot 10^{-5}/\text{h}$$

$$m = \frac{1}{2 \cdot k} = \frac{1}{2 \cdot 2 \cdot 10^{-5}/\text{h}} = \frac{100\,000}{4}\,\text{h} = 25\,000\,\text{h}$$

2.5 Rechteck-Verteilung

Definition:
Die *Rechteck-Verteilung* – auch *Gleichverteilung* genannt – ist eine Verteilung, bei der die Wahrscheinlichkeitsdichtefunktion entlang eines betrachteten Bereiches konstant verläuft, d.h. sich nicht ändert.

Anwendung:
Die Rechteck-Verteilung ist anwendbar, wenn jeder Wert in einem betrachteten Bereich mit der gleichen Wahrscheinlichkeit auftreten kann, z.B. die in erster Näherung angenommene konstante Ausfalldichte für Baugruppen im Temperaturbereich $0 \cdots 70\,°\text{C}$. Sie wird verwendet für das Auftreten von Zufallswerten als Gegensatz zur Normalverteilung (ungünstigster Fall bei der Monte-Carlo-Methode). Während bei der Linear-Verteilung der Ausfall ab $t = 0$ einsetzt, beginnt dieser bei der Rechteck-Verteilung erst ab einem Zeitabschnitt $t = a$.

Formeln:
Die Überlebenswahrscheinlichkeit ist in diesem Fall

$$R(t) = \begin{cases} 1 & \text{für} \quad 0 < t < a \\ \dfrac{b-t}{b-a} & \text{für} \quad a < t < b \\ 0 & \text{für} \quad t > b \end{cases} \tag{2.21}$$

wobei a die untere und b die obere Bereichsgrenze darstellt. Es ist dann die Ausfallwahrscheinlichkeit:

$$F(t) = \begin{cases} 0 & \text{für} \quad t < a \\ \dfrac{t-a}{b-a} & \text{für} \quad a < t < b \\ 1 & \text{für} \quad t > b \end{cases} \tag{2.22}$$

Die Ausfalldichte beträgt:

$$f(t) = \begin{cases} 0 & \text{für} \quad t < a \\ \dfrac{1}{b-a} & \text{für} \quad a < t < b \\ 0 & \text{für} \quad t > b \end{cases} \tag{2.23}$$

Mit dem Quotienten f/R erhält man die Ausfallrate

$$\lambda(t) = \begin{cases} \infty & \text{für} \quad t = b \\ \dfrac{1}{b-t} & \text{für} \quad a < t < b \\ \dfrac{1}{b-a} & \text{für} \quad t = a \end{cases} \tag{2.24}$$

Mit der Gleichung (2.15) und (2.21) ist dann die mittlere Lebensdauer das arithmetische Mittel der Bereichsgrenzen, vgl. Bild 2.6:

$$m = \frac{a+b}{2} \tag{2.25}^*$$

Bild 2.6 Rechteck-Verteilung ($m = 2{,}5$ Jahre)

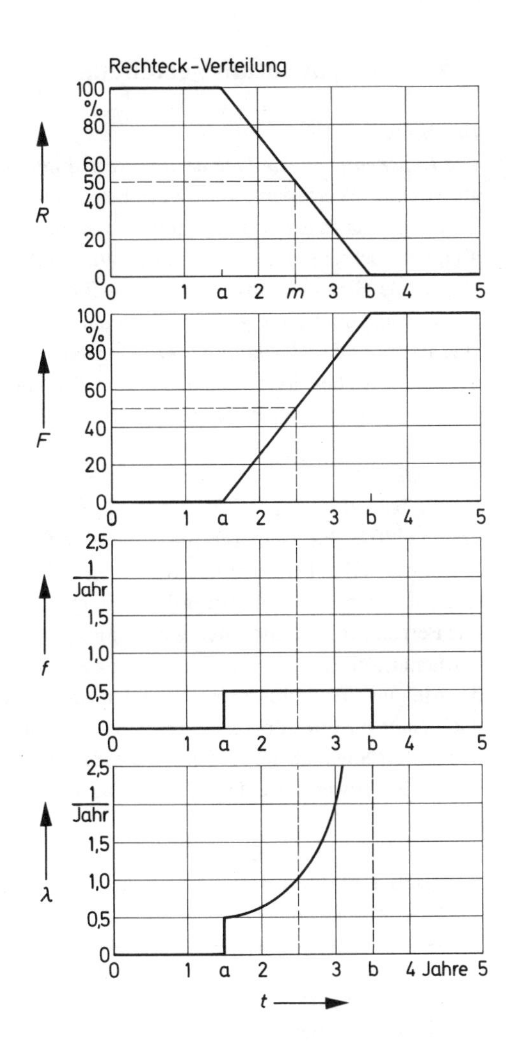

Beispiel:

Man berechne von einem Drehzeiger mit $a = 0$ und $b = 2 \cdot \pi$ die Ausfalldichte, den Mittelwert und die Standardabweichung.

$$f = \frac{1}{b - a} = \frac{1}{6{,}28} = 0{,}159$$

$$m = \frac{a + b}{2} = \frac{6{,}28}{2} = 3{,}14$$

$$\sigma = \frac{b - a}{\sqrt{12}} = 1{,}81$$

vgl. Herleitung der Gleichung (2.25)* im Kapitel 11.

2.6 Exponential-Verteilung

Definition:
Die *Exponential-Verteilung* ist eine Verteilung, bei der die Ausfallwahrscheinlichkeit mit steigendem Wert der Zufallsvariabeln monoton entsprechend der *e*-Funktion dem Endwert Eins zustrebt. Die Überlebenswahrscheinlichkeit nimmt nach einer *e*-Funktion ab (zuerst schnell, dann langsamer). Während der Betriebszeit fallen pro Mengeneinheit gleichviele Elemente aus, d.h. die Ausfallrate ist von der Nutzungsdauer unabhängig. Liegen viele unabhängige Ausfallmechanismen vor, so ergibt deren Überlagerung auch eine Exponential-Verteilung. Die *e*-Verteilung ist ein Spezialfall der *Poisson-Verteilung*, die ihrerseits bei diskreten, disjunkten Ereignissen geringer Erfolgswahrscheinlichkeit anzuwenden ist. Das Bauelement wird als intakt oder defekt angenommen.

Anwendung:
Da die beiden Kenngrößen λ und m konstant sind, ist diese Verteilung anwendbar auf verschleißfreie Bauelemente. Sie beschreibt die Bestandsabnahme durch reine Zufallsausfälle, wie z.B. beim radioaktiven Zerfall, alterungsfreien Halbleiterbauelementen (Signalbetrieb, keine Leistungshalbleiter), allgemein bei unstetigen Schadensursachen. Die Berechnung redundanter Schaltungen gestaltet sich bei Anwendung der *e*-Verteilung mathematisch einfach. Die *e*-Verteilung ist auch dem Elektroniker leicht verständlich, da die Auf- und Entladung eines Kondensators und der Strom durch eine Spule ebenfalls nach einer *e*-Funktion verlaufen. Sind in einem Gerät sehr viele, verschiedenartige mit den unterschiedlichsten Ausfallmechanismen behaftete Bauelemente eingesetzt, dann bringt die Anwendung der *e*-Verteilung wieder richtige Werte.

Formeln:
Der relative Bestand $B(t)/B_0$ (= relative Häufigkeit) wird beim Grenzübergang $N \to \infty$ zur Überlebenswahrscheinlichkeit $R(t)$, die bei der *e*-Verteilung lautet:

$$R(t) = \mathrm{e}^{-\lambda \cdot t} \tag{2.26}$$

Das Komplement davon ist die Ausfallwahrscheinlichkeit:

$$F(t) = 1 - \mathrm{e}^{-\lambda \cdot t} \tag{2.27}$$

Der Differentialquotient ergibt die Ausfalldichte

$$f(t) = \lambda \cdot \mathrm{e}^{-\lambda \cdot t} \tag{2.28}$$

Das Verhältnis f/R führt zur Ausfallrate

$$\lambda = \text{konst.} \tag{2.29}$$

Die mittlere Lebensdauer ist mit den Gleichungen (2.26) und (2.15):

Bild 2.7 Exponential-Verteilung ($m = 2{,}5$ Jahre)

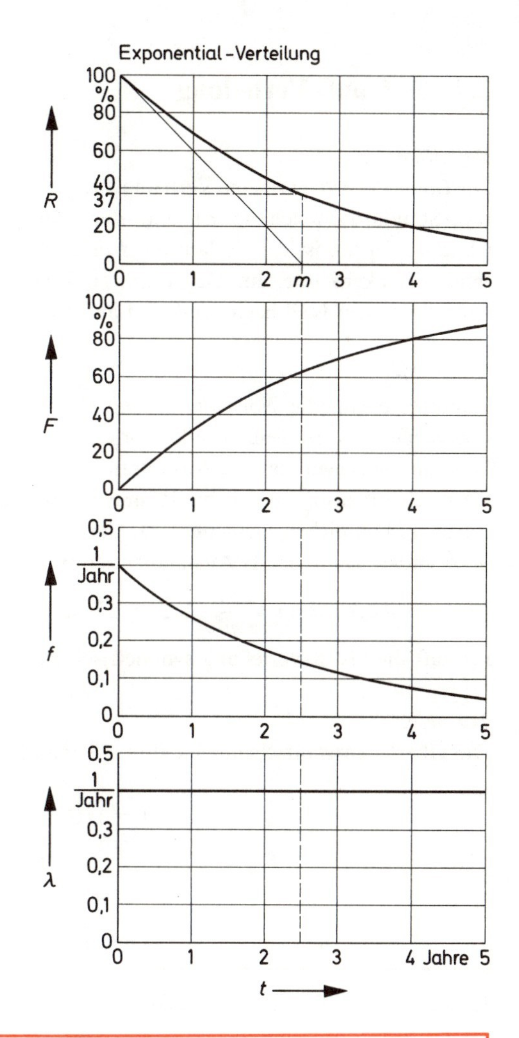

$$m = \frac{1}{\lambda} \tag{2.30)*$$

Den Verlauf der Funktionen R, F, f und λ zeigt Bild 2.7

Beispiel:
Gegeben seien $B_0 = 10\,000$ Bauelemente mit $\lambda = 10^{-7}$/h.
Wie groß sind nach $t_1 = 10\,000$ h die Größen m, R_1, F_1, B_1?

$$m = \frac{1}{\lambda} = 10^7\,\text{h}, \quad R_1 = \text{e}^{-10^{-7} \cdot 10^{+4}} = \text{e}^{10^{-3}} = 0{,}9990005$$

$F_1 = 0{,}0009995$, $B_1 = 9990{,}005$. Demnach sind nach 10 000 h erst knapp 10 Elemente des Kollektivs ausgefallen.

2.7 Gauß-Verteilung

Definition:

Die *Gauß-Verteilung* ist eine Verteilung, die zwei Parameter aufweist: den Formparameter (Standardabweichung σ) und den Lageparameter (mittlere Lebensdauer m). Charakteristisch ist der Verlauf der Ausfalldichte normalverteilt nach einer symmetrischen Glockenkurve. Im Gegensatz zu Linear- und Rechteck-Verteilung steigt die Ausfallrate von Null beginnend im Laufe der Zeit progressiv an.

Anwendung:

Daher erscheint die *Normalverteilung* als mathematisches Modell angebracht, wenn überwiegend Verschleißausfälle vorliegen, denn die nachstehenden Formeln und Diagramme zeigen, daß die Ausfallrate ansteigt (Abschnitt III der Badewannenkurve). Sie erscheint also sinnvoll bei Röhren, Elektromotoren mit Kohlebürsten, Steckern, Relais und ähnlichen Elementen. Da die Gaußfunktion exakt bei $-\infty$ beginnt und bei $+\infty$ endet, kann sie als Ausfalldichtefunktion nur näherungsweise gelten, wenn der *Variationskoeffizient* $v = \frac{\sigma}{m} < 1:3$ ist, d.h. die Streuung klein ausfällt. Wie bereits gesagt, verläuft die Gauß-Verteilung symmetrisch zum Mittelwert m.

Formeln:

Die Überlebenswahrscheinlichkeit erhält man folgendermaßen:

$$R(t) = 1 - \int_0^t f(t) \cdot \mathrm{d}t = \int_t^\infty f(t) \cdot \mathrm{d}t$$

$$R(t) = \frac{1}{\sigma \cdot \sqrt{2 \cdot \pi}} \cdot \int_t^\infty \mathrm{e}^{-\frac{(t-m)^2}{2 \cdot \sigma^2}} \cdot \mathrm{d}t \qquad (2.31)$$

ferner die Ausfallwahrscheinlichkeit

$$F(t) = \int_0^t f(t) \cdot \mathrm{d}t \qquad (2.32)$$

Die Ausfalldichte ist die Gaußfunktion

$$f(t) = \frac{1}{\sigma \cdot \sqrt{2 \cdot \pi}} \cdot \mathrm{e}^{-\frac{(t-m)^2}{2 \cdot \sigma^2}} \qquad (2.33)$$

Der Quotient f/R ergibt wieder die Ausfallrate

$$\lambda(t) = \frac{e^{-\frac{(t-m)^2}{2 \cdot \sigma^2}}}{\int\limits_t^\infty e^{-\frac{(t-m)^2}{2 \cdot \sigma^2}} \cdot dt} \tag{2.34}$$

Die mittlere Lebensdauer gewinnt man durch Integration von (2.31) nach (2.15):

$$m = \int\limits_0^\infty R \cdot dt = \text{konst.} \quad \text{wobei bei } t = m \quad R \mathrel{\hat{=}} 50\,\% \text{ wird.}$$

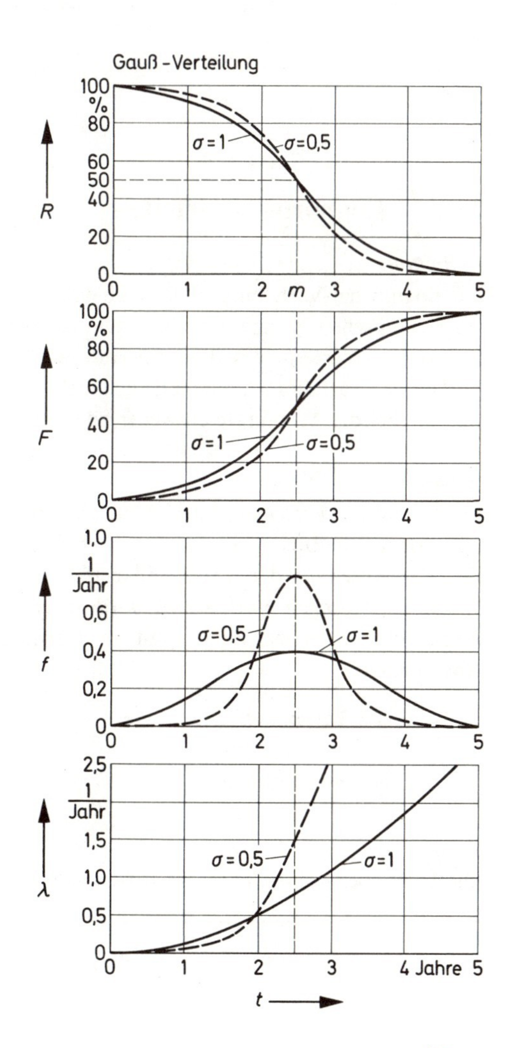

Bild 2.8 Gauß-Verteilung mit $m = 2{,}5$ Jahre und $\sigma = 1$ und $\sigma = 0{,}5$ zum Vergleich

Bild 2.8 zeigt den Verlauf dieser Funktionen R, F, f, λ. Die Werte der nichtelementaren Integrale der Gleichungen (2.32) und (2.33) wurden der Tabelle des Lehrbuches von Kreyszig [4]* entnommen. Wie die Diagramme zeigen, verläuft der Lebensdauerabfall in der Umgebung von $t = m$ steiler, wenn die Standardabweichung kleiner wird. Gleichzeitig steigt die Ausfallrate stärker an.

Beispiel:
Gegeben sei eine Gauß-Verteilung mit $m = \mu = 1{,}0 \cdot 10^4\,\mathrm{h}$ und $\sigma = 0{,}1 \cdot 10^4\,\mathrm{h} = 10^3\,\mathrm{h}$. Wie groß werden die Größen R_1, F_1, f_1, λ_1 nach $t_1 = 1{,}1 \cdot 10^4\,\mathrm{h}$? Zur Lösung benutzt man die Transformation $x = \frac{t - \mu}{\sigma}$ und die Tabellenwerte der Normalverteilung und erhält dann die folgenden Werte bei $x = 1$: $R_1 \mathrel{\hat{=}} 15{,}87\,\%$, $F_1 \mathrel{\hat{=}} 84{,}13\,\%$, $f_1 = 24{,}2$, $\lambda_1 = 1{,}5\,\mathrm{h}^{-1}$. Es gilt die Relation $v = \frac{\sigma}{m} = \frac{1}{10} < \frac{1}{3}$.

2.8 Lognormal-Verteilung

Definition:
Die Lognormal-Verteilung ist dadurch definiert, daß der Logarithmus der Lebensdauer einer Gaußschen-Normalverteilung genügt. Für kleine t-Werte steigt die Fehlerrate an, für große t-Werte nimmt die Fehlerrate wieder ab, z.B. bei $\mu = 1$ und $\sigma = 1$. Diesen Verlauf der Ausfallrate kann man auch nicht mit der Weibull-Verteilung approximieren, weil hierbei die Ausfallrate entweder ansteigt oder abfällt.

Anwendung:
Die *Lognormal-Verteilung* wird benutzt, wenn das Ausfallverhalten von Verschleißteilen mit großer Streubreite zu beschreiben ist. Dies ist z.B. bei Reedkontakten der Fall, wo sich der Abschnitt der Verschleißausfälle von $10^6 \ldots 10^9$ Schaltspiele erstreckt. Bei Abnahmeprüfungen von Relais wird diese Verteilungsart zur Beschreibung vom Fernmeldetechnischen Zentralamt in Darmstadt vorgeschrieben. Es gilt folgende Abgrenzung:

Gauß-Verteilung: $v = \frac{\sigma}{m} < 1:3$ (kleine Streuung)

Lognormal-Verteilung: $v = \frac{\sigma}{m} > 1:3$ (große Streuung).

Formeln:
Die Überlebenswahrscheinlichkeit ist wieder

$$R(t) = \int_t^{\infty} f(t) \cdot \mathrm{d}t \tag{2.35}$$

dagegen die Ausfallwahrscheinlichkeit

$$F(t) = \int_0^t f(t) \cdot \mathrm{d}t \qquad (2.36)$$

Die Ausfalldichte

$$f(t) = \frac{\varphi\left(\frac{\ln t - \mu}{\sigma}\right)}{t \cdot \sigma} \qquad (2.37)$$

wobei die Funktionen wieder tabelliert sind

$$\varphi(x) = \frac{1}{\sqrt{2 \cdot \pi}} \cdot e^{-\frac{x^2}{2}}$$

$$\Phi(x) = \int_{-\infty}^{x} \varphi(u) \cdot \mathrm{d}u$$

und x die *Transformationsvariable* darstellt

$$x = \frac{\ln t - \mu}{\sigma}$$

Die Ausfallrate ist damit

$$\lambda(t) = \frac{\varphi\left(\frac{\ln t - \mu}{\sigma}\right)}{t \cdot \sigma \cdot \Phi\left(-\frac{\ln t - \mu}{\sigma}\right)} \qquad (2.38)$$

Nach einer Reihenentwicklung erhält man den einfachen Ausdruck für die mittlere Lebensdauer:

$$m = \mu \cdot e^{\mu + \frac{\sigma^2}{2}} \qquad (2.39)^*$$

Mit Tabellenwerten aus dem Handbuch von Schindowski-Schütz [7]* erhält man den Verlauf der Funktionen R, F, f und λ, dargestellt in Bild 2.9 für zwei Parameterpaare. Es zeigt sich bei $\mu = 1$, $\sigma = 3$ in der Ausfalldichtefunktion links vom Mittelwert ein Steilabfall, rechts davon ein allmählicher Abfall nach höheren t-Werten. Es handelt sich also um eine unsymmetrische, stetige Verteilung.

Beispiel:
Wie groß werden der m-Wert und der R-Wert bei $\mu = 1$, $\sigma = 1$ bei der Lognormal-

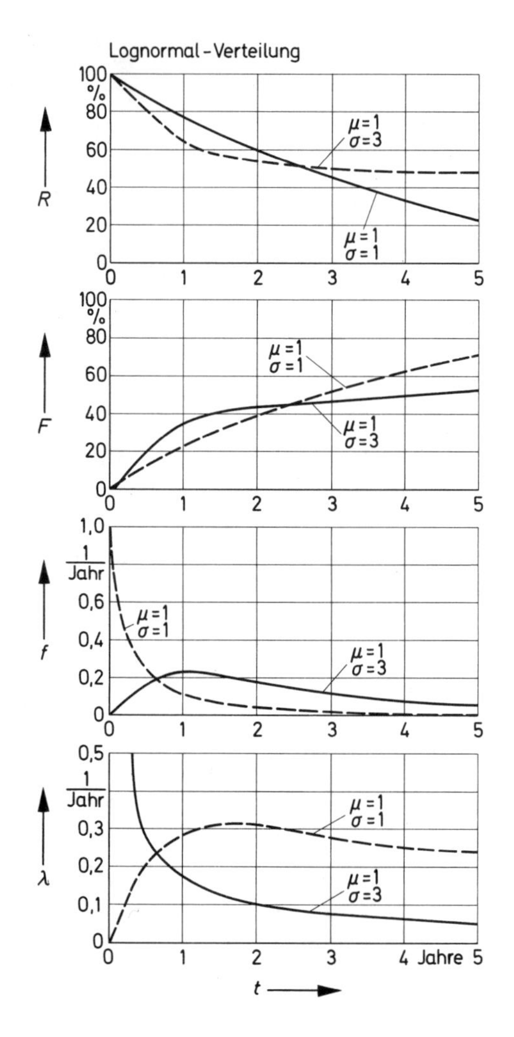

Bild 2.9 Lognormal-Verteilung mit $\mu = 1$ und $\sigma = 1$ und $\sigma = 3$ zum Vergleich

Verteilung? Nach Gleichung (2.39) erhält man:

$$m = \mu \cdot e^{1 + 0,5} = \mu \cdot e^{1,5} = 4,48 \text{ Jahre}$$

Dabei wird nach (2.37) durch Integration und Komplementierung der Wert $R \mathrel{\hat{=}} 31,8\,\%$ gefunden, was das Diagramm in Bild 2.9 bestätigt. Der μ-Wert ist hierbei der Mittelwert der Normalverteilung für die x-Achse. Der gefundene R-Wert ist geringer als bei der e-Verteilung.

2.9 Weibull-Verteilung-Grundlagen

Definition:

Der Schwede Weibull näherte in den 40er Jahren in Zusammenhang mit Werkstoffermüdungsfragen die zeitabhängige Ausfallrate durch eine Potenzfunktion an. Er fand damit eine Verteilung, die universell in der Zuverlässigkeitstechnik anwendbar ist, denn es lassen sich mit ihr sowohl Frühausfälle als auch Verschleißausfälle in der «Badewannenkurve» approximieren und zahlenmäßig erfassen. Die *e*-Verteilung ist dabei ein Sonderfall der *Weibull-Verteilung* ($\beta = 1$). Es handelt sich um eine Verteilung mit drei Parametern. Es bedeuten:

- t = eine statistische Variable (Zeit in Stunden oder Anzahl der Betätigungen),
- η = Maßstabsparameter oder *charakteristische Lebensdauer*. Bei $t = \eta$ hat sich die Überlebenswahrscheinlichkeit auf 37% verringert, wenn $\gamma = 0$ wird.
- β = Formparameter oder *Weibull-Exponent*, der die Kurvenform der Weibull-Verteilung festlegt.
- γ = *Lageparameter*, der den Zeitpunkt bestimmt, an dem die Ausfälle beginnen. Es handelt sich um eine Zeitverschiebung längs der t-Achse. In der DGQ-Schrift [4] wird anstelle γ der Buchstabe t_0 verwendet. Kommt γ in die Größenordnung von η, dann muß in der Formel (2.40) der γ-Wert auch vom η-Wert abgezogen werden.

Anwendung:

Folgende Betriebsfälle erfaßt die Weibull-Verteilung:

- $\gamma > 0$: Betriebsfall, bei dem die Ausfälle erst nach einiger Zeit, nämlich nach $t = \gamma$ einsetzen. Dies ist der Fall bei Korrosion, Ausfall von Batterien, Bildung von Deckschichten an Steckern usw.
- $\gamma = 0$: Betriebsfall, bei dem von Beanspruchungsbeginn an Ausfälle zu beobachten sind wie bei der Linear-, Exponential-, Gauß- und Lognormal-Verteilung.
- $\beta < 1$: Abschnitt der Frühausfälle
- $\beta = 1$: Abschnitt der Zufallsausfälle, Nutzungsdauer
- $\beta > 1$: Abschnitt der Verschleißausfälle

Die Weibull-Verteilung ist nützlich bei der Selektierung von Frühausfällen und bei der Lebensdauerprognose von verschleißbehafteten Elementen. Außerdem kann man aus dem Verlauf der Meßkurven im Wahrscheinlichkeitspapier erkennen, ob Mischverteilungen vorliegen oder der Ausfallmechanismus sich ändert. Dies ist der Fall, wenn der Anstieg der β-Geraden im Wahrscheinlichkeitspapier sich ändert.

Formeln:

Nach Weibull wird die Überlebenswahrscheinlichkeit definiert zu

$$R(t) = e^{-\left(\frac{t-\gamma}{\eta}\right)^{\beta}} \quad \text{für} \quad t > \gamma \tag{2.40}$$

Im Sonderfall mit $\gamma = 0$ heißt die Beziehung

$$R(t) = \mathrm{e}^{-\left(\frac{t}{\eta}\right)^{\beta}} \quad \text{für} \quad \gamma = 0$$

Die *e*-Verteilung ist in der Weibull-Funktion enthalten, wenn man den Exponenten gleich Eins setzt:

$$R(t) = \mathrm{e}^{-\frac{t}{\eta}} = \mathrm{e}^{-\frac{t}{m}} \quad \text{für} \quad \beta = 1$$

Es wird dann $\eta = m$.

Das Komplement von R ergibt die Ausfallwahrscheinlichkeit

$$F(t) = 1 - \mathrm{e}^{-\left(\frac{t-\gamma}{\eta}\right)^{\beta}} \quad \text{für} \quad t > \gamma \tag{2.41}$$

Durch Differentiation berechnet sich die Ausfalldichte wie folgt

$$f(t) = \frac{\beta}{\eta} \cdot \left(\frac{t-\gamma}{\eta}\right)^{\beta-1} \cdot \mathrm{e}^{-\left(\frac{t-\gamma}{\eta}\right)^{\beta}} \tag{2.42}$$

Wie bei der Gauß- und Lognormal-Verteilung wird auch hier die Ausfallrate zeitabhängig:

$$\lambda(t) = \frac{\beta}{\eta} \cdot \left(\frac{t-\gamma}{\eta}\right)^{\beta-1} \quad \text{mit} \quad \lambda_0 = \frac{\beta}{\eta} \tag{2.43}$$

Mittels der *Gamma-Funktion*, die wie die Normal-Verteilung in den Statistik-Lehrbüchern tabelliert wird, kann man nach folgender Beziehung die mittlere Lebensdauer bestimmen

$$m = \eta \cdot \Gamma\left(1 + \frac{1}{\beta}\right) \tag{2.44*}$$

Bei Vergleich von Prüfchargen ist der *Gütefaktor* nützlich. Die Prüfcharge ist die beste, die den höchsten Q-Wert erreicht:

$$Q = \frac{\eta + \gamma}{\beta} \tag{2.45}$$

Im Bild 2.10 sind die R, F, f, λ-Funktionen für die Weibull-Verteilung mit 3 Parametern dargestellt, wenn $\gamma = 0$ ist. Setzt man $\beta = 3{,}44$, dann kann man mit der Weibull-Funktion auch die Gauß-Verteilung approximieren.

Bild 2.10 Weibull-Verteilung mit $\gamma = 0$, $\eta = 1$ und $\beta = 0{,}5;\ 1;\ 2$

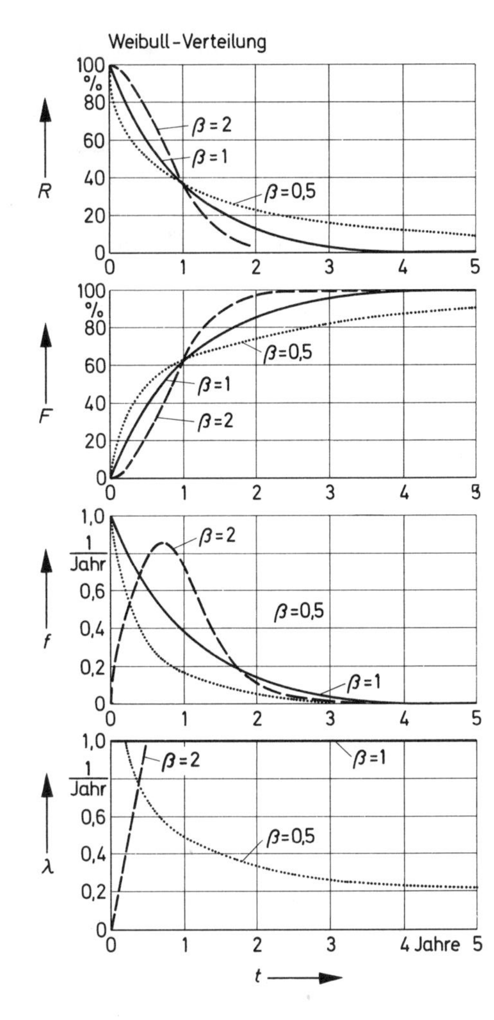

Beispiel:
Für die β-Werte 0,5; 1; 2 berechne man bei $\eta = 1$ Jahr die Lebensdauer- und die dazugehörigen R-Werte. Durch Berechnung mittels der Gamma-Tabellen findet man die Werte in Tabelle 4

Tabelle 4

β	$\alpha = \left(1 + \frac{1}{\beta}\right)$	$\Gamma_{\ldots}$	m	R
0,5	$1 + 2 = 3$	2	2	24,3%
1	$1 + 1 = 2$	1	1	36,7%
2	$1 + 0{,}5 = 1{,}5$	0,8862	0,8862	46%

2.10 Weibull-Wahrscheinlichkeitspapier

Definition:

«*Wahrscheinlichkeitspapier*» nennt man käufliche Formulare, die zum Eintragen empirischer Meßwerte dienen sollen. Auf der x-Achse dieses Koordinatennetzes wird die statistische Variable aufgetragen. Auf der y-Achse trägt man die Ausfallwahrscheinlichkeit auf. Der Maßstab wird dabei so transformiert, daß sich die Meßverteilung zu einer Geraden erstreckt. Dabei ist die

untere Abszisse:	Zeit der Anzahl der Betätigungen im logarithmischen Maßstab,
obere Abszisse:	lineare x-skala, wobei $x = \ln t$,
linke Ordinate:	doppelt logarithmische Skala der kumulativen Fehlerfunktion $F(t)$,
rechte Ordinate:	$y = \ln \ln \dfrac{1}{1 - F(t)}$

Herleitung:

Nimmt man an, daß $\gamma = 0$ erfüllt ist, dann gilt

$$F(t) = 1 - e^{-\left(\frac{t}{\eta}\right)^{\beta}}$$

$$1 - F(t) = e^{-\left(\frac{t}{\eta}\right)^{\beta}}$$

$$\frac{1}{1 - F(t)} = e^{+\left(\frac{t}{\eta}\right)^{\beta}}$$

$$\ln \ln \frac{1}{1 - F(t)} = \beta \cdot \ln \left(\frac{t}{\eta}\right) = y$$

$$y = \beta \cdot \ln t - \beta \cdot \ln \eta \tag{2.46}$$

Dies ist eine Geradengleichung der Form

$$y = a \cdot x + b \quad \text{mit den Werten}$$

$$a = \beta;\ b = -\beta \cdot \ln\eta;\ x = \ln t$$

Anwendung:

Das *Weibull-Wahrscheinlichkeitspapier* ist nützlich zur grafischen Bestimmung der Zuverlässigkeitskennwerte: β, η, m. Aus den Werten η und β kann man den Gütefaktor bestimmen. Wird für eine Prüfcharge Q maximal, dann ist sie die beste. Die Kenngröße Q ist beim Erkennen von Frühausfällen unter verschärften Prüfbedingungen ein sicheres Auswahlkriterium.

β-Bestimmung: Man trägt die Meßwerte der Versuchsserie in das Koordinatennetz ein und legt durch die Punkteschar eine mittelnde Gerade. Der Anstieg der parallellaufenden β-*Geraden* aus dem «β-Geraden-Stern» gibt dann den gesuchten β-Wert an.

η-Bestimmung: An der Stelle, an der der y-Wert Null wird, gilt:

$$0 = \ln \ln \frac{1}{1 - F(t)} = \beta \cdot \ln t - \beta \cdot \ln \eta$$

damit wird

$$\ln t = \ln \eta \quad \text{und} \quad t = \eta$$

Die Abszisse des Schnittpunktes der β-Geraden mit der Linie $y = 0$ liefert also den gesuchten η-Wert.

m-Bestimmung: Aus der am oberen Blattrand gedruckten Doppelskala, deren Werte mittels der Gamma-Funktion berechnet wurden, kann man den MTTF-Wert, d.h. die mittlere Lebensdauer, berechnen.

Tabelle 5

Lfd. Nr. des Relais	Kumulative Verteilung $F(t)$ in %	t = Anzahl der Betätigungen vor dem Ausfall $\times 10^5$
16	5	1,90
10	10	3,34
1	15	3,65
19	20	4,20
8	25	4,72
4	30	5,89
6	35	6,10
15	40	6,62
17	45	7,92
2	50	8,40
12	55	8,50
3	60	9,00
5	65	9,60
14	70	11,02
7	75	11,95
9	80	12,40
13	85	13,03
20	90	13,42
11	95	18,07
18	100	20,63

Das Weibull-Wahrscheinlichkeitspapier kann nicht nur benutzt werden, um die drei Verteilungskennwerte β, η, m zu ermitteln, sondern man kann damit auch eine grafische Prognose der Lebensdauer vornehmen. Bei einer e-e-Verteilung ergibt sich der m-Wert aus dem Schnittpunkt der Tangente an die e-Funktion bei $t = 0$ mit der x-Achse.

Zur Vertiefung der Kenntnisse der Weibull-Funktion sei auf den Beitrag von Tittes [5] hingewiesen. Ferner findet sich in [4] eine Anleitung zum Gebrauch. Formblätter können vom Beuth-Verlag unter der Bestell-Nr. 32 722 bezogen werden.

Beispiel:

Als Beispiel für die Anwendung des Weibull-Papieres sollen die Meßwerte einer Prüfcharge von 20 Relais dienen, die in Tabelle 5 festgehalten werden. Sie sind einem kleinen, betriebsinternen Handbuch für Zuverlässigkeit der Fa. SEL entnommen, ebensfalls die grafische Darstellung dazu in Bild 2.11.

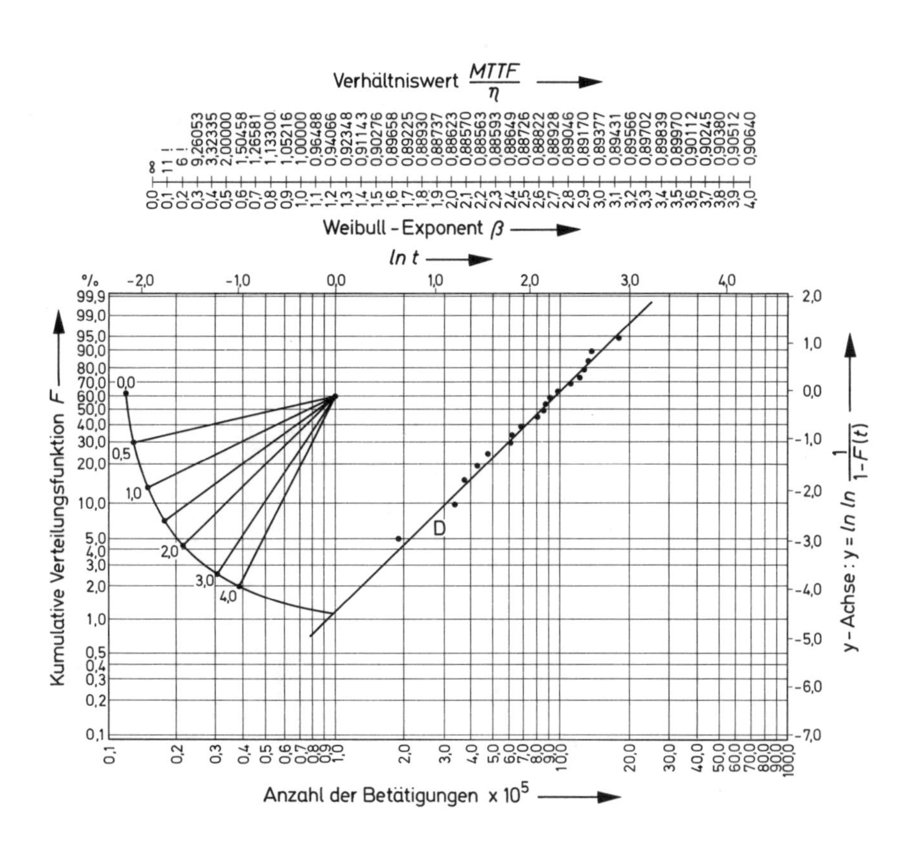

Bild 2.11 Weibull-Wahrscheinlichkeitspapier: Beispiel Relais

Die an den Relais beobachteten Ausfälle wurden in das Wahrscheinlichkeitspapier eingetragen und durch die Meßpunkte eine mittelnde Gerade gelegt. Die Auswertung in der oben beschriebenen Form ergibt dann die folgenden Werte:

$$\beta = 2, \quad \eta = 9{,}25 \cdot 10^5; \quad \frac{m}{\eta} = 0{,}88623$$

$$m = 0{,}88623 \cdot 9{,}25 \cdot 10^5 = 8{,}2 \cdot 10^5 \text{ Betätigungen}$$

$$Q = \frac{\eta}{\beta} = 4{,}63 \cdot 10^5$$

Bei diesem m-Wert sind bereits über 50% der Relais ausgefallen.

2.11 Gemischte Weibull-Verteilung

Definition:
Gemischte Weibull-Verteilung nennt man das System aus drei Gleichungen mit neun Zuverlässigkeits-Parametern, womit man die Badewannenkurve und die dazugehörige Überlebenswahrscheinlichkeitsfunktion einer gegebenen empirischen Verteilung approximieren kann. Es gilt danach im

$$\text{Bereich I:} \quad R_{\mathrm{I}} = \mathrm{e}^{-\left(\frac{t+\gamma_{\mathrm{I}}}{\eta_{\mathrm{I}}}\right)^{\beta_{\mathrm{I}}}}$$

$$\text{Bereich II:} \quad R_{\mathrm{II}} = \mathrm{e}^{-\left(\frac{t-\gamma_{\mathrm{II}}}{\eta_{\mathrm{II}}}\right)^{\beta_{\mathrm{II}}}}$$

$$\text{Bereich III:} \quad R_{\mathrm{III}} = \mathrm{e}^{-\left(\frac{t-\gamma_{\mathrm{III}}}{\eta_{\mathrm{III}}}\right)^{\beta_{\mathrm{III}}}}$$

Der mathematische Aufwand wird dadurch natürlich größer.

Beispiel:
An dem Beispiel der Lebensdauerverteilung beim Menschen von Bild 2.4 soll gezeigt werden, wie wirksam bzw. nicht adäquat die Approximation einer vorliegenden komplizierten Verteilung durch eine gemischte Weibull-Verteilung ist. Der Approximation wurden die folgenden Zuverlässigkeits-Parameter zugrunde gelegt:

Bereich I: $\gamma_{\mathrm{I}} = 0$ Jahre $\beta_{\mathrm{I}} = 0{,}85$ $\eta_{\mathrm{I}} = 1000$ Jahre

Bereich II: $\gamma_{\mathrm{II}} = 10$ Jahre $\beta_{\mathrm{II}} = 1$ $\eta_{\mathrm{II}} = 600$ Jahre

Bereich III: $\gamma_{\mathrm{III}} = 40$ Jahre $\beta_{\mathrm{III}} = 2{,}5$ $\eta_{\mathrm{III}} = 40$ Jahre

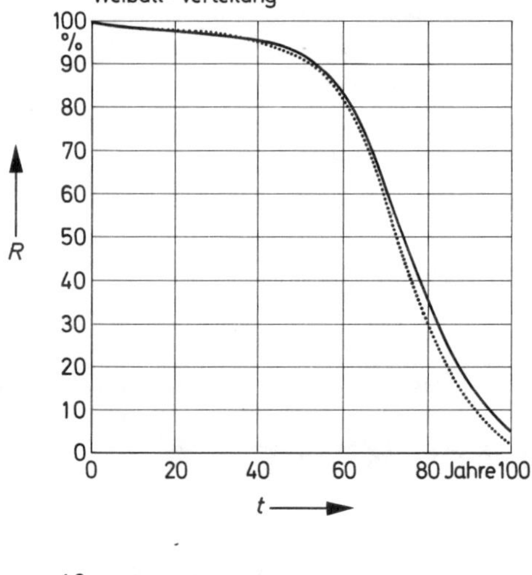

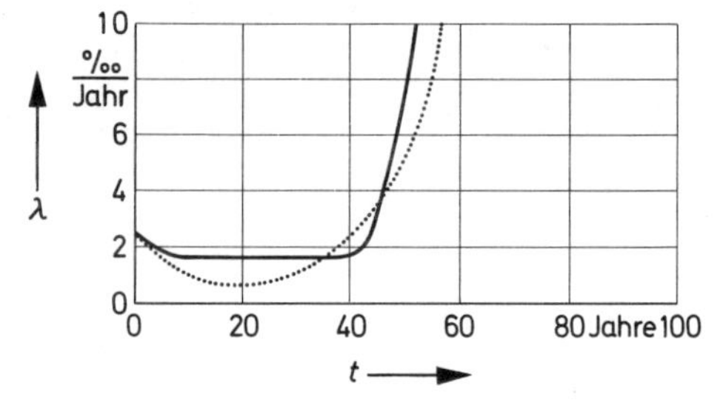

Bild 2.12 Beispiel für eine gemischte Weibull-Verteilung (gestrichelt/punktierte Kurve = approximierte Kurve)

Die grafische Darstellung findet sich in Bild 2.12. Es zeigt sich, daß die Überlebenswahrscheinlichkeitsfunktion relativ gut angenähert wird, der Verlauf der Ausfallraten (Badewannenkurve) dagegen nicht.

3 Zuverlässigkeits-Parameter

3.1 Ermittlung der Ausfallraten

Die Ausfallrate λ ist eine der wichtigsten Zuverlässigkeitsparameter. Im Zeitabschnitt der Zufallsausfälle ist ihr Kehrwert die mittlere Lebensdauer. Bei β-Werten zwischen 1 und 2,5 ist der m-Wert näherungsweise die charakteristische Lebensdauer η der Weibull-Verteilung. Jedes Bauelement hat seinen eigenen λ-Wert, der sich u.a. aus dem ihm eigenen Fehlermechanismus ergibt. Man bestimmt den λ-Wert aus dem Schätzwert nach Gleichung (1.4). Als Ausfälle dürfen nur die Ausfälle bei *Nennbeanspruchung* gezählt werden, nicht solche durch elektrische, thermische, mechanische oder chemische Überbeanspruchung. An der Ermittlung der λ-Werte der in den Geräten benutzten elektronischen Bauelemente sind die Hersteller und die Anwender gleichermaßen interessiert.

Der Hersteller erkennt aus den λ-Werten das Zuverlässigkeitsniveau seiner Fertigung und dessen eventuell mögliche Steigerung.

Der Anwender von Bauelementen benötigt die Kennwerte zum Vergleich beim Einkauf und für die Berechnung der Systemzuverlässigkeit seiner elektronischen Einrichtungen. Prinzipiell gibt es zwei Wege, um diesen Zuverlässigkeits-Parameter zu ermitteln:

1. Zuverlässigkeitstests in den Hersteller-Laboratorien, speziell solchen zur Umwelt-Simulation,
2. Auswertung von Betriebs-Fehlerstatistiken, die beim Anwender gemacht wurden und zum Hersteller zur Auswertung zurückgeleitet werden.

Die erste Methode hat den Vorteil, daß Erkenntnisse unter exakt überwachbaren und reproduzierbaren Meßbedingungen gewonnen werden. Ferner kann man an den Ausfallmustern im Werkstoffprüflabor die Ausfallursachen genau studieren.

Nachteilig ist, daß diese Prüfung material- und personalintensiv ist, denn die entsprechenden Einrichtungen, wie Dauerbrennplätze, Klimaschränke, Schwingtische, Korrosionsbehälter usw. erfordern hohe Investitionen und Ingenieur-Aufwand. Die Prüfzeiten sind infolge des meist eingesetzten Verfahrens der Zeitraffung sehr kurz mit Ausnahme bei Langzeitversuchen mit kleinen Prüfkollektiven. Weil bei Überbeanspruchung gemessen wird, ist die Umrechnung auf Normalwerte mit einer Unsicherheit behaftet. Die Lastsimulation ist dem Anwendungsfall nicht immer voll gerecht.

Die zweite Methode hat den Vorteil, daß die gesuchte Betriebszuverlässigkeit direkt ermittelt wird. Sie stellt immer eine kombinierte Belastung dar, die in einer *Kombinationsprüfung* (z.B. Übertemperatur bei gleichzeitiger Vibrationseinwirkung) nicht exakt reproduzierbar ist. Ferner ist in der Regel der Umfang der Stichproben aus den im Einsatz befindlichen Geräte sehr groß.

Auch sind die Prüfzeiten ausreichend lang. Schwierig ist es dagegen, den Informationsrückfluß zum Hersteller zu organisieren und aufrecht zu erhalten. Ausfallursachen, Betriebsdauer und Ausfallart (z. B. Primär- oder Sekundärausfall) sind nicht immer exakt feststellbar. Die Ausfallmuster gelangen nicht immer zum Hersteller zurück. Es gehen Daten verloren, d.h. $c_{\text{gezählt}} < c_{\text{wirklich}}$. Damit ergeben sich nach Formel (1.4) fälschlicherweise kleinere Ausfallraten. Bei den Ausfällen ist nicht immer klar erkennbar, ob die Nenndaten überschritten wurden.

In Tabelle 6 sind beide Verfahren nochmals gegenübergestellt. Wie man aus der Bewertung sieht, liefern beide Prüfmethoden einander ergänzende Ergebnisse und müssen daher beide zur Datenerfassung herangezogen werden, will man das vollständige Zuverlässigkeitsprofil ermitteln.

Tabelle 6

	Labor-Messung	Feld-Messung
Prüfzeit	kurz: Stunden/Wochen ●	lang: Monate/Jahre
Fehleranalysen	im Labor gut möglich ●	Ausfallmuster schwer beschaffbar
Ausfall-bedingungen	exakt reproduzierbar ●	im nachhinein schwer feststellbar
Stichprobenanzahl	gering: $n = 10 \cdots 10^2$	groß: $n = 10^2 \cdots 10^5$ ●
Prüfergebnis	Lastfall nur simuliert	betriebsgerecht ●
Kosten	teurer: Prüfpersonal u. Prüfeinrichtungen	billiger: Durchführung einer Fehlerstatistik ●
Fehlerquellen	zeitraffende Tests keine Kombinationsprüfungen	fehlerhafte Fehlererfassung und Registrierung

●: bedeutet Vorteil

3.2 Ausfallratenangaben in der Literatur

Die Methode, anstelle von Prüfungen oder Auswertung von Fehlerstatistiken die Erfahrungen anderer Ingenieure bei der Ermittlung von Ausfallraten zu übernehmen, scheint der einfachste Weg zu sein. Er ist jedoch der risikoreichste. Angaben über die Ausfallraten von Bauelementen findet man in folgenden Literaturstellen:

- MIL-Handbuch 217-A/217-B des USA-Verteidigungsministeriums,
- Prüfberichte aus der Luft- und Raumfahrt,
- Datensammlungen der Elektro-Großfirmen, (z. B. Ausfallraten-Datenbank des ITT-Konzerns),
- Angaben in Büchern (z. B. Dummer/Griffin, Hofmann, Dombrowski, Ackmann, vgl. das Bücherverzeichnis in Kapitel 12),
- Aufsätze zum Thema «Zuverlässigkeit» etwa seit dem Jahre 1960, vgl. Abschnitt 3.7,
- Datenblattangaben der Bauelemente-Hersteller (nur spärlich!),
- Berichte aus Prüfinstituten (z. B. FRD-Karten aus Schweden vgl. [6] oder VDE-Prüfstelle in Offenbach [7]).

Die λ-Werte, die in diesen Literaturstellen angegeben werden, streuen allerdings sehr stark. Auf der einen Seite werden sie bis auf drei Stellen hinter dem Komma genau angegeben, auf der anderen Seite erstrecken sie sich über 2... 3 Größenordnungen. Dies ist eine Verunsicherung des Entwicklungsingenieurs, der die Ergebnisse von Zuverlässigkeitsberechnungen daraufhin anzweifelt.

Als Beispiel seien die λ-Werte aus dem Buch von Görke [6], die dort in Tabellenform angegeben werden, grafisch in Bild 3.1 veranschaulicht. Diese großen Spannen der Ausfallratenangaben kommen zustande durch echte Zuverlässigkeitsunterschiede der betreffenden Bauelementegruppen, ferner durch Meß- und Erfassungsfehler bei der Ausfallratenbestimmung, sowie durch unterschiedliche Belastungen.

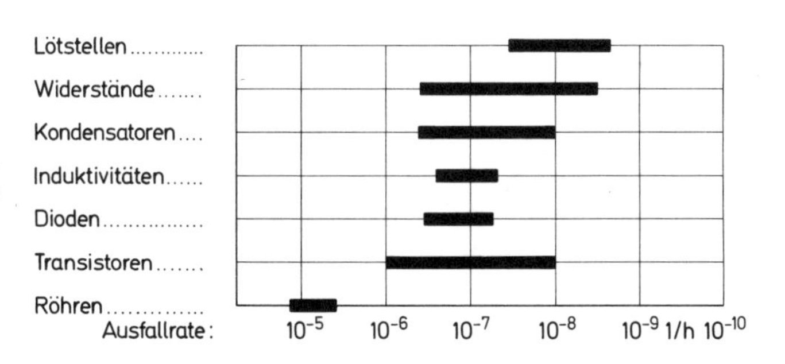

Bild 3.1
Streubereich der Ausfallraten elektronischer Bauelemente in sich unterschiedlicher Technologien und Bauarten nach Görke

Insgesamt sind die dort angegebenen Werte veraltet. Es fehlen die Angaben über Integrierte Schaltungen, die noch im Abschnitt 3.7 gebracht werden. Durch technologische Fortschritte sind die λ_{min}-Werte in den letzten Jahren noch niedriger geworden. Man darf jedoch nie vergessen, daß ein λ_{min}-Wert immer ein Bestwert darstellt, der durch zahlreiche Einflüsse jederzeit auch wieder schlechter sein kann.

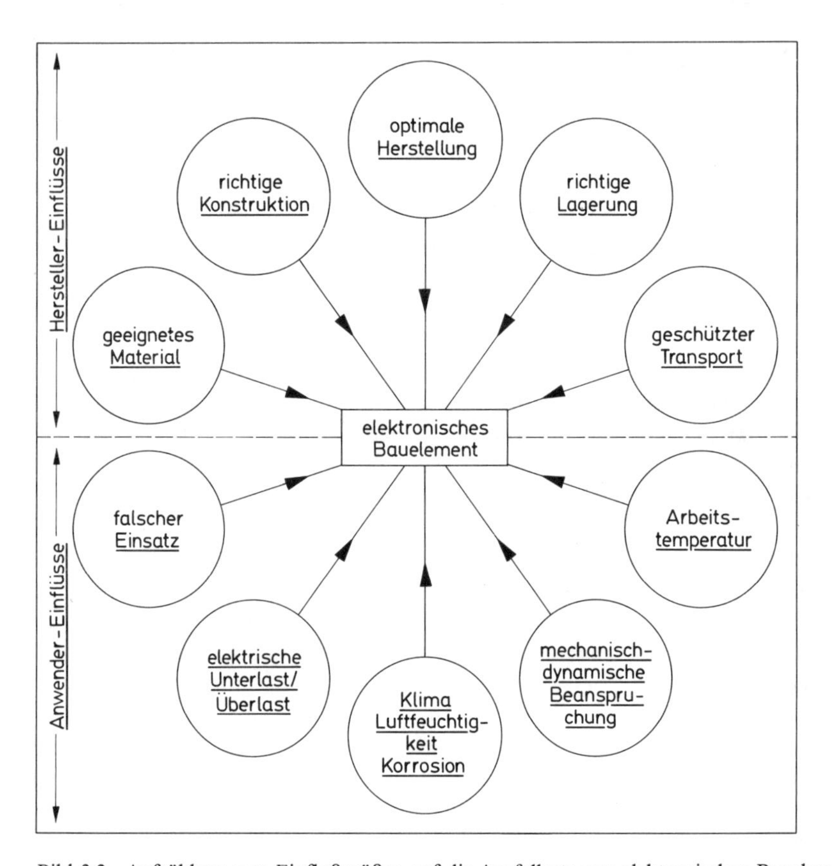

Bild 3.2 Aufzählung von Einflußgrößen auf die Ausfallrate von elektronischen Bauelementen

Die große Streuung der λ-Werte über mehrere Größenordnungen hat nicht nur in der Art der statistischen Erfassungsmethode ihren Ursprung, sondern vor allem darin, daß sehr viele Einflußgrößen den Wert einer Ausfallrate beeinflussen. Dies soll Bild 3.2 veranschaulichen. Die Ausfallrate hängt danach von umgebungsbedingten und funktionsbedingten Beanspruchungen ab.

Danach liegt die «Schuld» bei ungünstigen Ausfallraten nicht nur beim Hersteller, sondern ebenso beim Anwender. Der Anwender muß sich also informieren, was sein Bauelement leisten kann und was nicht.

Die Vielzahl der Einflußgrößen und die Streubreite der ermittelten λ-Werte zwingt daher den Anwender zu folgenden kritischen Fragen, wenn er Werte der Literatur entnimmt:

1. Welche Kenngröße wurde den Zuverlässigkeitsmessungen zugrunde gelegt? Dies geht nämlich vielfach nicht aus dem λ-Wert hervor.

2. Wurden Drift- oder Totalausfälle beobachtet?
Folgeausfälle sind nicht zu werten.
3. Wie groß war das Prüfkollektiv und damit die statistische Sicherheit der Meßwerte?
4. Wie groß war der Prüfzeitraum? Lag er im Abschnitt der Frühausfälle oder im Abschnitt der Nutzungsdauer?
5. Welche Verteilung bzw. welchen λ-Wert hat die Ausfallratenangabe (Vertrauensbereich)?
6. Wie groß war die funktionelle elektrische Belastung?
7. Wie war die Umgebungsbelastung (Temperatur, Klima usw.)?
8. Um welche Herstellung handelt es sich bei dem Bauelement (Herstelljahr, Herstellort)?
9. Stammen die λ-Werte von militärischen oder zivilen Prüfstellen?
10. Handelt es sich um Werte aus Prüflaboratorien oder aus Betriebs-Fehlerstatistiken?

Die Datensammlungen aus dem militärischen Bereich sowie der Luft- und Raumfahrt sind für Industrieanwendungen zu pessimistisch, weil die Streßbeanspruchungen z.B. bezüglich der Temperatur ($-55 \cdots +125$ °C) in der Industrie ($0 \cdots 75$ °C) meist nicht auftreten.

Aus diesem Sachverhalt ergibt sich daher für den Entwicklungsingenieur folgender Schluß: Er muß, um sicher zu gehen, seine Zuverlässigkeitsberechnungen dreimal durchführen mit den jeweiligen Minimal-, Mittel- und Maximalwerten.

Das Prognose-Rechenergebnis, z. B. in Form eines MTBF Wertes, muß nach Jahren der Betriebserfahrung mit der Prognose verglichen werden. Danach wird die Datensammlung überarbeitet. Auf diese Weise ergeben sich immer exaktere Ergebnisse. Die Fortschritte in der Herstellungstechnologie und der Zuverlässigkeitssicherung haben seit den 60er-Jahren zur stetigen Verbesserung der Ausfallraten geführt.

3.3 Ausfallrate und mechanischer Umwelteinflußfaktor

Definition:
Die Beobachtung des Ausfallverhaltens mobiler Geräte und Anlagen hat gezeigt, daß hierbei die Ausfälle der Bauelemente u. U. um bis zu zwei Größenordnungen zunehmen. Diesen wichtigen mechanischen Einfluß durch Schwingen und Stoßen hat man in den USA anfangs durch den K_e-Faktor (*e*nvironmental = umgebungsbedingt) berücksichtigt. Jedem Einsatzgebiet ordnet man einfach einen K_e-Wert aus Erfahrung zu.

Kennwerte:
H. Römisch gibt in [8] einige Kennwerte an, die dem MIL-Handbuch 217-A «Reliability Stress Analisis for Electronic Equipment» entnommen wurden, vgl. Tabelle 7.

Tabelle 7

Geräteumwelt	K_e
Stationärer Betrieb auf dem Land	1,0
Schiffe	1,2
Eisenbahnen	2,4
Flugzeuge mit Kolbenantrieb	5,0
Flugzeuge mit Rückstoßantrieb	6,0
Raketen während der Brenndauer	100,0
Raumfahrzeuge während der Brenndauer	100,0

Formeln:
Die Vergrößerung der Ausfallrate erfaßt man mit dem K_e-Faktor wie folgt

$$\lambda' = K_e \cdot \lambda \tag{3.1}$$

dabei ist λ' die Umwelteinflußrate, K_e der *Umwelteinflußfaktor* und λ die spezifische Ausfallrate des Bauelementes im stationären Betrieb.

Für Bauelemente mit Verschleiß wie Motorbestandteile macht man einen additiven Zuschlag wie folgt:

$$\lambda' = K_e \cdot (\lambda_w + \lambda_m). \tag{3.2}$$

Dabei ist λ_w die Ausfallrate bei einer Motorwelle und λ_m die Ausfallrate der Kohlebürsten beim Motor.

Tabelle 8

Faktoren	Transistor	Widerstand	Kondensator
zulässige Belastung	3 W/200 °C	0,25 W	
tatsächliche Belastung . . .	0,8 W/135 °C	0,05 W	
Belastungsfaktor . . . . . . (aus Kurvenschar)	0,63	0,2	
spezifische Ausfallrate . . . (aus Tabelle)	$0{,}55 \cdot 10^{-6}$/h	$0{,}18 \cdot 10^{-6}$/h	$0{,}01 \cdot 10^{-6}$/h
Umwelteinflußfaktor . . . . (aus Tabelle)	8	3	5
Berechnete Umweltausfallrate	$4{,}4 \cdot 10^{-6}$/h	$0{,}54 \cdot 10^{-6}$/h	$0{,}05 \cdot 10^{-6}$/h

Für Bauelemente mit Verschleiß wie Stecker und Relais, die translatorisch oder kippend betätigt werden, macht man einen multiplikativen Zuschlag wie folgt:

$$\lambda' = K_e \cdot (\lambda_e + N_m \cdot \lambda_m) \tag{3.3}$$

dabei ist λ_e die stationäre Ausfallrate, N_m die Anzahl der Betätigungen und λ_m die Ausfallrate durch Betätigen.

Beispiele:
Dazu drei Beispiele. Das erste Beispiel ist in Tabelle 8 dargestellt.

Als zweites Beispiel sei ein Motor mit zwei Kohlebürsten (20 000 U/min) angeführt. Die Kennzahlen in Gleichung (3.2) eingesetzt ergeben:

$$\lambda' = 2 \cdot (0{,}2 + 300) \cdot 10^{-6}/\text{h} = 6{,}004 \cdot 10^{-4}/\text{h}$$

Als drittes Beispiel sei ein 24poliger Stecker einer gedruckten Schaltung angeführt. Die Karte werde während der Lebensdauer des Gerätes 5mal gesteckt. Es gilt dann mit Gleichung (3.3):

$$\lambda' = 6 \cdot (0{,}6 + 5 \cdot 0{,}00126) \cdot 10^{-6}/\text{h} = 3{,}637 \cdot 10^{-6}/\text{h}$$

3.4 Ausfallrate und Temperatureinfluß

Bedeutung:
Viele Fehlermechanismen, speziell bei Halbleiterbauelementen, verlaufen temperaturabhängig. Als beschreibende Gesetzmäßigkeit hat sich die *Arrhenius-Gleichung* bewährt. Dieser Zusammenhang ist aus zwei Gründen bedeutsam. Einmal zeigt sich, daß die Lebensdauer erhöht werden kann, wenn man die Bauelementetemperatur absenkt. Beispielsweise bringt eine Absenkung der Gehäusetemperatur von 100° auf 80° eine Reduzierung der Ausfallrate auf ein Drittel. Zum anderen ist diese Gesetzmäßigkeit bei Temperatur-Streßversuchen im Prüffeld wichtig, da damit die bei erhöhter Temperatur ermittelte Lebensdauer auf eine Normalbedingung umrechenbar ist, solange sich die Form der Verteilung nicht ändert. Beschreibende Verteilung ist hierbei die Lognormal-Verteilung.

Formeln:
Nach Arrhenius verläuft ein Reaktionsprozeß mit der Geschwindigkeit v wie folgt

$$v = C \cdot e^{-\frac{E_a}{k^+ \cdot T}} \tag{3.4}$$

dabei ist E_a die *Aktivierungsenergie*, k^+ die Boltzmann-Konstante, und T die absolute Temperatur. E_a ist die Energie in eV, die erforderlich ist, um eine gesperrte pn-Schicht leitend zu machen. Die Lebensdauer ist dann folgendermaßen temperaturabhängig:

$$m = A \cdot e^{+\frac{E_a}{k^+ \cdot T}} \qquad .(3.5)^*$$

Aus dieser Beziehung leitet sich auch die 10 °*C-Regel* her. Sie besagt, daß unterhalb der zulässigen Grenztemperatur sich die Lebensdauer halbiert je 10 °C Temperaturerhöhung bzw. je 10 °C Temperaturerniedrigung eine Verdopplung der Lebensdauer zu erwarten ist. Die 10 °C-Regel hat man bei der beschleunigten Prüfung an Kondensatoren gefunden. Bei Bauelementen mit anderen elektrochemischen Einflüssen kann jedoch das Intervall von 5 ··· 25 °C reichen, was für jeden speziellen Fall erst ermittelt werden muß.

Zur grafischen Darstellung logarithmiert man diese Gleichung.

$$\ln m = \ln A + \frac{E_a}{k^+ \cdot T} \qquad (3.6)$$

A und C sind bauelementspezifische Konstanten.

Beispiele:

Gerling zitiert [9] Werte von Peck aus dem Jahre 1970 zum Ausfallverhalten bei erhöhten Sperrschichttemperaturen plastikgekapselter HL-Bauelemente. Sie sind in Bild 3.3 dargestellt. Danach nehmen die Ausfälle unter gleichen Bedingungen mit der Zeit und mit erhöhter Sperrschichttemperatur zu.

Zum Vergleich ist in Bild 3.4 die hypothetische Kurve nach der Beziehung

$$\lambda = \lambda_0 \cdot e^{+\frac{E_a}{k^*}\left(\frac{1}{T^0} - \frac{1}{T}\right)} \text{ mit } T = 273 + \frac{[\vartheta_i]\,°C}{[T]\,K}$$

aufgetragen, wobei willkürlich $T_0 = 273$ K gesetzt wurde.

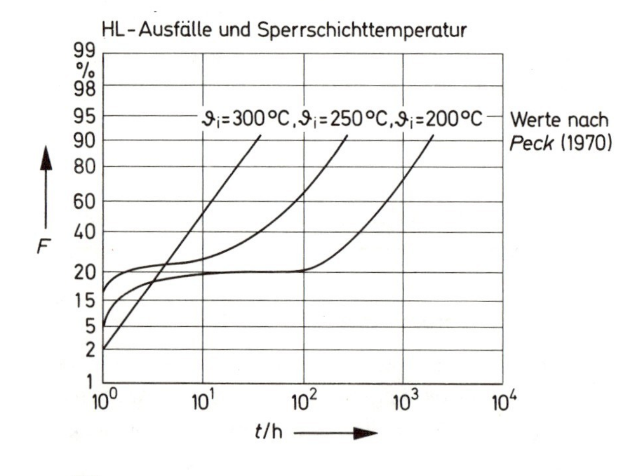

Bild 3.3
Ausfallwahrscheinlichkeit von HL-Bauelementen bei verschiedenen Sperrschichttemperaturen

Bild 3.4
Zusammenhang Ausfallrate, Aktivierungsenergie und Innentemperatur

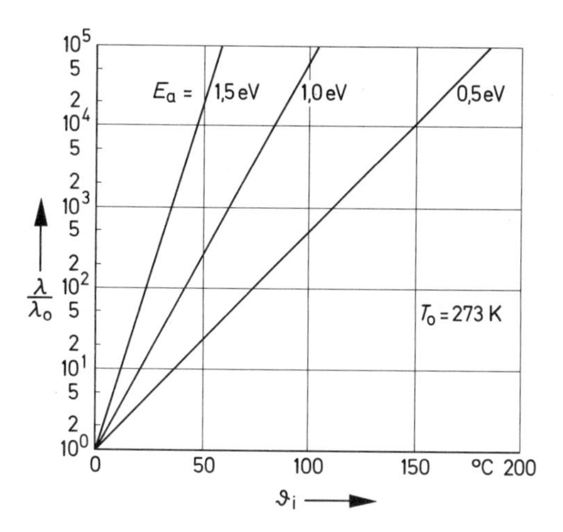

Das Diagramm zeigt, daß mit höherem E_a-Wert die Ausfallrate ansteigt, ferner mit höherer Innen-Temperatur ϑ_i größer wird.

Einen direkten Zusammenhang zwischen Sperrschichttemperatur und Ausfallrate geben Kaifler und Werner in [10] an, vgl. Bild 3.5. Zur Auswertung muß man sich entlang einer Linie gleicher Kühlungsart bewegen.

Bild 3.5
Zusammenhang Ausfallrate – Sperrschichttemperatur bei Leistungstransistoren

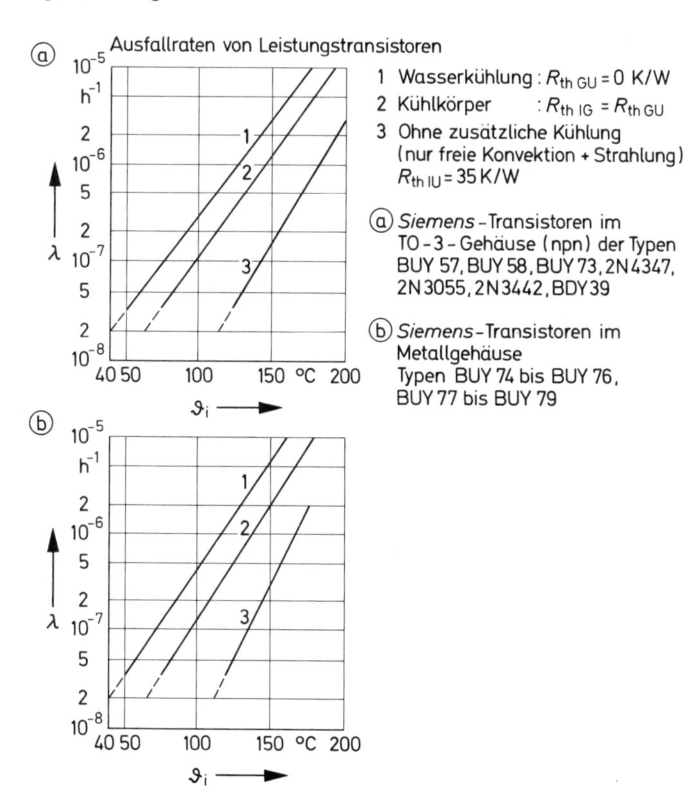

Das Ansteigen der Ausfallrate auf das Doppelte erkennt man z.B. bei Kurve 2 in Diagramm b von Bild 3.5, wenn man im kritischen Bereich um 10 °C die Innentemperatur z.B. von 140 auf 150 °C anhebt.

3.5 Derating-Modell

Bedeutung:

In den Abschnitten 3.3 und 3.4 wurde die Erhöhung der Ausfallrate bei mechanischer und thermischer Streßbeanspruchung erörtert. Dabei wurde bereits festgestellt, daß bei *Unterlast* die Ausfallraten kleiner ausfallen: derating = herabgesetzter Nennbetrieb. Dies ist insofern von Bedeutung, weil die vom Hersteller garantierten Nennwerte in den Schaltungen sehr oft nicht erreicht werden. Dieser Umstand hat dazu geführt, daß man zur Erfassung der Einflußgrößen ein allgemeines Belastungsprodukt ansetzt, welches in den USA *Derating-Modell* genannt wird. Es ist ein sehr allgemeiner Rechenansatz, der von einer Grund-Ausfallrate ausgeht. Er lautet:

$$\lambda = \lambda_B \cdot k_1 \cdot k_2 \cdot k_3 \cdots k_i \qquad (3.7)$$

Es sind k_i Belastungsfaktoren, die im Sinne einer Allgemeinfassung auch größer Eins sein können. λ_B ist die Basis-Ausfallrate. Im Sinne des Wortes «Derating» müßten die k_i-Faktoren immer kleiner Eins sein.

Der Ansatz ist nicht nur einfach und praxisnah, sondern erlaubt weiterhin die Benutzung der *e*-Verteilung für Zuverlässigkeitsberechnungen und den Einsatz von Ausfallraten-Datenbanken in Rechnern.

Beispiel:

Anhand der von Deyer und Jobe genannten Zahlen [11] soll das Derating-Modell (3.7) erläutert werden. Es handelt sich um Transistoren für RCA-Farbfernsehgeräte. Dabei wurden die in Tabelle 9 angeführten Streß-Grenzen festgelegt.

Tabelle 9

Parameter	Normalbetrieb	Worst-Case ($3 \cdot \sigma$)
1. Spannung U_{ce}	65% von U_{ceo}	90% von U_{ceo}
2. Spannung U_{be}	70% von U_{beo}	90% von U_{beo}
3. Leistung	80% von P_c	90% von P_c
4. Grenzschichttemperatur $\vartheta_{j\,max} < \vartheta_{j\,max}$	−25 °C bei 3 W	−10 °C
5. Thermische Ermüdung (Forderung: 5 Jahre)	7500 Zyklen	5000 Zyklen

Die *Belastungsfaktoren* definiert man dort wie folgt:

λ_B = *Basis-Ausfallrate*. Ausfallrate der Transistoren, wenn sie voll entlang der kritischen Parameter betrieben werden. Aus Prüffeld-Ergebnissen ergab sich dabei ein Wert von $\lambda_B = 1{,}25 \cdot 10^{-5}/\text{h}$.

k_1 = *Leistungsbelastungsfaktor*. Weil Leistungstransistoren an den Kontaktierungsstellen stärker als Kleinsignaltransistoren belastet werden, rechnet man mit $k_1 = 1$ für $P_c < 1\,\text{W}$ und $k_1 = 2$ für $P_c = 1 \cdots 5\,\text{W}$.

k_2 = *Einsatzeinflußfaktor*. Wird der Transistor in einer Schaltung eingesetzt, wo nur Katastrophen-Ausfälle sich auswirken, dann setzt man $k_2 = 1$. Wirken sich Drift-Ausfälle aus, dann setzt man $k_2 = 2$.

k_3 = *Spannungsbelastungsfaktor*. Er wird hier mit $k_3 = 0{,}6$ angenommen wegen $k_3 = U_{\text{ce Spitze}}/U_{\text{ce Durchbruch}}$.

k_4 = *Temperaturbelastungsfaktor*. Aus der Halbleiterphysik ergibt sich nach dem Arrhenius-Modell

$$\lambda = A \cdot e^{+\frac{B}{\vartheta_j}}$$

wobei A und B Materialkonstanten sind. Erfahrungsgemäß werden die Transistor-Ausfallraten im Farbfernsehgerät beim Unterschreiten von ϑ_j um $10 \cdots 30°$ halbiert, daher linearisiert man zu folgender Beziehung

$$k_4 = 0{,}5^{+(\vartheta_{j\,max} - \vartheta_j)/16}.$$

Es wird dann in [11] die Ausfallrate ohne Kühlkörper wie folgt angesetzt:

Nenndaten: $P_c = 1\,\text{W}$, $U_{ce0} = 40\,\text{V}$, $\vartheta_{j\,max} = 150\,°\text{C}$
$R_{thi} = 250\,°\text{C/W}$

Betriebsdaten: $P = 0{,}25\,\text{W}$, $U_{ce} = 24\,\text{V}$, $\vartheta_u = 45\,°\text{C}$
$\vartheta_j = 108\,°\text{C}$

Anschaffungspreis: 0,25 Dollar pro Transistor
Garantiekostenpreis: 0,308 Dollar/Jahr

$$\lambda = 1{,}25 \cdot 10^{-5}/\text{h} \cdot 2 \cdot 2 \cdot 0{,}60 \cdot 0{,}162$$

$$\lambda = 4{,}86 \cdot 10^{-6}/\text{h}$$

$$m = 1/\lambda = 205\,761\,\text{h} \quad \text{mit} \quad k_4 = 0{,}54^{42/16} = 0{,}162$$

Bei der Ausfallrate mit Kühlkörper ergeben sich diese Werte:

$$\vartheta_j = 76\,°\text{C}, \quad k_4 = 0{,}04, \quad \lambda = 1{,}22 \cdot 10^{-6}/\text{h}$$

$m = 819\,672\,\text{h}$. Nach dieser Rechnung ist die mittlere Lebensdauer des Transistors um den Faktor 4 größer. In diesem Fall betrug der Anschaffungspreis: 0,33 Dollar/Transistor und der Garantiekostenpreis: 0,079 Dollar/Jahr. Trotz höherem Anschaffungspreis war der Transistor mit Kühlkörper nach längerer Zeit kostensparender, d.h. zuverlässiger und billiger.

3.6 Ausfallraten-Datenbank

Bedeutung:

Die konsequente Anwendung des Derating-Modelles führt zur *Ausfallraten-Datenbank* (FRDB = *f*ailure *r*ate *d*ata *b*ank). Dies ist eine Tabelle mit Ausfallratenwerten als Funktion der thermischen und elektrischen Beanspruchungen mit gleichzeitiger Einspeicherung von weiteren Korrekturfaktoren. Diese Datenbank ist Bestandteil der Gesamtstruktur eines Programmsystems zur Zuverlässigkeitsvorhersage mittels Rechner.

Insbesondere bei komplexen Systemen, z. B. einer elektronischen Vermittlungseinrichtung, sind einerseits Instandsetzungen sehr kostspielig, andererseits führen häufige und längere Systemausfälle zu Einnahmeverlusten. Weil die Berechnung der Zuverlässigkeitskenngrößen nach der elementaren Theorie sehr zeitraubend und die Berechnung der Redundanz und Verfügbarkeit recht kompliziert ist, ist daher ein Rechner mit einem geeigneten Programm in Verbindung mit einer *FRDB* das geeignetere Mittel, diese Aufgaben schnell, einfach, exakt und im Endeffekt auch preisgünstiger durchzuführen, als Ausfälle abzuwarten.

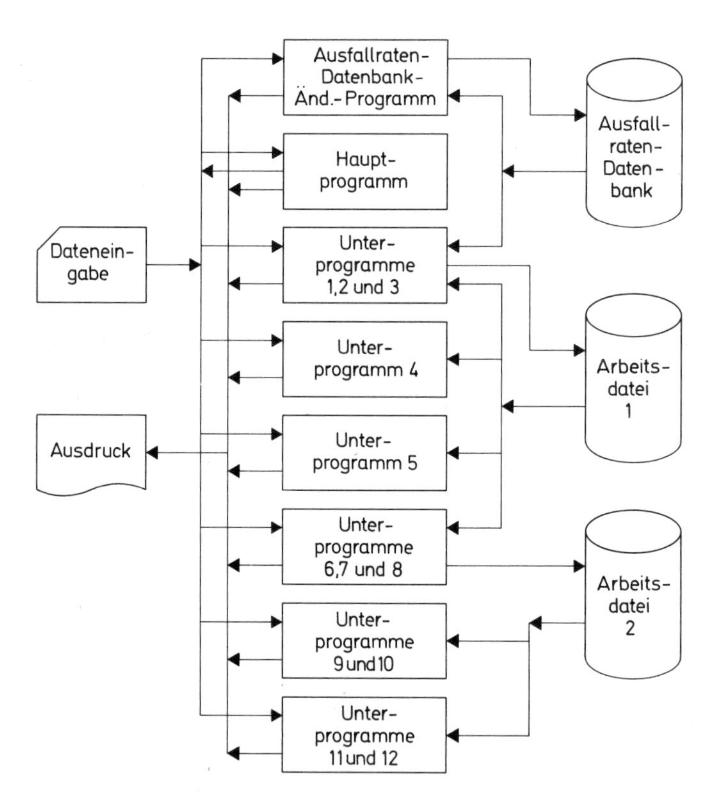

Bild 3.6
Programmstruktur einer Ausfallraten-Datenbank

Beispiel:
Nachstehende Abbildung in Bild 3.6 skizziert die Struktur eines entsprechenden Programms, wie es bei ITT in Antwerpen seit dem Jahr 1970 erprobt wird [12].

Das Hauptprogramm verarbeitet Anfangsdaten und steuert die Unterprogramme. Die Unterprogramme 1–3 berechnen die Serienzuverlässigkeit. Unterprogramm 4 bringt eine Erleichterung der Auswertung. Das Unterprogramm 5 bestimmt die Zuverlässigkeitsfunktion $R(t)$. U 6–8 ermitteln die Übergangsratenmatrix. U 9–12 führen zu den Verfügbarkeitsdaten eines Systems. Der Entwickler braucht lediglich seine Kenndaten in den Rechner zu geben. Es wird berechnet nach dem Derating-Modell

$$\lambda = \lambda_B \cdot k_c \cdot k_t \tag{3.8}$$

Dabei ist wieder λ_B die Grundausfallrate gemäß der elektrischen und thermischen Beanspruchung, die aus einer Matrix entnommen wird, k_c der Korrekturfaktor, der das Niveau der Gütesicherung und die Umgebung erfaßt, ferner k_t, der die Bauform des Bauelementes einbezieht. λ ist dann die resultierende Ausfallrate für die Rechnung.

Beispielsweise sei bei einem Kohleschichtwiderstand die elektrische Beanspruchung 0,5 und die Temperatur 45 °C; dann ergibt sich aus der Matrix der Datenbank der λ_B-Wert von $3{,}1 \cdot 10^{-9}$/h so:

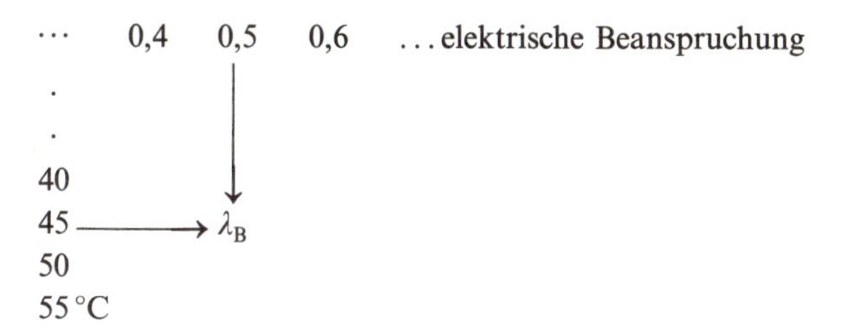

Der Faktor k_c ergibt sich aus einer anderen Tabelle wie folgt:

	benign	normal	severe
selected	0,1	0,3	1,0
common	0,3	1,0	3,0

Den Faktor k_t erhält man durch Angabe der Maße 5 cm × 17 mm (Typ D) und $R = 100$ Ohm aus einer 3. Tabelle zu $k_t = 1{,}5$, damit wird nun:

$$\lambda = 3{,}1 \cdot 10^{-9}/\mathrm{h} \cdot 0{,}3 \cdot 1{,}5 = 1{,}395 \cdot 10^{-9}/\mathrm{h}$$

Für jedes Bauelement wird ein solcher λ-Wert mittels der FRDB berechnet und in den Unterprogrammen weiterverarbeitet.

3.7 Ausfallraten von Bauelementen

Für Jungingenieure, die sich in die Zuverlässigkeitsmaterie einarbeiten wollen, sind nachstehend Ausfallraten der letzten fünf Jahre aus Aufsätzen zusammengestellt worden. Sie sollen als Orientierungshilfe dienen. Sie können eigene Tests und Fehlerstatistiken nicht ersetzen. Es gelten die in den Abschnitten 3.1 und 3.2 genannten Vorbehalte.

Als Einführung seien die Daten einer Fehlerstatistik bei Transistoren angeführt. Es handelt sich um Angaben aus einem internen Prüfbericht mit Langzeitbeobachtungen an Elektronikeinrichtungen, die eine Großfirma im Zeitraum 1966···73 an die DBP geliefert hat.

Zahl der Geräte	2260
Zahl der Zählketten	4520
Zahl der Transistoren/Platine	17
Gesamtzahl der Transistoren	76840
Beobachtungszeitraum	1–80 Monate
Zeit im Mittel	39,2 Monate
Ausgefallene Platinen	75
Ausgefallene Transistoren	61
Ausfälle durch Fremdeinwirkung wie Blitz	47
Ausfälle nach 1 Tag	4
Ausfälle nach 1 Monat	10
davon BE-Unterbrechung	6
davon CE-Kurzschluß	4

In die Formel (1.4) eingesetzt erhält man:

$$\lambda = \frac{c}{N \cdot \Delta t}$$

$$\lambda = \frac{14 \text{ Vollausfälle}}{76840 \text{ Tr.} \times 39{,}2 \text{ Mon.} \times 30 \text{ Tage/M.} \times 24 \text{ h/Tag}}$$

$$\lambda = 0{,}645 \cdot 10^{-8}/\text{h}$$

Huber und Friedel berichten [13] von der Zuverlässigkeit der Echtzeit-Telemetrie-Station des Satelliten AZUR. Dabei werden u. a. folgende Ausfallraten zugrunde gelegt:

2-stufiges Servo-Ventil	$2000 \cdot 10^{-8}$/h
Hydromotor	1000
Transistor	60
Trafo	20
Schmelzeinsatz	10
Integrierte Schaltung	5
Schichtwiderstand	2,2
Keramikkondensator	1
Lötstelle	0,2
Leitung	0,1

W. Neitzel schreibt in [14] über Ausfallraten digitaler elektronischer Systeme und gibt folgende Werte an:

Kohleschichtwiderstand.	$2 \cdot 10^{-8}$/h
Metallschichtwiderstand	0,8
Tantal-Kondensator.	3
Elektrolyt-Kondensator.	2
Kunstfolien-Kondensator.	0,2
Keramik-Kondensator	0,2
Si-Diode	1
Zenerdiode.	2
Si-Planartransistor	4
DTLZ-Schaltkreise	70
TTL-Schaltkreise	12,5

Seifert und Simon nennen im Zusammenhang mit der Systemzuverlässigkeit der Gepäckförderanlage im Flughafen in Ffm in [15] folgende typische Ausfallraten:

Diskrete HL-Bauelemente	$3{,}8 \cdot 10^{-8}$/h
Schichtwiderstände	1,9
Steckkontakte	0,23
Drahtanschluß flexibel	0,025
Drahtanschluß massiv	0,135
TTL-Schaltkreise	24
DTLZ-Schaltkreise	40
Luftschütz je nach Schalthäufigkeit	10 ··· 60
Antrieb.	10
Zeitrelais	100
Lichtschranken, Lesestellen.	100

Interessant sind die Zuverlässigkeitsangaben für die neuen HL-Speicherbausteine. In der Analyse von Krause in [16] werden genannt:

1 *k* MOS-Speicher	$27{,}7 \cdot 10^{-8}$/h
4 *k* MOS-Speicher	$100 \cdots 1000 \cdot 10^{-8}$/h

In dem Applikationsbericht EB 108 von Texas Instruments zur Zuverlässigkeit des Speicherbausteins TMS 4030 werden für 4k-Speicher angegeben:

Stand Ende 1974: $1000 \cdot 10^{-8}$/h
Stand Mitte 1975: $100 \cdot 10^{-8}$/h

In einem «Intersil» Reliability-Report vom August 1975 werden für CMOS-HL-Speicherbausteine folgende Daten ausgewiesen:

$c' = 2$ Zufallsausfälle
$c'' = 5$ Driftausfälle

$N = 476$ Stück 256-bit-RAM

$\Delta t = 9{,}104 \cdot 10^6$ h umgerechnet von 125 °C auf 55 °C,

was diesen Wert ergibt:

$$\lambda = 1{,}6 \cdot 10^{-9}/\text{h}$$

Dabei geschah die Prüfung nach MIL-STD-883A.

Weitere ausführliche Ausfalldaten über amerikanische Halbleiter, gemessen nach der obigen *MIL-Standard*, gibt Mattera in [17] an. Sie erlauben jedoch nur einen relativen Vergleich. Es handelt sich um verschiedene Prüflose. Interessant sind die Zahlenangaben zur gemessenen Stückzahl. Der Prüfzeitraum erstreckt sich über ein Jahr. Die Daten sind in Tabelle 10 aufgelistet.

Tabelle 10

Bauelemente-Art	Getestete Anzahl	Relativer Fehleranteil in %
Widerstände	46 688	3,2
Kondensatoren	13 965	10,0
Dioden	3 861	10,0
Transistoren	4 739	24,9
ICs	7 030	19,2
Dioden	1 008 262	3,22
Transistoren	785 807	5,26
ICs	3 015 544	2,57
Standard TTL	282 238	1,4
C-MOS	107 005	6,6
ECL	10 859	0,4
Schieberegister:		
4–20 bit bipolar	36 674	2,4
4–20 bit MOS	24 078	11,5
50–500 bit MOS	30 301	5,1
>500 bit MOS	9 756	12,2
RAM-Speicher-Bausteine:		
50–500 bit bipolar	3 070	9,5
50–500 bit MOS	3 643	3,6
>500 bit bipolar	1 239	5,6
>500 bit MOS	14 641	5,4

Eine ähnliche Sammlung relativer Ausfalldaten liefert Hnatek in [18]. Aufschlußreich ist dabei der Vergleich zwischen diskreten Halbleitern, linearen und digitalen ICs.

Bezüglich Meßinstrumente kann man bei Unger [19] nachlesen:

Schichtwiderstände	$0{,}1 \cdot 10^{-8}$/h
Zenerdioden (<1 W)	1
Operationsverstärker	10
Netztrafo kleiner Leistung	10
Analoger Schalttafelanzeiger	50
Digitaler Schalttafelanzeiger	500
Digitaler Präzisionsspannungsmesser	5000

Tabelle 11

IC digital, bipolar.	20	Massewiderstand	0,14
IC digital, MOS	20	Metallfilmwiderstand.	0,2
IC analog	20	Drahtwiderstand, fest	1
Transistoren, Si-Leistung.	6	Drahtwiderstand, variabel	20
Transistoren, Si-universal	0,5	Thermistoren	1
Transistor, FET.	5	HF-Spulen.	3
Ge-Transistor-Leistung.	75	Leistungsspulen	2
Ge-Transistor-universal	2,4	HF-Übertrager	2
Dioden, Si-Leistung	5	Pulstrafo	1
Dioden, Si-Zener	4	Niederspannungstrafo < 100 V .	2
Dioden, Si-universal	0,3	Hochspannungstrafo > 100 V . .	5
Dioden, Ge-universal.	1,5	NF-Übertrager	1
7-Segment-Anzeige GaAs	20	Industrie-Steckerfassung	10
Optokoppler	20	Steck-Kontakt (seltene Steckung)	1
Tantal-Kondensatoren	4	Koax-Stecker (seltene Steckung)	5
Papier-Kondensator	1	Klemmkontakt auf Leiterplatten (sehr seltene Steckung).	3
Mylar-Kondensator	2,5	Lötverbindung	0,5
Keramik-Kondensator	0,6	Wire-Wrap-Verbindung	0,05
Glimmer-Kondensator	0,2	Kabelader (seltene Bewegung).	6
Keramik-Kondensator, variabel .	2	Taste, Schalter	150
Glas-Kondensator, variabel . . .	4,5	Codierschalter.	50
Luftkondensator, variabel	20	Relais (geringe Schaltzahl)	50
Kondensator-Durchführung . . .	1	Mechanisches Zählwerk	150
Al-Elko	50		
Kohleschichtwiderstand, fest. . .	1		
Kohleschichtwiderstand, var. . .	20		

Über die hochaktuellen Mikroprozessoren erscheinen nach und nach die ersten Zuverlässigkeitsangaben. Motorola gibt in einer Pressenotiz in der Elektronik-Zeitung vom 1. 4. 77 für die M 6800-Familie in Plastik- bzw. Keramikgehäuse

bei 70 °C folgenden Wert an: $\lambda = 62 \cdot 10^{-8}$/h (Stand 1976)
$\lambda = 32 \cdot 10^{-8}$/h (Stand 1977)

Brümmer empfiehlt in [20] die in Tabelle 11 aufgeführten Ausfallraten für überschlägige Zuverlässigkeitsabschätzungen bei stationärem Betrieb (Angaben $\times 10^{-8}$/h).

Sehr interessant wird es, wenn man Planungs- und Betriebswert miteinander vergleichen kann. Dies ist beim METACONTA-Vermittlungssystem nach 7 Jahren geschehen [21]. Die Zahlen enthält Tabelle 12.

Den Betriebsergebnissen liegt eine *statistische Sicherheit* von 80 % zugrunde, d.h. die Wahrscheinlichkeit, daß die tatsächlichen Betriebsergebnisse keine höheren als die angegebenen Werte erreichen, ist 80 %. Wie die Tabelle zeigt, haben sich lediglich die Transistoren als weniger zuverlässig gegenüber den Vorausberechnungen erwiesen (Planungsstand etwa 1965). Man vergleiche dazu auch die relativen Angaben bezüglich Transistoren in der Tabelle 10. Am gefährdetsten sind dabei die Leistungshalbleiter.

Die Beschreibung der Prüfmethoden und Prüfeinrichtungen für elektronische Bauelemente u.a. zur Ermittlung der Ausfallraten sind nicht Gegenstand dieses Buches. Es soll jedoch wegen der Wichtigkeit kurz auf eine Fehlerdiagnose-Art eingegangen werden, die man als «Voralterung» bezeichnet und die auch zur Ermittlung der Daten in Tabelle 10 diente.

Tabelle 12

Bauelemente	Planungswert $\cdot 10^{-8}$/h	Betriebswert $\cdot 10^{-8}$/h	Abweichung
Integrierte Schaltkreise	3	3,35	− 11,7%
Transistoren.	0,4	3	−650%
Dioden.	0,2	0,13	+ 35%
Leistungsdioden.	2	2,5	− 25%
Widerstände.	0,02	0,0098	+ 51%
Kondensatoren	1,0	0,82	+ 18%
Elko-Tantal	15	5	+ 66%
Elko-Al	15	15	0%
Übertragerspulen	0,6	0,88	− 47%
Transformatoren (Stromversorgung)	15	15	0%
Reedkontakte	–	0,455	–
Koppelpunkt-Spulen	–	0,4	–
Steckerstifte	0,2	0,065	+ 67,5%
Lötverbindungen	0,03	0,043	− 43%

3.8 Voralterung elektronischer Bauelemente

Definition:
Voralterung der Bauelemente (component burn-in) nennt man Maßnahmen, die frühzeitig schwache Bauelemente herausfinden helfen. Man spricht auch von «*screening*». Kostenanalysen haben gezeigt, daß die zunächst aufwendig erscheinenden Maßnahmen letztlich erhebliche Kostenersparnisse bringen, weil spätere Ausfälle, deren Beseitigung sehr viel teurer ist, vorweggenommen werden. Dadurch kommt es auch nicht zum Imageverlust der Firma.

Verfahren:
Das Verfahren beruht auf der Badewannenkurve, wonach viele Ausfälle vorzeitig anfallen. Die Methode ist in der Regel überall die gleiche: längeres Einbrennen zum Zwecke einer frühzeitigen Alterung. Die angewendeten Parameter sind jedoch nicht einheitlich. Dombrowski schreibt von einer Zeit von 96 ··· 1000 h, mit Messungen bei 0, 196, 360, 500, 1000 h. Loranger [22] nennt 168 h bei 125 °C. Dies ist die oberste zugelassene Temperatur für Bauelemente im militärischen Bereich. Sie steht in der MIL-STD-883. In der Regel werden die Bauelemente in Prüfadapter gesteckt und mit Nennspannung (Gleichspannung) betrieben. Es ist eine 100 %-Prüfung.

Burn-In kann beim Bauelemente-Hersteller, bei einer unabhängigen Prüfstelle oder beim Bauelemente-Anwender durchgeführt werden. Letzteres gilt als optimal.

Beispiel
Als Beispiel seien die relativen Fehlerdaten einer «burn-in-Stelle» der General Railway Signal & Co angeführt, die Zugsicherungseinrichtungen herstellt. Die Daten aus [22] enthält Tabelle 13.

Tabelle 13

Bauelementeart	Untergruppe	%-Anteil	Fehleranteil
Dioden	Signal- Zener- Referenz-	80 15 5	4,0% 1,5% 2,6%
Transistoren	Kleinsignal- Leistungs-	75 25	1,5%
ICs	Digital- Linear-	80 20	2,6%
Widerstände	alle Arten	100	0,65%
Kondensatoren	Wickel- Elektrolyt-	65 35	2,7%

Die Burn-In-Methode hat folgende Vorteile:

1. Es werden insbesondere die später durch Überlastung entstehenden Ausfälle vorweggenommen. Dies sind 30 ··· 50 % aller Ausfälle.
2. Die Frühausfälle werden erkannt.
3. Die Methode ist kostensparend, weil nachfolgende Arbeitsgänge an den später ausgefallenen Bauelementen eingespart werden.
4. Andere, z.B. elektrische oder mechanische, Testmethoden sind aufwendiger.
5. Burn-In ist speziell dort nützlich, wo später Reparaturen unmöglich sind, z.B. an Satelliten.
6. Pro Charge werden bis zu 20 % als Ausfälle erkannt. Im Mittel sind es nach Loranger/Schwartz: 2,8 %.

Als Nachteile müssen vermerkt werden:

1. Etwa 5 % der Fehler werden durch diese Methode nicht erkannt.
2. Burn-In belastet jedes Bauelement mit einem Mehrpreis.
3. Eigentlich sollte das Burn-In an den bestückten Leiterplatinen vorgenommen werden.
4. Die elektrische Spannung wird nur statisch angelegt.
5. Zur Erkennung von Kontaktfehlern wären Temperaturzyklen günstiger, die z.B. 10mal den Bereich −5 ··· +65 °C durchlaufen.

3.9 Lebensdauer von Anzeigebauelementen

Glühlampen

Die *Glühlampe* mit Wolframwendel ist seit über 60 Jahren das älteste Anzeigeelement in der Elektronik. Sie wird sowohl als Signallampe (Ein-Aus-Anzeige), als auch zur Ziffernanzeige benutzt. Ihr Ausfall kann, insbesondere beim Einsatz in photoelektronischen Geräten, z.B. in einer Lichtschranke, große Verluste durch Stillstand eines Fertigungsprozesses verursachen. Walter gibt in [23] folgende Lebensdauerwerte an:

Glühfadenlampe	$50 \cdots 10^5$ h
Mittelwert für Beleuchtungslampen	10^3 h
Hg-Hochdrucklampe	$50 \cdots 10^3$ h
GaAs-Diode	$10^4 \cdots 10^5$ h
Laser	$< 2 \cdot 10^4$ h

Den wichtigen Einfluß der Betriebsspannung beschreibt nachstehende Gleichung:

$$m = m_0 \cdot \left(\frac{U}{U_0}\right)^{-n} \qquad (3.9)$$

wobei m_0 die Nennlebensdauer, U_0 die Nenn-Betriebsspannung, n der Lebensdauerexponent ist. Er wird für vakuum- und gasgefüllte Lampen mit $n = 12 \cdots 14$ in der Literatur angegeben. Wird die Lampe z.B. mit 10 % Unterspannung betrieben, dann steigt nach

Gleichung (3.9) die Lampenlebensdauer um den Faktor 4,4 bei $n = 14$ an. Diese Formel erfaßt jedoch nicht die Erschütterungsempfindlichkeit der Lampe. Zur Erhöhung der Lebensdauer beträgt bei Glühfadenanzeigen die Fadentemperatur nur etwa 1500 K, so daß eine Lebensdauer bis zu

$$m \geqq 2{,}5 \cdot 10^5 \text{ h}$$

resultiert. Minitron-Anzeigen haben z.B. eine Grenzspannung von 9 V und eine Betriebsspannung von 5 V.

Nach neueren Untersuchungen bei Philips [24] legt man dem Durchbrennmechanismus das «*Spot-Modell*» zugrunde. Danach «stirbt» eine Glühlampe aufgrund lokaler Temperaturerhöhung des Drahtes an einer Stelle. Durch Glättung des Drahtes und Einhaltung des Durchmessers kann man die Lebensdauer vergrößern. In dem genannten Beitrag wurde ein analytischer Ausdruck hergeleitet, der den Drahtradius, die Anfangstemperatur, einige Konstanten und die *Übertemperatur* ΔT an Fehlstellen enthält, d.h. die Differenz zwischen Spot- und Drahttemperatur zu Beginn der Lebensdauer. ΔT liegt in der Größenordnung von nur 5 K bei einer Drahttemperatur um 2700 K.

Glimmlampen

Neben Glühlampen werden auch *Glimmlampen* sowohl als Signallampen als auch zur Zeichenanzeige (Plasmadisplay) benutzt. Sie benötigen bei 220 V einen Vorwiderstand, senden monochromatisches Licht aus und haben eine geringe Leuchtdichte. Sie sind aber preiswert und benötigen weniger Strom (Leistung). Brucke berichtet in seinem Aufsatz [25] von Lebensdauerprüfungen an Glimmlampen. Als zentrale Lebensdauer $\tilde{m}$ wird dabei die Zeit definiert, nach der 50% aller Glimmlampen ausgefallen sind. Ist der Glaskolben gänzlich geschwärzt, aber noch keine Verspiegelung feststellbar, dann beträgt der Lichtstromabfall etwa 50%. Für die Lichtstromabnahme wird die Weibull-Funktion wie folgt benutzt:

$$\Phi(t) = \Phi_0 \cdot e^{-\left(\frac{t}{\eta}\right)^\beta} \tag{3.10}$$

wobei Φ_0 den Anfangslichtstrom in Lumen darstellt. Die Formierphase zu Beginn mit 10 ⋯ 20% weniger Lichtstrom wurde nicht berücksichtigt. Über die Meßgrößen Φ_1, Φ_2, t_1, t_2 können die Kenngrößen β, η und $\tilde{m}$ mit nachstehender umgeformter Gleichung bestimmt werden.

$$\beta = \frac{\lg \dfrac{\ln \dfrac{\Phi_0}{\Phi_1}}{\ln \dfrac{\Phi_0}{\Phi_2}}}{\lg \dfrac{t_1}{t_2}}. \tag{3.11}$$

Es sind dabei Φ_1 der Lichtstrom zum Zeitpunkt t_1, Φ_2 der Lichtstrom zum Zeitpunkt t_2 und β der Weibull-Exponent. Die charakteristische Lebensdauer η findet man durch folgende Beziehungen:

$$\eta = \frac{t_1}{\left(\ln \frac{\Phi_0}{\Phi_1}\right)^{1/\beta}} = \frac{t_2}{\left(\ln \frac{\Phi_0}{\Phi_2}\right)^{1/\beta}} \tag{3.12}$$

wobei die zentrale Lebensdauer bei 50% Leistungsabfall definiert ist durch

$$\tilde{m} = \eta \cdot (\ln 2)^{\frac{1}{\beta}} \tag{3.13}$$

An 20 Glimmlampen mit aktivierten Stabelektroden vom Typ E6-16H der Firma Elite wurden bei $R_{v1} = 22$ kOhm folgende Kennwerte ermittelt:

$$\beta = 2{,}57, \quad \eta = 266\,\text{h}, \quad \tilde{m}_1 = 231\,\text{h}.$$

Über die folgende Beziehung wurde aus der Lebensdauer $\tilde{m}_1$ bei gerafftem Test die Nennlebensdauer $\tilde{m}_2$ bestimmt, denn der Nennwiderstand für 220 V betrug $R_{v2} = 82$ kOhm. Aus weiteren Messungen erhielt Brucke einen Lebensdauerexponenten von $f = 4{,}0$, der in nachstehende Beziehung eingesetzt wurde,

$$\tilde{m}_2 = \tilde{m}_1 \cdot \left(\frac{R_{v1}}{R_{v2}}\right)^{-f} \tag{3.14}$$

dabei ist f der Lebensdauerexponent bei Relation der Widerstände bzw. Ströme. Aus diesen Werten erhält man dann $\tilde{m}_2 = 44\,584$ h, einen Wert, der weit über der garantierten Minimal-Lebensdauer von

$$m \geqq 10\,000\,\text{h}$$

liegt. Es ist anzumerken, daß m und $\tilde{m}$ hier bei Annahme einer Gauß-Verteilung, die hier etwa vorliegt, identisch sind.

Bei Temperaturen unter 0 °C nimmt jedoch die Lebensdauer bei Gasentladungslampen stark ab, weil sich die Kathodenzerstäubung erheblich verstärkt. Das liegt daran, daß der Dampfdruck des dem Neon-Gas beigemengten Quecksilbers sich erniedrigt. Hg-Dampf unterbindet jedoch die Zerstäubung. Die Folge ist eine ungleichmäßige Bedeckung der Elektroden mit einer Glimmhaut. Dadurch werden besonders Segmentanzeigen unleserlich. Ferner darf die Zündspannung die vorgeschriebenen Mindestwerte von z. B. 170 V nicht unterschreiten, weil sonst die Ionisierung zum Glimmen nicht mehr ausreicht. Die Ionisierung ist auch von dem einfallenden Lichtstrom abhängig. Außerdem bestimmen Gestalt und Größe des Entladungsraumes die Lebensdauer, wobei die klassischen «Nixie-Röhren» eine höhere Lebensdauer aufweisen, als manche moderne Planaranzeigen, vgl. den Beitrag von Becker [26].

Lumineszenzdioden (Leuchtdioden)
Mit *Lumineszenzdioden* (LEDs = *l*ight *e*mitting *d*iodes), die seit dem Jahre 1969 als sehr kleine, preiswerte und schnell umschaltende Anzeigen überall Eingang in der Elektronik fanden, glaubte man die «ewige Lampe» gefunden zu haben. In Prospekten las man Angaben wie $m > 10^5$ h. Inzwischen ist die Euphorie gewichen, seitdem man bei Erschütterungen und insbesondere bei Optokopplern bereits nach kurzen Betriebszeiten erhebliche Leistungsabfälle registrieren mußte. Ein erster umfassender Erfahrungsbericht von der schwedischen Firma Asea-Hafo findet sich in [27]. Auch hier wird die Lebensdauer als die Betriebszeit definiert, nach der die Strahlungsleistung auf 50% des Anfangswertes abgefallen ist. Aus 28 Diagrammen faßt die Tabelle 14 die wichtigsten Ergebnisse zusammen.

Tabelle 14

	kürzeste Lebensdauer	mittlere Lebensdauer	Prüfzeitraum
GaAs-IR-Emitterdioden (5 Fabrikate)	$2 \cdot 10^3$ . . . $> 10^5$ h	$1{,}3 \cdot 10^4$ . . $> 10^5$ h	1000 h
GaAs-P-Emitterdioden (4 Fabrikate)	$> 10^5$ h	$> 10^5$ h	5000 h
Optokoppler (7 Fabrikate)	$1{,}3 \cdot 10^3$ . . $> 10^5$ h	$7 \cdot 10^3$ . . . $> 10^5$ h	1000/2000/ 4000 h

In dem Bericht wird daraufhin gewiesen, daß nicht nur das Chip, sondern auch die Form und das Material des Gehäuses die Lebensdauer der LEDs und Optokoppler entscheidend beeinflussen. Weitere Alterungshinweise zum Bauelement Leuchtdiode kann man bei Linse [28] nachlesen.

Flüssigkristallanzeigen
Über die modernen *Flüssigkristallanzeigen*, die heute als Einzelzifferanzeige und Uhrendisplays verwendet werden, liegen noch keine ausreichenden Lebensdauererfahrungen vor. Erste Ergebnisse mit einem Hinweis auf die Vielfalt der Fehlermechanismen und die Komplexität einer Prüfung finden sich bei H. Keiner [29]. Danach sind bei datenmäßig betriebenen FKs Lebensdauern von

$$m > 10^4 \text{ h}$$

in jedem Fall erreichbar. Bei einer Kleinrechenanzeige benötigt man für 2 h/Tag und 250 Arbeitstage/Jahr in 10 Jahren 5000 Betriebsstunden. Bei einer Uhrenanzeige dagegen erhält man bei 24 h/Tag und 365 Tagen/Jahr in 5 Jahren eine Lebensdauerforderung von 43 800 h. Dies bedeutet, daß Uhrendisplays nach einigen Jahren ausgewechselt werden müssen, weil sie «erblinden».

Weitere Hinweise zur Zuverlässigkeit von FK-Anzeigen sind bei Schiekel in [30] nachzulesen.

3.10 Lebensdauerangaben bei Steckern

Definition:
Nach DIN 40041 versteht man unter Lebensdauer, die für das einzelne Bauelement beobachtete Zeitspanne vom Beanspruchungsbeginn bis zum Ausfallzeitpunkt. Diese Interpretation macht bei einem *Stecker* Schwierigkeiten, weil dessen Funktionsfähigkeit wesentlich nicht von der Zeit, sondern von der *Steckzahl* abhängt, vgl. Abschnitt 1.7.

Ausfallkriterium:
Zur Beurteilung des Ausfalls können bei einem Stecker folgende Kenngrößen zur Beurteilung herangezogen werden:

- Überschreitung des Kontaktwiderstandes, z.B. $R_k > 1$ Ohm,
- Unterschreitung des Isolationswiderstandes z.B. $R_{is} < 1$ GOhm,
- Durchreiben der Goldauflage,
- Bewerten der Steck-/Ziehkraft,
- Bewerten der Kontaktkraft,
- Bewerten der auftretenden Übertemperatur an den Kontaktenden, z.B. 45 °C bei $1{,}25 \cdot I_{nenn}$ nach 1 h.

Einflußgrößen:
Neben den Herstellereinflüssen (Material, Konstruktion, Fertigung, Lagerung, Transport) sind folgende Anwendereinflüsse für das Ausfallen eines Steckers wichtig:

- Anzahl der Steckungen (Steckzahl),
- Anzahl der Klimawechsel (Temperaturzyklen),
- Anzahl der Tage in korrosiver Atmosphäre,
- Höhe der mechanischen Belastung (Schwingen, Stoßen).

Lebensdauer:
Aus den genannten Gründen ist die Angabe einer Zeit als «Lebensdauerangabe» nicht unproblematisch, wie auch die folgende Überlegung zeigt (1 Jahr = 8760 h):

$$1 \text{ Steckung/Tag} \times 250 \text{ Arbeitstage/Jahr} \times 4 \text{ Jahre} = 10^3 \text{ Steckungen}$$

sind dasselbe wie

$$1 \text{ Steckung/Woche} \times 50 \text{ Wochen/Jahr} \times 20 \text{ Jahre} = 10^3 \text{ Steckungen.}$$

Man kann daher nur als Forderung und Richtwert ansetzen:

$$m > 10\,000 \text{ h}$$

Ausfallrate:
Die in der Literatur angegebenen Ausfallraten erstrecken sich über mehr als drei Größenordnungen. Sie basieren ebenfalls auf Zeitangaben. Diese Werte benötigt man für vergleichende Zuverlässigkeitsstudien, in denen die λ-Werte der anderen Bauelemente ebenfalls in h^{-1} angegeben werden. Derartige Werte erfassen nur Zufallsausfälle. Die Werte ergeben je nach Ausführung und Belastung des Steckers

$$\lambda = 10^{-5} \cdots 10^{-8}\,h^{-1}.$$

Steckzahl:
Manche Stecker werden während ihrer Betriebsdauer höchstens 10mal gesteckt. Beim VW-Diagnose-Stecker werden für das Steckerteil in der Service-Station 10000 Steckungen, für das Teil im VW mindestens 30 Steckungen garantiert. Entsprechend einem DIN-Vorschlag werden meist 500 Steckungen gefordert, die der Stecker unbeschadet überstehen muß. Genaue Studien des Abriebs, z. B. bei der Fa. DODUCO, erlauben es, die Schichtdicke der Goldauflage je nach Anwendungsfall optimal zu dimensionieren. Mayer und Merl beobachteten z. B. an einem 16poligen Stecker mit 5 µm Hartgoldauflage 0,3 mg bzw. 1,3 mg Abrieb nach 2000 Steckungen mit bzw. ohne Schmiermittel. Nach einer bestimmten Steckzahl kommt es zum «Kaltverschweißen», vgl. [31]. Man erhält folgende Richtwerte:

$$N = 10^2 \cdots 10^4$$

Beispiele:
Von AMPHENOL stammt folgende Fehlerstatistik aus den USA. An 11 Stellen gibt es 6 verschiedene Steckertypen in der Boeing 727. An 209 Maschinen wurden im Zeitraum 1964/65 die Ausfälle über eine Milliarde Flugstunden registriert. Dabei ergaben die Fehler an den Koaxialsteckern eine Ausfallrate von

$$\lambda = 1{,}24 \cdot 10^{-6}\,h^{-1}.$$

Ferner sei noch auf zwei Beispiele aus dem Abschnitt 7.9 mit 21 Seiten des MIL-Handbuches 217-A (1965) hingewiesen. Es wird die Formel (3.3) benutzt. Es handele sich um Universal-Steckverbinder nach MIL-C 21097. Für 10 belegte Kontakte entnimmt man dem dortigen Diagramm die Werte

$$\lambda_e = 0{,}22 \cdot 10^{-6}/h \quad \text{und} \quad \lambda_m = 0{,}00025 \cdot 10^{-6}/h.$$

Bei $N = 100$ Betätigungen und geringer Geräteerschütterung wählt man einen K_e-Faktor von $K_e = 1{,}1$ und erhält damit

$$\lambda' = 0{,}27 \cdot 10^{-6}/h = 27 \cdot 10^{-8}/h.$$

Wären bei dem gleichen Stecker 70 Kontakte belegt gewesen, dann hätte man dem Diagramm folgende Werte entnommen:

$$\lambda_e = 6{,}02 \cdot 10^{-6}/h \quad \text{und} \quad \lambda_m = 0{,}28 \cdot 10^{-6}/h.$$

Man hätte erhalten: $\lambda' = 37{,}4 \cdot 10^{-6}/h$ d.h. dieser Wert wäre um über zwei Größenordnungen schlechter gewesen. In dem Handbuch werden die Ausfallraten der

Anschlußtechnik nicht berücksichtigt. Der Grund dafür ist der, daß diese Werte in der Regel um zwei Größenordnungen höher liegen als beim Stecker.

Nach einer umfangreichen Untersuchung für das Royal Radar Establishment [32] fand man bei

Wire-Wrap-Verbindungen . . . . $\lambda = 0{,}12 \cdot 10^{-8}/h$
Lötverbindungen . . . . $\lambda = 0{,}2 \cdot 10^{-8}/h$.

Für Quetschverbindungen liest man in [33] nach:

Crimp-Verbindungen . . . . $\lambda = 0{,}36 \cdot 10^{-8}/h$.

Zum Schluß sei noch auf ein interessantes gedankliches Modell von Goedecke [34] aufmerksam gemacht. Er betrachtet z. B. eine HF-Steckverbindung als ein System mit 8 Schaltern (2 Kontaktstellen, 4 Quetschstellen, 2 Isolationswege). Zur korrekten Funktion müssen Schalter $1 \cdots 6$ geschlossen, Schalter 7 und 8 immer offen sein. Jeder Schalter wird als Ausfallstelle betrachtet, dafür die Systemfunktion angesetzt und die Weibull-Verteilung angenommen. So kann man bei Kenntnis der β-Werte und η-Werte die zeitabhängige Zuverlässigkeitsfunktion berechnen. In dem in [34] nachstehenden Beitrag von Richter liest man, daß nach 14000 Laborprüfstunden an HF-Crimpverbindungen folgender λ-Wert ermittelt wurde:

HF-Crimpverbindungen . . . . $70 \cdot 10^{-8}/h$

3.11 Lebensdauerangaben bei Relais

Definition:
Die Angabe der Lebensdauer in Stunden ist bei einem *Relais* ebenso wie bei einem Stecker wenig zutreffend, weil vor allem die *Schaltzahl* die lebensdauerbestimmende Größe ist. Der physikalische Sachverhalt und damit die Fehlerphysik ist bei diesem Verschleißteil noch komplizierter als beim Stecker, weil die elektrischen Lasten den Ausfall wesentlich mitbestimmen.

Ausfallkriterium:
Kontaktstörungen können nach Ulbricht [35] viele Ursachen haben, die in Bild 3.7 einander zugeordnet sind.

Wie man sieht, handelt es sich um Hersteller-, Anwender- und Umwelteinflüsse, die man berücksichtigen muß. Kontaktausfälle können kurzzeitige Unterbrechungen infolge mechanischer Resonanz, aber auch bleibende Ausfälle sein. Man beobachtet, daß Kontakte infolge Fremdschichtbildung «nicht mehr schließen», aber auch durch Verhaken infolge Kontakterosion oder Verschweißen «nicht mehr öffnen». Man spricht von Leerlaufausfällen und Kurzschlußausfällen.

Bild 3.7
Umwelteinflüsse auf luftoffene Kontakte

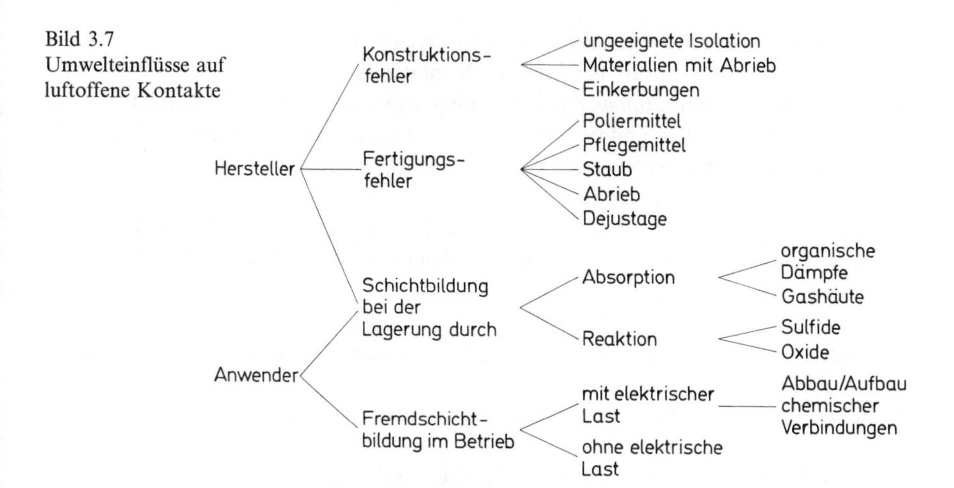

Welche Ausfallart häufiger auftritt, hängt von den Betriebsbereichen ab. Horn und Vinaricky geben – unter Verwendung der anschließend definierten Größen – in [36] folgende Abgrenzungen:

Bereich I: «DRY-CIRCUIT»: $U_k < U_e = 80\,\text{mV}$, $I_k < 1\,\text{mA}$.
Es kommt zur Fremdschichtbildung.

Bereich II: «low-level»: $U_k < U_s = 150\,\text{mV}$, $I_k < 10\,\text{mA}$.
Man beobachtet Brücken- und Feinwanderungen.

Bereich III: «intermediate level»: $U_k < U_b = 10 \cdots 15\,\text{V}$, $I_k < 1\,\text{A}$.
Es kommt zur Grobwanderung.

Bereich IV: «heavy load»: $U_k > U_b$, $I_k > 0{,}1\,\text{A}$.
Man beobachtet Abbrand und Verschweißungen.

Bereich V: «glow discharge»: $U_k > U_g\ 200 \cdots 300\,\text{V}$, $I_k < 10\,\text{mA}$.
Kontakterosionen sind die Folge.

Es bedeuten bei dieser Abgrenzung:

U_e = *Entfestigungsspannung*: Elektrische Spannung, bei der ein Metall sich entfestigt, d.h. wieder weich wird. Durch mechanische Bearbeitung wird infolge Verspannungen im Kristallgefüge Material «verfestigt». Die zur Entfestigung erforderliche Wärme wird vom fließenden Strom erzeugt. Die Kontaktberührungsfläche vergrößert sich.

U_s = *Schmelzspannung*: Elektrische Spannung, bei der sich Schmelzbrücken zwischen den Kontaktstücken bilden, wodurch der Übergangswiderstand erheblich absinkt.

U_d = *Siedespannung*: Spannung, oberhalb der das Material siedet bzw. verdampft.

U_b = *Lichtbogenmindestspannung*: Spannung, unterhalb der ein Strom beliebiger Stärke lichtbogenfrei unterbrochen werden kann (Asymptote an die Lichtbogengrenzkurve).

$U_k =$ *Kontaktspannung:* Spannung am geöffneten Kontakt
$I_k =$ *Kontaktstrom*: Strom, der über die Kontaktstelle fließt.
$U_g =$ *Glimmlichtmindestspannung*: Spannung, oberhalb derer ein Glimmlicht bei Metallelektroden zündet. Bei $U_k < U_g$ kann auch die kürzeste Isolierstrecke nicht mehr durchschlagen werden.

Brückenwanderung: zu beobachten bei $U_s < U_k < U_d \cdot$ Es kommt zur Spitzen- und Kraterwirkung an den Elektroden durch Bildung von Metallbrücken, die aber wieder aufreißen.

Feinwanderung: zu sehen bei $U_d < U_k < U_b \cdot$ Materialwanderung, die durch kurze Bögen (plasmafreie Lichtbögen mit konstanter Spannung) gekennzeichnet ist. Die Materialwanderung geht von der Anode zur Katode.

Grobwanderung: zu erkennen bei $U_k > U_b \cdot$ Materialwanderung, gekennzeichnet durch stabile Lichtbögen, wobei mit steigendem Strom, die Lichtbogenspannung abnimmt. Die Materialwanderung geht von der Katode zur Anode.

Abbrand bei $U_k > U_b$ nennt man das Verdampfen und Verspritzen von Material, verbunden mit elektrischer und thermischer Zerstörung von Fremdschichten.

Verschweißen bei $U_k > U_b$ heißt man das Verhaken und Verschmelzen der Elektroden, wobei die Schweißkraft größer ist als die Rückstellkraft des Relais.

Insbesondere bereiten den Ingenieuren die *DRY-CIRCUIT-Kontakte* Sorgen, die nach Nowacki [37] durch drei erschwerende Merkmale beschrieben werden:

1. Gebiet niedriger Spannungen: $U_k = 5 \cdots 100\,\text{mV}$,
2. Gebiet niedriger Ströme: $I_k = 10\,\mu\text{A} \cdots 100\,\text{mA}$
3. Gebiet geringer Kontaktkräfte: $F_k = 0{,}01 \cdots 0{,}1\,\text{N}$

Unter diesen Bedingungen werden elektrische Kontakte gestört durch folgende Einwirkungen:

- Unterbrechung durch Ablagerung von Schmutz, Öl, Staub, Silikon.
- Unterbrechung durch korrosive Schichten wie Oxide, die bei höherer Temperatur dicker als 20 nm werden (Unterbrechung des Tunneleffektes).
- Beeinträchtigung durch Thermospannungen, die z. B. 10 µV/°C betragen.
- Störung durch Elementbildung bei ungleichen Metallpaarungen und bei hoher Luftfeuchtigkeit, ein Vorgang, der übrigens auch für Stecker zutrifft.

Lebensdauer:
Relais werden nach ihrem Einsatzgebiet entwickelt und ausgesucht. Beispielsweise erwartet man von einem Relais in einem PKW eine Brauchbarkeitsdauer von 5 Jahren. Bei der Post fordert man jedoch für die stationären Anlagen eine Lebensdauer bis zu 25 Jahren, daraus der Richtwert:

$$m = 5 \cdots 25 \text{ Jahre.}$$

Dagegen gibt es auch «one-shot-relays», die in einem Raketenkopf nur einmal ihre Funktion erfüllen sollen, jedoch bei dauernder Betriebsbereitschaft. Es ist also sinnvoll, bei der Zeitangabe auch die *Betätigungsfrequenz* anzugeben. Dazu ein Beispiel:

Relais A: $n_A = 1$ Bet./min $\times$ 60 min/h $\times$ 8760 h/Jahr $\times$ 10 Jahre
$n_A = 5{,}3 \cdot 10^6$ Betätigungen

Relais B: $n_A = 1$ Bet./s $\times$ 3600 s/h $\times$ 8760 h/Jahr $\times$ 10 Jahre
$n_B = 3{,}15 \cdot 10^8$ Betätigungen

Ausfallrate:
Die Ausfallrate kann man zyklusbezogen oder zeitbezogen angeben. Beispielsweise werde in einem Prüfgestell ein Kollektiv von $N = 100$ Kontakten mit einer Betätigungsfrequenz von 10 Hz geprüft. Nach $\Delta t = 100$ h beobachte man den ersten Ausfall. Es herrsche Nennbetrieb bei Ohmscher Last.

Es ist dann:

$$\lambda = \frac{c}{N \cdot \Delta t} = \frac{1}{10^2 \cdot 10^2\,\text{h}} = 10^{-4}\,\text{h}^{-1}$$

$n = 10$ Bet. $\times$ 3600 s/h $\times$ 10^2 h $= 3{,}6 \cdot 10^6$ Betätigungen und die auf eine Schaltspielzahl bezogene Ausfallrate

$$\lambda_z = \frac{c}{N \cdot n} = \frac{1}{10^2 \cdot 3{,}6 \cdot 10^6\,\text{Bet.}} = 2{,}78 \cdot 10^{-9}/\text{Schaltzahl}.$$

Aus Prüfberichten und Fehlerstatistiken geht hervor, daß man in der Praxis rechnen muß mit:

$$\lambda > 10^{-4}/\text{h} \quad \text{und} \quad \lambda_z > 10^{-9}/\text{Schaltzahl}$$

Schaltzahl:
Sehr häufig begnügt man sich bei der Zuverlässigkeitsangabe von Relais mit der Schaltspielzahl bis zum ersten Nichtmehrschließen bzw. Nichtmehröffnen. Sie ist wesentlich von der Kontaktbelastung abhängig. Messungen der Relaishersteller ergaben folgende typische Zuordnungen von Werten:

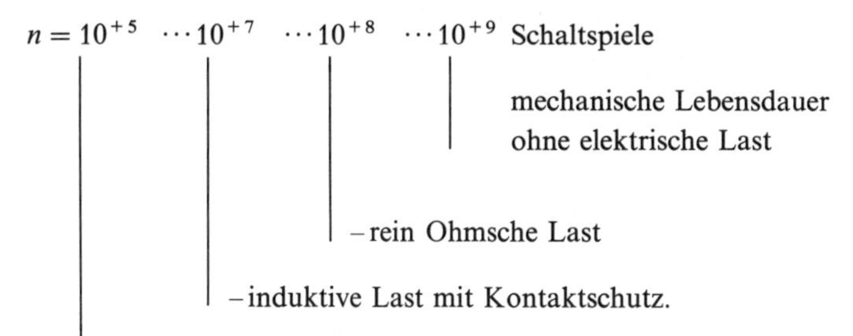

Strom bis wenige Ampere, induktive Last ohne Kontaktschutz

Es kann natürlich sein, daß bei der Entladung eines Kondensators bei Strömen von über 10 A (z.B. im Kfz) ein Kontakt bereits nach wenigen Lastspielen verschweißt. Genauere Auskunft gibt nur ein in monatelangen Versuchen aufgenommenes Lastkennlinienfeld, wie es für induktive Lastkreise z. B. Borchert und Rau in [38] für das Flachrelais 48 mit Silberkontakten angeben. Als Richtwert sollte man jedoch festhalten:

$$n = 10^5 \cdots 10^9 \text{ Schaltspiele.}$$

Beispiel:
Wie man den dargelegten, komplizierten prüf- und fehlertechnischen Sachverhalt mit einem einzigen λ-Wert zu erfassen sucht, soll abschließend ein Zahlenbeispiel aus dem 10-Seiten-Abschnitt 7.10 «Relays and Switches» des MIL-Handbuches 217 A (1965) belegen. Es sei betont, daß Relaisfachleute aus der Kenntnis der komplizierten Fehlerphysik trotz der detaillierten Betrachtung diese Zahlenangaben anzweifeln.

Gegeben sei ein Miniaturrelais mit Reedkontakten:

Spulenleistung	1 W
Kontaktstrom	1 A
Kontaktspannung	28 V_
Betätigungsfrequenz.	30/h
Geforderte Schaltzahl.	10^5
Schock	70 g
Schwingen (10···2000 Hz)	20 g
Temperatur	−65···+125 °C
Anwenderklasse B (Einteilung in 4 Klassen mit A: höchste, D: geringste Forderungen)	
Betriebsweise	stationär

1. *Schritt:* Unter 17 in einer umfangreichen Tabelle aufgeführten Relaisklassen, die Mindestforderungen, Kontaktlasten, Temperaturbereiche, Betätigungsfrequenz und Schaltspielzahl enthalten, wird das vorliegende Relais dort in die Unterklasse J eingestuft. Damit erhält man zwei Werte:

$$\lambda = 0{,}001 \cdot 10^{-6}/\text{h} \quad \text{und } \lambda_z = 0{,}05 \quad \text{Ausfälle}/10^6 \text{ Bet.} = 0{,}5 \cdot 10^{-7}/\text{Schaltspielzahl}$$

2. *Schritt:* Die mechanische Belastung infolge der erhöhten Prüfbedingungen berücksichtigt man durch einen additiven Zuschlag wie folgt:

Schock: $0{,}02/\text{g} \cdot 20\,\text{g} = 0{,}4$
Schwingen: $0{,}01/\text{g} \cdot 5\,\text{g} = 0{,}05$

$$\lambda_z = 0{,}4 + 0{,}05 + 0{,}05 = 0{,}5 \text{ Ausfälle}/10^6 \text{ Bet.}$$

3. *Schritt:* Berücksichtigung der Betätigungszahl, hier:

$$30 \text{ Bet./h} \times 0{,}5 \text{ Ausfälle}/10^6 \text{ Bet.} = 15 \text{ Ausfälle}/10^6 \text{ h}$$

4. *Schritt:* Addition der Klassen- und Betätigungs-Ausfallrate:

$$0{,}001 \text{ Ausfälle}/10^6 \text{ h} + 15 \text{ Ausfälle}/10^6 \text{ h} = 15{,}001 \text{ Ausfälle}/10^6 \text{ h}$$

5. *Schritt:* Die Einordnung in die Anwendungsklasse B führt zum Faktor 1,0 (A: 0,5 ... ; D: 5) somit:

$$1{,}0 \cdot 15{,}001 \text{ Ausfälle}/10^6\,\text{h}$$

6. *Schritt:* Der Umgebungseinflußfaktor K_e ist in diesem Fall $K_e = 2{,}5$;

$$\lambda' = K_e \cdot \lambda = 2{,}5 \cdot 15 \cdot 10^{-6}/\text{h} = 0{,}375 \cdot 10^{-4}/\text{h}$$

Wie man sieht, wird hier bei der Bestimmung der Ausfallrate des Relais das Derating-Modell angewandt.

Wie aufwendig eine Relaisprüfung ist, ersieht man auch aus der 60 Seiten umfassenden Prüfvorschrift MIL-R-5757F vom 8. 5. 1970.

3.12 Ausfallrate und Vertrauensbereich

J. Neyman prägte im Jahre 1935 den Begriff des «*Konfidenzintervalles*». Legt man die Normalverteilung zugrunde, dann ist der *statistische Vertrauensbereich* des Mittelwertes:

$$\mu = \bar{x} \pm a \tag{3.15}$$

$$L = 2 \cdot a \tag{3.16}$$

$$a = \frac{c \cdot \sigma}{\sqrt{N}}\,. \tag{3.17}$$

Es bedeuten dabei:

L = Konfidenzintervall, Vertrauensbereich
a = halbes Konfidenzintervall
σ = Standardabweichung der Grundgesamtheit
μ = Mittelwert der Grundgesamtheit
$\bar{x}$ = Mittelwert des Prüfloses
N = Anzahl der Prüflinge, Stichprobenumfang
c = tabellierte Konstante zu S
S = Konfidenzzahl, Aussagesicherheit in Prozent

Bei Kreyszig (vgl. Bücherverzeichnis [4]* findet man die Zuordnung von c und S:

S	90%	95%	99%
c	1,645	1,96	2,576

Die Zahlenangaben von S sind der Flächeninhalt unter der *Gaußschen Glockenkurve* unter festgelegten Grenzen, vgl. Bild 3.8.

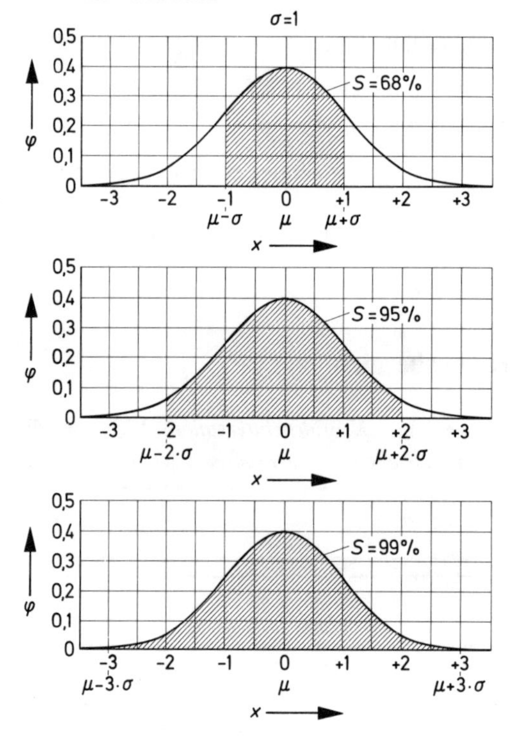

Bild 3.8 Gaußsche Glockenkurve und Vertrauensbereich des Mittelwertes μ bei der Standardabweichung $\sigma = 1{,}0$ für $S = 68{,}95$ und 99 %

Innerhalb des Intervalles $\mu + 2 \cdot \sigma$ liegen 95,5 %, innerhalb $\mu \pm 3 \cdot \sigma$ 99,7 % aller anfallenden Meßwerte. Dazu ein Beispiel:

Gegeben sei $\bar{x} = 7$, $\sigma = 2$, $N = 100$, $S \triangleq 99\,\%$ dann ist nach den Gleichungen (3.15), (3.16) und (3.17):

$$a = 0{,}5152, \qquad L = 1{,}0304$$

$$\mu_{max} = 7{,}515, \qquad \mu_{min} = 6{,}485$$

Umgekehrt kann man bei einem geforderten a-Wert den entsprechenden Stichprobenumfang durch Umstellung von Gleichung (3.17) berechnen:

$$N = \left(\frac{c \cdot \sigma}{a}\right)^2.$$

Angewandt auf die Beziehung der Ausfallrate erhält man nach Umstellung von Gl. (1.4) die Anzahl der Proben wie folgt:

$$N = \frac{c}{\lambda \cdot \Delta t} = \frac{2}{10^{-6} \cdot \text{h}^{-1} \cdot 10^{+3}\,\text{h}} = 2000 \text{ Stück.}$$

Danach wären also 2000 Prüflinge bei 2 beobachteten Ausfällen nach 1000 Prüfstunden erforderlich, wenn eine Ausfallrate von 10^{-6}/h vorherrscht.

Interessiert bei einer Meßaussage auch die Aussagesicherheit von z.B. $S \mathrel{\hat{=}} 90\%$, dann muß dieser Wert noch mit einem Sicherheitsfaktor k^* multipliziert werden. In dem Buch von Ackmann [18] tabelliert man den k^*-Faktor wie folgt, vgl. Tabelle 15.

Tabelle 15

c		0	1	2	5	10	20
k^*	$S = 90\%$	2,3	3,9	5,3	9,3	15,4	27
	$S = 95\%$	3	4,7	6,3	10,6	17	29

Mit diesen Werten erhält man die Werte von Tabelle 16

Tabelle 16

c	λ-Wert bei $\Delta t = 10^3$ h und $S = 90\%$			
	$\cdot\ 10^{-4}$/h	$\cdot\ 10^{-5}$/h	$\cdot\ 10^{-6}\cdot$h	$\cdot\ 10^{-7}$/h
0	23	230	2 300	23 000
1	39	390	3 900	39 000
2	53	530	5 300	53 000
3	67	670	6 700	67 000
4	80	800	8 000	80 000
5	93	930	9 300	93 000
10	154	1 540	15 400	154 000
15	210	2 100	21 000	210 000
20	270	2 700	27 000	270 000

Nach dem obigen Zahlenbeispiel sind dann mit $c = 2$, $\Delta t = 1000$ h, $S \mathrel{\hat{=}} 90\%$, $\lambda = 10^{-6}$/h nicht $N = 2000$, sondern

$$N^* = k^* \cdot N \tag{3.18}$$

5300 Stück zu prüfen, wenn man eine statistische Aussagesicherheit von $S = 90\%$ anstrebt. Dies bedeutet, daß von 100 Meßwerten 90 im Vertrauensbereich einschließlich des Mittelwertes liegen.

Tabelle 17

λ-Wert in 1/h	Prüfzeitaufwand in 10^6 h bei $S = 60\%$					
	$c = 0$	$c = 1$	$c = 2$	$c = 3$	$c = 4$	$c = 5$
10^{-4}	0,00915	0,0202	0,031	0,0418	0,0525	0,063
10^{-5}	0,0915	0,202	0,31	0,418	0,525	0,63
10^{-6}	0,915	2,02	3,1	4,18	5,25	6,3
10^{-7}	9,15	20,2	31	41,8	52,5	63
10^{-8}	91,5	202	310	418	525	630

Weil die Prüfzeiten sehr lang und die Probenzahl sehr hoch werden, wenn der λ-Wert gering ist, begnügt man sich in vielen Fällen mit $S = 60\%$. Nach Müller [39] gelten dann die in Tabelle 17 zusammengestellten Werte.

Bei dem gewählten Beispiel mit $c = 2$, $\Delta t = 10^3$ h, $S \triangleq 60\%$, $\lambda = 10^{-6}$/h ergeben sich dann $N' = 3100$ Stück. Dies ist weniger als N^*, aber größer als N, also: $N < N' < N^*$. N' wird für eine Langzeitprüfung als die Mindeststückzahl angesehen, bei der man absolute Zuverlässigkeitsangaben gewinnen will. Es wird dabei der Bereich $\mu \pm 0{,}84 \cdot \sigma$ erfaßt, aber es ist garantiert der Mittelwert eingeschlossen.

Bei kurzen Prüfzeiten $\Delta t < 1000$ h und kleinen Prüflosen $N < 100$ kann man mittels der preiswerteren und kürzeren *zeitraffenden Zuverlässigkeitstests* nur noch relative Zuverlässigkeitsangaben finden, die auch nur spezielle Einsichten vermitteln.

4 Zuverlässigkeit von Systemen ohne Reparatur

4.1 Zuverlässigkeitsberechnung bei einem Seriensystem

Definition:

Ein Seriensystem ist in der Zuverlässigkeitstheorie ein System, bei dem folgende Annahmen gemacht werden:

- Das System hat endlich viele Elemente.
- Seriell heißt, daß ein Elementausfall zum Systemausfall führt.
- Es werden nur Totalausfälle erfaßt, keine Driftausfälle.
- Die Ausfälle fallen voneinander unabhängig aus.
- Die Ausfallrate der Elemente ist konstant (zeitinvariant), d.h. alle Ausfälle sind Zufallsausfälle. Es gilt die *e*-Verteilung.
- Die Elemente sind von gleicher Wichtigkeit.
- Überlebenswahrscheinlichkeit und Ausfallwahrscheinlichkeit sind nach der Beziehung $R + F = 1$ komplementäre Ereignisse.
- Eine Reparatur ist nicht vorgesehen.
- Nach Material, Konstruktion und Herstellung verschiedenartige Bauelemente können trotzdem den gleichen λ-Wert haben.
- Ein Seriensystem ist eine Kette von Elementen oder Baugruppen, jedoch darf das *Zuverlässigkeits-Ersatzschaltbild* nicht mit einer Schaltung verwechselt werden. So sind im Sinne der obigen Annahme «Elementausfall führt zu Systemausfall» die beiden typischen Schwingkreisschaltungen mit den Elementen *R*, *L*, *C*, vgl. Bild 4.1 links, im Sinne der Zuverlässigkeitstheorie Seriensysteme, vgl. Bild 4.1 Mitte. Berücksichtigt man noch die Ausfallrate der nötigen Lötstellen, so ergeben sich statt der ursprünglich drei beim Schwingkreis sieben Elemente, beim Parallelschwingkreis fünf Elemente, vgl. Bild 4.1 rechts.

Formeln:

Mit dem Produktgesetz der Wahrscheinlichkeit, vgl. Formel (1.12), erhält man unter der Annahme unabhängiger Ereignisse folgende Beziehungen:

$R_s = R_1 \cdot R_2 \cdot R_3$ oder allgemein

$$R_s = \prod_{i=1}^{n} R_i \qquad (4.1)$$

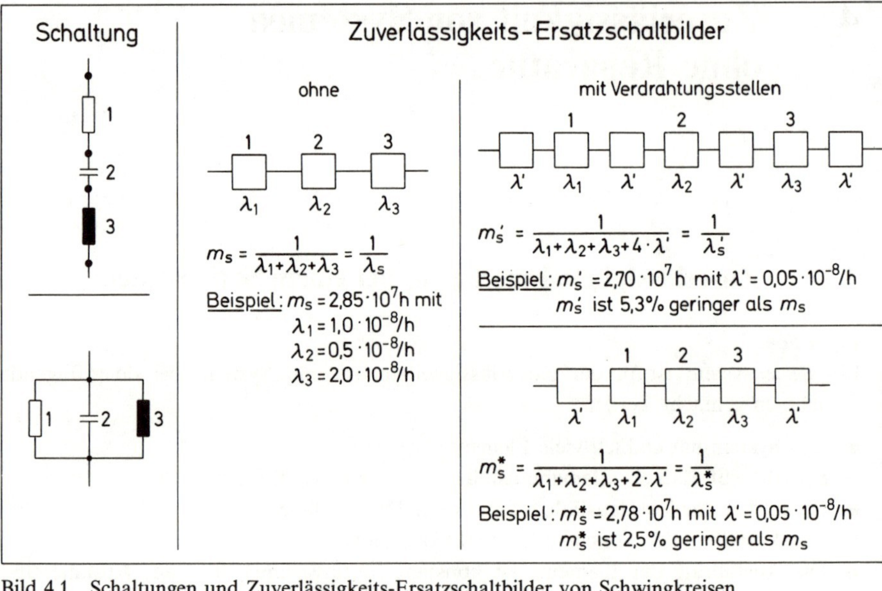

Bild 4.1 Schaltungen und Zuverlässigkeits-Ersatzschaltbilder von Schwingkreisen

dabei bedeuten:

R_s = Systemüberlebenswahrscheinlichkeit

n = Anzahl der Elemente des Systems

i = laufende Variable der Elemente

$i = 1, 2, 3, 4 \ldots$

Wegen der e-Verteilung kann man setzen:

$$R_s = e^{-\lambda_1 \cdot t} \cdot e^{-\lambda_2 \cdot t} \cdot e^{-\lambda_3 \cdot t} \ldots$$

$$R_s = e^{-\Lambda_s t} \qquad (4.2)$$

$$\Lambda_s = \sum_{i=1}^{n} \lambda_i \qquad (4.3)$$

Λ_s = Systemausfallrate

λ_i = Elementausfallrate

Mit der Gleichung (2.15) bestimmt sich der Serien-MTTF-Wert m_s bei ungleichartigen Elementen zu:

$$m_s = \frac{1}{\lambda_1 + \lambda_2 + \lambda_3 + \cdots} \qquad (4.4)^*$$

Bei gleichartigen Elementen kann man vereinfachend schreiben:

$$R_s = e^{-n \cdot \lambda \cdot t} \tag{4.5}$$

wobei der Serien-MTTF-Wert hier lautet:

$$m_s = \frac{1}{n \cdot \lambda}\,. \tag{4.6)*$$

In Bild 4.2 ist der Verlauf der Zuverlässigkeitsfunktion (4.5) bis zu $n = 5$ gleichartigen Elementen bei normierter Zeitachse dargestellt. Damit wird die evidente Tatsache abgebildet, daß mit steigendem m-Wert die Systemzuverlässigkeit immer schlechter wird. Sie beträgt z.B. bei $t/m = 1$ bei $n = 1: R_s \mathrel{\hat{=}} 36{,}8\,\%$, $n = 2: R_s \mathrel{\hat{=}} 13{,}5\,\%$ usw.

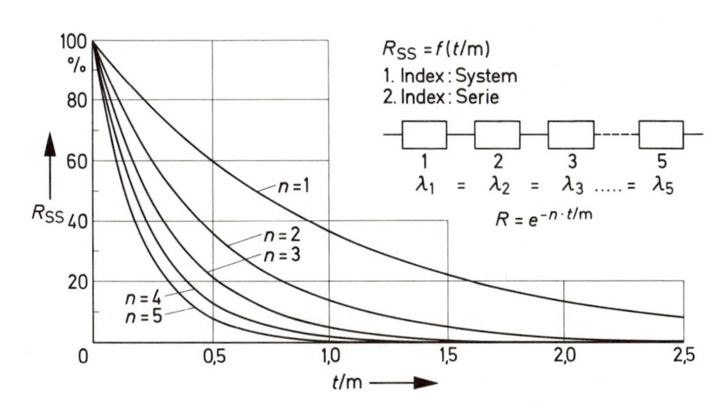

Bild 4.2
Zuverlässigkeit von Serien-Systemen ohne Reparatur bei gleichartigen Elementen

Beispiel:
Gegeben sei ein Seriensystem mit $n = 10$ Elementen.

Dann gilt, wenn alle Elemente gleichartig z.B. mit $R_i \mathrel{\hat{=}} 99{,}2\,\%$:

$$R_s = R_i^n = 0{,}992^{10} \mathrel{\hat{=}} 92{,}3\,\%.$$

Ist ein Teil schwächer, z.B. $R_i \mathrel{\hat{=}} 57\,\%$, dann gilt hier:

$$R_s = 0{,}992^9 \cdot 0{,}570 \mathrel{\hat{=}} 53\,\%$$

d.h. eine Kette ist schwächer als das schwächste ihrer Glieder. Ist dagegen ein Teil stärker, z.B. $R_i = 0{,}9999$, dann bringt das nur einen geringen Zuwachs an Systemzuverlässigkeit:

$$R_s = 0{,}992^9 \cdot 0{,}9999 \mathrel{\hat{=}} 93\,\%.$$

4.2 Berechnungsbeispiel «Seriensystem»

Quelle:
Aus vielen Beispielen sei ein einfaches, übersichtliches Beispiel zitiert, welches zudem den Vergleich mit einer Fehlerstatistik zuläßt. O. Lörcher (SEL, Stuttgart) gibt in [40] für die Vollausfälle eines Trägerfrequenzgerätes der Weitverkehrs-Nachrichtentechnik die in Tabelle 18 angeführten Werte an. Für die Berechnung wurden die Formeln (4.3) und (4.4) vom Abschnitt 4.1 benutzt.

Diskussion:
Dieses Beispiel, das noch aus den Anfängen der Zuverlässigkeitsberechnung stammt, ist insofern bemerkenswert, weil die Betriebs-MTBF-Werte mit den Planungswerten verglichen werden können. Der beobachtete m_s'-Wert ist um 31 % günstiger als der vorausberechnete m_s-Wert. Dies ergibt sich aus der geringeren Wahrscheinlichkeit für das Auftreten von Totalausfällen als für Driftausfälle. Die λ-Werte heutiger Bauelemente sind noch niedriger, d.h. der resultierende m_s-Wert liegt heute infolge des technologischen Fortschritts bei einem vergleichbaren Gerät noch höher. Interessant ist ferner, daß unter Berücksichtigung der 2697 Lötstellen sich die Gesamtausfallrate in diesem Beispiel nur um etwa 12 % verschlechtert.

Folgerung:
Aus den Beziehungen (4.2) bis (4.6) kann man in Verbindung mit den Zahlenbeispielen folgern, daß sich bei einem Seriensystem die Zuverlässigkeit nur durch folgende Maßnahmen erhöhen läßt:

- Verringern der Anzahl n der verwendeten Bauelemente,
- Auswahl von Bauelementen mit geringerer Ausfallrate,
- Verbesserung insbesondere des «schwächsten Gliedes» (vgl. auch Abschnitt 4.3) in einer Systemkette,
- Anwendung einer geeigneten Unterlastung (Derating) der Elemente, vgl. Beziehung (3.7) im Abschnitt 3.5.

4.3 Berechnungsbeispiel «Seriensystem-Einfluß Stecker»

Quelle:
Reinschke bringt in [41] das Beispiel eines Oszillografen-Integrierverstärkers älterer Technologie, welches die Ausfallrate Stecker berücksichtigt. Die Berechnung enthält die Tabelle 19.

Diskussion:
Der Planungswert des Integrierverstärkers bestimmt sich nach Reinschke zu $m_s = 6300\,\text{h}$. Würde man einen weniger zuverlässigen Steckertyp verwenden, mit einer Ausfallrate von 10^{-6}/h anstelle 10^{-7}/h, dann würde dies in diesem Fall den System-

Tabelle 18:

	Bauelement		Ausfallrate	
i	Bauelementgattung	Zahl n	$\lambda_i/10^{-8}/\text{h}$	$n \cdot \lambda_i/10^{-8}/\text{h}$
1	Kohleschichtwiderstand	200	0,03	6
2	MP-Kondensator (2-lagig)	15	0,1	1,5
3	Styroflexkondensator Papierkondensator Al-Elektrolytk. (naß) Si-Diode Reed-Relais Ferrit-Spule Heißleiter	262 6 18 12 3 109 2	0,3	78,6 1,8 5,4 3,6 0,9 32,7 0,6
4	Kohleschichtdrehwiderstd. Ge-Diode	12 47	1,0 1,0	12 47
5	Ge-Transistor	21	3,0	63
	Summe der Bauelemente	707		253,1
6	Lötpunkte (Maschine)	2518	0,01	25
7	Lötpunkte (von Hand)	179	0,03	6
	Summe Schaltung	2697		283,57

Ergebnis:

	Sollwert (Berechnungswert)	*Istwert* (Beobachtungswert an 9000 Geräten)
Ausfallrate	$\Lambda_s = 2{,}84 \cdot 10^{-6}/\text{h}$	$\Lambda'_s = 1{,}97 \cdot 10^{-6}/\text{h}$
MTBF-Wert	$m_s = 352\,647\,\text{h}$ $m_s = 40$ Jahre	$m'_s = 507\,614\,\text{h}$ $m'_s = 58$ Jahre

Abweichung Berechnung/Beobachtung: $\dfrac{\Lambda_s - \Lambda'_s}{\Lambda_s} = \dfrac{2{,}84 - 1{,}97}{2{,}84} = +\,31\%$

Tabelle 19:

Bauelement		Ausfallrate	
Bauelementegattung	Zahl n	$\lambda_i/10^{-6}/h$	$n \cdot \lambda_i/10^{-6}/h$
Lötstellen	350	0,05	17.5
Passive Kontakte (Stecker)	42	0,1	4,2
Papierkondensatoren	2	0,5	1,0
MP-Kondensatoren	7	0,05	0,35
KF-Kondensatoren	5	0,1	0,5
Elektrolyt-Kondensatoren	16	5,0	80,0
Buchse	1	0,1	0,1
Meßklemmen	2	0,1	0,2
Röhren	3	5,0	15,0
Ge-Transistoren	7	0,7	4,9
Aktive Kontakte (Relais)	60	0,1	6,0
Schichtwiderstände	70	0,2	14,0
Schichtdrehwiderstände	5	2,0	10,0
Thermistor	1	0,7	0,7
Röhren-Fassungen	3	0,12	0,36
Wire-Wrap-Verbindungen	50	0,07	3,5
Summe Schaltung	624		158,3

MTBF-Wert: $m_s = \frac{1}{\Lambda_s} = 6317\,\mathrm{h}$

1 Jahr = 8760 h

Setzt man die 42 Steckerkontakte in ihrem λ-Wert um eine Größenordnung schlechter an, dann erhält man als neuen MTBF-Wert

$$m_s^* = 5100\,\mathrm{h}$$

Die Verschlechterung der Ausfallrate der Stecker um eine Größenordnung bewirkt somit eine Verschlechterung des Systemwertes um

$$\frac{m_s - m_s^*}{m_s} = \frac{6317 - 5100}{6317} = 19\%$$

MTBF-Wert um 19% verschlechtern, d.h. die Lebensdauererwartung wäre um 1/5 geringer. Dieses Beispiel unterstreicht die Bedeutung eines hochwertigen Steckers für das Systemausfallverhalten. Übrigens erhöht sich die Systemverfügbarkeit eines Systems, wenn die Baugruppen steckbar gemacht werden, was noch im Abschnitt 5.2 dargelegt wird.

4.4 Genauigkeit von Zuverlässigkeitsberechnungen

An dieser Stelle ist es notwendig, auf die Genauigkeit von Zuverlässigkeitsberechnungen einzugehen. Im Abschnitt 3.7 war bereits auf die Abweichungen von Planungs- und Betriebswerten eingegangen worden, die u. U. zwei bis drei Größenordnungen betragen. Allgemein läßt sich sagen, daß eine Berechnung umso genauer wird, je besser das verwendete Modell den Anwendungsfall beschreibt und je genauer die Parameter, die in die Formeln eingesetzt werden, bestimmt werden können.

Vollhardt vertritt in diesem Zusammenhang die Meinung [42], daß mit steigendem Aufwand an Ingenieurstunden zur Abfassung der Zuverlässigkeitsstudie die Abweichung zwischen Berechnung und Messung immer geringer wird. Dabei sind vier Aufwandstufen zu unterscheiden, wie Bild 4.3 zeigt. Der Diagrammverlauf wird als hyperbolisch angenommen. Jedoch ist beim derzeitigen Stand der Zuverlässigkeitstechnik eine Prognose mit einer geringeren Abweichung von ±20% Planungs/Betriebswert nicht möglich, wenn weniger als 10 Mannjahre für die Studie aufgewendet werden. Normalerweise sind die Planungswerte ungünstiger als die Betriebswerte, weil die Ausfälle als voneinander unabhängig angenommen werden. Ein weiterer Grund für die Tatsache, daß die Betriebswerte günstiger ausfallen als die Planungswerte, ist folgender:

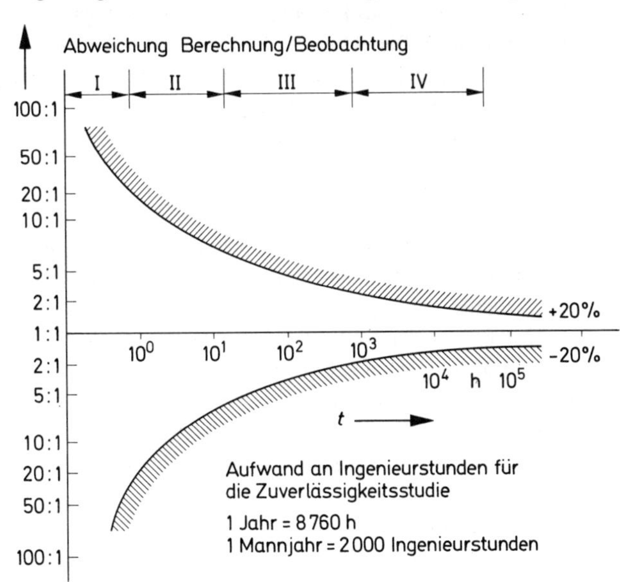

Bild 4.3
Genauigkeit von Zuverlässigkeitsberechnungen
Stufe I:
Zählung der Bauelemente, Annahme gleicher konstanter Ausfallrate
Stufe II:
Belegung von Bauelementegruppen mit unterschiedlichen Ausfallraten
Stufe III:
Berücksichtigung der Einsatzbedingungen
Stufe IV:
Berücksichtigung der Ausfallarten, der Ausfallzustände, der Zeitabhängigkeit der Ausfallraten und der Verteilung der Ausfallraten

Wird eine Schaltung, speziell eine Digitalschaltung, von einem Signal durchlaufen, dann sind meist nicht alle Logikelemente bei der Nachrichtenverarbeitung beteiligt, d.h. ein Fehler in einem nichtbeteiligten Element kann sich auch nicht auswirken. Die Rechnung setzt aber die Beteiligung aller Elemente voraus.

Da die Zuverlässigkeitsrechnung nur eine Prognose für das Kollektiv ist und wegen der Eingabedaten mit einer Unsicherheit belastet ist, so fragt man sich nach dem Zweck einer solchen Rechnung. Der Wert ist zweifach:

1. die relative Aussage ermöglicht bei Verwendung von Ausfallraten der gleichen Quelle einen Vergleich unterschiedlicher Strukturen, z.B. welcher MTBF-Wert höher liegt,
2. die Rechnung zeigt die Schwachstellen. Wo die höchsten Ausfallraten vorkommen muß verbessert werden.

Die Zuverlässigkeitsberechnung dient also der Prognose, dem Systemvergleich und der Schwachstellenaufdeckung.

4.5 Zuverlässigkeitserhöhende Maßnahmen

Um rasch eine Übersicht zu gewinnen, werden in diesem Abschnitt ausfallvermindernde Maßnahmen nur aufgezählt, jedoch nicht ausdiskutiert. Es soll vor allem gezeigt werden, daß sowohl der Hersteller als auch der Anwender zum Zuverlässigkeitsniveau beitragen, ferner, daß die in den nachfolgenden Abschnitten ausführlicher diskutierte «Redundanz» nur eine von vielen Maßnahmen ist, die die Zuverlässigkeit steigern können.

Diese Maßnahmen werden seit jeher einzeln oder gebündelt vom Hersteller bzw. vom Anwender eines Produktes angewandt. Neu seit der Raumfahrtelektronik ist jedoch, daß auch in anderen Bereichen der Elektronik die Zuverlässigkeitsforderungen so hoch sind, daß nur bei Beachtung all dieser Maßnahmen die Forderungen erfüllt werden können. Daher diene diese Aufstellung als Checkliste.

Zuverlässigkeitserhöhung durch den Hersteller bzw. Anwender:

- Wenig Bauelemente
  Ein Entwickler sollte möglichst wenig Bauelemente zur Lösung der gestellten Aufgabe verwenden, ebenso einfache Schaltungen den komplizierteren vorziehen, denn ein Element, das nicht vorhanden ist, kann auch nicht ausfallen.
- Elemente mit λ_{min}
  Der Entwickler sollte Bauelemente mit möglichst niedriger Ausfallrate verwenden, sofern die Kostenrechnung dies zuläßt.
- Redundanter Aufbau
  Der Entwickler sollte im Rahmen seiner wirtschaftlichen und räumlichen Möglichkeiten Redundanz vorsehen. Dabei muß jedoch beachtet werden, daß Redundanz auch überwacht werden muß.
- Voralterung
  Eine Voralterung (Burn-in) ist zwar kostenerhöhend, jedoch dann anzuraten, wenn

man bei Systemen, bei denen eine Reparatur nicht möglich ist, Ausfälle vorwegnehmen will. Bei verschleißbehafteten Teilen z.B. Relais leistet dies ein *RUN-IN-Test*.

- Gleiche Ausfallraten
  Die Dimensionierung sollte bei einer geforderten Lebensdauer nach dem Prinzip gleicher Ausfallraten bei den Bauelementen erfolgen.
- Toleranzanalyse
  Der Entwickler sollte mit dem Worst-Case-Design und der Monte-Carlo-Methode bekannt gemacht werden und sie bei größeren Stückzahlen einer Gerätegruppe auch anwenden.
- Fehlerbaum
  Die Anfertigung einer ausfallphysikalischen Studie in Form eines Fehlerbaumes führt zum Aufdecken von Schwachstellen im System.
- Kurze Betriebszeit/Niedrige Betätigungszahl
  Der Entwickler und Geräteanwender sollte die Betriebszeit z.B. bei Röhren oder die Betätigungszahl bei Steckern oder die Schaltzahl bei Relais so niedrig wie möglich halten, damit sie nicht im Rahmen der vorgesehenen Brauchbarkeitsdauer in den Abschnitt III der Badewannenkurve, der Verschleißausfälle, kommen.
- Derating
  Ein Entwickler sollte den Umstand, daß ein Bauelement bei Unterlast länger «lebt», bei seinen Schaltungen immer ausnutzen.
- Schutz vor Überlast
  Bei der Ausfallratenermittlung werden zwar die Ausfälle durch Überlast nicht mitgezählt, doch muß ein Entwickler einen Schutz vor thermischen, mechanischen, elektrischen oder chemischen Überbeanspruchungen vorsehen, um sich gegen Eventualitäten abzusichern. Dazu gehören Verpackung, Isolierungen, Schutzdioden usw.
- Risikovermeidung
  Der Entwickler kann Zuverlässigkeitsrisiken durch den Einbau genormter, geprüfter und erprobter Teile bekannter Zuverlässigkeit vermeiden. Er befindet sich dabei in einem bleibenden Dilemma: Teile, die lange Jahre ihre Zuverlässigkeit bewiesen haben, sind meist veraltet. Von modernsten Teilen, Bausteinen, Baugruppen, die er gern verwenden möchte, gibt es keine gesicherten Zuverlässigkeitsdaten, denn Langzeitprüfungen waren damit noch nicht möglich. Er kann dann nur auf die Maßnahmen der Zuverlässigkeits-Sicherung eines Herstellers vertrauen.
- Vorbeugende Wartung
  Bei Systemen mit Verschleißteilen und Driftausfällen ist ein ständiges, vorzeitiges Auswechseln nach einer sinnvollen Wartungsstrategie ein wertvoller Beitrag zur Zuverlässigkeitserhöhung.
- Automatische Fehlerdiagnose
  Da Wartungen Personalkosten verursachen, sind alle Maßnahmen zur automatischen Fehlerdiagnose, wie z.B. Probelauf bei einem Rechner, Schaltungen, die sich selbst überwachen, Durchprüfen eines Telefonamtes bei Nacht, wenn wenig Fernsprechverkehr herrscht, nicht nur zuverlässigkeitserhöhend, sondern auch kostensenkend.

Die letzten sechs genannten Maßnahmen betreffen nicht nur den Hersteller, sondern auch den Anwender. Praktisch sind jedoch alle genannten Maßnahmen entweder personalintensiv, lohnintensiv oder beides. Es muß für den vereinbarten Produktpreis ein tragbarer Kompromiß zwischen Nutzen und Aufwand gefunden werden, vgl. Abschnitt 1.4.

4.6 Zuverlässigkeitserhöhung durch Redundanz

Redundanz ist eine der am häufigsten ausgenutzten Möglichkeiten der Zuverlässigkeitserhöhung. Da es mehrere Redundanzarten gibt, sollen nachstehend diese zunächst mit Worten definiert und aufgezählt werden. In den nachfolgenden Abschnitten werden dann vor allem die Bauelemente-, Geräte- und Systemredundanz ausführlicher behandelt.

Dabei handelt es sich um die Zuverlässigkeit der *Hardware*. Es ist die technisch-elektronische Seite der Nachrichtenverarbeitung: Entwicklung, Herstellung, technische Wartung der Einrichtungen einschließlich der Signalübertragung. Es gibt dazu auch die redundanten Maßnahmen, welche die *Software* absichern und Software-Fehler zu vermeiden helfen (vgl. Bücherverzeichnis 20). Software ist die programmtechnische Seite einer EDV, kurz das Programm eines Rechners, das man «leichter» ändern kann. Dies wird hier nicht behandelt.

Redundanz:

Redundanz (redundare, lat. = überfließen) nennt man den Aufwand, der zur geforderten Einrichtung nicht nötig ist. Redundanz erhöht die Zuverlässigkeit. Sie wird erforderlich, wenn bei einem Seriensystem die postulierte Zuverlässigkeit, z.B. in Form eines MTBF-Wertes nicht erreicht wird. Redundanz gibt es bei der Hardware und bei der Software. In der Informationstheorie ist Redundanz die Differenz zwischen dem möglichen und dem abgegebenen *Informationsgehalt* einer Quelle. Bei gleichwahrscheinlichen Zeichen ist dies der duale Logarithmus der reziproken Wahrscheinlichkeit der Zeichen. Beispielsweise verwendet man zur Binärkodierung einer Dezimalziffer 4 Binärzeichen (bit), obwohl nur $\mathrm{ld}\,\frac{1}{p} = \mathrm{ld}\,\frac{1}{N^{-1}} = \mathrm{ld}\,N = \mathrm{ld}\,10 = 3{,}32$ bit/Zeichen erforderlich wären, was eine absolute Zahlenredundanz von 0,68 bit/Zeichen ergibt.

Bauelementeredundanz:

Bauelementeredundanz nennt man den zuverlässigkeitserhöhenden Mehraufwand auf der Bauelementeebene. Er wird ausgeführt als Parallelredundanz, z.B. bei sehr aufwendigen, aber weniger zuverlässigen Bauelementen wie z.B. Senderöhren. Eine andere Form ist die passive Redundanz, bei der nach Ausfall des ersten Bauelementes auf das zweite umgeschaltet wird. Überwiegen Kurzschlußausfälle, dann ist die Reihenschaltung zweier Elemente sinnvoll, z.B. bei Reedkontakten. Überwiegen Leerlaufausfälle, dann ist die Parallelschaltung zweier Elemente vorzuziehen, z.B. luftoffene Zwillingskontakte, vgl. Abschnitte 4.7–4.12.

Quadredundanz:
Quadredundanz ist eine Redundanzart, bei der vier Elemente im Quartett geschaltet werden. Der vierfache Aufwand hat gegenüber der Verdopplung den Vorteil der Zuverlässigkeitserhöhung und eine hohe Wahrscheinlichkeit, daß der Ausfall nicht nach außen in Erscheinung tritt. Sie wird z.B. bei einem Diodenquartett angewendet, vgl. Abschnitt 4.14.

Majoritätsredundanz:
Majoritätsredundanz ist eine Redundanz, bei der z.B. von 3 Elementen 1 Element ausfallen kann, ohne daß es zum Systemausfall kommt. Erst wenn zwei Elemente oder alle drei gleichzeitig ausfallen, kommt es zum Systemausfall. Schaltungstechnisch wird dies in der 2-aus-3-Schaltung realisiert. Die Schaltung bietet Schutz für eine verlorengegangene binäre «1» bzw. «0». Ein zusätzliches Element, welches wesentlich zuverlässiger als die drei anderen Elemente sein muß, trifft bei einem Ausfall die Entscheidung «1» oder «0», daher die Bezeichnung «voter». Mit höherem Aufwand ist auch die 2-aus-3-Schaltung bei Analogsignalen anwendbar, vgl. Abschnitt 4.15 und Kapitel 6.

Stufenredundanz:
Stufenredundanz nennt man den Mehraufwand auf Stufenebene. Sie wird z.B. angewandt bei Solarzellen-Panels von Satelliten, die durch Meteoriten bedroht sind. Solche Bauelementegruppen erfordern eine Reihe von Entkopplungsdioden.

Geräteredundanz:
Geräteredundanz heißt man den Mehraufwand auf Geräteebene. Es gibt aktive und passive Geräteredundanz. Da sowohl die «heiße Reserve» als auch die «kalte Reserve» Vor- und Nachteile aufweisen, werden sie häufig kombiniert angewandt. Vielfach besteht auf Bauelementeebene eine Parallelredundanz verbunden mit einer passiven Redundanz auf Geräteebene.

Systemredundanz:
Systemredundanz heißt der Mehraufwand auf Systemebene. Beispielsweise gibt es beim Auto die Handbremse und die Fußbremse mit voneinander unabhängiger Bremswirkung. Beim Flugzeug kennt man die Umschaltung von automatischer Steuerung auf Handsteuerung. Bei der ersten Mondlandung hat diese vorgesehene Redundanz den Piloten das Leben gerettet, weil kurz vor dem Aufsetzen die automatische Steuerung ausfiel. Auf dem Energiesektor bemühen sich die Regierungen um eine Stromversorgung auf verschiedene Weise: Kohle, Heizöl, Erdgas, Atomstrom, Sonnenenergie und Gezeitenausnutzung. Ein Produkthersteller, der um eine kontinuierliche Fertigung bemüht ist, bezieht seine Rohstoffe aus verschiedenen Orten, möglichst verschiedenen Ländern usw.

Funktionelle Redundanz:
Funktionelle Redundanz ist die Bezeichnung für eine Zuverlässigkeitserhöhung durch eine geeignete Signalverarbeitung. In der Literatur spricht man von «*Datensicherung*».

Darunter fallen Maßnahmen wie die *Coderedundanz* oder die Empfangsgüteüberwachung durch Stördetektoren. Im weiteren Sinne zählen dazu auch alle Maßnahmen zur *Störpegelunterdrückung*, damit die Zeichen mit höherer Wahrscheinlichkeit als richtig erkannt werden.

Sequentielle Redundanz:
Sequentielle Redundanz ist die Erhöhung der Zuverlässigkeit dadurch, daß man eine Nachricht bei Rückfrage nochmals über einen Übertragungskanal sendet. Beispiele sind Telegramme von Fernwirkanlagen oder die Telefontechnik. Bei Störung einer Leitung nach einer entfernten Stadt legt man auf und erhält beim nächsten Versuch mit sehr hoher Wahrscheinlichkeit einen anderen Kanal. Früher mußte beim Militär jeder ausgesprochene Befehl vom Soldaten wiederholt werden, ob er auch richtig verstanden worden war.

4.7 Zuverlässigkeit paralleler Systeme (aktive Redundanz)

Definition:
Unter *aktiver Redundanz* versteht man ein redundantes System aus r-Elementen, bei dem bis auf eines alle ausfallen können, bevor es zum Systemausfall kommt. Beispiele sind der Zwillingsreifen beim LKW, der Doppelkontakt beim Flachrelais, die Doppelflinte als Jagdgewehr usw. Für die Berechnung gelten im übrigen die gleichen Annahmen wie im Abschnitt 4.1, ferner daß die Reserveelemente gleichartig ausfallanfällig sind.

Formeln:
Die Berechnung der Zuverlässigkeit paralleler Systeme basiert auf dem Produktgesetz der «Unzuverlässigkeit», welches in der klassischen Form $Q_p = Q_1 \cdot Q_2 \cdot Q_3 \cdots Q_r$ geschrieben wurde. Man belegte anfangs die Ausfallwahrscheinlichkeit noch mit dem Buchstaben «Q» (*q*uality = Qualität), heute jedoch mit «F» (*f*ailure = Ausfall):

$F_p = F_1 \cdot F_2 \cdot F_3 \cdots$ oder allgemein

$$F_p = \prod_{i=1}^{r} F_i \tag{4.7}$$

dabei bedeuten:

F_p = Ausfallwahrscheinlichkeit bei parallelen Einheiten,
r = Redundanzgrad
i = laufende Variable = 1, 2, 3...

Die Überlebenswahrscheinlichkeit bei parallelen Elementen gleicher Zuverlässigkeit R_p lautet dann:

$$R_p = 1 - F_p$$

$$R_p = 1 - (1 - R)^r \tag{4.8}$$

Legt man die *e*-Verteilung zugrunde, dann kann man die Systemzuverlässigkeit bei Parallelredundanz R_{sp} bei gleichen Elementen wie folgt ansetzen:

$$R_{sp} = 1 - (1 - e^{-\lambda \cdot t})^r \tag{4.9}$$

Den Verlauf der Zuverlässigkeitsfunktionen R_{sp} bis zum *Redundanzgrad* $r = 5$ veranschaulicht dazu Bild 4.4 in normierter Zeitdarstellung.

Bild 4.4
Zuverlässigkeit von Parallel-Systemen ohne Reparatur bei gleichartigen Elementen

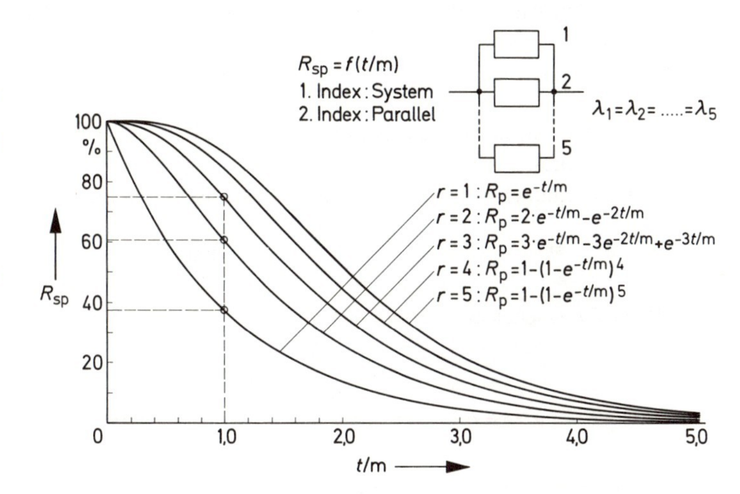

Die Formel (4.9) ergibt beim Einfachelement $r = 1$ wieder die bekannte Beziehung (2.26):

$$R_{sp} = 1 - (1 - e^{-\lambda \cdot t})^1 = e^{-\lambda \cdot t}$$

Beim Doppelelement $r = 2$ erhält man:

$$R_{sp} = 1 - (1 - e^{-\lambda \cdot t})^2$$

$$R_{sp} = 2 \cdot e^{-\lambda \cdot t} - e^{-2 \cdot \lambda \cdot t} \tag{4.10}$$

Beim Dreifachelement führt dies zu:

$$R_{sp} = 1 - (1 - e^{-\lambda \cdot t})^3$$

$$R_{sp} = 3 \cdot e^{-\lambda \cdot t} - 3 \cdot e^{-2 \cdot \lambda \cdot t} + e^{-3 \cdot \lambda \cdot t} \qquad (4.11)^*$$

Nach der Gleichung (2.15) erhält man für Elemente mit konstanter Ausfallrate mit der Beziehung (4.9) folgenden System-MTTF-Wert bei Parallelredundanz:

$$m_p = \frac{1}{1 \cdot \lambda} + \frac{1}{2 \cdot \lambda} + \frac{1}{3 \cdot \lambda} + \cdots$$

oder allgemein:

$$m_p = \sum_{\varrho=1}^{r} \frac{1}{\varrho \cdot \lambda} \tag{4.12*}$$

wobei ϱ die Zahl der Summenglieder ist.

Bei ungleichen, parallel geschalteten Elementen würde es heißen:

$$m_p = \frac{1}{\lambda_1} + \frac{1}{\lambda_1 + \lambda_2} + \frac{1}{\lambda_1 + \lambda_2 + \lambda_3} \cdots$$

Dieser Fall ist jedoch wenig praxisnah, weil man sinnvollerweise nur gleichzuverlässige Elemente parallel schaltet.

Für das Einfachelement erhält man wieder die Beziehung (2.30):

$$m_p = \frac{1}{1 \cdot \lambda} = m \quad \text{bei} \quad r = 1$$

Beim Zweifachelement ergibt sich:

$$m_p = \frac{1}{1 \cdot \lambda} + \frac{1}{2 \cdot \lambda} = 1{,}5 \cdot \frac{1}{\lambda}$$

$$m_p = 1{,}5 \cdot m \quad \text{bei} \quad r = 2 \tag{4.13*}$$

Zwei parallele Stricke tragen also die doppelte Last, haben aber dabei nur die 1,5fache Lebensdauer!

Beim Dreifachelement bestimmt man

$$m_p = \frac{1}{1 \cdot \lambda} + \frac{1}{2 \cdot \lambda} + \frac{1}{3 \cdot \lambda} = \frac{11}{6} \cdot \frac{1}{\lambda}$$

$$m_p = 1{,}83 \cdot m \quad \text{bei} \quad r = 3 \tag{4.14}$$

Dreifachreifen tragen die dreifache Last, haben aber danach noch nicht einmal die doppelte Lebensdauer.

Diskussion:

Der Verlauf der R_{sp}-Funktionen in Bild 4.4 beschreibt den gleichen Sachverhalt. Bei konstantem t/m-Wert wird der Zuverlässigkeitsgewinn ΔR_{sp} bei Verdopplung, Verdreifachung usw. immer geringer. Ebenso steigt bei einem geforderten R_{sp}-Wert von z. B. 90% der Zeitzuwachs geringer an als der Elementeaufwand.

4.8 Zuverlässigkeit von Serien-Parallel-Systemen

Definition:
Serien-Parallel-Systeme ergeben sich bei redundanten Untergruppen. Die Berechnung geschieht unter den gleichen Annahmen, wie sie im Abschnitt 4.1 formuliert wurden. Jetzt jedoch gelangen zur Berechnung das «Produktgesetz der Zuverlässigkeit» und das «Produktgesetz der Unzuverlässigkeit» bei der Berechnung zur Anwendung. Im Prinzip sind beliebig viele Gruppierungsvarianten möglich. An zwei Beispielen soll die Berechnung serienparalleler Systeme gezeigt werden.

Beispiele:
Bild 4.5 zeigt, wie man drei gleiche Elemente serienparallel anordnen kann. Zum Vergleich sind drei andere Fälle dazu gezeichnet. Als Elementeverteilung wird die *e*-Verteilung angenommen. Es sei $m = 1$ Jahr.
Für Bild 4.5 gelten dann die Systemzuverlässigkeiten in nachstehender Reihenfolge:

$R_{sp} = 2 \cdot e^{-\lambda \cdot t} - e^{-2 \cdot \lambda \cdot t}$ bei Parallelredundanz ($r = 2$)

$R = e^{-\lambda \cdot t}$ beim System ohne Redundanz

$R'_s = e^{-\lambda \cdot t} \cdot (2 \cdot e^{-\lambda \cdot t} - e^{-2 \cdot \lambda \cdot t})$

$$R'_s = 2 \cdot e^{-2 \cdot \lambda \cdot t} - e^{-3 \cdot \lambda \cdot t} \qquad (4.15)$$

beim Serien-Parallel-System mit 3 Elementen

$R_s = e^{-2 \cdot \lambda \cdot t}$ beim Seriensystem ($n = 2$)

Dabei überrascht zunächst, daß bei 3 Elementen (dreifacher Aufwand) die Systemzuverlässigkeit geringer ist als ohne Redundanz. Wie noch in Abschnitt 4.12

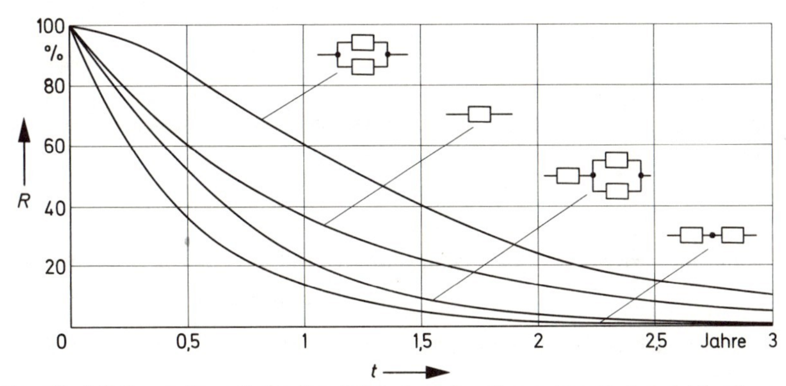

Bild 4.5 Zuverlässigkeit von einem Serien-Parallel-System ohne Reparatur mit drei gleichartigen Elementen ($m = 1$ Jahr)

gezeigt wird, besteht hierbei die Redundanz darin, daß die Reihenschaltung einen Schutz bei Kurzschlußausfällen bietet, der Parallelzweig einen Schutz gegen Leerlaufausfälle.

Legt man ohne Festlegung auf eine Verteilung einen R-Wert von z.B. 90% zugrunde, dann erhält man folgende Vergleichswerte:

$$R_{sp} = 1 - (1 - R)^2 = 1 - (1 - 0{,}9)^2 \mathrel{\hat{=}} 99\,\%$$
$$R \mathrel{\hat{=}} 90\,\%$$

$$R'_s = R \cdot [1 - (1 - R)^2] \tag{4.16}$$

$$R'_s = 0{,}9 \cdot 0{,}99 \mathrel{\hat{=}} 89{,}1\,\%$$
$$R_s = R^2 = 0{,}9 \cdot 0{,}9 \mathrel{\hat{=}} 81\,\%$$

Bild 4.6 rechts enthält drei mögliche Systemanordnungen bei Verwendung von sechs gleichen Elementen. Für die obere Anordnung mit zwei Querverbindungen kann man schreiben:

$$R_{sp} = [1 - (1 - R)^2]^3 \tag{4.17}$$

denn es sind drei Zweifachelemente in Reihe.

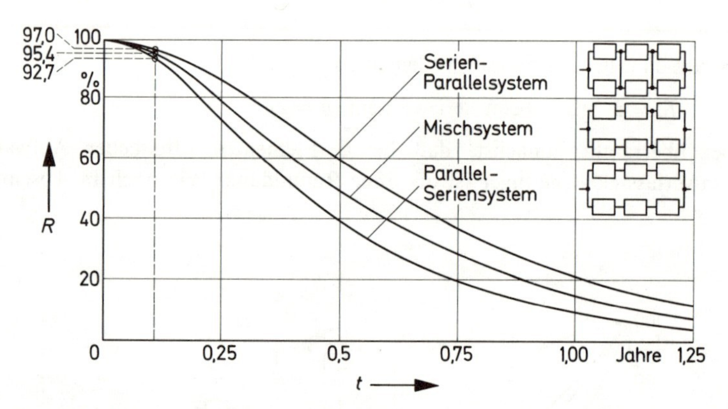

Bild 4.6 Zuverlässigkeit von Serien-Parallel-Systemen ohne Reparatur mit sechs gleichartigen Elementen

Nimmt man wieder $R \mathrel{\hat{=}} 90\,\%$ beim Einzelelement an, dann erhält man

$$R_{sp} = [1 - (1 - 0{,}9)^2]^3 \mathrel{\hat{=}} 97\,\%$$

Bei der nächsten Anordnung mit nur einer Querverbindung erhält man für den kleinen Zwilling:

$$R'_p = 1 - (1 - R)^2$$

und für den großen Zwilling

$$R''_p = 1 - (1 - R^2)^2$$

und somit für die Mischanordnung

$$R_{sm} = [1 - (1 - R^2)^2] \cdot [1 - (1 - R)^2] \tag{4.18}$$

$$R_{sm} = [1 - (1 - 0{,}9^2)^2] \cdot [1 - (1 - 0{,}9)^2] \mathrel{\hat{=}} 95{,}4\,\%$$

Bei der unteren Anordnung erhält man

$$R_{ps} = 1 - (1 - R^3)^2 \tag{4.19}$$

$$R_{ps} = 1 - (1 - 0{,}9^3)^2 \mathrel{\hat{=}} 92{,}7\,\%$$

In Bild 4.6 sind die Funktionen der Gleichungen (4.17), (4.18) und (4.19) unter der Annahme einer e-Verteilung mit $m = 1$ Jahr dargestellt.

Diskussion:
Als Ergebnis dieser Betrachtungen zeigt sich, daß bei vermaschten Systemen gleicher Elemente die größte Verzweigbarkeit und die größte Redundanz auch die höchste Systemzuverlässigkeit erbringen.

Die Diskussion von Bild 4.5 zeigt aber auch, daß redundante Schaltungen auch eine geringere Systemzuverlässigkeit haben können. Der Mehraufwand führt dann jedoch zu einem höheren Schutz gegenüber verschiedene Ausfallarten.

4.9 Passive Redundanz – «nie versagender» Umschalter

Definition:
Passive Redundanz nennt man die Art der Redundanz, bei der nach Ausfall der 1. Einheit auf die Reserveeinheit umgeschaltet wird. Da das Reserveelement normalerweise nicht an Spannung liegt und daher «kalt» ist, spricht man auch von «kalter Reserve» (im Englischen: stand-by). Die Umschaltung kann von Hand oder automatisch geschehen. Im letzteren Fall ist ein Steuer- und Kontrollelement zur Erfassung des Ausfallzustandes erforderlich, vgl. Bild 4.7.

Die Systemzuverlässigkeit ist auch von der Zuverlässigkeit R_u des Umschalters abhängig, die in diesem Abschnitt zu 1,0 gesetzt wird.

Formeln:
Unter der Annahme einer e-Verteilung und daß Element 2 erst nach dem Ausfall von Element 1 eingeschaltet wird, gilt bei zuverlässigem Umschalter:

Umschaltung von Hand

Annahmen:
1. System 2 kann erst nach System 1 ausfallen
2. Ausfallraten sind konstant
3. Ausfallraten sind gleich

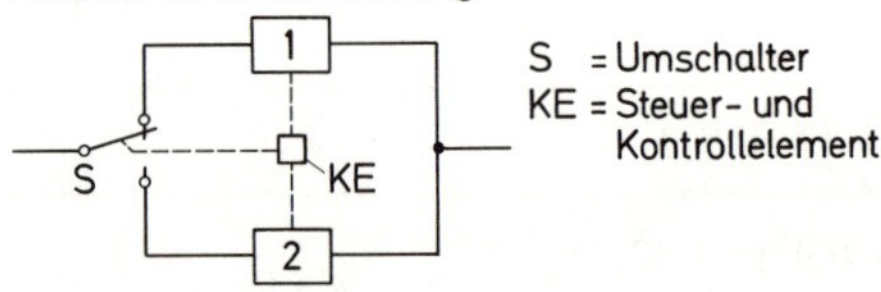

Bild 4.7 Schaltung mit passiver Redundanz bei Umschaltung von Hand und bei automatischer Umschaltung

$$R_s = R_1\,(t) + R_2\,(t - t_1) \cdot F_1\,(t)$$

$$R_s = e^{-\lambda_1 \cdot t} + \int_0^t f_1\,(t_1) \cdot R_2\,(t - t_1) \cdot dt_1$$

$$R_s = e^{-\lambda_1 \cdot t} + \lambda_1 \int_0^t e^{-\lambda_1 \cdot t_1} \cdot e^{-\lambda_2 \cdot (t - t_1)} \cdot dt_1$$

Die Lösung mittels des Faltungsintegrales heißt dann bei ungleichen Einheiten:

$$R_s = e^{-\lambda_1 \cdot t} + \frac{\lambda_1}{\lambda_1 - \lambda_2} \cdot \left(e^{-\lambda_2 \cdot t} - e^{-\lambda_1 \cdot t}\right) \qquad (4.20)^*$$

Bei gleichen Einheiten vereinfacht sich (4.20) zu

$$R_s = e^{-\lambda \cdot t}\,(1 + \lambda \cdot t) \qquad (4.21)^*$$

Die Lösung findet man auch mit einem Reihenansatz.

Bild 4.8 stellt die Zuverlässigkeitsfunktion bei zwei gleichen Elementen bei passiver und aktiver Redundanz dar, im Vergleich zum redundanzfreien System.

Nach der Gleichung (2.15) erhält man bei zwei ungleichen Elementen konstanter Ausfallrate den System-MTTF-Wert bei passiver Redundanz:

$$m_s = \frac{1}{\lambda_1} + \frac{1}{\lambda_2} \qquad (4.22)^*$$

Bei gleichen Einheiten vereinfacht sich (4.22) zu:

$$m_s = 2 \cdot \frac{1}{\lambda} = 2 \cdot m \qquad (4.23)$$

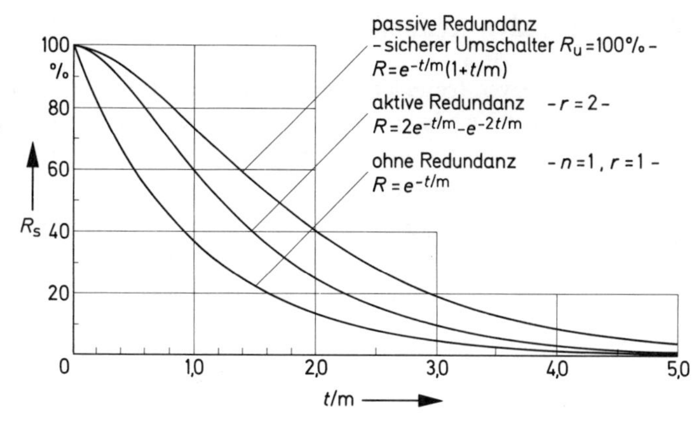

Bild 4.8
Zuverlässigkeit bei passiver Redundanz ohne Reparatur mit gleichartigen Elementen und „nie versagendem" Umschalter

Diskussion:
Die passive Redundanz ist demnach bei nie versagendem Umschalter zu allen Zeitpunkten der aktiven Zweifachredundanz überlegen. Ferner ist die Lebensdauer doppelt so hoch. Beispiel ist das Reserverad beim PKW, welches nach dem Auswechseln unter gleichen Bedingungen im Mittel die gleiche Lebensdauer wie der abgefahrene Reifen erreicht.

Beispiel:
Nach den Beziehungen (2.26), (4.10) und (4.21) ist bei $t/m = 1$:

$$R = e^{-t/m} = 1/e \mathrel{\hat{=}} 36{,}8\,\%$$
$$R_{sp} = 2 \cdot e^{-t/m} - e^{-2 \cdot t/m} = 2/e - 1/e^2 \mathrel{\hat{=}} 60{,}0\,\%$$
$$R_s = e^{-t/m} \cdot \left(1 + \frac{t}{m}\right) = 2 \cdot e^{-1} = 2/e \mathrel{\hat{=}} 73{,}6\,\%$$

Ferner gilt nach den Gleichungen (2.30), (4.13) und (4.23):

$m = \frac{1}{\lambda}$ ohne Redundanz

$m_p = 1{,}5 \cdot \frac{1}{\lambda}$ bei aktiver Redundanz ($r = 2$)

$m_s = 2 \cdot \frac{1}{\lambda}$ bei passiver Rendundanz

Der Gewinn an Systemzuverlässigkeit und mittlerer Lebensdauer beträgt demnach 100%, wenn man die passive Rendundanz anwendet.

4.10 Passive Redundanz – realer Umschalter

Versagt bei passiver Redundanz die Umschaltung, dann ist die vorgesehene Redundanz nutzlos. Bei einer Umschalterüberlebenswahrscheinlichkeit von $R_u \mathrel{\widehat{=}} 100\,\%$ würde eine Zuverlässigkeitsverdoppelung eintreten. Man berücksichtigt daher die *Schalterunzuverlässigkeit* bei ungleichen Einheiten wie folgt:

$$R_{su} = e^{-\lambda_1 \cdot t} + R_u \cdot \frac{\lambda_1}{\lambda_1 - \lambda_2} \cdot (e^{-\lambda_2 \cdot t} - e^{-\lambda_1 \cdot t}) \tag{4.24}$$

Vereinfacht gilt dann bei gleichen Einheiten:

$$R_{su} = e^{-\lambda \cdot t} \cdot (1 + R_u \cdot \lambda \cdot t) \tag{4.25}$$

Bild 4.9 zeigt mit kleinem, normierten Abszissenmaßstab den Verlauf der Zuverlässigkeitsfunktion der Gleichung (4.25) mit den Parametern $R_u \mathrel{\widehat{=}} 70, 80, 90, 100\,\%$ und zum Vergleich die Zweifachredundanz nach Gleichung (4.10).

Dabei ist zu erkennen, daß auch bei nichtidealem Umschalter nach längerer Zeit die passive Redundanz der aktiven Redundanz überlegen ist, z.B. bei $R_u \mathrel{\widehat{=}} 70\,\%$ bereits ab $t/m \geqq 0{,}75$. Nur bei kurzer Betriebsdauer ist die aktive Redundanz der passiven, bei einem Umschalter mit herabgesetzter Zuverlässigkeit, überlegen.

Damit dieser interessante Übergang vom einen zum anderen System deutlicher wird, wurde das Bild 4.9 nochmals mit einem gedehnten Zeitmaßstab in Bild 4.10 wiedergegeben.

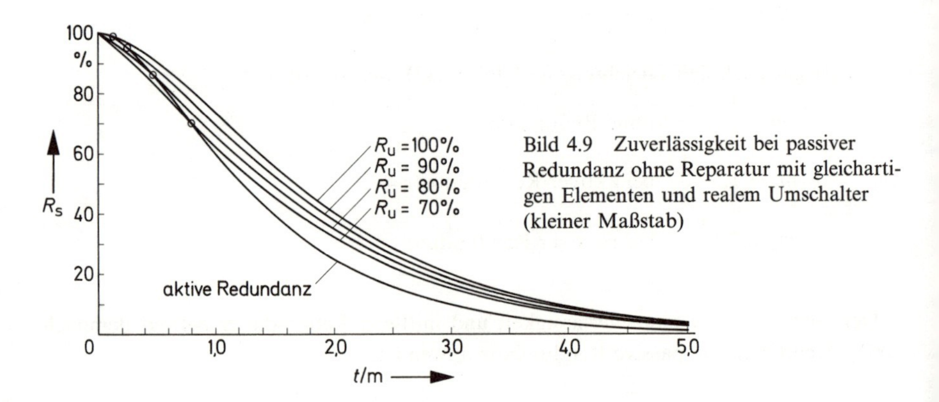

Bild 4.9 Zuverlässigkeit bei passiver Redundanz ohne Reparatur mit gleichartigen Elementen und realem Umschalter (kleiner Maßstab)

Bild 4.10
Zuverlässigkeit bei passiver Redundanz ohne Reparatur bei gleichartigen Elementen und realem Umschalter (gedehnter Abszissenmaßstab)

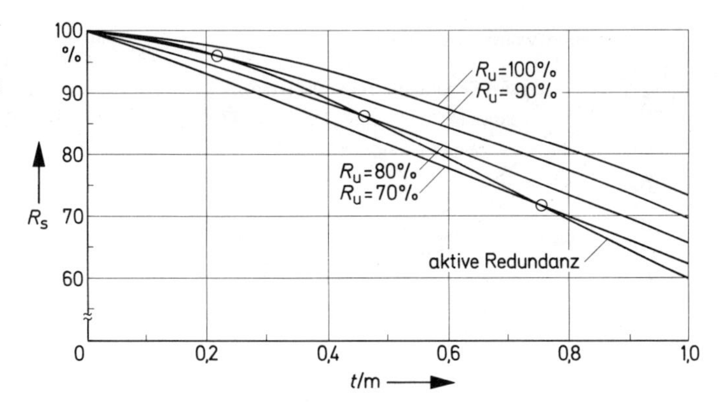

4.11 Vergleich aktive/passive Redundanz

Nach Darlegung der wichtigsten Eigenschaften der aktiven/passiven Redundanz fragt sich der Entwickler, welche Redundanz wann anzuwenden ist. Für diese Entscheidung wurden in Bild 4.11 nochmals im gleichen Maßstab mit normierter Zeitachse die Funktionen R, f und λ bei passiver/aktiver Redundanz und ohne Redundanz aufgetragen. Es zeigt sich dabei die Besonderheit, daß die Ausfallraten von aktiver und passiver Redundanz zeitabhängig verlaufen. Dies erklärt sich aus den überlagerten e-Funktionen.

Bewertung:
Die *passive Redundanz* wäre bei ideal zuverlässigem Umschalter der aktiven Redundanz immer überlegen. Bei einem Umschalter mit verminderter Zuverlässigkeit ist bei längerer Betriebszeit die passive Redundanz zuverlässiger. Die Reserveeinheit unterliegt keinem Verschleiß. Der MTTF-Wert ist doppelt so hoch wie ohne Redundanz. Die Umschaltung kann man nicht erst bei Totalausfällen, sondern bereits früher vornehmen, d.h. bei Driftausfällen. Der Aufwand ist jedoch bei der passiven Redundanz größer, weil ein Umschalter erforderlich ist, wenn es zum Ausfall kommt, und im Fall einer Automatik zusätzlich ein Kontroll- und Steuerorgan hoher Zuverlässigkeit.

Die *aktive Redundanz* ist nach den Bildern 4.10 und 4.11 nur bei kurzen Betriebszeiten und bei einem unzuverlässigen Umschalter der passiven Redundanz vorzuziehen. Jedoch ist der Aufwand geringer. Die Funktionsübernahme geschieht bei einem Ausfall sofort und ohne jede Umschaltung. Nachteilig ist, daß die Aufwandsverdopplung die Lebensdauer nur um 50% erhöht. Das Reserveteil unterliegt vom Belastungsbeginn an dem Verschleiß. Aus dem Bild 4.4 ergibt sich ferner, daß zwar mit wachsendem Redundanzgrad die Systemzuverlässigkeit ansteigt, aber der Zuverlässigkeitsgewinn immer geringer ausfällt, z.B.

$$r = 1 \text{ auf } r = 2\text{: } \Delta R_{sp} \triangleq 23\%, \quad m_p = 1{,}5 \cdot m$$
$$r = 2 \text{ auf } r = 3\text{: } \Delta R_{sp} \triangleq 14{,}5\%, \quad m_p = 1{,}83 \cdot m$$

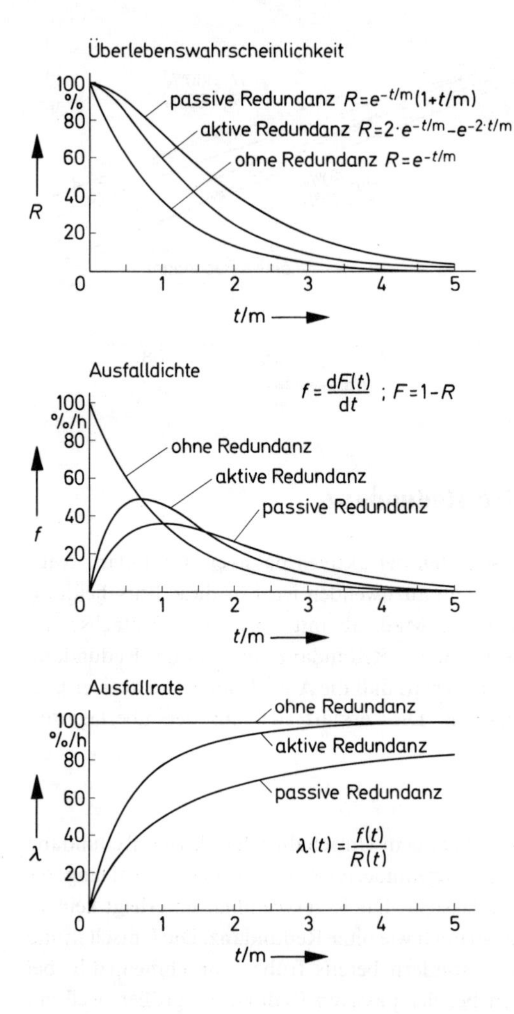

Bild 4.11 Vergleich von passiver und aktiver Redundanz, sowie Redundanzfreiheit bezüglich R, f und λ bei normierter Zeitachse

Ist ein höherer Aufwand in der Systemkonzeption vertretbar, dann hat sich die aktive Redundanz auf der Bauelementeebene kombiniert mit einer passiven Redundanz auf der Geräteebene bewährt, wie im folgenden Abschnitt an einem Beispiel gezeigt wird. Abschließend sei vermerkt, daß die aktive Reserve nur bei Leerlaufausfällen eine Zuverlässigkeitssteigerung mit sich bringt.

4.12 Zuverlässigkeitsberechnung eines Systems mit aktiver/passiver Redundanz

Im Abschnitt 4.11 wurde dargelegt, daß sowohl die passive, als auch die aktive Redundanz Vor- und Nachteile aufweisen. Man ist daher in der Praxis bemüht, beide Redundanzarten sinnvoll zu kombinieren.

Welche Vorteile das bringen kann, soll an dem Beispiel eines PCM-Encoders für ein Satellitenprogramm [43] gezeigt werden. Dies ist ein System, das nicht reparierbar ist, aber mindestens 6 Jahre lang eine Systemzuverlässigkeit über 90 % aufweisen soll. Ohne Redundanz hätte das System eine Systemzuverlässigkeit von 92 % nach einem Jahr. Das System war in sechs Untersysteme unterteilt mit den nachstehenden Zahlenangaben. Die Ziffern hinter dem Komma dienen nur der Mittelwertbildung und sind zuverlässigkeitstheoretisch nicht begründet:

Unter-Multiplexer:	$\lambda_1 = 2{,}540 \cdot 10^{-6}/\text{h}$
Haupt-Multiplexer:	$\lambda_2 = 2{,}172 \cdot 10^{-6}/\text{h}$
AD-Konverter:	$\lambda_3 = 2{,}897 \cdot 10^{-6}/\text{h}$
Serien-Digital-Multiplexer:	$\lambda_4 = 2{,}244 \cdot 10^{-6}/\text{h}$
Zeitkontrolle:	$\lambda_5 = 3{,}070 \cdot 10^{-6}/\text{h}$
Netzversorgung:	$\lambda_6 = 1{,}568 \cdot 10^{-6}/\text{h}$
Summe:	$\Lambda_e = 14{,}491 \cdot 10^{-6}/\text{h}$

Die Einschaltdauer t_e des Gerätes betrug nur 5 % der Betriebszeit t. Dies wurde durch einen *Zeit-Deratingfaktor* k^+ berücksichtigt. Man geht davon aus, daß im «Ein»-Zustand die Ausfallrate in der Regel höher ist, als im «Aus»-Zustand. Er wurde in diesem Fall mit $k^+ = 0{,}5$ angenommen:

$$\Lambda_a = k^+ \cdot \Lambda_e \tag{4.26}$$

Damit erhält man folgende Systemausfallrate:

$$\Lambda_s = \frac{\Lambda_e \cdot 0{,}05 \cdot t + 0{,}5 \cdot \Lambda_e \cdot 0{,}95 \cdot t}{t} = 0{,}525 \cdot \Lambda_e$$

$$\Lambda_s = 7{,}6 \cdot 10^{-6}/\text{h}$$

Unterteilt man das Seriensystem in sechs zweifach-redundante Untergruppen und schaltet bei Ausfall einer Gruppe der anderen Gruppe die Versorgungsspannung zu, so erhöht sich durch diese passive Redundanz der Gesamtaufwand geringfügig. Es ändern sich dann die Ausfallraten λ_4, λ_5 und λ_6 zu folgenden geringfügig verschlechterten Werten:

$$\lambda_4^* = 2{,}248 \cdot 10^{-6}/\text{h}$$
$$\lambda_5^* = 3{,}170 \cdot 10^{-6}/\text{h}$$
$$\lambda_6^* = 2{,}577 \cdot 10^{-6}/\text{h}$$

Die Gesamtzuverlässigkeit beträgt für aktive Redundanz in Serie mit Λ_s^*:

$$R_{ps} = R_{p1} \cdot R_{p2} \cdot R_{p3} \cdot R_{p4} \cdot R_{p5} \cdot R_{p6}$$

Da die aktive Redundanz mit Umschaltung versehen ist, muß man die folgende Beziehung heranziehen. Sie gilt für den Fall einer sprunghaften Änderung der Ausfallrate λ_B zu λ_B' bei Umschaltung:

$$R_s^* = e^{-\lambda \cdot t} + \frac{\lambda_A}{\lambda_A + \lambda_B' - \lambda_B} \left[e^{-\lambda_B \cdot t} - e^{-(\lambda_A + \lambda_B') \cdot t} \right] \qquad (4.27)^*$$

Man vergleiche die Beziehung (4.27) mit der Gleichung (4.20). Bei gleichen Einheiten $\lambda_A = \lambda_B$ vereinfacht sich Gleichung (4.27) zu:

$$R_s^{*\prime} = e^{-\lambda^* \cdot t} \cdot \left[1 + \frac{\lambda^*}{\lambda^{*\prime}} (1 - e^{-\lambda^{*\prime} \cdot t}) \right] \qquad (4.28)^*$$

Bei Berücksichtigung des k^+-Faktors ergibt sich dann:

$$R_s^{*\prime} = e^{-\lambda^* \cdot t} \cdot [1 + 2 \cdot (1 - e^{-0,5 \cdot \lambda^* \cdot t})]$$

für $\lambda' = 0,5 \cdot \lambda$. Mit dieser Gleichung erhält man mit R_{ps} den oberen Kurvenzug a in Bild 4.12:

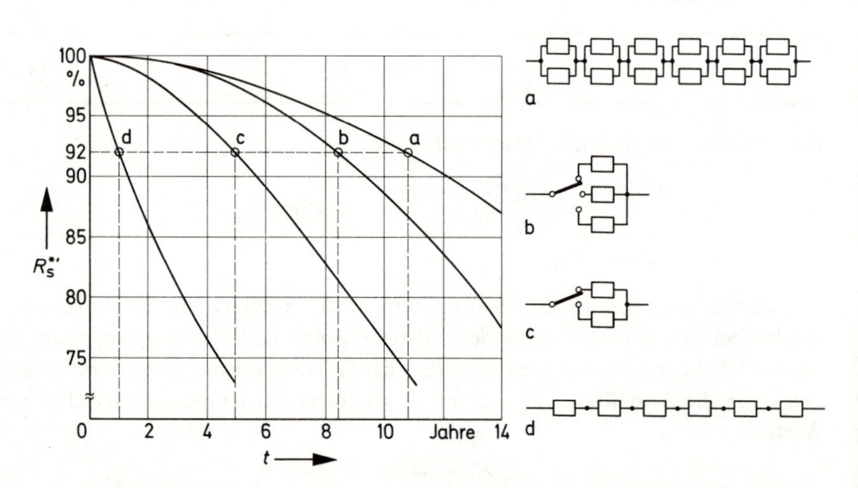

Bild 4.12 Zuverlässigkeit eines komplexen redundanten Systemes ohne Reparatur mit paarweise ungleichen Elementen

Wie man sieht, bringen zwar die Zweifachredundanz und die Dreifachredundanz eine Verbesserung von einem auf 5 bzw. 8,3 Jahre. Bei der Kombination aktiver/passiver Redundanz mit einem Zeitderating wird jedoch eine Steigerung auf knapp 11 Jahre möglich bei $R \triangleq 92\%$:

Ohne Redundanz:	$t = 1$ Jahr
Zweifachredundanz:	$t = 5$ Jahre
Dreifachredundanz:	$t = 8{,}3$ Jahre
Zweifachredundanz mit aktiver /passiver Redundanz:	$t = 10{,}8$ Jahre

Das Beispiel lehrt, daß eine sinnvolle Aufwandsverdopplung in Verbindung mit einer Umschaltung eine Betriebsdauersteigerung bei hoher Zuverlässigkeit um den Faktor 10 bringen kann.

4.13 Zuverlässigkeit bei Kurzschluß-/Leerlaufausfällen

Definition:

Bei der Berechnung der Zuverlässigkeit von Seriensystemen sowie der aktiven und passiven Redundanz wurden vereinfachend nur «Totalausfälle» einer «Todesart» zugrundegelegt. In der Praxis beobachtet man jedoch, daß bei bestimmten Bauelementen wie z. B. Dioden die *Leerlaufausfälle* überwiegen, bei anderen Bauelementen wie z. B. den Papierkondensatoren dagegen die *Kurzschlußausfälle*. Gibt es nur Leerlaufausfälle, dann bringt eine Parallelschaltung eine höhere Zuverlässigkeit. Kommen nur Kurzschlußausfälle vor, dann ist die Serienschaltung zweier Elemente als redundante Schaltung vorzuziehen.

Formeln:

Um die Systemzuverlässigkeit nicht nur in den beiden Grenzfällen zu berechnen, sondern auch bei dazwischenliegenden Wahrscheinlichkeiten, muß man die Additionsregel (1.8) und die Multiplikationsregel (1.12) heranziehen. Es wird angenommen, daß Kurzschluß- und Leerlaufausfälle einander ausschließen, ferner die Leerlaufausfälle disjunkt sind, nicht jedoch die Kurzschlußausfälle. Es sollen folgende Bezeichnungen gelten:

p = Gesamtausfallwahrscheinlichkeit
p_K = Wahrscheinlichkeit für Kurzschlußausfälle
p_L = Wahrscheinlichkeit für Leerlaufausfälle
p'_K = bezogene Wahrscheinlichkeit für Kurzschlußausfälle
p'_L = bezogene Wahrscheinlichkeit für Leerlaufausfälle

Fall A: Parallelschaltung von Elementen:

$$p = p_K + p_L$$
$$p_K = p'_K \cdot p$$

$p_L = p'_L \cdot p$ Leerlaufausfälle und Kurzschlußausfälle schließen einander aus!

$$R_{sp} = 1 - F = 1 - \overbrace{(F_L + F_K)}$$

$$R_{sp} = 1 - \underbrace{p_L^2} - \underbrace{(p_K + p_K - p_K^2)}$$

Systemausfall nach der Regel (1.8), wenn ein Element durch Kurzschluß ausfällt

Systemausfall, wenn beide Elemente durch Leerlauf ausfallen nach Regel (1.12)

$$R_{sp} = (1 - p_K)^2 - p_L^2 \tag{4.29}$$

R_{sp} soll hier die Systemzuverlässigkeit bei parallel geschalteten Elementen, unter Berücksichtigung von Leerlauf- und Kurzschlußausfällen, bedeuten.

Für Gleichung (4.29) existieren drei Grenzfälle:

1. Grenzfall: $p_K = 0$ (nur Leerlaufausfälle):

$$R_{sp} = 1 - p_L^2 = 1 - 0{,}1^2 \mathrel{\hat=} 99\,\% \quad \text{bei} \quad p_L \mathrel{\hat=} 10\,\%$$

2. Grenzfall: $p_K = p_L = \frac{p}{2}$

(Leerlaufausfälle und Kurzschlußausfälle sind gleich häufig)

$$R_{sp} = \left(1 - \frac{p}{2}\right)^2 - \frac{p^2}{4} = 1 - p$$

$$R_{sp} \mathrel{\hat=} 90\,\% \quad \text{bei} \quad p \mathrel{\hat=} 10\,\%$$

3. Grenzfall: $p_L = 0$ (nur Kurzschlußausfälle)

$$R_{sp} = (1 - p_K)^2 = (1 - 0{,}1)^2$$

$$R_{sp} \mathrel{\hat=} 81\,\% \quad \text{bei} \quad p_K \mathrel{\hat=} 10\,\%$$

Fall B: Serienschaltung von Elementen:

$$F = F_K + F_L$$

$$F_s = \underbrace{p_K^2} + \underbrace{(p_L + p_L - p_L^2)} = p_K^2 + 2 \cdot p_L - p_L^2$$

Systemausfall nach Additionsregel, wenn eines von beiden Elementen durch Leerlauf ausfällt

Systemausfall nach Multiplikationsregel, wenn beide Elemente durch Kurzschluß ausfallen

$$R_{ss} = 1 - F_s = 1 - p_K^2 - 2 \cdot p_L + p_L^2$$

$$R_{ss} = (1 - p_L)^2 - p_K^2 \qquad (4.30)$$

R_{ss} soll hier die Systemzuverlässigkeit bei Serienschaltung, unter Berücksichtigung von Leerlauf- und Kurzschlußausfällen, bedeuten.

Beim Vergleich von (4.29) und (4.30) stellt man fest, daß bei beiden Gleichungen nur die Indizes vertauscht sind.

1. Grenzfall: $p_K = 0$ (nur Leerlaufausfälle):

$$R_{ss} = (1 - p)^2 = (1 - 0{,}1)^2 = 0{,}9^2 \mathrel{\hat{=}} 81\,\% \quad \text{bei} \quad p \mathrel{\hat{=}} 10\,\%$$

2. Grenzfall: $p_K = p_L = \frac{p}{2}$

(Leerlauf- und Kurzschlußausfälle sind gleich häufig)

$$R_{ss} = \left(1 - \frac{p}{2}\right)^2 - \frac{p^2}{4} = 1 - p \mathrel{\hat{=}} 90\,\% \quad \text{bei} \quad p \mathrel{\hat{=}} 10\,\%$$

3. Grenzfall: $p_L = 0$ (nur Kurzschlußausfälle)

$$R_{ss} = 1 - p^2 = 1 - 0{,}1^2 \mathrel{\hat{=}} 99\,\% \quad \text{bei} \quad p \mathrel{\hat{=}} 10\,\%$$

Den Verlauf der Funktionen (4.29) und (4.30) zeigt das Bild 4.13.

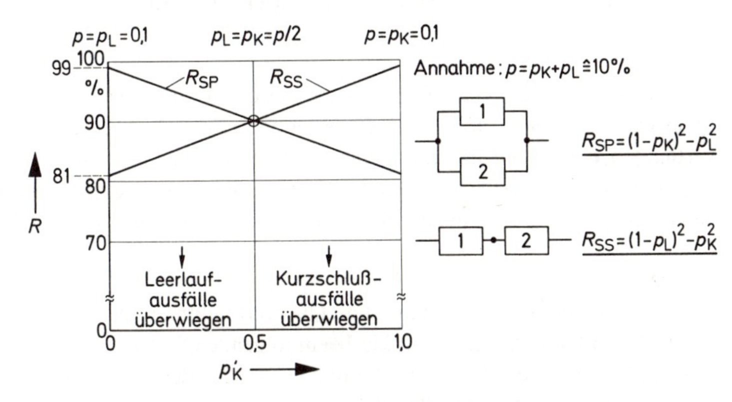

Bild 4.13 Zuverlässigkeit bei Serien-Parallel-Systemen mit Berücksichtigung von Kurzschluß- und Leerlauf-Ausfall

Diskussion:

Das Ergebnis dieser Betrachtungen enthält das Bild 4.13. Danach ist bei Bauelementen, bei denen beide Ausfallarten gleichhäufig sind, eine Schaltungsredundanz nutzlos. Im Diagramm ist dies der Schnittpunkt der Funktionen. Der linke Bereich im Diagramm kennzeichnet die Fälle, in denen die Leerlaufausfälle überwiegen $\left(0 < p'_K < \frac{p}{2}\right)$. Hierbei ist die Parallelschaltung zuverlässiger. Im rechten Bereich des Diagrammes, in dem die Kurzschlußausfälle überwiegen $\left(\frac{p}{2} < p'_K < 1\right)$, bringt die Serienschaltung der Elemente höhere Zuverlässigkeit.

Die Tabelle 20 enthält bedingte Wahrscheinlichkeiten von Bauelementen, die Görke in seinem Buch S. 129 nach einer amerikanischen Quelle zitiert.

Tabelle 20:

	p'_L	p'_K
Massewiderstände	0,959	0,041
Papierkondensatoren	0,175	0,825
Si-Dioden	0,703	0,297
Si-Transistoren	0,149	0,851

4.14 Zuverlässigkeit bei Quartettschaltungen

Definition:

Quadredundanz nennt man Schaltungen, bei denen die Zuverlässigkeitssteigerung mit Quartettschaltungen erzielt wird. Es ist zwar hiermit der vierfache Elementeaufwand verbunden, dafür kann aber eine Sicherheit gegen verschiedene Ausfallarten, wie Leerlauf oder Kurzschluß, gegeben werden. Die Schaltung ist nützlich bei Dioden, aber auch bei elektrischen Kontakten, die durch Leerlauf oder Kurzschluß ausfallen.

Formeln:

Fall A: Parallelserien-Schaltung ohne Querverbindung (vgl. Bild 4.14 oben).

Der Ausfall des Quartetts tritt hierbei in folgenden Fällen auf: Leerlauf durch (1 oder 2) und (3 oder 4) oder Kurzschluß durch (1 und 2) oder (3 und 4). Leerlauf ist der Fall eines Seriensystemes zweier Parallelblöcke. Es gilt daher:

$$F_L = [1 - (1 - p_L)^2]^2$$

Es bedeuten: Index p: Parallel...
Index s: Serien...
Index L: Leerlauf...
Index K: Kurzschluß...

Kurzschluß ist der Fall eines Parallelsystems zweier Serienschaltungen. Es gilt:

$$F_K = 1 - (1 - p_K^2)^2 \text{ mit } F = F_L + F_K$$

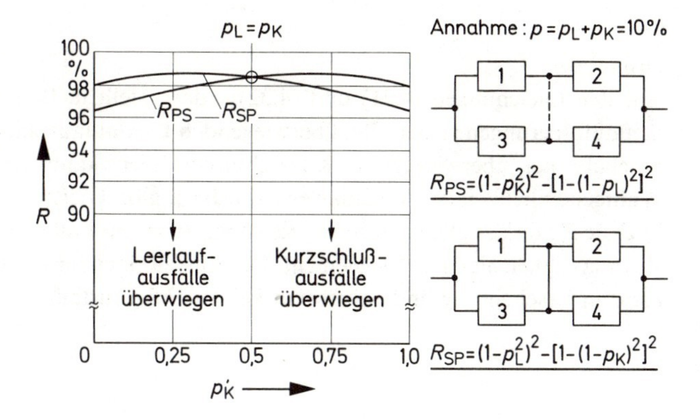

Bild 4.14 Zuverlässigkeit von Quartett-Schaltungen mit Berücksichtigung von Kurzschluß- und Leerlauf-Ausfall

bei disjunkten Ereignissen und damit:

$$R_{ps} = 1 - F = 1 - F_L - F_K$$

$$R_{ps} = (1 - p_K^2)^2 - [1 - (1 - p_L)^2]^2 \tag{4.31}$$

1. Grenzfall: $p_K = 0, \quad p_L = p$

$$R_{ps} = 1 - 4 \cdot p^2 + 4 \cdot p^3 - p^4 \mathrel{\hat{=}} 96{,}39\,\% \quad \text{mit} \quad p \mathrel{\hat{=}} 10\,\%$$

2. Grenzfall: $p_K = p_L = \dfrac{p}{2}$

$$R_{ps} = \left(1 - \frac{p^2}{4}\right)^2 - \left[1 - \left(1 - \frac{p}{2}\right)^2\right]^2 \mathrel{\hat{=}} 98{,}55\,\% \text{ mit } p \mathrel{\hat{=}} 10\,\%$$

3. Grenzfall: $p_K = p; \quad p_L = 0$

$$R_{ps} = (1 - p^2)^2 = 1 - 2 \cdot p^2 + p^4 \mathrel{\hat{=}} 98{,}01\,\% \quad \text{mit} \quad p \mathrel{\hat{=}} 10\,\%$$

Fall B: Serienparallel-Schaltung mit Querverbindung (vgl. Bild 4.14 unten).

Es liegt der umgekehrte Fall vor wie im Fall A, denn Leerlaufausfall durch (1 und 3) oder (2 und 4) oder Kurzschlußausfall durch (1 oder 3) und (2 oder 4). Durch Vertauschung der Indizes L und K erhält man die Gleichung:

$$R_{sp} = (1 - p_L^2)^2 - [1 - (1 - p_K)^2]^2 \tag{4.32}$$

1. Grenzfall: Nur Leerlaufausfälle ergibt $R_{sp} \mathrel{\hat{=}} 98{,}01\,\%$ mit $p \mathrel{\hat{=}} 10\,\%$
2. Grenzfall: Gleichhäufige Ausfallarten $R_{sp} \mathrel{\hat{=}} 98{,}55\,\%$ mit $p \mathrel{\hat{=}} 10\,\%$
3. Grenzfall: Nur Kurzschlußausfälle ergibt $R_{sp} \mathrel{\hat{=}} 96{,}39\,\%$ mit $p \mathrel{\hat{=}} 10\,\%$

Ohne Redundanz würde man erhalten: $R \mathrel{\hat{=}} 90\,\%$ mit $p \mathrel{\hat{=}} 10\,\%$

Die Herleitungen der Gleichungen (4.31) und (4.32) finden sich in dem Buch von Görke [6]. S. 150–158.

Diskussion:
Aus den Gleichungen (4.31) und (4.32) – dargestellt in Bild 4.14 kann man folgende Schlußfolgerungen ziehen: Bei überwiegenden Leerlaufausfällen ist die Querverbindung nützlich, bei überwiegenden Kurzschlußausfällen kann sie entfallen. Bei gleicher Wahrscheinlichkeit der Ausfallarten ist sie belanglos. Gleichzeitig wird in diesem Fall der höchste Zuverlässigkeitsgewinn verzeichnet. In jedem Fall gibt das Quartett eine höhere Zuverlässigkeit als ein Einzelelement. Der Ausfall eines der vier Elemente tritt nach außen nicht in Erscheinung und verursacht keinen Folgeausfall.

4.15 Zuverlässigkeit bei Majoritätsredundanz

Definition:
Teilredundanz (partielle Redundanz) liegt vor, wenn von r parallelen Zweigen k noch funktionsfähig sind. Davon ist der Fall interessant, bei dem von 3 Elementen eines ausfallen darf, ohne daß es zum Systemausfall kommt. Technisch wird dies in der 2-aus-3-Schaltung genutzt, die noch ausführlicher im Kapitel 6 behandelt wird. Man spricht dann von «*Majoritätsredundanz*», weil der «Voter» bei einem Ausfall die «1» durchschaltet, bei zwei oder gleichzeitig drei Ausfällen jedoch auf «0» entscheidet.

Formeln:
Die Berechnung geschieht nach der *Binomial-Verteilung*, denn es ist die Frage nach der Anzahl der günstigen Fälle wie beim Münzwurf (k-Erfolge bei r-Würfen). Es gilt die Summenformel der Wahrscheinlichkeit:

$$R_k = \sum_{i=k}^{r} \binom{r}{k} \cdot p^r \cdot q^{r-k} \qquad (4.33)$$

dabei bedeuten:

r = Gesamtzahl der Versuche (Einheiten),
k = Anzahl der Erfolge,
$p \mathrel{\hat=} R$ = «Zuverlässigkeit»
$q \mathrel{\hat=} F$ = «Unzuverlässigkeit»
$i = 1, 2, 3, 4 \ldots$ (diskrete Ereignisse)

1. Fall: System mit Dreifach-Parallelredundanz $k = 1$, $r = 3$ (1 Block genügt von 3 Blöcken zur Funktion)

$$R_1 = \binom{3}{1} \cdot p^1 \cdot p^{3-1} + \binom{3}{2} \cdot p^2 \cdot q^{3-2} + \binom{3}{3} \cdot p^3 \cdot q^{3-3}$$

Bei $k < r$ gilt: $\binom{r}{k} = \frac{r!}{k!\,(r-k)!}$ und somit:

$$R_1 = 3 \cdot R \cdot (1 - R)^2 + 3 \cdot R^2 - 3 \cdot R^3 + R^3$$

$$R_1 = 3 \cdot R - 3 \cdot R^2 + R^3 = 1 - (1 - R)^3 \qquad (4.34)$$

Die Gleichung (4.34) vergleiche man mit der Beziehung (4.11). Wenn $R \mathrel{\hat{=}} 90\,\%$ wäre, dann würde gelten:

$$R_1 = 1 - (1 - 0{,}9)^3 \mathrel{\hat{=}} 99{,}9\,\% \quad \text{wenn } R \mathrel{\hat{=}} 90\,\%$$

Bei Zweifachredundanz wären mit $r = 2$ nur $R_{sp} \mathrel{\hat{=}} 99\,\%$.

2. Fall: System mit Teilredundanz $k = 2$, $r = 3$
(2 Blöcke genügen zur Systemfunktion)

$$R_2 = \binom{3}{2} \cdot p^2 \cdot q^{3-2} + p^3 = 3 \cdot R^2 \cdot (1 - R) + R^3$$

$$R_2 = 3 \cdot R^2 - 2 \cdot R^2 \qquad (4.35)$$

$$R_2 = 3 \cdot 0{,}9^2 - 2 \cdot 0{,}9^3 \mathrel{\hat{=}} 97\,\% \quad \text{wenn } R \mathrel{\hat{=}} 90\,\%$$

3. Fall: System ohne Redundanz $k = 3$, $r = 3$
(alle 3 Blöcke sind zur Funktion notwendig)

$$R_3 = \binom{3}{3} \cdot p^3 \cdot q^{3-3} = \frac{1 \cdot 2 \cdot 3}{1 \cdot 2 \cdot 3} \cdot R^3 \cdot (1 - R)^0$$

$$R_3 = R^3 \qquad (4.36)$$

$$R_3 = 0{,}9^3 \mathrel{\hat{=}} 72{,}9\,\% \quad \text{wenn} \quad R \mathrel{\hat{=}} 90\,\%$$

Man vergleiche hierzu die Beziehungen (4.1) und (4.5).

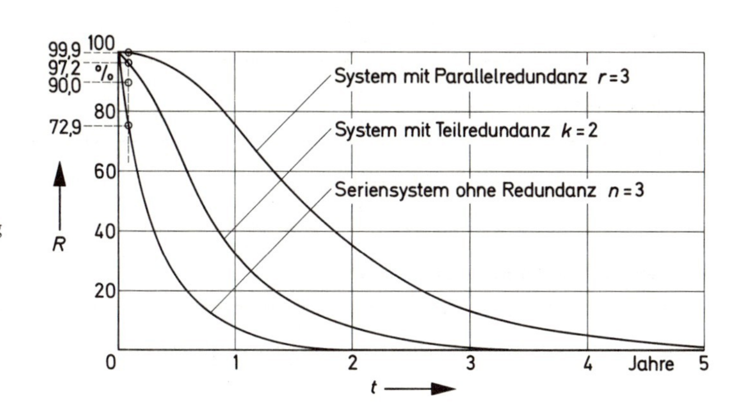

Bild 4.15 Zuverlässigkeit bei Majoritätsredundanz, obere Kurve: $r = 3$, untere Kurve: $n = 3$, Annahme einer e-Verteilung

Diskussion:
Bild 4.15 zeigt den Verlauf der Funktionen der Gleichungen (4.34), (4.35) und (4.36) unter der Annahme einer e-Verteilung und daß $m = 1$ Jahr ist. Die Rechnung bestätigt, daß die Dreifachredundanz die höchste Zuverlässigkeit bringt. Es wird vorausgesetzt, daß nur Leerlaufausfälle in Erscheinung treten. Bei $t = 1$ Jahr beträgt der Zuverlässigkeitsgewinn 44%, was beachtlich ist.

4.16 BOOLEsches Zuverlässigkeitsmodell

Merkmale:
Das im Kapitel 4 behandelte Berechnungsmodell wird nach BOOLE benannt, weil man die Regeln der BOOLEschen Algebra anwenden kann, vgl. VDI-Richtlinie 4008. Die Merkmale dieses Modells seien abschließend nochmals zusammengestellt und durch ein Diagrammbeispiel erläutert.

- Jede Komponente des Systems kann nur zwei mögliche Zustände annehmen: Volle Funktion oder Ausfall.
- Das System enthält eine endliche (abzählbare) Anzahl von Komponenten.
- Die Systemkomponenten sind voneinander stochastisch unabhängig, d.h. ihre Ausfälle korrelieren nicht miteinander.
- Es gilt die *Monotonie-Eigenschaft*. Diese besagt, daß ein bereits ausgefallenes System durch zusätzlichen Ausfall weiterer Komponenten nicht wieder funktionstüchtig wird (keine Selbstheilungseffekte).
- Wenn das System keine unwesentlichen Komponenten mehr enthält, ist es nicht weiter reduzierbar.
- Die Überlebenswahrscheinlichkeiten einfacher Strukturen berechnen sich nach den vier folgenden Gleichungen:

Reihenanordnung:

$$R(t) = \prod_{i=1}^{n} R_i(t) \tag{4.37}$$

Parallelanordnung:

$$R(t) = 1 - \prod_{i=1}^{r} (1 - R_i(t)) \tag{4.38}$$

Parallel-Reihen-Anordnung:

$$R(t) = 1 - \prod_{i=1}^{r} \left(1 - \prod_{j=1}^{n_i} R_{ij}(t)\right) \tag{4.39}$$

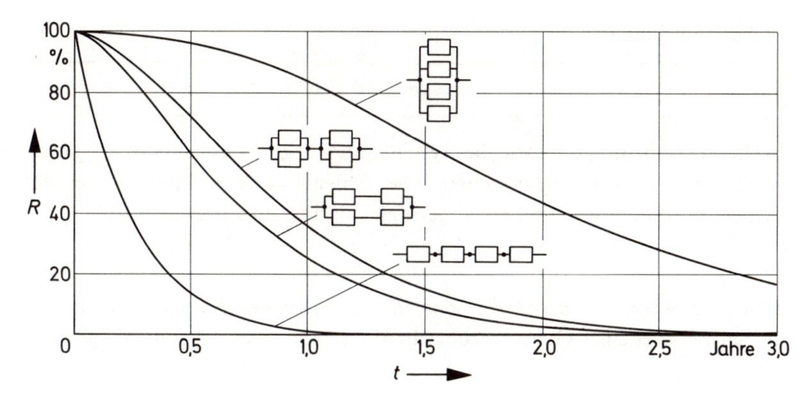

Bild 4.16 Zuverlässigkeit von Serien-Parallel-Systemen ohne Reparatur mit vier gleichartigen Elementen ($m = 1$ Jahr)

Reihen-Parallel-Anordnung:

$$R(t) = \prod_{j=1}^{n} \left[1 - \prod_{i=1}^{r_j} (1 - R_{ij}(t)) \right] \tag{4.40}$$

Es ist n die Anzahl der Komponenten, r der Redundanzgrad.

Diese vier allgemein formulierten Gleichungen sollen durch ein einfaches Beispiel veranschaulicht werden. Geht man von vier gleichen Grundelementen aus, so lassen sich diese auf vier Arten zusammenschalten, wie das Bild 4.16 zeigt. Legt man die e-Verteilung zugrunde und außerdem $n = 4$ und $r = 4$, dann erhält man für die

Parallelanordnung:

$$R_s = 1 - (1 - e^{-t/m})^4 \tag{4.41}$$

Parallel-Reihen-Anordnung:
(Quadredundanz mit Querverbindung)

$$R_s = [1 - (1 - e^{-t/m})^2]^2 \tag{4.42}$$

Reihen-Parallel-Anordnung:
(Quadredundanz ohne Querverbindung)

$$R_s = 1 - (1 - e^{-2 \cdot t/m})^2 \tag{4.43}$$

Reihenanordnung:

$$R_s = (e^{-t/m})^4 = e^{-4 \cdot t/m} \tag{4.44}$$

In dieser Reihenfolge haben die Systeme auch die höchste Zuverlässigkeit. Es wurde wieder $m = 1$ Jahr angenommen. Die fehlende Querverbindung bei der Parallel-Reihenanordnung bedeutet einen geringen Verlust an Zuverlässigkeit.

Mängel:
Trotzdem weist das *BOOLEsche Zuverlässigkeitsmodell* Mängel auf, die an dem einfachen Beispiel einer Generatorumschaltung gezeigt werden sollen, vgl. Bild 4.17.

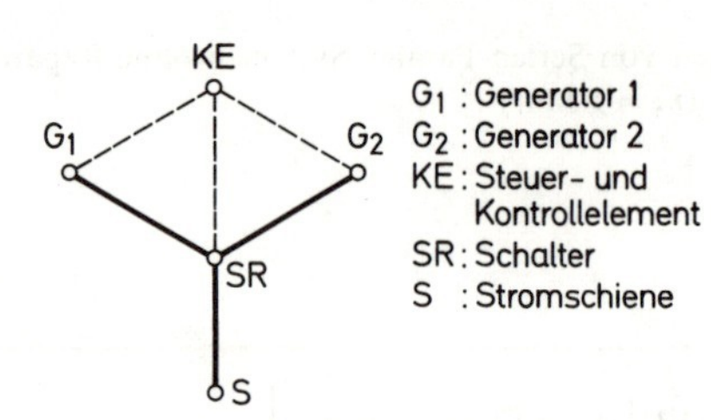

Bild 4.17 Beispiel zum BOOLEschen Zuverlässigkeitsmodell

Die normale Umschaltung geschieht so: Fällt G_1 aus, dann gibt KE an SR den Befehl auf G_2 umzustellen. G_2 liefert dann über SR Strom an S.

Folgende Umstände berücksichtigt das BOOLEsche Zuverlässigkeitsmodell nicht:

- Die verschiedenen Ausfallmodi bleiben unberücksichtigt, z. B. kann SR klemmen oder keinen Kontakt geben. KE kann Kommando geben, wenn es nicht soll.
- Die Monotonie-Eigenschaft ist nicht immer erfüllt. Ist z. B. G_1 ausgefallen, G_2 liefert Strom über SR und gibt KE fälschlich Kommando, dann fällt das System aus, wenn SR in Ordnung ist. Klemmt jedoch SR, dann bleibt der Fehler von KE wirkungslos.
- Die zeitliche Reihenfolge der Ausfälle der einzelnen Komponenten wird nicht berücksichtigt, was jedoch wesentlich sein kann.
- Das Ausfallverhalten einzelner Komponenten ändert sich in Abhängigkeit vom Zustand der anderen Komponenten.

Bei den vorstehenden Redundanz- und Zuverlässigkeits-Betrachtungen standen nur diese zur Debatte. Selbstverständlich müssen die in manchen Fällen beim Ausfall eines Bauelementes auftretenden Änderungen der Schaltkreisdaten beachtet werden.

5 Verfügbarkeit von Systemen

5.1 Begriff «Wartbarkeit»

Definition:
Unter *Wartung* (maintenance = Erhaltung) versteht man alle Maßnahmen, die ein zuverlässiges System auch verfügbar erhalten. Man unterscheidet

1. *planmäßige Wartung* (vorbeugende Instandhaltung) und
2. *außerplanmäßige Wartung* (korrigierende Instandhaltung)

Die regelmäßige Inspektion dient zur Erhaltung der Funktionsfähigkeit. Die Reparatur beseitigt Ausfälle und Störungen. Es liegt nahe, ähnlich wie bei der Zuverlässigkeitsfunktion auch eine Wartbarkeitsfunktion $M = f(t)$ zu definieren (maintainability = Wartbarkeit). Eine Angabe von $M = 0{,}9$ bedeutet dann, daß in 90% der Fälle die Wartungsarbeiten in einem gegebenen Zeitraum t_1 abgeschlossen werden.

Formeln:
Ähnlich wie für die Zuverlässigkeit kann man auch für die Wartbarkeit verschiedene mathematische Modelle benutzen, um die Zeitdauer für die Wartungsarbeiten abzuschätzen. Das Bild 5.1 zeigt dazu vier Beispiele wobei $M = 1$ h angenommen wurde.

Die *Wartungsrate* μ wird wie die Ausfallrate λ definiert:

$$\mu = \frac{\frac{dM(t)}{\mathrm{d}t}}{1 - M(t)} \qquad (5.1)$$

$M(t)$ = Wartbarkeitsfunktion . . . . %
μ = Reparaturrate 1/h

Die mittlere Reparaturdauer ist dann:

$$M = \int_0^\infty t \cdot \frac{dM(t)}{\mathrm{d}t} \cdot \mathrm{d}t \qquad (5.2)$$

Bei Annahme einer *e*-Verteilung für die Wartbarkeitsfunktion erhält man dann bei konstanter Wartungsrate μ:

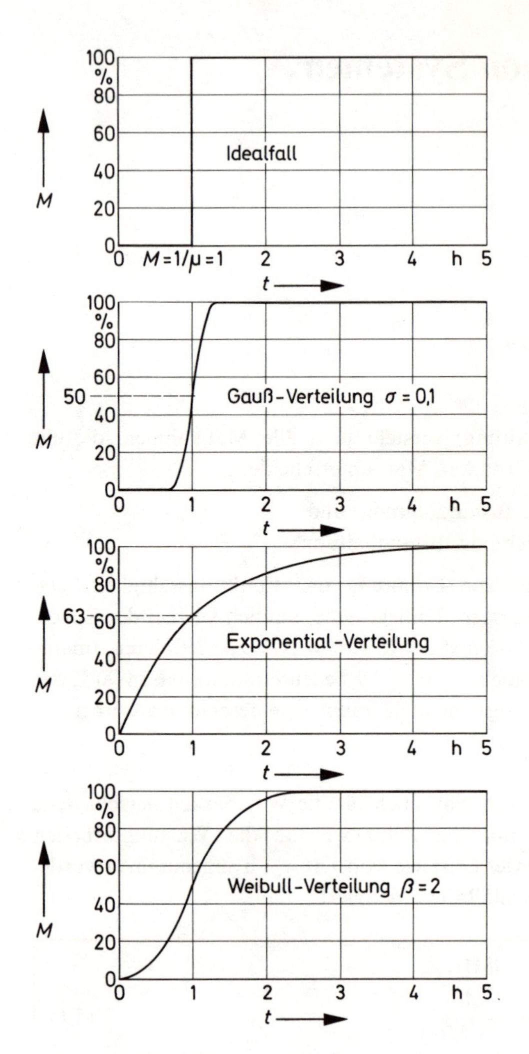

Bild 5.1 Beispiele für mögliche Wartbarkeitsfunktionen. Annahme $M = 1$ h

$$M = \frac{1}{\mu} \tag{5.3}$$

M = mittlere Reparaturdauer. . . . . h

Diskussion:

Im Idealfall einer «Einsverteilung» werden alle Reparaturen gleicher Geräte in derselben Zeit M ausgeführt. Bei einer Gauß-Verteilung sind nach Ablauf des *MTTR-Wertes* (*m*ean *t*ime *t*o *r*epair) – hier kurz «M» genannt – 50 % aller Reparaturen ausgeführt, bei einer e-Verteilung 63 %. Bei einer Weibull-Verteilung muß der MTTR-Wert erst über die

Kenngrößen η und β mit der Gammafunktion nach der Gleichung (2.44) berechnet werden, wenn $\gamma = 0$ ist. Die Reparaturdauer ist ein Teil der Ausfallzeit, denn bevor es zur Reparatur kommt, vergeht eine Zeit bis zur Fehlerentdeckung (Verzugszeit), eine Zeit bis der Reparaturdienst organisiert wird (administrative Ausfallzeit) und eine Zeit zur Beschaffung der Ersatzteile (logistische Ausfallzeit). Im folgenden Abschnitt wird jedoch nur der M-Wert betrachtet, d.h. die eigentliche mittlere Reparaturzeit, um den Fehler zu lokalisieren, beheben und um abschließend zu prüfen.

5.2 Begriff «Verfügbarkeit»

Definition:
Unter Verfügbarkeit $A(t)$ (*a*vailability) versteht man die Wahrscheinlichkeit, daß eine Anlage zu einem vorgegebenen Zeitpunkt in einem funktionsfähigen Zustand angetroffen wird. Es wird unterstellt, daß bei einem Ausfall innerhalb einer zulässigen begrenzten Zeit durch Wartung die Anlage repariert werden kann. Der Begriff «Verfügbarkeit» faßt die Begriffe «Zuverlässigkeit» und «Wartbarkeit» zusammen. Er beschreibt *reparierbare Systeme*.

Unverfügbarkeit ist das Komplement zur *Systemverfügbarkeit:*

$$A_s = 1 - U_s \qquad (5.4)$$

A_s = Systemverfügbarkeit . . . . %
U_s = Systemunverfügbarkeit . . . . %

Sofortige Verfügbarkeit:
Die *sofortige Verfügbarkeit* $A(t)$ ist die Wahrscheinlichkeit, daß ein System sofort betriebsfähig ist, sobald es zu irgendeinem beliebigen Zeitpunkt benötigt wird. Man spricht auch von «Momentanverfügbarkeit». Sie beschreibt z.B. Luftverkehrskontrollsysteme, die zwar reparaturanfällig sind, aber eine hohe Verfügbarkeit haben müssen. Im Fall eines Einkomponentensystems mit Reparatur wird im Abschnitt 5.6 gezeigt, wie sich die folgende Verfügbarkeitsfunktion ergibt:

$$A(t) = \frac{\mu}{\mu + \lambda} + \frac{\lambda}{\mu + \lambda} \cdot e^{-(\mu + \lambda) \cdot t} \qquad (5.5)$$

λ = Systemausfallrate 1/h
μ = Reparaturrate des Systems 1/h

Diese Verfügbarkeitsfunktion ist in Bild 5.2 dargestellt. Im Grenzfall gilt:

$t = 0$: $A(t) \mathrel{\hat{=}} 100\%$
$t = 1/\lambda$: $A(t) \mathrel{\hat{=}} 37\%$ wenn $\mu = 0\ \mathrm{h}^{-1}$
$t = \infty$: $A(t) \mathrel{\hat{=}} 0\%$ wenn $\mu = 0\ \mathrm{h}^{-1}$

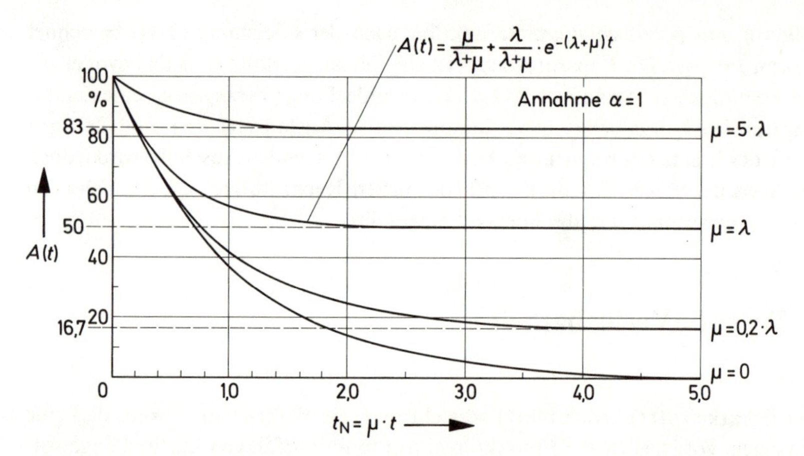

Bild 5.2 Verfügbarkeitsfunktion beim Einkomponentensystem mit Reparatur. Annahme $\alpha = 1$, $A_{ss} = 0;\ 0{,}16;\ 0{,}5$

Ist jedoch $\mu > 0$, dann strebt die Verfügbarkeitsfunktion einem Endwert zu, der von Null verschieden ist. Dieser Endwert hängt vom Verhältnis μ/λ ab. Da die mittlere Lebensdauer in Form des m-Wertes keine Konstante mehr ergibt, ist die Angabe eines m-Wertes für diese Systeme nicht mehr sinnvoll. An die Stelle des m-Wertes tritt dann als Kenngröße die Dauerverfügbarkeit.

Es ist nun der Fall denkbar, daß ein fabrikneues Gerät oder System sich beim Einschalten als defekt erweist. Diesen Fall kann man ebenfalls in der Verfügbarkeitsfunktion berücksichtigen, wenn man die Wahrscheinlichkeit α, daß zum Zeitpunkt $t = 0$ das Gerät (System) intakt ist, wie folgt einsetzt:

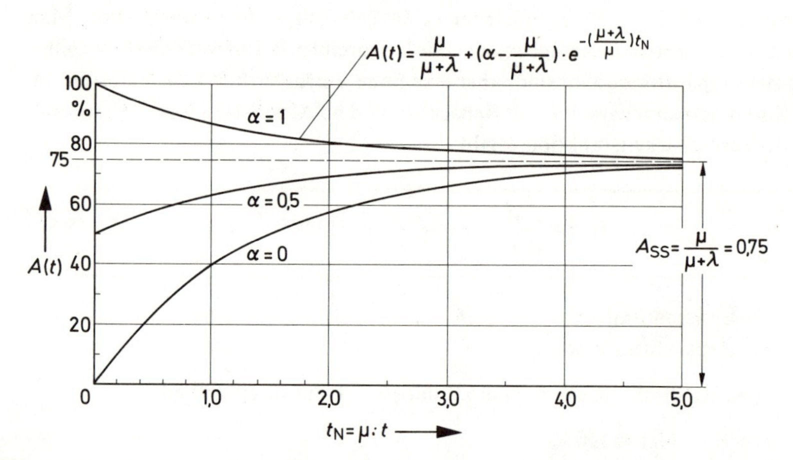

Bild 5.3 Verfügbarkeitsfunktion beim Einkomponentensystem mit Reparatur. Annahme $A_{ss} = 0{,}75$, $\alpha = 0;\ 0{,}5;\ 1$

$$A(t) = \frac{\mu}{\mu + \lambda} + \left(\alpha - \frac{\mu}{\mu + \lambda}\right) \cdot e^{-(\mu + \lambda) \cdot t} \quad (5.6)$$

α = Wahrscheinlichkeit, daß das System zum Zeitpunkt $t = 0$ intakt ist... %

Für den Sonderfall einer Verfügbarkeitsfunktion mit der Dauerverfügbarkeit $\mu/\mu + \lambda = 0{,}75$ zeigt das Bild 5.3 die Funktion von Gleichung (5.6) für drei Werte von α.

In Bild 5.2 und Bild 5.3 ist auf der x-Achse die auf die Reparaturdauer M normierte Zeit $t_N = t/M = \mu \cdot t$ aufgetragen.

Missionsverfügbarkeit:

Missionsverfügbarkeit ist der zeitliche Anteil im Intervall von t_1 bis t_2, in dem das System verfügbar ist, um eine Mission zu erfüllen. Diese Intervallverfügbarkeit ist z.B. geeignet, eine Folge-Radaranlage zu beschreiben. Die Definition lautet:

$$A_m(t) = \frac{1}{t_2 - t_1} \cdot \int_{t_1}^{t_2} A(t) \cdot dt \quad (5.7)$$

t_1 = Missionsbeginn (meist ist $t_1 = 0$). . . . . h
t_2 = Ende der Mission . . . . h
A_m = Missionsverfügbarkeit. . . . . %

A_m ist der Flächeninhalt unter der Verfügbarkeitsfunktion zwischen den Grenzen t_1 und t_2 geteilt durch die Missionsdauer.

Dauerverfügbarkeit:

Die *Dauerverfügbarkeit* (ständige Verfügbarkeit) ist die Wahrscheinlichkeit, mit der eine Anlage über einen sehr langen Zeitabschnitt verfügbar sein muß. Die Dauerverfügbarkeit ist eine Kenngröße, die z.B. eine Zielerfassungs-Radaranlage, welche dauernd in Betrieb ist, beschreibt. Der A_{ss}-Wert (*s*teady *s*tate) hat bei reparierbaren Systemen die Bedeutung des m-Wertes der nichtreparierbaren Systeme. Als Grund dafür ist zu beachten, daß das Integral der Verfügbarkeitsfunktion nicht mehr gegen Null konvergiert. Die technische Bedeutung von A_{ss} zeigt sich darin, daß man durch Verkleinern von M auch bei niedrigen m-Werten eine hohe Dauerverfügbarkeit erhalten kann. Dies unterstreicht auch die Bedeutung des Steckers in der Elektronik. Systeme mit steckbaren Untergruppen sind schneller reparierbar als Systeme ohne steckbare Untergruppen. Hierbei dauert die Reparatur länger. Es gilt:

$$A_{ss} = \lim_{t \to \infty} A(t) \quad (5.8)$$

Setzt man in die Gleichung (5.8) die Gleichung (5.6) ein, dann erhält man, wenn λ = konst. und μ = konst. ist:

$$A_{ss} = \frac{\mu}{\mu + \lambda} = \frac{1/M}{1/M + 1/m} = \frac{1}{1 + \dfrac{M}{m}}$$

$$A_{ss} = \frac{m}{m + M} = \frac{\text{MTBF}}{\text{MTBF} + \text{MTTR}} \quad (5.9)$$

Beträgt z.B. das Verhältnis $M/m = 1$, dann ist

$$A_{ss1} = \frac{1}{1+1} \mathrel{\hat{=}} 50\,\% \quad \text{wenn} \quad m = M$$

Ist aber $M/m = 0{,}01$, dann wird

$$A_{ss2} = \frac{1}{1+0{,}01} \mathrel{\hat{=}} 99\,\% \quad \text{wenn} \quad m = 100 \cdot M$$

Die Rechnung bestätigt die banale Tatsache: Je kürzer die Reparaturdauer, desto höher die Dauerverfügbarkeit bei einem Einkomponentensystem mit Reparatur.

Bild 5.4 stellt nochmals grafisch die drei Verfügbarkeitsbegriffe gegenüber.

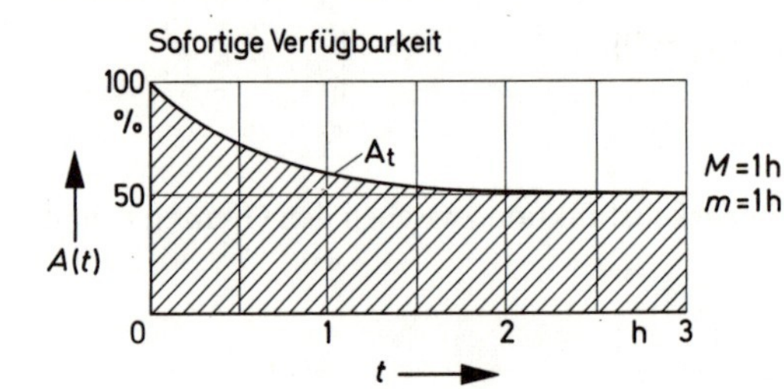

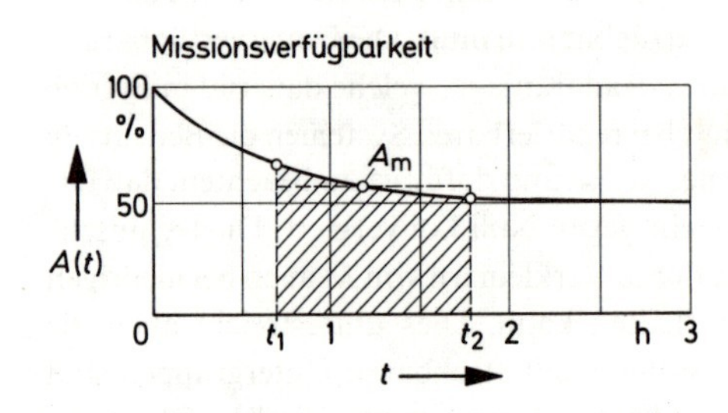

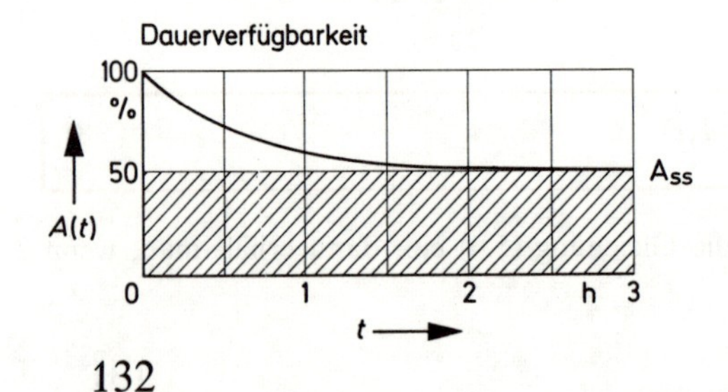

Bild 5.4 Grafische Veranschaulichung der 3 Verfügbarkeitsbegriffe

5.3 Einkomponenten-System ohne Reparatur

Definition:
Die Verfügbarkeit eines Systems läßt sich nach dem BOOLEschen Zuverlässigkeitsmodell nicht mehr berechnen. Es ist dann die *Methode der Markoffketten* (andere Schreibweise: Markow...) anzuwenden. Dieses mathematische Verfahren erlaubt, die Zustandswahrscheinlichkeiten eines Systems zu erfassen. Hierzu wird das System in seinen Zustandsbedingungen analysiert und in linearen Differentialgleichungen erfaßt. Diese werden in schwierigen Fällen mit einem Rechner gelöst. Das Verfahren hat seinen Namen von den kettenartig auftretenden mathematischen Ausdrücken. Bei zwei Zustandsvariablen hat die Matrix zwei Spalten. Bei n Variablen gibt es n-Gleichungen also n-Spalten und n Zeilen in der Matrix. Das Verfahren erfordert analytische Denkarbeit und Rechenaufwand; es erlaubt aber, kompliziertere Verhaltensparameter wie die Verfügbarkeit zu berechnen. Vorteilhaft ist ferner, daß sich die Methode durch Anwendung der Matritzenrechnung weitgehend schematisieren läßt. Dabei kann auch die Laplace-Transformation benutzt werden.

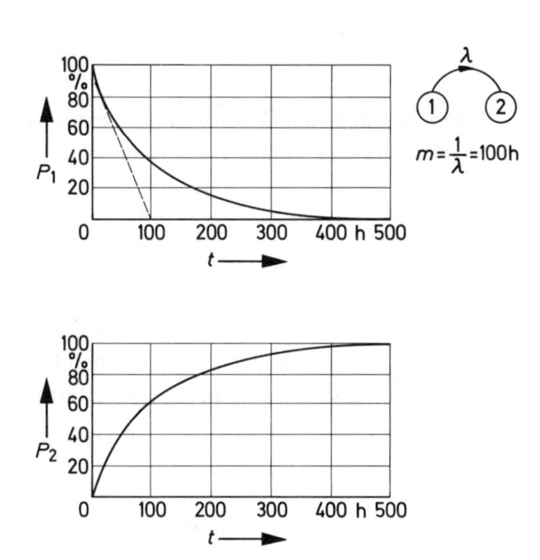

Bild 5.5 Zustandsdiagramm und Funktionen P_1 und P_2 vom Einkomponentensystem ohne Reparatur

Formeln:
Am einfachsten Fall eines Einkomponenten-Systems ohne Reparatur soll die Lösungsmethode erklärt werden, da wir in diesem Fall die Lösung kennen. Entsprechend dem *Zustandsdiagramm* im Bild 5.5 nehme eine Einheit nacheinander zwei Zustände ein. Im Zustand 1 sei die Einheit in Ordnung, im Zustand 2 sei die Einheit ausgefallen. Dabei soll gelten, daß die Ausfallrate konstant ist, und die Zustände 1 und 2 einander ausschließen. Man unterscheidet dann folgende Wahrscheinlichkeiten:

$P_1(t) = R(t) =$ Überlebenswahrscheinlichkeit der Einheit. %
$P_2(t) = F(t) =$ Ausfallwahrscheinlichkeit der Einheit . . . %
$P_{12}(\Delta t) =$ Wahrscheinlichkeit der Einheit, vom Zustand 1 in den Zustand 2 überzugehen im Zeitraum t bis $t + \Delta t$ %
$0(\Delta t) =$ Symbol für eine Summe von Gliedern, in denen Δt in höherer Potenz auftritt . . . . %

Nach dem Additionssatz der Wahrscheinlichkeiten gilt dann aufgrund einer Reihenentwicklung:

$$P_{12}(\Delta t) = \lambda \cdot \Delta t + 0(\Delta t)$$

Nach dem Multiplikationssatz der Wahrscheinlichkeiten gilt ferner:

$$P_1(t + \Delta t) = P_1(t) \cdot [1 - P_{12}(\Delta t)]$$

$P_1(t + \Delta t) =$ Wahrscheinlichkeit des Überlebens für den Zeitraum $t + \Delta t$ . . . . %

Setzt man die obere in die untere Gleichung ein, so erhält man:

$$P_1(t + \Delta t) = P_1(t) \cdot [1 - (\lambda \cdot \Delta t + 0(\Delta t))]$$

$$\frac{P_1(t + \Delta t) - P_1(t)}{\Delta t} = -\lambda \cdot P_1(t) - \frac{0(\Delta t) \cdot P_1(t)}{\Delta t}$$

Beim Übergang zum Differentialquotienten verschwindet der rechte Ausdruck wegen der Zählerpotenzen. Damit erhält man als 1. Differentialgleichung:

$$\frac{dP_1(t)}{dt} = -\lambda \cdot P_1(t) \qquad (5.10)$$

Ferner bezeichnet man mit $P_2(t + \Delta t)$ die Wahrscheinlichkeit, daß die Einheit bis zum Zeitraum $t + \Delta t$ ausfällt. Nun fällt entweder die Einheit im Zeitraum 0 bis Δt aus oder im Zeitintervall t bis $t + \Delta t$. Diese beiden einander ausschließenden Ereignisse erfaßt man mit dem Additionssatz und dem Multiplikationssatz der Wahrscheinlichkeiten wie folgt:

$$P_2(t + \Delta t) = P_2(t) + P_1(t) \cdot P_{12}(\Delta t)$$

$$P_2(t + \Delta t) = P_2(t) + P_1(t) \cdot [\lambda \cdot \Delta t + 0(\Delta t)]$$

$$\frac{P_2(t + \Delta t) - P_2(t)}{\Delta t} = \lambda \cdot P_1(t) + \frac{0(\Delta t) \cdot P_1(t)}{\Delta t}$$

Beim Übergang zum Differentialquotienten verschwindet der rechte Ausdruck wegen der Zählerpotenzen. Damit erhält man als 2. Differentialgleichung:

$$\frac{dP_2(t)}{dt} = +\lambda \cdot P_1(t) \qquad (5.11)$$

Die beiden Differentialgleichungen faßt man in Matritzenschreibweise wie folgt zusammen:

$$\begin{bmatrix} \dot{P}_1(t) \\ \dot{P}_2(t) \end{bmatrix} = \begin{bmatrix} -\lambda & 0 \\ +\lambda & 0 \end{bmatrix} \cdot \begin{bmatrix} P_1(t) \\ P_2(t) \end{bmatrix} \tag{5.12}$$

Es handelt sich um lineare Differentialgleichungen (λ = konst.) 1. Ordnung, die homogen (ohne Störglied) sind. Die allgemeine Lösung lautet:

$$P_1(t) = C_1 \cdot \mathrm{e}^{-\lambda \cdot t}$$

C_1 = erste Integrationskonstante

Mit der Anfangsbedingung, daß zum Zeitpunkt $t = 0$ die Einheit in Ordnung ist, ergibt sich:

$$P_1(0) = C_1 \cdot 1 \quad \text{oder} \quad C_1 = 1$$

Es wird demnach:

$$P_1(t) = \mathrm{e}^{-\lambda \cdot t} \tag{5.13}$$

und, entsprechend der Bedingung, daß $P_1(t)$ und $P_2(t)$ einander zu Eins ergänzen:

$$P_2(t) = 1 - \mathrm{e}^{-\lambda \cdot t} \tag{5.14}$$

Bild 5.5 veranschaulicht den Verlauf der beiden Gleichungen (5.13) und (5.14) für den Fall, daß $m = 100\,\mathrm{h}$ ist.

Diskussion:
Der Fall des Einkomponentensystems ohne Reparatur wurde bereits durch die Gleichungen (2.26) und (2.27) im Abschnitt 2.6 beschrieben. Im oberen Diagramm von Bild 5.5 sind die beiden Funktionen für einen m-Wert von 100 h einschließlich der Tangente aufgetragen. Es ist dies der Sonderfall von Gleichung (5.5) mit $\mu = 0$. In diesem speziellen Fall ist die Verfügbarkeitsfunktion $A(t)$ gleich der Überlebenswahrscheinlichkeit $P_1(t) = R(t)$. Die Verfügbarkeit nimmt danach zunächst rasch und dann langsamer gegen Null ab.

5.4 Einkomponenten-System mit Reparatur

Definition:
Aus dem Einkomponenten-System ohne Reparatur entsteht das Einkomponenten-System mit Reparatur, wenn man das System nicht im Zustand 2 beläßt, sondern durch eine Reparatur wieder in den Zustand 1 zurückbringt. Das Übergangsdiagramm erhält dann einen Rückführungszweig, wie ihn Bild 5.6 rechts oben zeigt.

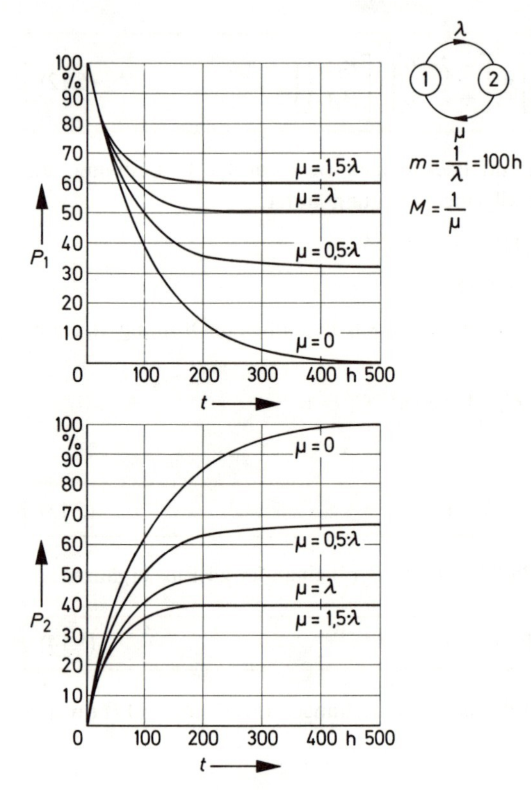

Bild 5.6 Zustandsdiagramm und Funktionen P_1 und P_2 vom Einkomponentensystem mit Reparatur

Formeln:

Die Berechnung geht analog wie im Abschnitt 5.3 aufgezeigt vor sich. Man erhält jetzt:

$$\frac{dP_1(t)}{dt} = -\lambda \cdot P_1(t) + \mu \cdot P_2(t) \tag{5.15}$$

und entsprechend die 2. Differentialgleichung ebenfalls mit einem Zusatzterm:

$$\frac{dP_2(t)}{dt} = +\lambda \cdot P_1(t) - \mu \cdot P_2(t) \tag{5.16}$$

In der Matritzenschreibweise erhält das Gleichungssystem die Form:

$$\begin{bmatrix} \dot{P}_1(t) \\ \dot{P}_2(t) \end{bmatrix} = \begin{bmatrix} -\lambda & +\mu \\ +\lambda & -\lambda \end{bmatrix} \cdot \begin{bmatrix} P_1(t) \\ P_2(t) \end{bmatrix} \tag{5.17}$$

Die Größen «Ausfallrate» und «Reparaturrate» nennt man allgemein «*Übergangsraten*» und die Matrix die «*Übergangsmatrix*». Die Lösung der Differentialgleichung (5.15) wurde bereits als sofortige Verfügbarkeitsfunktion im Abschnitt 5.2 als Gleichung (5.5) zitiert. Setzt man sie in das Gleichungspaar von (5.17) so erhält man als Lösung:

$$P_1 = \frac{\mu}{\mu + \lambda} + \frac{\lambda}{\mu + \lambda} \cdot e^{-(\mu + \lambda) \cdot t} \quad (5.18)$$

$$P_2 = 1 - P_1(t) \quad (5.19)$$

In Bild 5.6 werden die Funktionen (5.18) und (5.19) für die Parameter $m = 100\,\text{h}$ und $\mu = 0$; $\mu = 0{,}5 \cdot \lambda$; $\mu = 1{,}5 \cdot \lambda$ dargestellt.

Diskussion:
Während bei Abbildung 5.2 der Zeitmaßstab normiert war, ist er es in Bild 5.6 nicht. Es ist auch der Fall $\mu = 0$ dargestellt. Dauert die Reparatur solange wie die mittlere Lebensdauer (sehr ungünstiger Fall), dann ist die Dauerverfügbarkeit $A_{ss} \mathrel{\hat{=}} 50\,\%$, bei $m = 1{,}5 \cdot M$ ist $A_{ss} \mathrel{\hat{=}} 60\,\%$. Die Wahrscheinlichkeitsfunktion $P_1(t)$ ist hier wiederum dieVerfügbarkeitsfunktion $A(t)$.

5.5 System mit aktiver Redundanz ohne Reparatur

Definition:
Im Abschnitt 4.7 wurde bereits die Zuverlässigkeit paralleler Systeme behandelt. Nachstehend soll ein paralleles System mit dem Redundanzgrad $r = 2$ zunächst ohne Reparatur nach der Methode der Markoffketten behandelt werden, um die Verfügbarkeitsfunktion zu erhalten. Es gelten dabei die Systemzustände:

Zustand 1: Einheit A in Ordnung, Einheit B in Ordnung
Zustand 2: Einheit A ausgefallen, Einheit B in Ordnung
Zustand 3: Einheit A in Ordnung, Einheit B ausgefallen
Zustand 4: Einheit A ausgefallen, Einheit B ausgefallen,
d.h. es liegt ein Systemausfall vor.

Der Berechnung liegen folgende Annahmen zugrunde:

1. die Ausfallraten λ_A und λ_B sind konstant,
2. die Reparaturraten sind Null,
3. die Einheiten sind entweder in Ordnung oder ausgefallen.

Formeln:
Die Herleitung für die nachfolgenden Lösungen findet sich in Buch [12] S. 111–112.

Danach erhält man im Fall gleicher Einheiten die vier Differentialgleichungen wie folgt:

$$\begin{bmatrix} \dot{P}_1(t) \\ \dot{P}_2(t) \\ \dot{P}_3(t) \\ \dot{P}_4(t) \end{bmatrix} = \begin{bmatrix} -2 \cdot \lambda & 0 & 0 & 0 \\ +\lambda & -\lambda & 0 & 0 \\ +\lambda & 0 & -\lambda & 0 \\ 0 & +\lambda & +\lambda & 0 \end{bmatrix} \cdot \begin{bmatrix} P_1(t) \\ P_2(t) \\ P_3(t) \\ P_4(t) \end{bmatrix} \tag{5.20}$$

Die Lösungen dieses Gleichungssystems lauten:

$$P_1(t) = \mathrm{e}^{-2 \cdot \lambda \cdot t} \tag{5.21}$$

$$P_2(t) = P_3(t) = \mathrm{e}^{-\lambda \cdot t} - \mathrm{e}^{-2 \cdot \lambda \cdot t} \tag{5.22}$$

$$P_4(t) = 1 - (2 \cdot \mathrm{e}^{-\lambda \cdot t} - \mathrm{e}^{-2 \cdot \lambda \cdot t}) \tag{5.23}$$

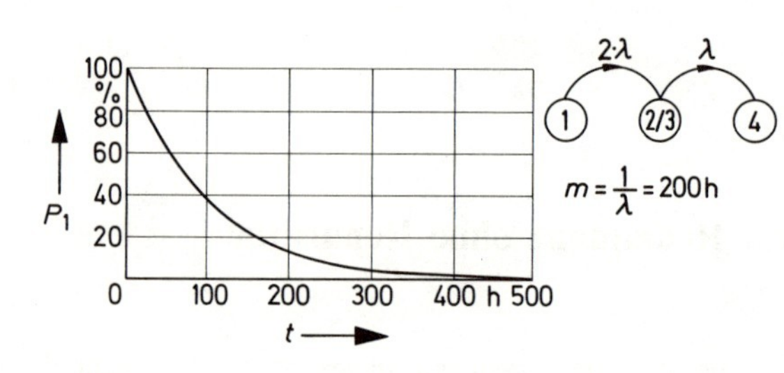

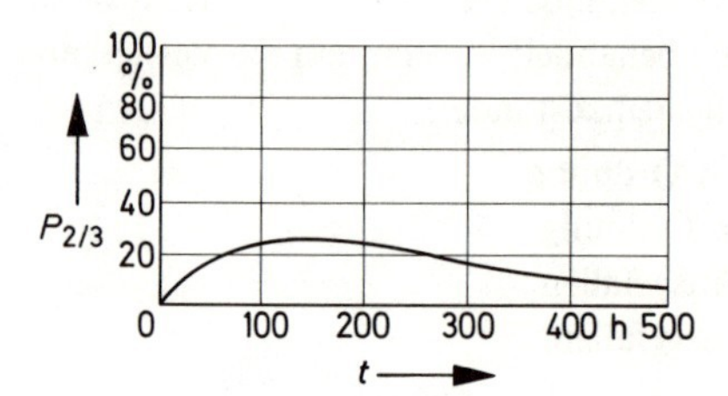

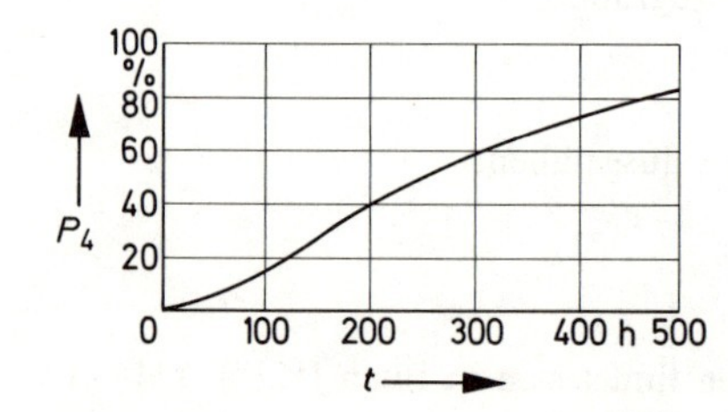

Bild 5.7 Zustandsdiagramm und Funktionen P_1; $P_{2/3}3$; P_4 bei Parallelredundanz ohne Reparatur. Annahmen: $r = 2$; $m = 200\,\mathrm{h}$

$$A_s(t) = P_1 + P_2 + P_3 = R_{sp}$$

$$A_s(t) = 2 \cdot e^{-\lambda \cdot t} - e^{-2 \cdot \lambda \cdot t} \tag{5.24}$$

Der Verlauf der vier letztgenannten Funktionen ist aus Bild 5.7 ersichtlich. Da $\lambda_A = \lambda_B$ ist, gilt $P_2 = P_3$.

Diskussion:

In Bild 5.7 ist P_1 die Wahrscheinlichkeit, daß beide Einheiten den Zeitraum von Null bis t überleben. P_2 ist die Wahrscheinlichkeit, daß Einheit A im Zeitraum von Null bis t ausfällt und Einheit B überlebt. P_3 ist die Wahrscheinlichkeit, daß Einheit B im Zeitraum von Null bis t ausfällt und Einheit A überlebt. P_4 ist die Wahrscheinlichkeit, daß A und B im Zeitraum von Null bis t ausfallen. Die Summe P_1 und P_2 (nicht dargestellt!) ist die Wahrscheinlichkeit, daß mindestens eine Einheit von Null bis t überlebt. Die Systemzuverlässigkeit R_{sp} und damit die Systemverfügbarkeit $A_s(t)$ ergibt sich aus der Summe von $P_1 + P_2 + P_3$. Die Gleichung (5.24) ist mit der Gleichung (4.10) im Abschnitt 4.7 identisch. Der Verlauf von P_4 ist die Unverfügbarkeit U_s des Systems.

5.6 System mit passiver Redundanz ohne Reparatur

Definition:

Auch die passive Reserve, die in Abschnitt 4.9 behandelt wurde, kann mit der Zustandsanalyse berechnet werden, um die Verfügbarkeitsfunktion zu erhalten. Es gibt dabei drei Systemzustände zu unterscheiden:

Zustand 1: Einheit A ist in Ordnung,
Einheit B in Ordnung in Reserve,

Zustand 2: Einheit A ausgefallen, Einheit B in Betrieb,

Zustand 3: Einheit A ausgefallen, Einheit B ausgefallen, d.h. Systemausfall.

Formeln:

Die Differentialgleichungen für diesen Fall lauten:

$$\begin{bmatrix} \dot{P}_1(t) \\ \dot{P}_2(t) \\ \dot{P}_3(t) \end{bmatrix} = \begin{bmatrix} -\lambda_A & 0 & 0 \\ +\lambda_A & -\lambda_B & 0 \\ 0 & +\lambda_B & 0 \end{bmatrix} \cdot \begin{bmatrix} P_1(t) \\ P_2(t) \\ P_3(t) \end{bmatrix} \tag{5.25}$$

Sind die Übergangsraten gleich, dann lautet die Übergangsmatrix bei passiver Redundanz ohne Reparatur:

$$\begin{bmatrix} -\lambda & 0 & 0 \\ +\lambda & -\lambda & 0 \\ 0 & +\lambda & 0 \end{bmatrix} \quad (5.26)$$

Zum Vergleich ist dazu die Übergangsmatrix bei gleichen Übergangsraten bei aktiver Redundanz ohne Reparatur:

$$\begin{bmatrix} -2\lambda & 0 & 0 \\ +\ \lambda & -\lambda & 0 \\ 0 & +\lambda & 0 \end{bmatrix} \quad (5.27)$$

Die Wahrscheinlichkeit für den Ausfall des Systems ist $P_3(t)$. Das Komplement dazu ist die Verfügbarkeitsfunktion. Sie heißt bei ungleichen Ausfallraten bei passiver Redundanz:

$$A_s = 1 - P_3(t) = e^{-\lambda_A \cdot t} + \frac{\lambda_A}{\lambda_A - \lambda_B} \cdot (e^{-\lambda_B \cdot t} - e^{-\lambda_A \cdot t}) \quad (5.28)$$

Bei gleichen Einheiten ist die Verfügbarkeitsfunktion:

$$A_s = 1 - P_3(t) = e^{-\lambda \cdot t} \cdot (1 + \lambda \cdot t) \quad (5.29)$$

Wie man sieht, ist die Gleichung (5.28) identisch mit der Gleichung (4.20) und die Gleichung (5.29) mit der Gleichung (4.21) vom Abschnitt 4.9 über passive Redundanz mit nie versagendem Umschalter. Der Verlauf der Funktion von (5.29) deckt sich mit der Funktion von R_s in Bild 4.8 bei passiver Redundanz mit $R_u \mathrel{\hat{=}} 100\,\%$. Die passive Redundanz ist dabei der aktiven Redundanz überlegen.

Die Übergangsmatritzen (5.26) und (5.27) kann man sich auch ohne Herleitung wie folgt klarmachen. Die 1. Spalte beschreibt die Wahrscheinlichkeiten des Zustandes 1, die 2. Spalte die Wahrscheinlichkeiten des Zustandes 2, usw. Ist der Zustand 1 nicht mit dem Zustand 3 verknüpft, dann erscheint in der Matrix an der Stelle eine «0». Nimmt der Zustand 1 ab, dann erscheint bei der Übergangsrate an der Stelle ein «Minuszeichen», nimmt er zu, dann kommt dort ein «Pluszeichen».

5.7 System mit aktiver Redundanz mit Reparatur

Definition:

Bei aktiver Redundanz mit Reparatur unterscheidet man folgende Fälle:

Fall I: Reparatur aus Zustand 2 möglich,
keine Reparatur im Zustand 3,

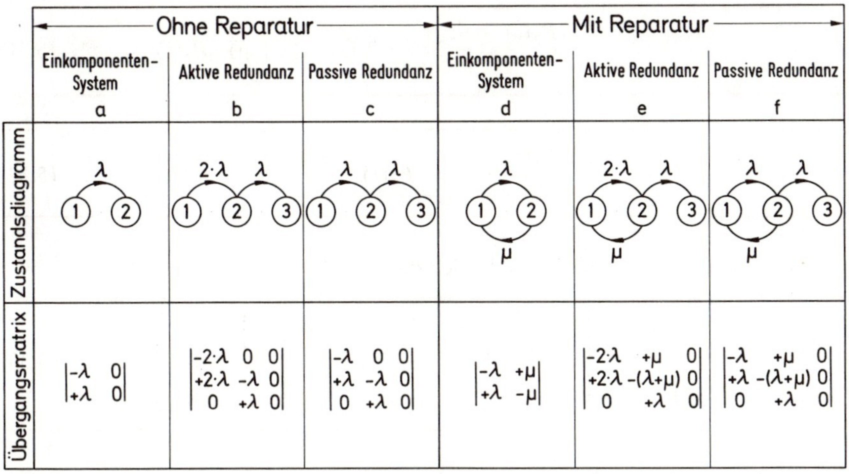

	Ohne Reparatur			Mit Reparatur		
	Einkomponenten-System a	Aktive Redundanz b	Passive Redundanz c	Einkomponenten-System d	Aktive Redundanz e	Passive Redundanz f
Zustandsdiagramm	λ (1) (2)	$2\cdot\lambda$ λ (1) (2) (3)	λ λ (1) (2) (3)	λ (1) (2) μ	$2\cdot\lambda$ λ (1) (2) (3) μ	λ λ (1) (2) (3) μ
Übergangsmatrix	$\begin{vmatrix} -\lambda & 0 \\ +\lambda & 0 \end{vmatrix}$	$\begin{vmatrix} -2\cdot\lambda & 0 & 0 \\ +2\cdot\lambda & -\lambda & 0 \\ 0 & +\lambda & 0 \end{vmatrix}$	$\begin{vmatrix} -\lambda & 0 & 0 \\ +\lambda & -\lambda & 0 \\ 0 & +\lambda & 0 \end{vmatrix}$	$\begin{vmatrix} -\lambda & +\mu \\ +\lambda & -\mu \end{vmatrix}$	$\begin{vmatrix} -2\cdot\lambda & +\mu & 0 \\ +2\cdot\lambda & -(\lambda+\mu) & 0 \\ 0 & +\lambda & 0 \end{vmatrix}$	$\begin{vmatrix} -\lambda & +\mu & 0 \\ +\lambda & -(\lambda+\mu) & 0 \\ 0 & +\lambda & 0 \end{vmatrix}$

Bild 5.8 Zustandsdiagramme und Übergangsmatrizen redundanter Systeme ohne und mit Reparatur jedoch ohne Rückkehr aus dem Zustand „3“

Fall II: Reparatur aus Zustand 2 und 3 möglich,
jedoch abhängige Reparatur (einer muß warten),

Fall III: Reparatur aus Zustand 2 und 3 möglich,
jedoch unabhängige Reparatur.

Zunächst soll der Fall I untersucht werden. Das dazugehörige Zustandsdiagramm zeigt das Bild 5.8, Spalte e. Bei der Berechnung liegen folgende Annahmen zugrunde:

1. die Bauelemente arbeiten im Abschnitt der Nutzungsdauer (Brauchbarkeitsdauer),
2. die Übergangsraten sind konstant (e-Verteilung),
3. die Ausfälle sind voneinander unabhängig,
4. die Reparatur beginnt sofort nach dem Ausfall,
5. eine Instandsetzung heißt vollständige Erneuerung.

Die Betriebszustände werden wie folgt festgelegt:

Zustand 1: beide Einheiten betriebsfähig,
Zustand 2: eine Einheit ausgefallen, die repariert wird, eine Einheit in Betrieb,
Zustand 3: beide Einheiten ausgefallen, d.h. Systemausfall

Formeln:
Bei der Berechnung geht man von folgenden Differentialgleichungen aus:

$$\frac{dP_1(t)}{dt} = -2\cdot\lambda\cdot P_1(t) + \mu\cdot P_2(t) \qquad (5.30)$$

$$\frac{dP_2(t)}{dt} = +2 \cdot \lambda \cdot P_1(t) - (\lambda + \mu) \cdot P_2(t) \tag{5.31}$$

$$\frac{dP_3(t)}{dt} = +\lambda \cdot P_2(t) \tag{5.32}$$

In der Matritzenschreibweise stellt sich dies so dar:

$$\begin{bmatrix} \dot{P}_1(t) \\ \dot{P}_2(t) \\ \dot{P}_3(t) \end{bmatrix} = \begin{bmatrix} -2 \cdot \lambda & +\mu & 0 \\ +2 \cdot \lambda & -(\lambda + \mu) & 0 \\ 0 & +\lambda & 0 \end{bmatrix} \cdot \begin{bmatrix} P_1(t) \\ P_2(t) \\ P_3(t) \end{bmatrix} \tag{5.33}$$

Es gelten für dies System die Anfangsbedingungen:

$$P_1(0) = 1; \quad P_2(0) = 0; \quad P_3(0) = 0$$

Die Überlebenswahrscheinlichkeit des Systems (Parallelredundanz mit Reparatur) ist:

$$R_{PR} = P_1(t) + P_2(t) = 1 - P_3(t)$$

Durch Differentiation von Gleichung (5.30) und Einsetzen von Gleichung (5.31) ergibt sich:

$$\ddot{P}_1(t) = -2 \cdot \lambda \cdot \dot{P}_1 + \mu \cdot \dot{P}_2 = -(3 \cdot \lambda + \mu) \cdot \dot{P}_1 - 2 \cdot \lambda^2 \cdot P_1$$

Dies ist eine homogene DGL 2. Ordnung mit der quadratischen Stammgleichung:

$$s^2 + (3 \cdot \lambda + \mu) \cdot s + 2 \cdot \lambda^2 = 0$$

und den Wurzeln:

$$s_{1,2} = -\frac{3 \cdot \lambda + \mu}{2} \pm \frac{1}{2} \cdot \sqrt{\lambda^2 + 6 \cdot \lambda \cdot \mu + \mu^2} \tag{5.34*}$$

Hiermit wird die Wahrscheinlichkeit der Betriebsbereitschaft:

$$R_{PR} = \frac{s_1 \cdot e^{+s_2 \cdot t} - s_2 \cdot e^{+s_1 \cdot t}}{s_1 - s_2} \tag{5.35}$$

Ist die Reparaturdauer sehr kurz gegenüber der mittleren Lebensdauer, dann ist angenähert, vgl. Bild 5.9–e

$$A_s \approx e^{-\frac{2 \cdot \lambda^2}{\mu} \cdot t} \quad \text{wenn} \quad \mu \gg \lambda \tag{5.36}$$

Exakt erhält man aus der Funktion (5.35) den System-MTBF-Wert:

$$m_s = \frac{3 \cdot \lambda + \mu}{2 \cdot \lambda^2} \tag{5.37}$$

Wird in Gleichung (5.37) die Reparaturrate Null, dann erhält man $m_s = 1{,}5 \cdot m$, was der Gleichung (4.13) entspricht.

Setzt man wieder eine kurze Reparatur gegenüber der Lebensdauer des Systems voraus, dann gewinnt man mit der Näherungsfunktion (5.36) den angenäherten System-MTBF-Wert wie folgt:

$$m_s \approx \frac{\mu}{2 \cdot \lambda^2} \quad \text{wenn} \quad \mu \gg \lambda \tag{5.38}$$

5.8 System mit passiver Redundanz mit Reparatur

Definition:

Bei passiver Redundanz mit Reparatur unterscheidet man folgende Fälle:

Fall I: Reparatur aus Zustand 2 möglich,
keine Reparatur im Zustand 3,

Fall II: Reparatur im Zustand 2 und 3 möglich,
jedoch abhängige Reparatur (einer muß warten),

Fall III: Reparatur aus Zustand 2 und 3 möglich,
jedoch unabhängige Reparatur.

Zunächst soll der Fall I untersucht werden. Das dazugehörige Zustandsdiagramm zeigt das Bild 5.8, Spalte f. Bei der Berechnung liegen folgende Annahmen zugrunde:

1. die Bauelemente arbeiten im Abschnitt der Nutzungsdauer,
2. die Übergangsraten sind konstant (e-Verteilung),
3. die Einheiten sind vom gleichen Typ,
4. der Umschalter schaltet zuverlässig ($R_u \mathrel{\hat{=}} 100\,\%$),
5. die Reparatur beginnt sofort nach dem Ausfall,
6. eine Instandsetzung heißt vollständige Erneuerung.

Die Betriebszustände werden wie folgt festgelegt:

Zustand 1: Einheit A in Betrieb, Einheit B funktionsfähig in Reserve,

Zustand 2: Einheit A ausgefallen und in Reparatur, Einheit B in Betrieb,

Zustand 3: beide Einheiten ausgefallen. Systemausfall, aus dem das System nicht zurückfindet.

Formeln:
Bei der Berechnung geht man von folgenden Differentialgleichungen aus, die man direkt aus dem Übergangsdiagramm, vgl. Bild 5.8 – Spalte f, ansetzen kann:

$$\frac{dP_1(t)}{dt} = -\lambda \cdot P_1(t) + \mu \cdot P_2(t) \tag{5.39}$$

$$\frac{dP_2(t)}{dt} = +\lambda \cdot P_1(t) - (\lambda + \mu) \cdot P_2(t) \tag{5.40}$$

$$\frac{dP_3(t)}{dt} = +\lambda \cdot P_2(t) \tag{5.41}$$

In der Matritzenschreibweise stellt sich das so dar:

$$\begin{bmatrix} \dot{P}_1(t) \\ \dot{P}_2(t) \\ \dot{P}_3(t) \end{bmatrix} = \begin{bmatrix} -\lambda & +\mu & 0 \\ +\lambda & -(\lambda+\mu) & 0 \\ 0 & +\lambda & 0 \end{bmatrix} \cdot \begin{bmatrix} P_1(t) \\ P_2(t) \\ P_3(t) \end{bmatrix} \tag{5.42}$$

Es gelten für dies System die Anfangsbedingungen:

$$P_1(t) = 1; \quad P_2(t) = 0; \quad P_3(t) = 0$$

Die Überlebenswahrscheinlichkeit des Systems (passive Redundanz mit Reparatur) ist:

$$R_{SR} = P_1(t) + P_2(t) = 1 - P_3(t)$$

Durch Differentiation von Gleichung (5.39) und Einsetzen von Gleichung (5.40) ergibt sich:

$$\ddot{P}_1(t) = -(2 \cdot \lambda + \mu) \cdot \dot{P}_1 - \lambda^2 \cdot P_1$$

Dies ist eine homogene DGL 2. Ordnung mit der quadratischen Stammgleichung:

$$s'^2 + (2 \cdot \lambda + \mu) \cdot s' + \lambda^2 = 0$$

und den Wurzeln:

$$s'_{1,2} = -\frac{2 \cdot \lambda + \mu}{2} \pm \frac{1}{2} \cdot \sqrt{\mu^2 + 4 \cdot \mu \cdot \lambda} \qquad (5.43)^*$$

so daß sich die Wahrscheinlichkeit für die Betriebsbereitschaft ergibt zu:

$$R_{SR} = \frac{s'_1 \cdot e^{+s'_2 \cdot t} - s'_2 \cdot e^{+s'_1 \cdot t}}{s'_1 - s'_2} \tag{5.44}$$

Ist die Reparaturdauer sehr kurz gegenüber der mittleren Lebensdauer, z. B. $10 \cdot \mu \geqq \lambda$, dann ist angenähert, man vergleiche Bild 5.8-f:

$$A'_s \approx e^{-\frac{\lambda^2}{\mu} \cdot t} \quad \text{wenn} \quad \mu \gg \lambda \tag{5.45}$$

Exakt erhält man aus der Funktion (5.44) den System-MTBF-Wert:

$$m'_s = \frac{2 \cdot \lambda + \mu}{\lambda^2} \tag{5.46}$$

Wird in der Gleichung (5.46) die Reparaturrate Null, dann erhält man $m_s = 2 \cdot m$, was der Gleichung (4.23) entspricht. Setzt man wieder eine kurze Reparaturdauer gegenüber der Lebensdauer des Systems voraus, dann gewinnt man mit der Näherungsgleichung (5.46) den angenäherten System-MTBF-Wert wie folgt:

$$m'_s \approx \frac{\mu}{\lambda^2} \quad \text{wenn} \quad \mu \gg \lambda \tag{5.47}$$

Diskussion:

Das Bild 5.8 bringt eine Zusammenstellung der Zustandsdiagramme und Übergangsmatritzen der bisher in den Abschnitten 5.3 bis 5.8 behandelten Systemfälle. Es wird deutlich, daß hierbei noch keine Rückkehr aus dem Zustand 3 möglich ist.

Die Lösungen der Differentialgleichungen zeigt das Bild 5.9. Es zeigt den Verlauf der Näherungsgleichungen (5.36) und (5.45) für A_s unter der Annahme einer Ausfallrate von $7 \cdot 10^{-3}$/h und einer Reparaturrate von 0,5/h. Wie das Diagramm zeigt, bringt der Fall e die höchste Systemzuverlässigkeit. Die Dauerverfügbarkeiten sind jedoch in allen fünf Fällen Null (keine Rückkehr aus Zustand 3).

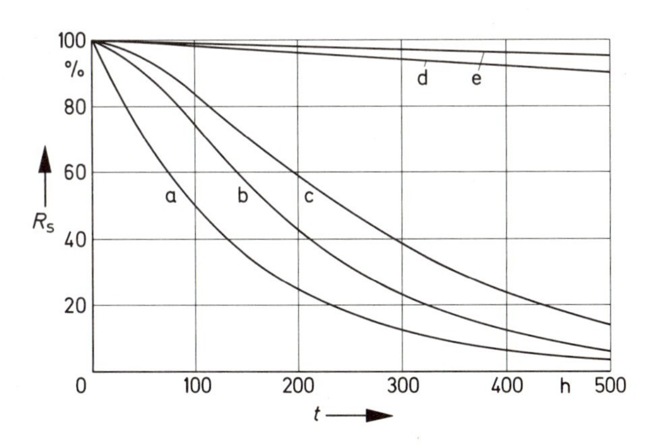

Bild 5.9 Zuverlässigkeit redundanter Systeme ohne und mit Reparatur

In Bild 5.9 bedeuten:

a) Einheit ohne Redundanz: $R_s = e^{-\lambda \cdot t}$

b) Aktive Redundanz ohne Reparatur: $R_s = 2 \cdot e^{-\lambda \cdot t} - e^{-2\lambda \cdot t}$

c) Passive Redundanz ohne Reparatur: $R_s = e^{-\lambda \cdot t}(1 + \lambda \cdot t)$

d) Aktive Redundanz mit Reparatur:

$$R_s = e^{-\frac{2 \cdot \lambda^2}{\mu} \cdot t} \quad \text{(Näherung)}$$

e) Passive Redundanz mit Reparatur:

$$R_s = e^{-\frac{\lambda^2}{\mu} \cdot t} \quad \text{(Näherung)}$$

Danach bringt die Reparatur mehr Zuverlässigkeitsgewinn als die Redundanz. Am besten sieht man gleichzeitig Redundanz und Reparatur vor.

5.9 System mit hemmendem gefährlichem Zustand

Definition:
Im Transportwesen, bei Kernkraftwerken, Alarm- und Warnsystemen gibt es Einrichtungen, die einmal in einen «hemmenden Zustand», zum anderen auch in einen «gefährlichen Zustand» geraten können. Auch diese Fälle lassen sich mit der Zustandsanalyse bearbeiten. Die Systemzustände werden dabei wie folgt festgelegt:
Zustand 1: Einkomponentensystem in Ordnung,
Zustand 2: Systemausfall mit «hemmendem Zustand»,
Zustand 3: Systemausfall mit «gefährlichem Zustand».

Die Übergangsmatrix und das Übergangsdiagramm sind in Bild 5.11, Spalte e dargestellt.

Formeln:
Die Berücksichtigung derartiger Zustände bedeutet eine Verfeinerung der Theorie mit größerem Rechenaufwand. Fischer gibt in [44] das Differentialgleichungssystem und die Lösungen wie folgt an:

$$\begin{bmatrix} \dot{P}_1(t) \\ \dot{P}_2(t) \\ \dot{P}_3(t) \end{bmatrix} = \begin{bmatrix} -(\lambda_h + \lambda_g) & +\mu_h & +\mu_g \\ +\lambda_h & -\mu_h & 0 \\ +\lambda_g & 0 & -\mu_g \end{bmatrix} \cdot \begin{bmatrix} P_1(t) \\ P_2(t) \\ P_3(t) \end{bmatrix} \qquad (5.48)$$

Die Anfangsbedingungen sind:

$$P_1(0) = 1; \quad P_2(0) = 0; \quad P_3(0) = 0$$

$$P_1(t) + P_2(t) + P_3(t) = 1$$

Über die Laplace-Transformation erhält man folgende Lösungen:

$$P_1 = \frac{\mu_h \cdot \mu_g}{s_1 \cdot s_2} + \frac{(s_1 + \mu_h) \cdot (s_1 + \mu_g)}{s_1 \cdot (s_1 - s_2)} \cdot e^{+s_1 \cdot t} - \frac{(s_2 + \mu_h) \cdot (s_2 + \mu_g)}{s_2 \cdot (s_1 - s_2)} \cdot e^{+s_2 \cdot t} \quad (5.49)$$

$$P_2 = \frac{\lambda_h \cdot \mu_g}{s_1 \cdot s_2} + \frac{\lambda_h \cdot (s_1 + \mu_g)}{s_1 \cdot (s_1 - s_2)} \cdot e^{+s_1 \cdot t} - \frac{\lambda_h \cdot (s_2 + \mu_g)}{s_2 \cdot (s_1 - s_2)} \cdot e^{+s_2 \cdot t} \quad (5.50)$$

$$P_3 = \frac{\lambda_g \cdot \mu_h}{s_1 \cdot s_2} + \frac{\lambda_g \cdot (s_1 + \mu_h)}{s_1 \cdot (s_1 - s_2)} \cdot e^{+s_1 \cdot t} - \frac{\lambda_g \cdot (s_2 + \mu_h)}{s_2 \cdot (s_1 - s_2)} \cdot e^{+s_2 \cdot t} \quad (5.51)$$

Hierbei sind die Substitutionen s_1 und s_2 die Wurzeln der Stammgleichung wie folgt:

$$s_{1,2} = -\tfrac{1}{2} \cdot [\lambda_g + \lambda_h + \mu_g + \mu_h \mp \mp \sqrt{(\lambda_g + \lambda_h + \mu_h + \mu_g)^2 - 4 \cdot (\mu_h \cdot \lambda_g + \mu_g \cdot \lambda_h + \mu_g \cdot \mu_h)}]$$

Die Dauerverfügbarkeiten haben die Werte:

$$A_{ss} = \frac{\mu_h \cdot \mu_g}{\mu_h \cdot \lambda_g + \mu_g \cdot \lambda_h + \mu_h \cdot \mu_g} \quad (5.53)^*$$

Es wurde hierbei in Gleichung (5.49) $t = \infty$ gesetzt.

$$A_{ssh} = \frac{\lambda_h \cdot \mu_g}{\mu_h \cdot \lambda_g + \mu_g \cdot \lambda_h + \mu_h \cdot \mu_g} \quad (5.54)^*$$

Es wurde hierbei in Gleichung (5.50) $t = \infty$ gesetzt.

$$A_{ssg} = \frac{\lambda_g \cdot \mu_h}{\mu_h \cdot \lambda_g + \mu_g \cdot \lambda_h + \mu_h \cdot \mu_g} \quad (5.55)^*$$

Die Gleichung entsteht, wenn man in Gleichung (5.51) $t = \infty$ setzt.

Diskussion:
Für ein System mit $\lambda_h = 10^{-7}$/h, $\lambda_g = 10^{-8}$/h, $\mu_h = 10^{-1}$/h und $\mu_g = 10^{-4}$ h, d.h. die eine Reparatur dauert 10 h, die Reparatur aus dem gefährlichen Zustand dauert mit 10000 h über ein Jahr, ergeben sich folgende stationäre Verfügbarkeiten:

$$A_{ss} \mathrel{\hat{=}} 99{,}99\,\%$$
$$A_{ssh} \approx 10^{-6}\,\% \text{ (günstig)}$$
$$A_{ssg} \approx 10^{-4}\,\% \text{ (ungünstiger, weil } \mu_g \text{ klein ist).}$$

An diesem Zahlenbeispiel lassen sich die obigen Gleichungen besser überblicken.

5.10 Dauerverfügbarkeit reparierbarer Systeme

Definition:
Dauerverfügbarkeit nennt man den Endwert, dem die sofortige Verfügbarkeit bei $t = \infty$ zustrebt. Bei Systemen, die in allen Zuständen reparierbar sind, ist der Wert A_{ss} (*s*teady *s*tate = ständiger Zustand) von Null verschieden. Gleichzeitig wird die mittlere Lebensdauer unendlich, da das Integral $m = \int_0^\infty R \cdot \mathrm{d}t$ (Gleichung 2.15) nicht mehr gegen Null konvergiert. Der A_{ss}-Wert wird dann zur Systembeurteilungskenngröße wie vorher der m-Wert bei nichtreparierbaren Systemen.

Der A_{ss}-Wert ist auch deswegen wichtig, weil der Rechenaufwand zur Auffindung der Lösungen der Differentialgleichungen bei komplizierten Matrizen immer größer wird, die Aussagekraft aber immer geringer, denn im interessierenden Zeitbereich ist in der Regel $A(t) \mathrel{\hat{=}} 97 \cdots 99{,}9\,\%$. Der A_{ss}-Wert reicht zur Beurteilung aus und ist leichter zu bestimmen. Man braucht nur das Übergangsdiagramm zu zeichnen, die Übergangsmatrix danach anzusetzen und durch algebraische Rechnungen die A_{ss}-Werte zu bestimmen.

Die Nützlichkeit des MTTR-Wertes im Vergleich zum MTTFF-Wertes zeigt nochmals die Abbildung 5.10. Insbesondere wenn man ein Gerät von zwei Herstellern hat, die beide den gleichen m-Wert garantieren, kann dann der höhere A_{ss}-Wert die Kaufentscheidung erleichtern. Dies soll auch das Zahlenbeispiel in Bild 5.10 veranschaulichen.

Bild 5.10 Vergleich der Begriffe MTTFF-Wert (MTBF-Wert) und MTTR-Wert ▶

Nichtreparierbares System

MTTFF = mean time to first failure

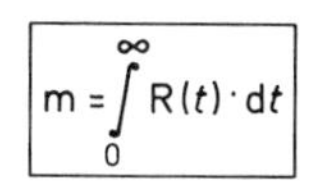

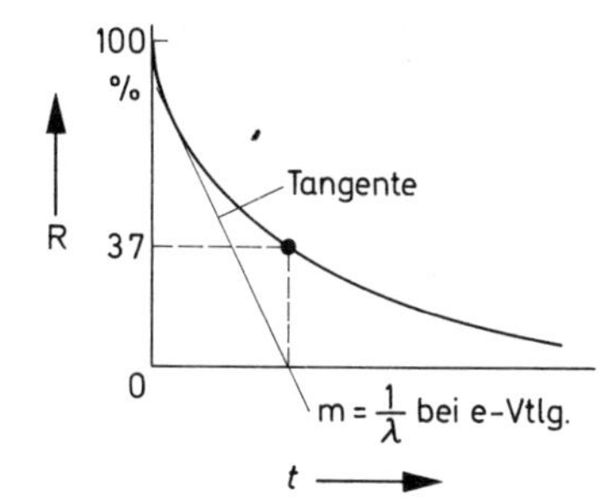

bei nichtreparierbaren Systemen ist:

m = MTTFF = MTBF
m = mittlere Lebensdauer
MTBF = mean time between failures
MTBF = mittlerer Ausfallabstand
λ = Ausfallrate ... 1/h

Reparierbares System

MTTR = mean time to repair

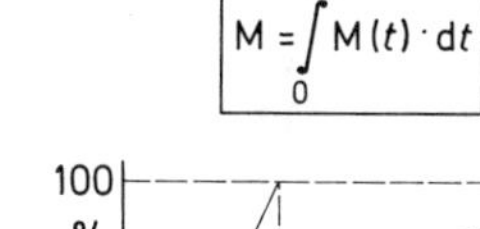

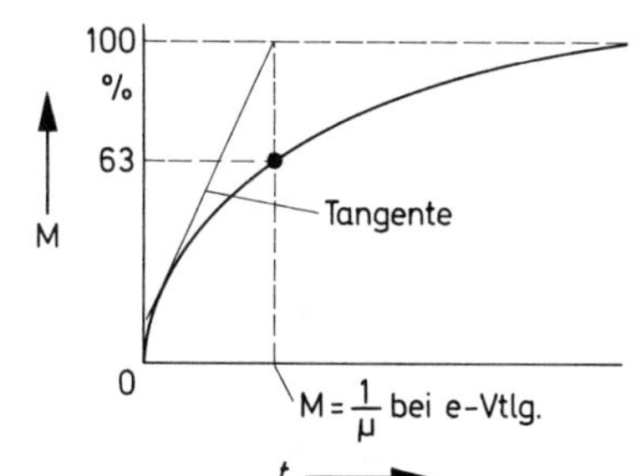

M = mittlere aktive Reparaturdauer
μ = Reparaturrate ... 1/h
A_{ss} = Dauerverfügbarkeit

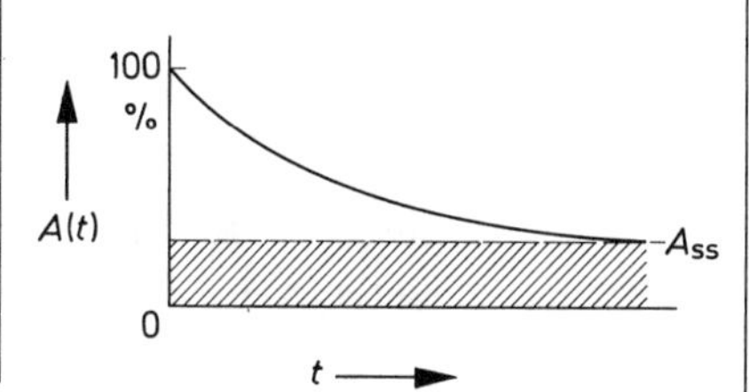

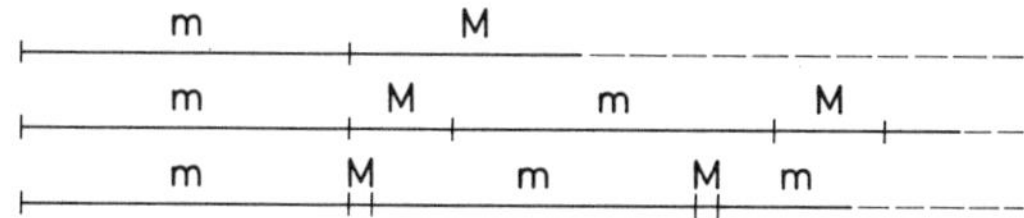

keine Reparatur (M = ∞)
mit Reparatur : m > M
mit Reparatur : m ≫ M

$$A_{ss} = \frac{1}{1 + \frac{M}{m}}$$ beim Einkomponenten-System

(1) —λ→ (2) —μ→ (1)

Zum Vergleich 5 Fälle:

1.	m = 1000 h M = ∞	$A_{ss} = \frac{1}{1+\frac{\infty}{1000}} = 0\ \%$
2.	m = 1000 h M = 100 h	$A_{ss} = \frac{1}{1+\frac{100}{1000}} = 90{,}9\ \%$
3.	m = 1000 h M = 10 h	$A_{ss} = \frac{1}{1+\frac{10}{1000}} = 99{,}0\ \%$
4.	m = 1000 h M = 1 h	$A_{ss} = \frac{1}{1+\frac{1}{1000}} = 99{,}9\ \%$
5.	m = 100 h M = 1 h	$A_{ss} = \frac{1}{1+\frac{1}{100}} = 99{,}0\ \%$

Fälle 3. und 5.: gleiche Aussage!

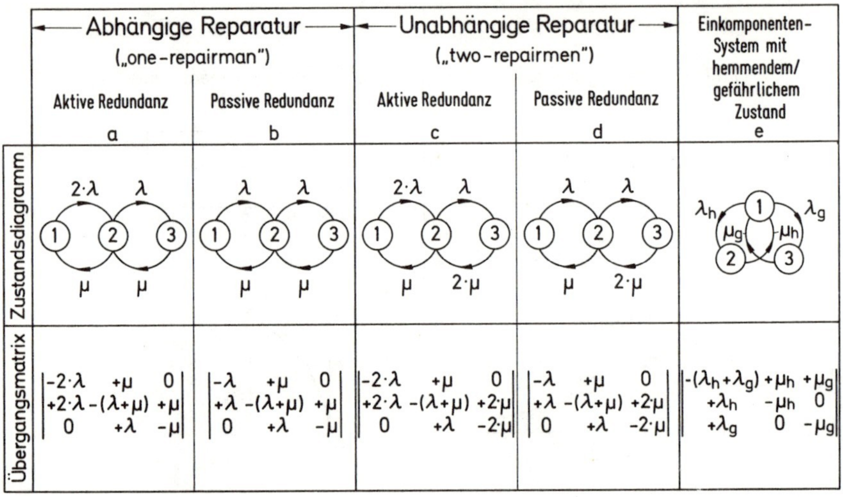

	Abhängige Reparatur („one-repairman")		Unabhängige Reparatur („two-repairmen")		Einkomponenten-System mit hemmendem/gefährlichem Zustand
	Aktive Redundanz	Passive Redundanz	Aktive Redundanz	Passive Redundanz	
	a	b	c	d	e
Zustandsdiagramm	① ② ③; $2\cdot\lambda$, λ; μ, μ	① ② ③; λ, λ; μ, μ	① ② ③; $2\cdot\lambda$, λ; μ, $2\cdot\mu$	① ② ③; λ, λ; μ, $2\cdot\mu$	① ② ③; λ_h, λ_g; μ_g, μ_h
Übergangsmatrix	$\begin{vmatrix} -2\cdot\lambda & +\mu & 0 \\ +2\cdot\lambda & -(\lambda+\mu) & +\mu \\ 0 & +\lambda & -\mu \end{vmatrix}$	$\begin{vmatrix} -\lambda & +\mu & 0 \\ +\lambda & -(\lambda+\mu) & +\mu \\ 0 & +\lambda & -\mu \end{vmatrix}$	$\begin{vmatrix} -2\cdot\lambda & +\mu & 0 \\ +2\cdot\lambda & -(\lambda+\mu) & +2\cdot\mu \\ 0 & +\lambda & -2\cdot\mu \end{vmatrix}$	$\begin{vmatrix} -\lambda & +\mu & 0 \\ +\lambda & -(\lambda+\mu) & +2\cdot\mu \\ 0 & +\lambda & -2\cdot\mu \end{vmatrix}$	$\begin{vmatrix} -(\lambda_h+\lambda_g) & +\mu_h & +\mu_g \\ +\lambda_h & -\mu_h & 0 \\ +\lambda_g & 0 & -\mu_g \end{vmatrix}$

Bild 5.11 Zustandsdiagramme und Übergangsmatrizen redundanter Systeme ohne und mit Reparatur jedoch mit Rückkehr aus dem Zustand „3"

Formeln:

Mit den Beziehungen: $\dot{P}_1 = \dot{P}_2 = \dot{P}_3 = 0$ (A_t-Funktion parallel zur t-Achse) ferner: $P_1 + P_2 + P_3 = 1$ und $A_{ss} = 1 - P_3$ erhält man durch Separation und Verkopplung der Differentialgleichungen ohne den Aufwand der Laplace-Transformation die folgenden A_{ss}-Werte, vgl. Bild 5.11.

Beim Einkomponentensystem mit Reparatur war nach Gleichung (5.9):

$$A_{ss} = \frac{1}{1 + \left(\frac{M}{m}\right)} = 83{,}3\,\% \quad \text{wenn} \frac{M}{m} \mathrel{\hat{=}} 0{,}2$$

$$\text{Fall a:} \quad A_{ss} = \frac{1 + 2\cdot\left(\frac{M}{m}\right)}{1 + 2\cdot\left(\frac{M}{m}\right) + 2\cdot\left(\frac{M}{m}\right)^2} \mathrel{\hat{=}} 94{,}6\,\% \tag{5.56*}$$

$$\text{Fall b:} \quad A_{ss} = \frac{1 + \left(\frac{M}{m}\right)}{1 + \left(\frac{M}{m}\right) + \left(\frac{M}{m}\right)^2} \mathrel{\hat{=}} 96{,}8\,\% \tag{5.57*}$$

$$\text{Fall c:} \quad A_{ss} = \frac{1 + 2 \cdot \left(\frac{M}{m}\right)}{1 + 2 \cdot \left(\frac{M}{m}\right) + \left(\frac{M}{m}\right)^2} \mathrel{\hat{=}} 97{,}2\,\% \qquad (5.58)^*$$

$$\text{Fall d:} \quad A_{ss} = \frac{1 + \left(\frac{M}{m}\right)}{1 + \left(\frac{M}{m}\right) + \frac{1}{2} \cdot \left(\frac{M}{m}\right)^2} \mathrel{\hat{=}} 98{,}4\,\% \qquad (5.59)^*$$

$$\text{Fall e:} \quad A_{ss} = \frac{1}{1 + \left(\frac{M_g}{m_g}\right) + \left(\frac{M_h}{m_h}\right)} \mathrel{\hat{=}} 71{,}4\,\% \qquad (5.60)^*$$

wenn $\frac{M_g}{m_g} = \frac{M_h}{m_h} = 0{,}2$ ist, was natürlich gegenüber dem Zahlenbeispiel im Abschnitt 5.9 einen unrealistischen Fall beschreibt.

Diskussion:
Bild 5.11 zeigt die Übergangsdiagramme und die dazugehörigen Übergangsmatrizen gewarteter Systeme für den Fall, daß sie auch den Systemfall «3» überwinden. Der Vergleich der Zahlenwerte veranschaulicht, daß die passive Redundanz mit unabhängiger Reparatur, d.h., daß an zwei ausgefallenen Einheiten gleichzeitig repariert wird, die günstigste ist. Bei abhängiger Reparatur entsteht eine Warteschlange. Für den ungünstigen Fall $M/m = 0{,}2$ ist das System mit hemmendem gefährlichem Zustand noch schlechter als das Einkomponentensystem mit Reparatur, weil dies System ja in zwei Ausfallzustände kommen kann.

5.11 Mittlerer Ausfallabstand für ein gewartetes System

Definition:
Die Kenngröße M (= mittlere Reparaturdauer) gibt Aufschluß darüber, wielange eine Reparatur im Mittel andauert. Ist M niedrig, so erhöht sich immer die Dauerverfügbarkeit eines Systems, wie aus den Gleichungen (5.9) und (5.56 ··· 5.60) des Abschnitts 5.10 hervorgeht. Dies kann z.B. durch schnell auswechselbare Einheiten mittels Stecker geschehen.

Die Kenngröße T (= mittlerer Wartungsabstand) ist eine weitere Kenngröße für ein gewartetes System. Wird der *Wartungsabstand* T klein gehalten, z.B. durch eine häufige vorbeugende Wartung, dann erhöht sich dadurch der *mittlere Ausfallabstand für ein gewartetes System*, der hier mit dem Buchstaben m_T belegt werden soll.

Formeln:

Nach Bazowsky wird der mittlere Ausfallabstand für ein gewartetes System wie folgt definiert:

$$m_{\mathrm{T}} = \frac{\int_0^T R(t) \cdot \mathrm{d}t}{1 - R(T)} \qquad (5.61)$$

Für ein Seriensystem mit konstanter Ausfallrate erhält man mit dieser Beziehung:

$$m_{\mathrm{T}} = \frac{m \cdot (1 - \mathrm{e}^{-T/m})}{1 - \mathrm{e}^{-T/m}} = m \qquad (5.62)$$

mit $R = \mathrm{e}^{-t/m}$

$$m_{\mathrm{T}} = \frac{1{,}5 \cdot m + 0{,}5 \cdot m \cdot \mathrm{e}^{-2T/m} - 2 \cdot m \cdot \mathrm{e}^{-T/m}}{(1 - \mathrm{e}^{-T/m})^2} \qquad (5.63)^*$$

mit $R = 2 \cdot \mathrm{e}^{-t/m} - \mathrm{e}^{-2 \cdot t/m}$

für ein System mit aktiver Zweifachredundanz. Ferner

$$m_{\mathrm{T}} = \frac{2 \cdot m - T \cdot \mathrm{e}^{-T/m} - 2 \cdot m \cdot \mathrm{e}^{-T/m}}{1 - \left(1 + \frac{T}{m}\right) \cdot \mathrm{e}^{-T/m}} \qquad (5.64)^*$$

mit $R = \mathrm{e}^{-t \cdot m} \cdot \left(1 + \frac{t}{m}\right)$

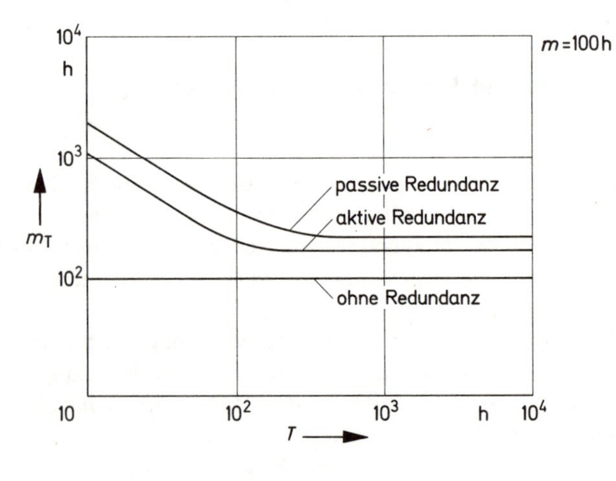

Bild 5.12 Mittlerer Ausfallabstand für redundante Systeme mit Reparatur

für ein passives System mit nie versagendem Umschalter. Den Verlauf der Gleichungen (5.62), (5.63) und (5.64) zeigt die Abbildung 5.12. Die Grenzfälle erhält man für $T \to \infty$:

$m_T = m$ ... ohne Redundanz
$m_T = 1{,}5 \cdot m$ ... aktive Zweifachredundanz
$m_T = 2 \cdot m$ ... passive Redundanz (nie versagender Umschalter)

Die beiden letzten Grenzfälle sind bereits aus den Gleichungen (4.13) und (4.23) bekannt.

Diskussion:
Das Bild 5.12 bestätigt die Vermutung, daß periodische Wartung bei einem System mit konstanter Ausfallrate, d.h. es gibt nur Zufallsausfälle, keine Verbesserung bringt. Eine wesentliche Verbesserung insbesondere bei kleinen Wartungsabständen bringt die passive Reserve. Bei längeren Wartungsabständen verringern sich die Abstände der m_T-Werte. Die Grenzfälle der drei Funktionen fügen sich zwanglos in die bisherige Theorie ein.

5.12 MARKOFFsches Zuverlässigkeitsmodell

Merkmale:

1. Der Zustand des Systems wird als zufälliger Prozeß aufgefaßt.
2. Die möglichen Zustände, in denen sich ein System befinden kann, werden analysiert und rechnerisch berücksichtigt.
3. Es wird dabei von den Übergangsmöglichkeiten zwischen den einzelnen Zuständen ausgegangen.
4. Es wird eine endliche Zahl möglicher Zustände zugelassen.
5. Der Zustand des Systems vom Zeitpunkt $t = 0$ wird als Zufallsgröße mit m_z-Zuständen interpretiert.
6. *Der* Parameter (t) im Gleichungssystem kann auch ein andrer Parameter sein, z.B. Schaltspielzahl.
7. Berücksichtigt man bei n Komponenten nur zwei Zustände, so gibt es bereits bei einem System ohne Erneuerung m_z verschiedene Zustände nach folgender Beziehung aus der Kombinatorik:

$$m_z = \sum_{k=0}^{n} \binom{n}{k} \cdot k\,! \qquad (5.65)$$

n = Komponentenzahl im System
m_z = Zahl der Zustände
$k = 1, 2, 3, \ldots$

Um den mathematischen Aufwand zu reduzieren, ist es daher sinnvoll, nur möglichst wenige Zustände zu definieren.

8. Übergangsdiagramme in Form von einfachen Graphen veranschaulichen die Zustandsanalyse. Bei m Zuständen hat der Graph m Knotenpunkte. Der Graph kann auch «Einbahnstraßen» aufweisen.

9. Differentialgleichungen sind in der Lage, die Zustandsanalysen mathematisch zu beschreiben.

10. Die Matrizenschreibweise ist eine praktische Schreibweise für die Differentialgleichungen.

11. Ist die Koeffizientenmatrix A eine Konstante, dann kann der zufällige Prozeß $P(t)$ für $t \geqq 0$ als *Markoffscher Prozeß* mit stetigem Parameterbereich bezeichnet werden. Das Gleichungssystem ist dann geschlossen lösbar.

12. Hängt der «zukünftige Zustand» nicht vom «gegenwärtigen Zustand» des Systems ab, so spricht man von einer «*homogenen Markoffkette*». Die Übergangswahrscheinlichkeiten sind stationär.

13. Läßt man die Voraussetzung fallen, daß die Verweilzeiten des Systems in den verschiedenen Zuständen einer Exponential-Verteilung genügen, so kann man die Zustandsanalyse mit der Theorie der «*Semi-Markoffschen Prozesse*» durchführen.

Mängel:

Das *Markoffsche Zuverlässigkeitsmodell* erlaubt zwar die Berechnung reparierbarer Systeme und ist daher vielseitiger als das BOOLEsche Zuverlässigkeitsmodell, das nur nichtreparierbare Systeme beschreibt und daher «statisch» genannt wird. Das «dynamische Modell» hat aber auch Nachteile, wie man bei einem Vergleich mit biologischen Systemen sieht. Es wird nicht erfaßt:

1. Die Langlebigkeit komplizierter Systeme.
2. Die Stabilität im Sinne von Störfestigkeit.
3. Die Arterhaltung des Systems, auch wenn das Individuum stirbt.
4. Bei Störung kommt es nicht zum Totalausfall, sondern nur zur Verringerung der Effektivität.
5. Die Fähigkeit der Selbsterneuerung (Regeneration).
6. Die Weiterentwicklung durch Lernprozesse (Optimierung).
7. Die Kompensation oder Funktionsübernahme durch andere Organe, die ursprünglich für diese Tätigkeit nicht vorgesehen waren.
8. Die Selbstorganisation biologischer Systeme.
9. Durch Ausfall eines Systems werden andere besser (z. B. Unfallblinde lernen besser hören).
10. Selbstheilung des Systems.
11. Die Anpassungsfähigkeit an neue Umgebungsbedingungen.
12. Die Vitalität als Oberbegriff für Widerstandskraft, Fruchtbarkeit, Langlebigkeit, Leistungsfähigkeit und Anpassungsfähigkeit.

In diesem Zusammenhang sei auf das Buch von Reinschke [15] und den Beitrag von Skarus [45] hingewiesen.

6 Sicherheit von Systemen

6.1 Begriff «Sicherheit»

Definition:
Im allgemeinen Sprachgebrauch heißt *Sicherheit:* Gefahrlosigkeit, Gewißheit, Schutz vor Drohung, Unbesorgtheit, Bürgschaft, Pfand. Im Zusammenhang mit der Zuverlässigkeitstheorie meint man damit die Fähigkeit einer Betrachtungseinheit, bei einem Ausfall gefährliche Folgen von den Menschen und den Einrichtungen abzuwenden. In diesem Sinne spricht man auch von einem «Sicherheitsgurt» in einem Auto – er soll den Fahrer schützen, «wenn» es zu einem Frontalzusammenstoß kommt – oder von einer «Sicherheitsschaltung» in einem Reaktor.

Der Ausschuß «Steuerungstechnik» des VDE/VDI definiert «Sicherheit» als die Realisierung eines bestimmten Verhaltens beim Auftreten bestimmter Fehler. Um die Sicherheit großer Anlagen zu gewährleisten, wird daher eine «Sicherheitsvereinbarung» ausgearbeitet. Sie enthält einen «Fehlerkatalog» und einen «Verhaltenskatalog». Bei Beschränkung auf bestimmte Fehler kann der Sicherheitsgrad «1» erreicht werden. Trotzdem kann es zu einem Ausfall mit nachfolgender Katastrophe kommen, weil nicht alle Fehler vorhersehbar sind oder aus wirtschaftlichen Gründen nicht in Betracht gezogen werden können (z. B. völliger Schutz vor Erdbeben). Totale Sicherheit kann es daher nie geben. Der Ausdruck «Betriebssicherheit» bezieht sich im engeren Sinn auf die Sicherheit betrieblicher Anlagen.

Im Rahmen einer Sicherheitsvereinbarung definiert man den *Sicherheitsgrad* einer Anlage wie folgt:

$$S = 1 - \frac{g}{u + g} \qquad (6.1)$$

S = Sicherheitsgrad ... %
g = Anzahl der gefährlichen Ausfälle
u = Anzahl der ungefährlichen Ausfälle

An einem Zahlenbeispiel soll dieser Begriff veranschaulicht werden. Es seien 100 Fehler im Katalog angeführt, dann gilt bei einer Anlage A, bei der nur ein gefährlicher Fehler auftreten kann, also $g = 1$, $u = 99$:

$$S_A = 1 - \frac{1}{99 + 1} \mathrel{\hat{=}} 99\,\%$$

Bei einer Anlage B, bei der 50 Fehler gefährlich werden können, heißt es also dann $g = u = 50$:

$$S_B = 1 - \frac{50}{50 + 50} \mathrel{\hat{=}} 50\,\%$$

Die Anlage A, die mehr Sicherheitsvorrichtungen enthält, hat den höheren Sicherheitsgrad, jedoch absolut sicher ist auch sie nicht.

Maßnahmen, die die Sicherheit erhöhen, verbessern nicht gleichzeitig die Zuverlässigkeit. Beispielsweise wird die mittlere Lebensdauer eines PKWs durch Sicherheitsgurte nicht erhöht. Eine 2-aus-3-Schaltung enthält mehr Bauelemente als das Einkomponentensystem, d.h. ihr m-Wert ist geringer, doch gibt sie Schutz vor Einfachfehlern. Umgekehrt verbessern jedoch zuverlässigkeitserhöhende Maßnahmen immer die Sicherheit. Verbesserte Stoßstangen oder Knautschzonen verbessern beim PKW die passive Sicherheit. Verbesserte Bremsen oder ein weiterentwickelter Motor können höhere aktive Sicherheit und längere Lebensdauer des Wagens zur Folge haben.

Fail-Soft-System nennt man Systeme mit einem Arbeitskanal und einem nicht in Funktion befindlichen Reservekanal (stand-by-Betrieb). Bei Ausfall des Arbeitskanales erfolgt eine weiche Übernahme durch den Reservekanal. Danach ist die Anlage nicht mehr redundant, d.h. ein weiterer Ausfall führt zum Systemausfall.

Fail-Passive-System heißen die Duplex-Systeme, d.h. die Systeme mit zwei parallel arbeitenden Arbeitskanälen oder einem Arbeitskanal und einem Überwachungskanal.

Fail-Operational-Systeme sind redundante Systeme mit einem «Voter», d.h. Systeme mit drei Arbeitskanälen und einem Entscheidungselement. Das System übersteht einen Einfachfehler bei den Eingangssignalen, jedoch keine Mehrfachfehler.

Fail-Safe-System nennt man die Konstruktion einer Einrichtung, die bei Eigenfehlern oder Fehlern in den Eingangsgrößen die Ausgangsgrößen so beeinflußt, daß diese auf der «sicheren Seite» bleiben. Bei der Bahn bedeutet dies z.B. Zugstillstand. Nicht alle Systeme sind «fail-safe» auslegbar. Werden z.B. beim Flugzeug alle Triebwerke in der Luft abgestellt, dann stürzt die Maschine ab.

6.2 2-aus-3 Systeme

Definition:

2-*aus*-3 *Systeme* sind Systeme, bei denen eine von drei Einheiten ausfallen kann, ohne daß es zum Systemausfall kommt. Sie bieten eine höhere Redundanz als aktive oder passive Redundanz, weil die Ausfallart (Leerlaufausfall oder Kurzschlußausfall) unwichtig ist. Obwohl allgemeine ϱ-aus-r Systeme denkbar und noch wirksamer sind, begnügt man sich bei Sicherheitsschaltungen aus wirtschaftlichen Gründen meist mit 2-aus-3 Systemen. Die Schaltung ist ein Entscheidungselement (voter), das bei Einfachfehlern das System als intakt meldet, bei Mehrfachfehlern aber den Systemausfall anzeigt. Flugregler in einem automatischen Flugzeuglandesystem und bestimmte Sicherheitssysteme in Kernreaktoren sind Beispiele für 2-aus-3 Schaltungen.

Bild 6.1 Fehlerbaum und Zuverlässigkeits-Blockschaltbild beim 2v3-System. *a, b, c* = redundante Elemente
d = Entscheidungselement (voter)

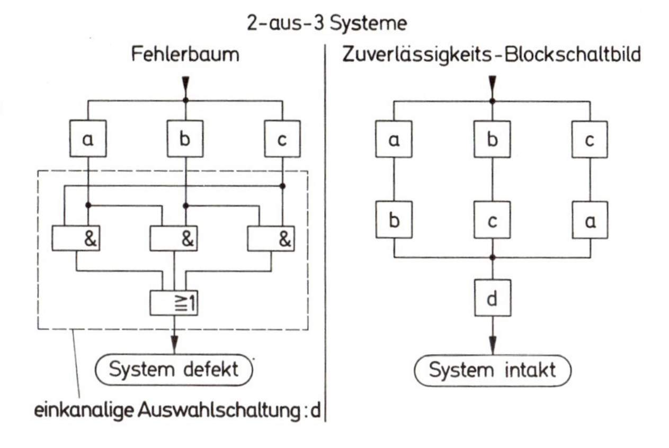

Formeln:

Bild 6.1 zeigt links den Fehlerbaum eines 2-aus-3 Systems, den man auch mit vier NAND-Gattern zeichnen könnte. Fehlerbaum nennt man die grafische Darstellung einer Fehleranalyse. Sie wird im Abschnitt 7.7 behandelt. Dabei wird ermittelt, wie aus Basisereignissen ein Systemausfall (System defekt) entstehen kann. Dagegen ist das Zuverlässigkeits-Blockschaltbild in Bild 6.1 rechts dargestellt. Hier müssen die Elemente intakt sein, damit das System intakt ist. Nach diesem Bild kann man folgende Zuverlässigkeitsfunktionen mit ihrem Komplement ansetzen:

$$R_{ab} = R_a \cdot R_b \qquad F_{ab} = 1 - R_a \cdot R_b$$
$$R_{ac} = R_a \cdot R_c \qquad F_{ac} = 1 - R_a \cdot R_c$$
$$R_{bc} = R_b \cdot R_c \qquad F_{bc} = 1 - R_b \cdot R_c$$

Mit dem Produktgesetz der Unzuverlässigkeit erhält man für die Parallelpfade:

$$F_s = (1 - R_a \cdot R_b) \cdot (1 - R_a \cdot R_c) \cdot (1 - R_b \cdot R_c) \qquad (6.2)$$

Die Systemzuverlässigkeitsfunktion R_s ist dann allgemein, dabei wird vereinfachend statt 2-aus-3 nur 2v3 geschrieben:

$$R_{2v3} = 1 - (1 - R_a \cdot R_b) \cdot (1 - R_a \cdot R_c) \cdot (1 - R_b \cdot R_c) \qquad (6.3)$$

Genügen die Systeme *a, b, c* dem BOOLEschen Zuverlässigkeitsmodell (binäre Signalverarbeitung), so wird:

$$R_a^2 = R_a \cdot R_a = R_a$$
$$R_b^2 = R_b \cdot R_b = R_b$$
$$R_c^2 = R_c \cdot R_c = R_c$$

Mittels dieser Idempotenzrelationen wird dann:

$$R_{2v3} = R_a \cdot R_b + R_a \cdot R_c + R_b \cdot R_c - 2 \cdot R_a \cdot R_b \cdot R_c \tag{6.4}$$

bei ungleichen Einheiten. Bei gleichen Einheiten ergibt sich diese Vereinfachung:

$$R_{2v3} = 3 \cdot R^2 - 2 \cdot R^3 \tag{6.5}$$

Treten im System nur Zufallsausfälle auf, d.h. bei Annahme einer e-Verteilung, dann kann man schreiben:

$$R_{2v3} = 3 \cdot e^{-2 \cdot \lambda \cdot t} - 2 \cdot e^{-3 \cdot \lambda \cdot t} \tag{6.6}$$

Das Einserkomplement ist dann:

$$F_{2v3} = 1 - (3 \cdot e^{-2 \cdot t/m} - 2 \cdot e^{-3 \cdot t/m}) \tag{6.7}$$

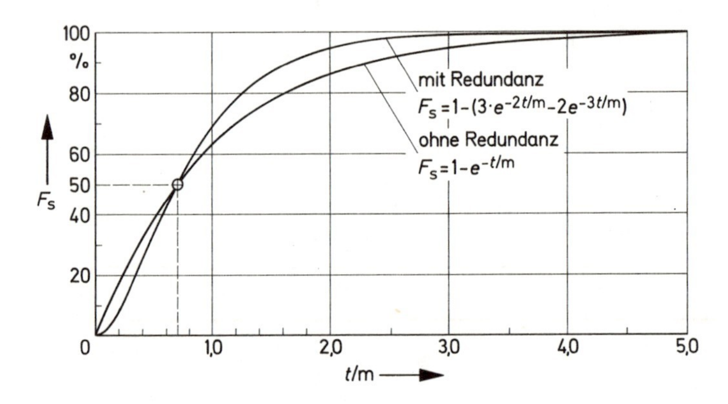

Bild 6.2 Ausfallwahrscheinlichkeit für 2v3-Systeme

Die Funktion von Gleichung (6.7) wird in Bild 6.2 im Vergleich zur Ausfallwahrscheinlichkeit eines Systems ohne Redundanz dargestellt. Man erkennt, daß nur bei Ausfallwahrscheinlichkeiten $F_s < 50\%$ das 2-aus-3 System günstiger ist als ohne Redundanz. Den System-MTTF-Wert erhält man mit Gleichung (2.15) auf folgende Weise:

$$m_{2v3} = \int_0^\infty R_{2v3} \cdot dt$$

$$m_{2v3} = \int_0^\infty (3 \cdot e^{-2 \cdot \lambda \cdot t} - 2 \cdot e^{-3 \cdot \lambda \cdot t}) \cdot dt$$

$$m_{2v3} = \left| \frac{3 \cdot e^{-2 \cdot \lambda \cdot t}}{-2 \cdot \lambda} + \frac{2 \cdot e^{-3 \cdot \lambda \cdot t}}{+3 \cdot \lambda} \right|_0^\infty$$

$$m_{2v3} = \frac{3}{2 \cdot \lambda} - \frac{2}{3 \cdot \lambda}$$

$$m_{2v3} = 0{,}833 \cdot m \qquad (6.8)$$

Der m-Wert eines 2-aus-3 Systems ist demnach geringer als bei nichtredundanten Systemen.

Diskussion:
Zusammenfassend lassen sich beim 2-aus-3 System folgende Vorteile aufzählen:

1. 2v3-Systeme können den Ausfall einer Einheit überstehen, ohne daß es zum Systemausfall kommt. Dabei ist es unerheblich, ob ein Leerlaufausfall oder Kurzschlußausfall vorliegt. Reine Parallelsysteme fallen dagegen bei einem Kurzschlußausfall aus.
2. Im Gegensatz zur passiven Redundanz ist beim 2v3-System keine Abschaltung oder Umschaltung notwendig.
3. Systeme, für die kein Fail-Safe-Verhalten angewandt werden kann (z.B. in Flugzeugen), verwenden 2v3-Schaltungen in ihren Sicherheitsvorrichtungen.
4. Da man in der Digitaltechnik sehr zuverlässige Gatter im Entscheidungselement einsetzen kann, braucht man in der Rechnung die Unzuverlässigkeit des Voters in der Regel nicht zu berücksichtigen.

Als Nachteile muß man folgende Eigenschaften ansehen:

1. Der Schaltungsaufwand ist höher als bei Zweifachredundanz oder passiver Reserve.
2. Die höhere Zuverlässigkeit gilt nur oberhalb von Systemzuverlässigkeiten von 50 %.
3. Die mittlere Lebensdauer m_{2v3} ist geringer als ohne Redundanz, jedoch höher als bei einem Seriensystem aus zwei gleichen Elementen.
4. Der MTBF-Wert des Voters muß um mehr als zwei Größenordnungen höher liegen, als der der zu überwachenden Einheiten oder Kanäle, denn es gilt:

$$R_{s\,real} = R_{s\,ideal} \cdot R_{voter} \qquad (6.9)$$

5. 2v3-Systeme fallen beim Zweifachfehler aus, d.h. zwei Fehler, die gleichzeitig entstehen. Dreifachparallel redundante Schaltungen verkraften dagegen auch Zweifachfehler, wenn es Leerlaufausfälle sind.

6.3 Allgemeine ϱ-aus-r Systeme

Definition:

Die 2-aus-3 Systeme sind ein Spezialfall, wenn auch ein wichtiger, aus der «Pyramide» der ϱ-aus-r Systeme. *ϱ-aus-r Systeme* nennt man r-kanalige Systeme mit einer Auswahlschaltung, deren Ausgang dann aktiven Signalpegel aufweist, wenn mindestens ϱ Kanäle aktiv sind, also ϱ oder $\varrho + 1 \ldots$ oder r. Ein solches System hat dann einen «*aktiven Fehler*», wenn fälschlicherweise aktives Signal gegeben wird. Dies ist der Fall, wenn mindestens ϱ Kanäle aktive Fehler haben, z.B. beim 2-aus-3 System zwei oder drei Kanäle.

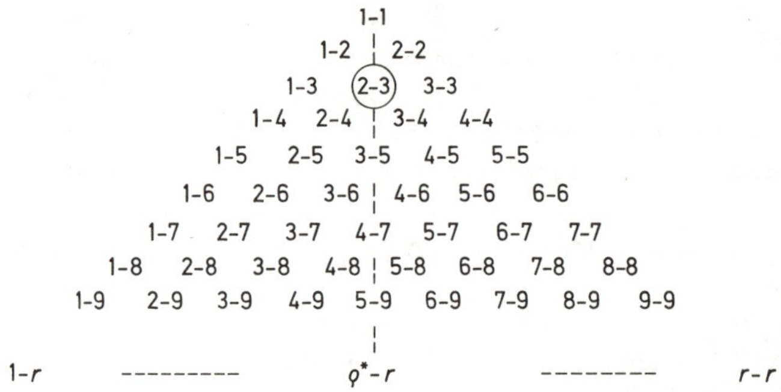

```
                                1-1
                            1-2  |  2-2
                        1-3    (2-3)    3-3
                    1-4    2-4   |  3-4    4-4
                1-5    2-5    3-5    4-5    5-5
            1-6    2-6    3-6  |  4-6    5-6    6-6
        1-7    2-7    3-7    4-7    5-7    6-7    7-7
    1-8    2-8    3-8    4-8  |  5-8    6-8    7-8    8-8
1-9    2-9    3-9    4-9    5-9    6-9    7-9    8-9    9-9
                                 |
1-r        ---------            ϱ*-r          --------        r-r
```

Bild 6.3 Pyramide der ϱ-aus-r Systeme

Die Pyramide in Bild 6.3 veranschaulicht den Aufbau der ϱ-aus-r Systeme. Links von der senkrechten Symmetrielinie sind die «passiven Fehler», rechts die «aktiven Fehler». Der ϱ^*-Wert ist der ϱ-Wert auf der Symmetrielinie, bei dem es unerheblich ist, ob passive oder aktive Fehler vorkommen.

Formeln:

In dem Beitrag von H. Schütz [46] wird das Ausfallverhalten dieser redundanten Systeme berechnet. Die Wahrscheinlichkeit für das Auftreten eines aktiven Fehlers ist danach:

$$W_{\text{akt. F.}} = W_{\varrho \mathrm{r}} + W_{(\varrho+1)\mathrm{r}} - \ldots W_{\mathrm{rr}}$$

$$W_{\text{akt. F.}} = \sum_{\nu=\varrho}^{r} \binom{r}{\nu} \cdot q^{\nu} \cdot (1-q)^{r-\nu} \tag{6.10}$$

wobei bedeuten:

$$q = 1 - \mathrm{e}^{-t/m}$$

$$\binom{r}{\nu} = \frac{r!}{(r-\nu)!\,\nu!}$$

r = Kanalzahl, Redundanzgrad

tives Signal
it für einen Kanal in aktiver Richtung
näle

'ehler», wenn es ein passives Signal abgibt. Das
äle aktives oder mehr als r-ϱ Kanäle passives
das Auftreten dieses Fehlers ist:

$$+ W_{r+2-\varrho^r} + \ldots + W_{r^r}$$

$$\binom{r}{v} \cdot q^v \cdot (1-q)^{r-v} \qquad (6.11)$$

		$W_{\text{aktiver Fehler}}$
1-aus-1	q	q
1-aus-2 2-aus-2	q^2 $2 \cdot q - q^2$	$2 \cdot q - q^2$ q^2
1-aus-3 2-aus-3 3-aus-3	q^3 $3 \cdot q^2 - 2 \cdot q^3$ $3 \cdot q - 3 \cdot q^2 + q^3$	$3 \cdot q - 3 \cdot q^2 + q^3$ $3 \cdot q^2 - 2 \cdot q^3$ q^3
1-aus-4 2-aus-4 3-aus-4 4-aus-4	q^4 $4 \cdot q^3 - 3 \cdot q^4$ $6 \cdot q^2 - 8 \cdot q^3 + 3 \cdot q^4$ $4 \cdot q - 6 \cdot q^2 + 4 \cdot q^3 - q^4$	$4 \cdot q - 6 \cdot q^2 +$ $+ 4 \cdot q^3 - q^4$ $6 \cdot q^2 - 8 \cdot q^3 + 3 \cdot q^4$ $4 \cdot q^3 - 3 \cdot q^4$ q^4
1-aus-5 2-aus-5 3-aus-5 4-aus-5 5-aus-5	q^5 $5 \cdot q^4 - 4 \cdot q^5$ $10 \cdot q^3 - 15 \cdot q^4 + 6 \cdot q^5$ $10 \cdot q^2 - 20 \cdot q^3 +$ $+ 15 \cdot q^4 - 4 \cdot q^5$ $5 \cdot q - 10 \cdot q^2 +$ $+ 10 \cdot q^3 - 5 \cdot q^4 + q^5$	$5 \cdot q - 10 \cdot q^2 +$ $+ 10 \cdot q^3 - 5 \cdot q^4 + q^5$ $10 \cdot q^2 - 20 \cdot q^3 +$ $+ 15 \cdot q^4 - 4 \cdot q^5$ $10 \cdot q^3 - 15 \cdot q^4 + 6 \cdot q^5$ $5 \cdot q^4 - 4 \cdot q^5$ q^5

Hierbei ist jetzt q die Ausfallwahrscheinlichkeit für einen Kanal in passiver Richtung.

Die Tabelle 21 enthält die Polynome der Fehlerwahrscheinlichkeiten, die man durch Anwendung der Formeln (6.10) und (6.11) findet. In der linken Spalte bedeutet q die Wahrscheinlichkeit für das Auftreten eines «passiven Fehlers», in der rechten Spalte für das Auftreten eines «aktiven Fehlers».

Aus der Tabelle geht hervor, daß bei ungeraden Kanalzahlen r sich immer ein ϱ^*-*System* finden läßt, bei dem die Polynome $W_{\text{pass. F.}}$ und $W_{\text{akt. F.}}$ identisch sind. Beispielsweise wird bei

$$r = 3: \quad \varrho^* = \frac{r+1}{2} = 2$$

$$r = 5: \quad \varrho^* = \frac{r+1}{2} = 3$$

$$r = 7: \quad \varrho^* = \frac{r+1}{2} = 4$$

Bild 6.4 zeigt den Verlauf der Systemzuverlässigkeiten für ϱ-aus-r Systeme für das Auftreten von aktiven Fehlern bis zur Kanalzahl $r = 3$. Dabei wurde $q = 1 - e^{-t/m}$ und $R_s = 1 - W_{\text{akt. F.}}$ gesetzt. Das Bild darf nicht darüber hinwegtäuschen, daß ein 3-aus-3 System bei einem Kurzschlußausfall schlechter ist als das 2-aus-3 System.

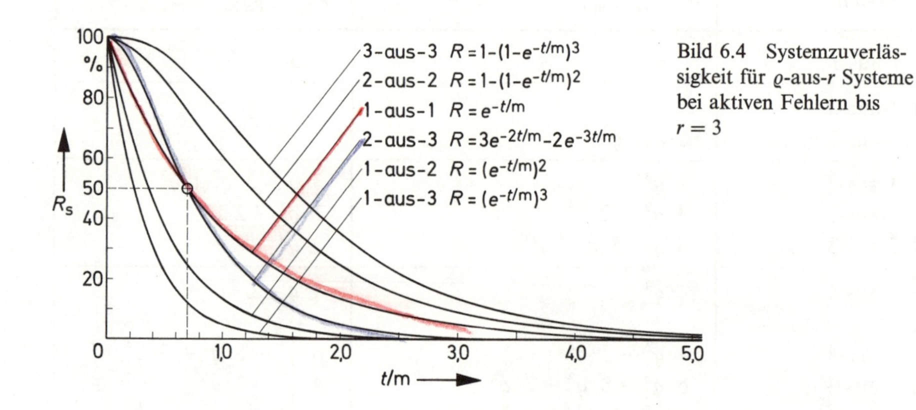

Bild 6.4 Systemzuverlässigkeit für ϱ-aus-r Systeme bei aktiven Fehlern bis $r = 3$

In der Polynom-Pyramide sind die ϱ^*-Werte von besonderem Interesse, weil die Ausfallart unwichtig ist. Es gilt hierbei:

2v3-Schaltung: Schutz vor Einfachfehlern
3v5-Schaltung: Schutz vor Zweifachfehlern
4v7-Schaltung: Schutz vor Dreifachfehlern
5v9-Schaltung: Schutz vor Vierfachfehlern

Leider wächst bei der Realisierung die Zahl der notwendigen Gatterbausteine sehr stark an. Die Anzahl berechnet sich nach folgender Formel aus der Kombinatorik:

$$k = \binom{r}{r - \varrho + 1} = \frac{r!}{(r - \varrho + 1)!\,(\varrho - 1)!} \qquad (6.12)$$

r = Zahl der Kanäle, Systeme
ϱ = Zahl der intakten Systeme
k = Zahl der Kombinationsmöglichkeiten für ϱ-aus-r Systeme mit Gatterlogik

Tabelle 22:

	r	ϱ	k
1–1	1	1	1
2–3	3	2	3
3–5	5	3	10
4–7	7	4	35
5–9	9	5	126 usw.

Rechnet man nach dieser Formel, dann erhält man die Werte von Tabelle 22. Dies ist der Grund, weswegen 3-aus-5 Systeme, 4-aus-7 Systeme usw. zweckmäßiger in sequentieller Logik als mit Gatterlogik aufgebaut werden. Bild 6.5 ist daher nur von theoretischem Interesse. Es zeigt den Verlauf der 2v3-Systeme, 3v5-Systeme und 4v7-Systeme im Vergleich zum nicht redundanten System.

Wie stark die mittlere Lebensdauer bei diesen redundanten Systemen absinkt, zeigt die Tabelle 23. Man vergleiche dazu die Funktionen in Bild 6.4.

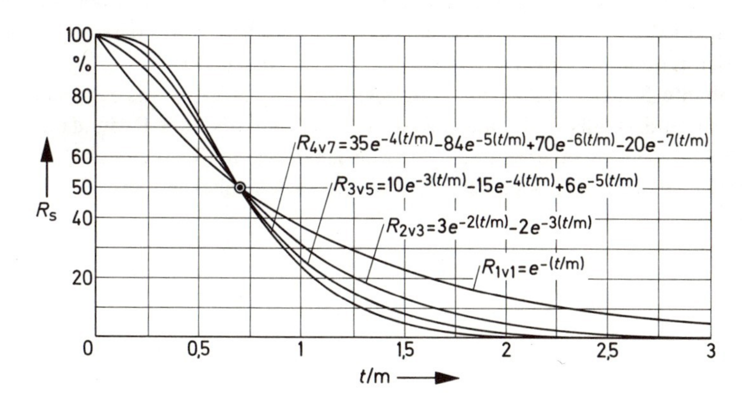

Bild 6.5 Systemzuverlässigkeit von ϱ^*-Systemen

Tabelle 23:

$m_{\varrho\text{-aus-r}}$	passiver Fehler	aktiver Fehler
$m_{1\text{-aus-1}}$	1	1
$m_{1\text{-aus-2}}$	1,5	0,5
$m_{2\text{-aus-2}}$	0,5	1,5
$m_{1\text{-aus-3}}$	1,83	0,33
$m_{2\text{-aus-3}}$	0,83 ←	→ 0,83
$m_{3\text{-aus-3}}$	0,33	1,83

Diskussion:

Die mathematische Analyse der ϱ-aus-r Systeme mittels der Binomial-Verteilung erlaubt folgende Schlußfolgerungen:

1. Nur die ϱ^*-Systeme haben den Vorteil, daß aktive und passive Fehler die gleiche Ausfallwahrscheinlichkeit aufweisen, d.h. die Ausfallart unerheblich ist.

2. Es bieten Schutz vor

Einfachfehler:	2-aus-3 Systeme
Zweifachfehler:	3-aus-5 Systeme
Dreifachfehler:	4-aus-7 Systeme

3. Der MTTFF-Wert wird bei den ϱ^*-Systemen schlechter als ohne Redundanz:

$$m_{2v3} = 0{,}83 \cdot m$$

$$m_{3v5} = 0{,}78 \cdot m \qquad (6.13)^*$$

$$m_{4v7} = 0{,}76 \cdot m \qquad (6.14)^*$$

4. Bei rein parallel redundanten Systemen mit $r = 2, 3, 4, 5$ steigt zwar der MTTFF-Wert bezüglich «aktiver Fehler», gleichzeitig sinkt er aber bezüglich «passiver Fehler». Bei rein seriell redundant aufgebauten Systemen ist es umgekehrt.

5. Redundante Systeme haben nur Vorteile, wenn $R_s > 50\,\%$, was regelmäßig zu überprüfen ist, andernfalls sind 2-aus-3 Systeme schlechter als ohne Redundanz.

6. Die Fehlerwahrscheinlichkeit der Auswahlschaltung muß mindestens um zwei Größenordnungen niedriger sein, als die Ausfallwahrscheinlichkeit pro Kanal bzw. System ist.

6.4 2-aus-3 Sicherheitsschaltungen

Im Abschnitt 6.2 wurde die Theorie der 2v3-Sicherheitsschaltungen dargelegt. In diesem Abschnitt folgen einige Hinweise zur technischen Realisierung. Das Bild 6.6 zeigt, wie man in der Digitaltechnik 2v3-Schaltungen sowohl mit NAND-Gattern als auch mit UND/ODER-Gattern realisieren kann. Im ersteren Fall benötigt man nur eine Sorte Gatter. A, B, C sind die ankommenden Kanäle, von denen einer ausfallen darf, bzw. die drei parallel geschalteten Einheiten, von denen eine ausfallen darf, ohne daß es zum Systemausfall kommt.

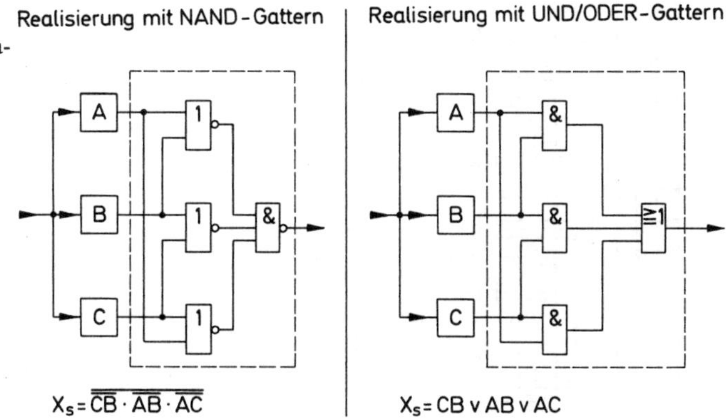

Bild 6.6 2-aus-3 Sicherheitsschaltungen bei digitaler Signalverarbeitung

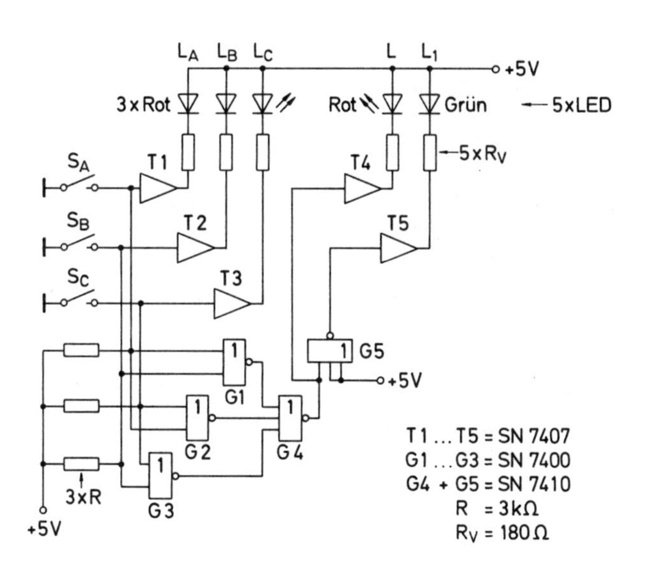

Bild 6.7 2-aus-3 Modellschaltung für digitale Signale

J. Wittje erprobte im Rahmen seiner Graduierungsarbeit im Febr. 1977 einige Sicherheitsschaltungen. Bild 6.7 zeigt die Schaltung des Modells mit 3 Schaltern und 3 Rot-LEDs am Eingang und je einer Rot/Grün-LED zur Intakt-/Defektanzeige.

Will man sich mittels einer Sicherheitsschaltung vor Mehrfachfehlern schützen, beispielsweise vor Dreifachfehlern, so steigt der Aufwand in reiner *Durchgangslogik* stark an, wie im Abschnitt 6.3 gezeigt wurde. Gleichzeitig sinkt die Systemzuverlässigkeit. Das veranschaulicht die Prinzipskizze einer 5v7-Schaltung in Bild 6.8.

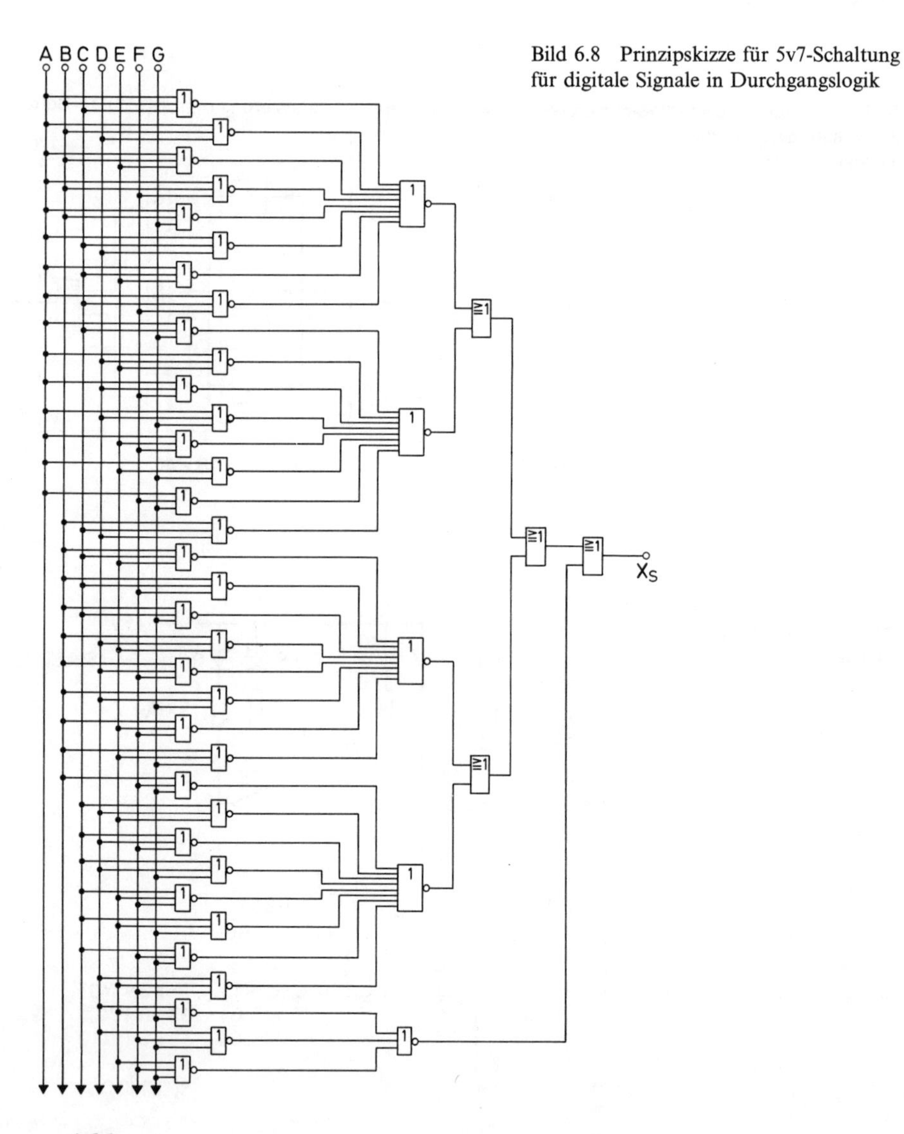

Bild 6.8 Prinzipskizze für 5v7-Schaltung für digitale Signale in Durchgangslogik

Bild 6.9 Prinzipskizze einer ϱ-aus-r-Erkennung mit sequentieller Logik

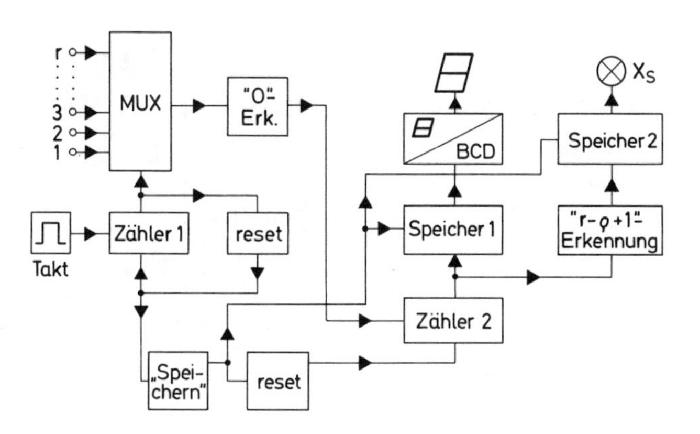

Entwirft man die Sicherheitsschaltung in der *sequentiellen Logik*, so ergibt sich der Vorteil, daß sie sich auf höhere ϱ-aus-r Systeme erweitern läßt, und der Aufwand nicht mehr so stark ansteigt. Das nachstehende Bild 6.9 zeigt die Prinzipschaltung einer ϱ-aus-r Schaltung mit sequentieller Abfrage. Ein vom Taktgenerator T und dem Zähler 1 gesteuerter Multiplexer «Mux» fragt nacheinander die Eingänge $1 \ldots r$ ab. Sobald diese einen 0-Zustand (Fehler) aufweisen, gibt die Schaltung «0»-Erkennung Impulse ab, die im Zähler 2 registriert werden. Die «r-$\varrho+1$»-Erkennung spricht an, sobald die Anzahl der ausgefallenen Eingangsgrößen einen vorgewählten Wert erreicht. Bei einem 5v7-System ist dies $r-\varrho+1 = 7-5+1 = 3$. Hat der Multiplexer die Adresse r erreicht, so springt er auf «1» zurück. Dies läßt sich durch Rücksetzen von Zähler 1 erreichen. Die dazu benötigte Rücksetzlogik muß also die Bedingung «reset bei r» erfüllen. Bevor ein neuer Abfragezyklus beginnt, werden die erhaltenen Ergebnisse in den Speichern 1 und 2 festgehalten und zur Anzeige gebracht. Eine LED gibt an, ob ein Systemausfall vorliegt. Mit einer Sieben-Segment-Anzeige läßt sich feststellen, welche der Variablen $1 \ldots r$ ausgefallen ist. Ist der Speicherbefehl erfolgt, wird der Zähler 2 zurückgesetzt, um mit dem nächsten Zyklus nicht wieder hochgezählt zu werden. Die Speicher sind für eine flackerfreie Anzeige erforderlich. Die LEDs brennen auf diese Weise mit gleichbleibender Helligkeit.

Eine 2-aus-3 Schaltung ist auch bei analoger Signalverarbeitung möglich. Stahl, Waldmann und Weibelzahl berichten in [47] darüber. Das Bild 6.10 zeigt den dazu erforderlichen Mittelwertbildner. Im ungestörten Betrieb sind d_1, d_2, d_3 geschlossen, und am Knotenpunkt der drei gleichen Widerstände ist der Mittelwert der Eingangsspannungen wirksam. Der Verstärker überträgt 1:1. Rechts im Überwachungsteil werden die drei Eingangsspannungen paarweise über Differenzbildner mit nachgeschalteten Grenzwertmeldern verglichen. Weicht infolge eines Fehlers e_1 wesentlich von e_2 ab, dann sprechen der obere und der untere Grenzwertmelder an, der mittlere nicht. Diese Kombination führt über die folgende Logik zum Öffnen von d_1.

Wie man sieht, wird bei analogen Signalen eine 2v3-Schaltung aufwendiger. Um diesen Mehraufwand in Erfahrung zu bringen, wurde entsprechend dem Blockschaltbild in Bild 6.11 eine Modellschaltung aufgebaut. Es bedeuten darin:

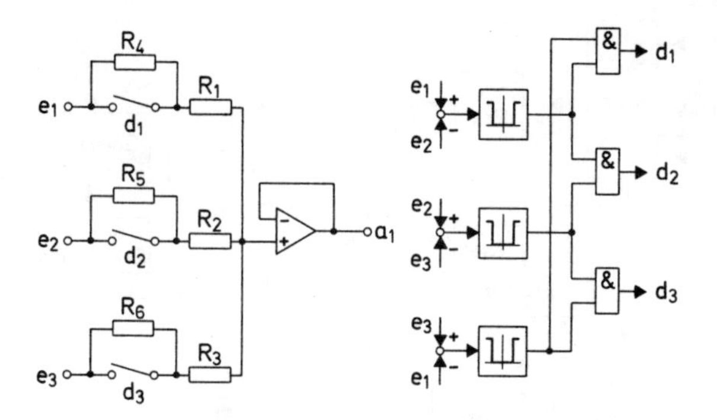

Bild 6.10 2-aus-3 Sicherheitsschaltung mit analoger Signalverarbeitung

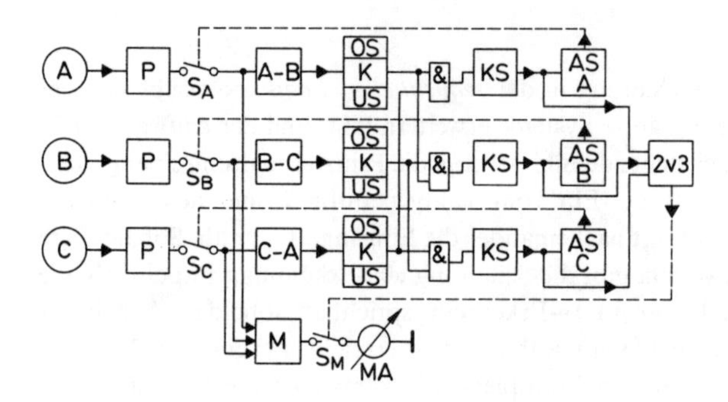

Bild 6.11 Prinzipskizze einer 2-aus-3 Modellschaltung mit analoger Signalverarbeitung

Stufenerkennung	*Funktion*
A, B, C,.	Analogwertbildung für die Kanäle A, B, C
P.	Pufferstufe (Impedanzwandler)
A–B, usw.. . . .	Differenzbildung A–B usw.
OS.	Oberer Schwellwert, mit Potentiometer einstellbar
US	Unterer Schwellwert, mit Potentiometer einstellbar
K	Komparator, Vergleich D mit OS und US
KS	Kippstufe
AS.	Abschaltstufe mit Relais
M und MA. . .	Mittelwertbildung und Anzeige (MA)

Der Materialpreis des Modells nach Bild 6.7 betrug ca. 10,— DM, ein Modell nach Bild 6.9 für eine 4v7-Schaltung kostete um den Faktor 5 mehr (Schutz vor Dreifachfehlern), und das Modell nach Bild 6.11 kostete etwa 20 mal mehr, einschließlich der Abschaltung der gestörten Kanäle, gegenüber einer 2v3-Schaltung mit digitaler Signalverarbeitung.

Heute kombiniert man die Sicherheitsschaltungen, die auf der *Mehrheitslogik* basieren, mehr und mehr mit verbesserten Abschalttechniken. Nachstehendes Bild 6.12 befindet sich in dem Beitrag von Schneider [48]. Links ist die einfache Abschaltung gezeichnet, wobei bedeuten:

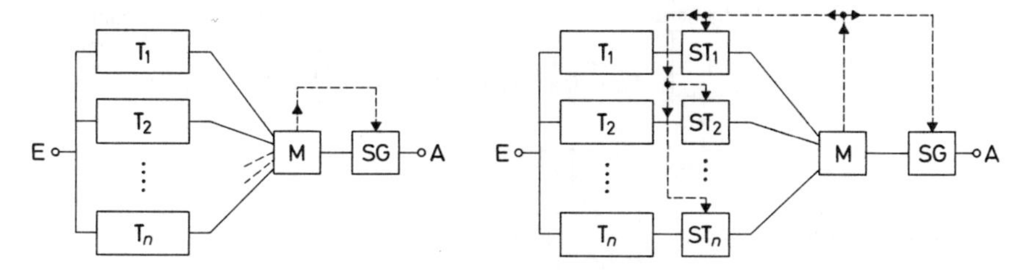

Bild 6.12 Prinzipschaltung für einfache und adaptive Mehrheitslogik mit Abschaltung

$T_1, T_2, T_3 \ldots$ = Teilsysteme
M = Mehrheitsentscheider (voter)
SG = Schalter zur «sicheren Seite»
ST_1 = zusätzlicher Schalter für T_1

Besser ist die rechts im Bild dargestellte *adaptive Mehrheitslogik*. Der Vorteil liegt hierbei darin, daß defekte Systeme vor dem Systemausfall erkannt und abgeschaltet werden können. Sie können während der Betriebszeit der anderen Systeme repariert werden. Die Reparatur dient zur Erhöhung der Systemzuverlässigkeit. Man erhält gleichzeitig hohe Sicherheit und hohe Zuverlässigkeit im System. Bei einfacher Mehrheitslogik wird – wie im Abschnitt 6.2 dargelegt wurde – der System-MTTFF-Wert geringer.

6.5 Automatische Fehlerdiagnose in Schaltkreisen

Definition:
Automatische Fehlerdiagnose heißt, daß sich defekte Baugruppen nach dem Ausfall sofort optisch (akustisch) selbst anzeigen und so eine rasche Reparatur ermöglichen. Sie ist speziell dort angebracht, wo signaltechnische Sicherheit gefordert wird. Hierbei wird im Fall eines Defektes so gesteuert, daß keine Gefahr für Mensch und Maschine entsteht, und das System in den Stillstand (Betriebshemmung) geführt wird. Schaltungen dieser Art sollen gleichzeitig störsicher, zerstörsicher, extrem zuverlässig und im hohen Maße verfügbar sein. Dies wird erreicht durch eine dauernde und vollständige Funktionskontrolle und Blockieren der Steuerungsausgänge beim Erkennen einer Fehlfunktion.

URTL-System:
Als Beispiel diene das *URTL-Schaltkreissystem* U1, das die Firma Siemens für die Eisenbahnsignaltechnik entwickelt hat (= *ü*berwachbare Widerstands-(*r*esistor)-*T*ransistor-*L*ogik). Hierbei ist die Steuerung zweikanalig aufgebaut, vgl. [49]. Bild 6.13 zeigt, wie ein nach dem URTL-System aufgebautes Schaltwerk aus einer Reihe Zwillingsbausteinen besteht, die immer zwei gleiche Funktionseinheiten enthalten. Die beiden Ausgangssignale jedes Zwillingsbausteines werden von einem Überwachungsglied

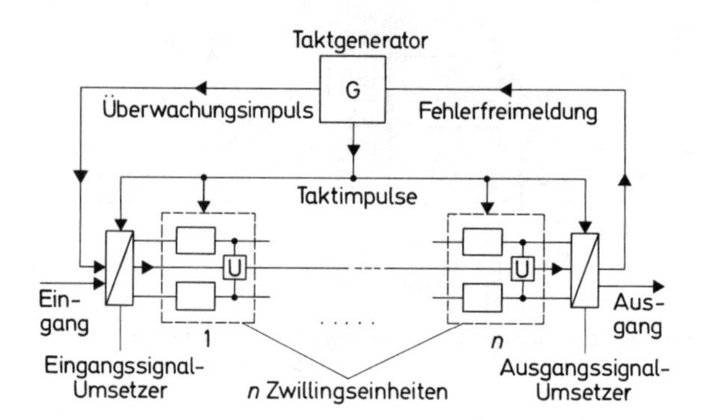

Bild 6.13 URTL-Schaltkreissystem U 1 der Siemens AG mit automatischer Fehlerdiagnose

miteinander verglichen und die Vergleichsergebnisse einem Taktgenerator zugeführt. Dieser Generator hat die Eigenschaft, die zur eigentlichen Datenverarbeitung im Schaltwerk benötigten Taktimpulse nur dann auszusenden, wenn alle Vergleichsergebnisse positiv sind. Fällt auch nur ein Vergleich negativ aus, gibt der Taktgenerator keine Impulse mehr aus und unterbricht die Weiterverarbeitung. Mittels einer Positiv-Negativ-Logik werden alle URTL-Bausteine dauernd in beiden Schaltzuständen beansprucht. Dadurch macht sich jeder Defekt unmittelbar nach seinem Entstehen bemerkbar. Das Schaltwerk verharrt dann. Durch eine Leuchtdiode wird der Fehler lokalisiert.

Einige Kenndaten zum System:
Einbausystem ES 902
Arbeitstemperaturbereich $-25 \cdots +85\,°C$
Taktfrequenz 120 kHz
Spannungsversorgung $+12\,V/-12\,V$
sehr hohe sichere Betriebsdauer
dynamische Betriebsweise
30 Bausteine pro Logikflachbaugruppe
Positiv-Logik bei geradem Takt
Negativ-Logik bei ungeradem Takt

7 Zuverlässigkeits-Analyse

7.1 Einsatzbedingungen

Bedeutung:
Der Ingenieur, der die Zuverlässigkeit einer Schaltung, eines Gerätes oder einer Anlage rechnerisch abschätzen soll, muß sich erst einmal über die zukünftigen Einsatzbedingungen klar werden. Die Ermittlung des *Einsatzprofiles* ist aus drei Gründen wichtig:

1. Für die *Zuverlässigkeitsberechnung*, die die Größen Überlebenswahrscheinlichkeit, Ausfalldichte und die Ausfallrate mit den statistischen Maßzahlen der mittleren Lebensdauer und deren Standardabweichung in Erfahrung bringen soll, muß man die Parameter z.B. für das Derating-Modell kennen.

2. Eine wichtige Betrachtung ist auch die *Toleranzanalyse*, die neuerdings mehr und mehr per Rechnerprogramm nach der Monte-Carlo-Methode durchgeführt wird. Auch hierfür muß man die Einsatzparameter kennen.

3. Für eine *Fehlerbaum-Analyse*, die dazu dient die Schwachstellen herauszufinden, muß man die Haupteinflußparameter kennen. Diese Analyse kann theoretisch am Schreibtisch in Form eines Fehlerbaumes durchgeführt werden oder experimentell in einem Umwelterprobungslaboratorium.

Ziel der Zuverlässigkeits-Analyse ist es, kostenoptimal zu entwerfen, d.h. in gleicher Weise Überdimensionieren als auch ein Unterdimensionieren zu vermeiden.

Fragenkatalog:
Nachstehend werden einige Fragen zitiert, die in einem kleinen Handbuch der Zuverlässigkeit der Fa. SEL nachzulesen sind:

1. Welche Zuverlässigkeit erwartet der Kunde?
2. Welche Forderungen gibt es bezüglich der Verfügbarkeit?
3. Welche Vorstellungen hat der Kunde von der Wartbarkeit?
4. Wie lang ist die vorgesehene Einsatzzeit?
5. Wird das Gerät kontinuierlich oder intermittierend benutzt; im letzteren Fall in wieviel Prozent der Gesamtzeit?
6. Wie lange darf eine Reparatur dauern?
7. Welche elektrischen Einwirkungen sind zu erwarten (Spannungsschwankungen, Störungen usw.)?
8. Wie schwanken Temperatur, Feuchtigkeit und Druck der Umwelt, in der das Gerät aufgestellt wird?
9. Ist das Gerät auch Regen, Schnee oder Sonnenbestrahlung ausgesetzt?

10. Wie ist die Art und der Grad der Luftverschmutzung (Sand, Staub, Abgase, Salzwasseratmosphäre, Strahlung usw.)?

11. Ist das Gerät beweglich oder fest (Stöße, Erschütterungen, Beschleunigungen usw)?

12. Wie wird es transportiert (unverpackt, verpackt, durch LKW, Flugzeug, Schiff)?

13. Unter welchen Umgebungsbedingungen wird es möglicherweise gelagert?

Mögliche Überbelastungen können elektrischer, thermischer, mechanischer oder chemischer Natur sein.

7.2 Worst-Case-Methode

Definition:
Die *Worst-Case-Methode* ist ein Verfahren, das den schlimmsten Fall, der durch Parameterstreuung in einer Schaltung eintreten kann, annimmt. Man nennt sie auch die Eckwertmethode. Es werden hierbei die am weitesten vom Sollwert abliegenden Werte derart kombiniert, daß sich die größte Abweichung von der Zielgröße ergibt. Je weniger Einflußgrößen wirksam sind, desto wahrscheinlicher ist das Eintreffen des ungünstigsten Falles. Je mehr Parameter einwirken, umso höher ist die Wahrscheinlichkeit, daß sich die Abweichungen kompensieren.

Verfahren:
Von den verschiedensten Methoden der Toleranzanalyse ist das Eckwertverfahren das mathematisch einfachste. Man geht von einer Übertragungsfunktion aus, die die Einflußgrößen und die Zielgröße verknüpft:

$$z = f(x_1, x_2, x_3, \cdots, x_n)$$

$$z = \text{Zielgröße}$$

$$x_i = \text{Einflußgrößen}$$

Unter der Annahme, daß die Einflußgrößen unabhängig voneinander wirken und keine nichtlinearen Abhängigkeiten vorliegen, kann man die Zielgrößenabweichung Δz vom Sollwert z für kleine Abweichungen der einzelnen Einflußgrößen wie folgt formulieren:

$$\Delta z = \frac{\delta z}{\delta x_1} \cdot \Delta x_1 + \frac{\delta z}{\delta x_2} \cdot \Delta x_2 + \cdots \frac{\delta z}{\delta x_n} \cdot \Delta x_n$$

$$\Delta z = \sum_{i=1}^{n} \frac{\delta z}{\delta x_i} \cdot \Delta x_i \quad \text{wobei} \quad \Delta x_i = x_i - x_{i\,\text{nenn}}$$

Dies ist die Taylor-Reihenentwicklung, wobei nach der 1. Ableitung abgebrochen wird. Bei monotonem Verhalten von Δx_i kann man schreiben:

$$\frac{\delta z}{\delta x} = \frac{\Delta z}{\Delta x}$$

Man ersetzt also die Ableitung durch den Differenzenquotienten. Die Größtabweichung wird dann:

$$\Delta z_i = z(x_{i\,max}) - z(x_{i\,min})$$
$$\Delta x_i = x_{i\,max} - x_{i\,min}$$

Die Differenzenquotienten, die man auch *Einflußfaktoren* nennt, lauten damit allgemein:

$$Q_i = \frac{z(x_{i\,max}) - z(x_{i\,min})}{x_{i\,max} - x_{i\,min}} \tag{7.1}$$

Die maximalen Abweichungen nach dem Worst-Case-Verfahren bestimmen sich dann wie folgt:

$$\Delta z = Q_1 \cdot \Delta x_1 + Q_2 \cdot \Delta x_2 + \cdots + Q_n \cdot \Delta x_n \tag{7.2}$$

Δz ist die Maximalabweichung von der Zielgröße. Die Abweichungen liegen im allgemeinen nicht symmetrisch zur Sollgröße.

Für alle Bauelemente der Schaltung muß man die Einflußfaktoren berechnen. Um die beiden Eckwerte für die Zielgröße zu erhalten, sind die Extremwerte zu kombinieren, die sich in ihrem Einfluß auf die Zielgröße unterstützen. Um den größten Wert für die Zielgröße zu erhalten, setzt man alle Bauelemente, deren Q-Wert positiv ist, mit ihrem Maximalwert, und alle, die einen negativen Q-Wert haben, mit ihrem Minimalwert ein. Die entgegengesetzten Werte ergeben dann die Eckwerte.

Die Zielgrößenabweichung Δz kann sich aus den Abweichungen Δx_1 und Δx_2 ergeben, d.h. Größen, die in die gleiche Richtung wirken. Sie kann sich aber auch aus orthogonal wirkenden Einflußgrößen ergeben, wie Bild 7.1. veranschaulichen soll.

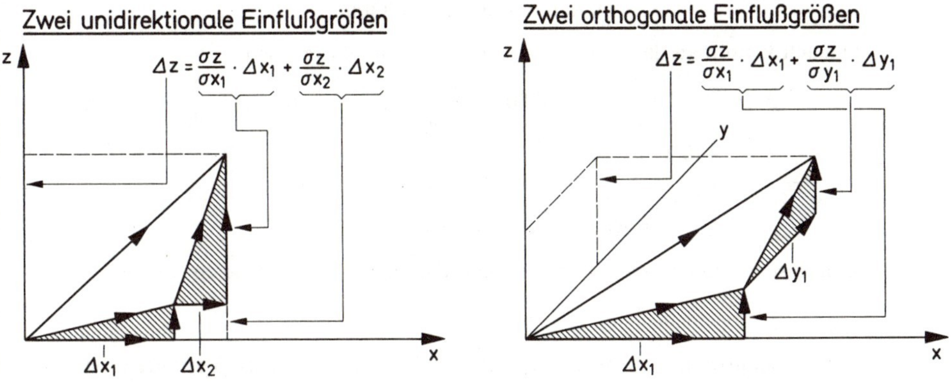

Zwei unidirektionale Einflußgrößen

$\Delta z = \frac{\sigma z}{\sigma x_1} \cdot \Delta x_1 + \frac{\sigma z}{\sigma x_2} \cdot \Delta x_2$

Zwei orthogonale Einflußgrößen

$\Delta z = \frac{\sigma z}{\sigma x_1} \cdot \Delta x_1 + \frac{\sigma z}{\sigma y_1} \cdot \Delta y_1$

Bild 7.1 Vektordarstellung einer Zielgröße bei zwei
a: unidirektionalen Vektoren
b: orthogonalen Vektoren

Beispiel:
Betrachtet man einen einfachen Spannungsteiler mit R_1 und R_2, an dem die Spannung U_0 liegt, vgl. Buch Dombrowski [8], dann sei U_1 die Zielgröße. Es gelten die Werte:

$$U_0 = (10 \pm 2)\,\mathrm{V}$$
$$R_1 = (100 \pm 20)\,\mathrm{Ohm}$$
$$R_2 = (10 \pm 2)\,\mathrm{Ohm}$$

Dann ergibt eine grobe Abschätzung der oberen und unteren Schranke:

$$U_{1\,\mathrm{min}} = U_{0\,\mathrm{min}} \cdot \frac{R_{2\,\mathrm{min}}}{R_{1\,\mathrm{max}} + R_{2\,\mathrm{min}}} = 8\,\mathrm{V} \cdot \frac{8\ \mathrm{Ohm}}{(120 + 8)\ \mathrm{Ohm}} = 0{,}5\,\mathrm{V}$$

$$U_{1\,\mathrm{nenn}} = U_{0\,\mathrm{nenn}} \cdot \frac{R_{2\,\mathrm{nenn}}}{R_{1\,\mathrm{nenn}} + R_{2\,\mathrm{nenn}}} = 10\,\mathrm{V} \cdot \frac{10\ \mathrm{Ohm}}{(100 + 10)\ \mathrm{Ohm}} = 0{,}91\,\mathrm{V}$$

$$U_{1\,\mathrm{max}} = U_{0\,\mathrm{max}} \cdot \frac{R_{2\,\mathrm{max}}}{R_{1\,\mathrm{min}} + R_{2\,\mathrm{max}}} = 12\,\mathrm{V} \cdot \frac{12\ \mathrm{Ohm}}{(80 + 12)\ \mathrm{Ohm}} = 1{,}57\,\mathrm{V}$$

Hierbei werden jedoch die drei Einflußgrößen U_0, R_1, R_2 nicht getrennt betrachtet. Beim Worst-Case-Design werden die Einflußgrößen getrennt gesehen. Man berechnet erst die drei Einflußfaktoren wie folgt:

$$z(U_{0\mathrm{max}}) = 12\,\mathrm{V} \cdot \frac{10\ \mathrm{Ohm}}{(100 + 10)\,\mathrm{Ohm}} = 1{,}09\,\mathrm{V}$$

$$z(U_{0\mathrm{min}}) = 8\,\mathrm{V} \cdot \frac{10\ \mathrm{Ohm}}{(100 + 10)\,\mathrm{Ohm}} = 0{,}73\,\mathrm{V}$$

$$Q(U_0) = \frac{(1{,}09 - 0{,}73)\,\mathrm{V}}{(12 - 8)\,\mathrm{V}} = 0{,}09\ \frac{\mathrm{V}}{\mathrm{V}} \quad \text{ebenso:}$$

$$Q(R_1) = -\,0{,}0085\,\mathrm{V/Ohm}$$
$$Q(R_2) = +\,0{,}08267\,\mathrm{V/Ohm}$$

Danach kann man dann die Maximalabweichung ausrechnen:

$$\Delta z = +\,0{,}09\frac{\mathrm{V}}{\mathrm{V}} \cdot 4\,\mathrm{V} - 0{,}0085\frac{\mathrm{V}}{\mathrm{Ohm}} \cdot 40\,\mathrm{Ohm} + 0{,}08267\frac{\mathrm{V}}{\mathrm{Ohm}} \cdot 4\,\mathrm{Ohm}$$

$$\Delta z = +\,0{,}35\,\mathrm{V}$$

$$U_{1\mathrm{min}} = U_{1\mathrm{nenn}} - \Delta z = 0{,}91\,\mathrm{V} - 0{,}35\,\mathrm{V} = +\,0{,}56\,\mathrm{V}$$

$$U_{1\mathrm{max}} = U_{1\mathrm{nenn}} + \Delta z = 0{,}91\,\mathrm{V} + 0{,}35\,\mathrm{V} = +\,1{,}26\,\mathrm{V}$$

Wie man sieht, differieren die unteren und die oberen Grenzwerte ein wenig.

Bewertung:
Der Rechenaufwand ist beim Eckwertverfahren gering. Das Verfahren ist aber kostenintensiv, weil sich hierbei enge Toleranzen für die Bauelemente ergeben. Ferner liefert das Verfahren keine Aussage über die Zielgrößenverteilung. Man hat jedoch die 100%ige Gewißheit, daß die Zielgrößen in dem Streubereich liegen.

7.3 Differenzen-Quotienten-Verfahren

Definition:
Das *Differenzen-Quotienten-Verfahren* liefert nicht nur eine Aussage über die Eckwerte der Verteilungsfunktion, sondern auch über deren Streuung. Es beruht auf dem Fehlerfortpflanzungsgesetz. Bei symmetrischer Zielgrößenverteilung gestaltet sich das Differenzen-Quotienten-Verfahren einfach. Bei unsymmetrischer Zielgrößenverteilung muß es zweimal angewendet werden (für jeden Streubereich extra).

Verfahren:
Das *Fehlerfortpflanzungsgesetz* lautet: Kann ein Beobachtungsfehler ε aus n voneinander unabhängigen Einzelfehlern $\varepsilon_1, \varepsilon_2, \cdots \varepsilon_n$ mit den Standardabweichungen $\sigma_1, \sigma_2, \cdots \sigma_n$ in Linearform dargestellt werden:

$$\varepsilon = c_1 \cdot \varepsilon_1 + c_2 \cdot \varepsilon_2 + \cdots + c_n \cdot \varepsilon_n,$$

dann gilt für die Streuung σ^2 von ε:

$$\sigma^2 = c_1^2 \cdot \sigma_1^2 + c_2^2 \cdot \sigma_2^2 + \cdots + c_n^2 \cdot \sigma_n^2$$

$$\sigma^2 = \sum_{i=1}^{n} c_i^2 \cdot \sigma_i^2$$

Angewandt auf das vorliegende Problem gilt für die symmetrische Zielgrößenverteilung

$$\sigma_z^2 = \sum_{i=1}^{n} Q_i^2 \cdot \sigma_i^2 \tag{7.3}$$

σ_z = Standardabweichung der Zielgröße
Q_i = Einflußfaktoren
σ_i = Standardabweichung der einzelnen Elemente

Die σ_i-Werte berechnen sich aus den Toleranzen der Bauelemente. Um sicher zu gehen, rechnet man zweimal mit den beiden Extremfällen der Verteilungen. Bei der Gleichverteilung ist der Toleranzbereich Δ_i:

$$\Delta_i = \sqrt{3} \cdot \sigma_i \tag{7.4}$$

Bei der Normalverteilung ist der Toleranzbereich:

$$\Delta_i = 3 \cdot \sigma_i \tag{7.5}$$

Die Einflußfaktoren Q_i werden wie bei der Worst-Case-Methode nach der Gleichung (7.1) berechnet.

Bei unsymmetrischen Zielgrößenverteilungen muß eine Aufteilung in den Bereich oberhalb des Nennwertes der Zielgröße und in den Bereich unterhalb des Nennwertes der Zielgröße vorgenommen werden. Die Rechnung liefert dann folgende Werte:

Q_{io} = Einflußfaktoren für den oberen Toleranzbereich
Q_{iu} = Einflußfaktoren für den unteren Toleranzbereich
σ_{zo} = Standardabweichung der Zielgröße im oberen Toleranzbereich
σ_{zu} = Standardabweichung der Zielgröße im unteren Toleranzbereich

Da die Verteilung unsymmetrisch ist, gilt dies auch für die errechneten Werte, also

$$Q_{io} \neq Q_{iu} \quad \text{und} \quad \sigma_{zo} \neq \sigma_{zu}$$

Die Verschiebung des Verteilungsmaximus vom Mittelwert der Verteilung bleibt unberücksichtigt.

Beispiel:
Für den Spannungsverteiler vom Abschnitt 7.2 erhält man

$$\sigma_{zo} = 0{,}106\,\text{V} \quad \text{und} \quad \sigma_{zu} = 0{,}097\,\text{V}$$

Bei normalverteilten Parameterschwankungen folgt für den $3 \cdot \sigma$-Punkt:

$$U_{1\,\text{min}} = 0{,}619\,\text{V} \quad \text{und} \quad U_{1\,\text{max}} = 1{,}228\,\text{V}$$

Der errechnete Schwankungsbereich ist demnach noch enger als nach der Worst-Case-Betrachtung.

Bewertung:
Das D-Q-Verfahren liefert nicht nur die Eckwerte, sondern auch die Streuungen der Zielgröße. Da keine Kenntnis über die Verteilung im Toleranzbereich vorliegt, rechnet man mit Streubreiten bei einer Gleichverteilung oder einer Normalverteilung oder beiden. Der Rechenaufwand ist geringer als beim Monte-Carlo-Verfahren, die Rechenabweichung beträgt jedoch nur einige Prozent. Da die angegebene Bauelementetoleranz ähnlich ungenau ist, reicht das D-Q-Verfahren für die Praxis aus.

7.4 Monte-Carlo-Methode

Definition:
Das *Monte-Carlo-Verfahren* ist ein statistisches Verfahren der Toleranzanalyse, das nach dem Spielprinzip arbeitet. Es werden *Zufallszahlen* aus den Toleranzbereichen der Bauelementeparameter in die Übertragungsfunktion eingesetzt. Voraussetzung ist, daß die Zufallszahlen nicht korreliert sind. Das Verfahren liefert den Erwartungswert der Zielgröße (Mittelwert), die Standardabweichung, die Schiefe und den Ausdruck der tatsächlichen Verteilung der Zielgröße. Das Ergebnis wird umso genauer, je größer die Zahl der Rechendurchläufe (> 1000) ist. Man muß zur Berechnung ein Rechnerprogramm erstellen.

Verfahren:
Zunächst setzt man in die Übertragungsfunktion die Toleranzen der Parameter ein. Dann berechnet man die Zufallswerte für den Toleranzbereich. Als Zufallsgenerator dient z. B. das in der Zahlentheorie begründete Verfahren nach Ahrens. Es gibt aber auch Tabellen, aus denen die Zufallszahlen entnommen werden können. Im leichtesten Verfahren läßt man den Rechner die Zufallszahlen selbst generieren. Man wählt gleichverteilte Zufallszahlen im Toleranzbereich. Dies geschieht deshalb, weil das damit erzielte Rechenergebnis als realistisch angesehen werden kann. Es liegt dann zwischen dem pessimistischen Ergebnis nach der Worst-Case-Methode und dem optimistischen Ergebnis bei Annahme einer idealen Gaußverteilung der Bauelementeparameter.

Die mit dem Zufallsgenerator ermittelten Zielgrößen werden dann in Klassen gruppiert. Die Klassenzahl ergibt sich nach der *Sturgesschen Regel* bei einer Normalverteilung wie folgt:

$$k = 1 + 3{,}3 \cdot \lg n \qquad (7.6)$$

z. B. bei $n = 200$: $k \geqq 8$ Klassen

k = Klassenanzahl

n = Anzahl der Ereignisse je Stichprobe

Das Ergebnis der Werte-Klassierung ist dann ein Histogramm mit festgelegten Klassengrenzen. Es stellt bei einer ausreichend großen Durchlaufzahl eine gute Näherung an die tatsächliche Verteilung dar.

Die Monte-Carlo-Methode selbst ist ein spezieller Fall der *Monte-Carlo-Simulation.* Darunter versteht man ein numerisches Experimentierverfahren, das zur Durchleuchtung stochastischer Vorgänge in physikalischen, technischen und ökonomischen Systemen angewandt wird. Dieses Verfahren beruht auf dem Satz von Glivenko-Cantelli. Hiernach sei eine Funktion der Zufallveränderlichen $z = f(x_1, x_2, x_3 \cdots x_n)$ gegeben. Dabei sei jede Veränderliche durch eine Verteilung definiert. Man ziehe für jedes x_i einen Wert aus der Verteilung und berechne den Wert z. Dies wird n-mal wiederholt. Bei $n \to \infty$ approximiert die Verteilung der so erhaltenen Werte die wahre Verteilung von z. Die MCS ist ein Verfahren, welches mit analytischen Verfahren konkurriert. Es ergeben sich bei der praktischen Anwendung jedoch einige Einschränkungen, vgl. Aufsatz von Guérard [50] mit der dort angegebenen Literatur.

Bewertung:
Von den drei genannten Verfahren ist die MC-Methode die mathematisch aufwendigste, weil ein Rechner erforderlich ist und ein Rechenprogramm erstellt werden muß. Das Ergebnis ist jedoch die Zielgrößenverteilung mit den statistischen Maßzahlen wie Mittelwert, Standardabweichung und Schiefe. Bei mehr als 10^3 Rechnerdurchläufen weichen die errechnete und die tatsächliche Verteilung nur um wenige Prozent voneinander ab. Eine Unsicherheit liegt in der Annahme der Variablen-Verteilung und in der Wahl der Zufallszahlen. Ferner gibt es in manchen Fällen Konvergenzprobleme. Es ist sinnvoll, die durch die Rechneranalyse gefundenen Werte im Prüffeld durch Messungen zu bestätigen.

Seit dem Jahre 1972 gibt es die Arbeitsgruppe «Schaltungsanalyse» im Fachausschuß 30 «Zuverlässigkeit» der NTG, die sich mit Computerprogrammen zur Schaltungsanalyse befaßt, u. a. auch mit MC-Analysen, vgl. dazu den Aufsatz von Renk u. Steinkopf [51].

7.5 Beispiel einer Zuverlässigkeitsanalyse

Um die Ergebnisse der drei genannten Verfahren an einem komplizierteren Beispiel als einem Spannungsteiler zu betrachten, stellte Röhrlich (1973) in einer Studienarbeit eine Zuverlässigkeitsanalyse an einem integrierten Präzisions-Spannungskonstanthalter vom Typ MIC 723-1/5 der Fa. ITT zur Versorgung von TTL-Schaltungen an. Bild 7.2 zeigt die Prinzipschaltung. Im Datenblatt war garantiert, daß eine Versorgungsspannung am Ausgang von 5 V ± 0,5 V eingehalten würde, wenn folgende Einflußgrößen wirksam wären:

1. Referenzspannung: $U_{ref} = 7{,}15\,\text{V} \pm 0{,}35\,\text{V}$
2. Externe Widerstände: $R_1 = 2\,\text{kOhm} \pm 5\%$
   $R_2 = 4{,}7\,\text{kOhm} \pm 5\%$
3. Unstabilisierte Eingangsspannung:

   ΔU_a: 0,3% für $U_e = 12 \cdots 40\,\text{V}$, d.h. ΔU_a: ± 0,15%
4. Belastungsschwankung

   ΔU_a: 0,2% für $I_L = 1 \cdots 50\,\text{mA}$, d.h. ΔU_{IL}: ± 0,1%
5. Umgebungstemperatur:

   $\text{TK} = 0{,}015\,\%/°\text{C}$ für $0 \cdots 70\,°\text{C}$, d.h. $\Delta U_T = \pm\, 0{,}0075\,\%$

Entsprechend der Schaltung in Bild 7.2 wurde die Übertragungsfunktion wie folgt formuliert:

$$U_{a\,stab.} = \left(U_{ref} \cdot \frac{R_2}{R_1 + R_2}\right) \cdot (1 + \Delta U_e + \Delta U_{IL} + \Delta U_T)$$

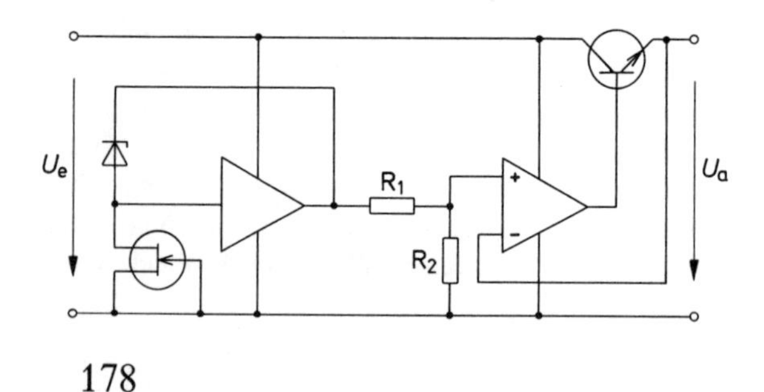

Bild 7.2 Prinzipschaltung des Spannungskonstanthalters MIC 723-1/5

Bild 7.3 Ergebnisvergleich der Zuverlässigkeits-Analyse beim Spannungsregulator MIC 723-1/5

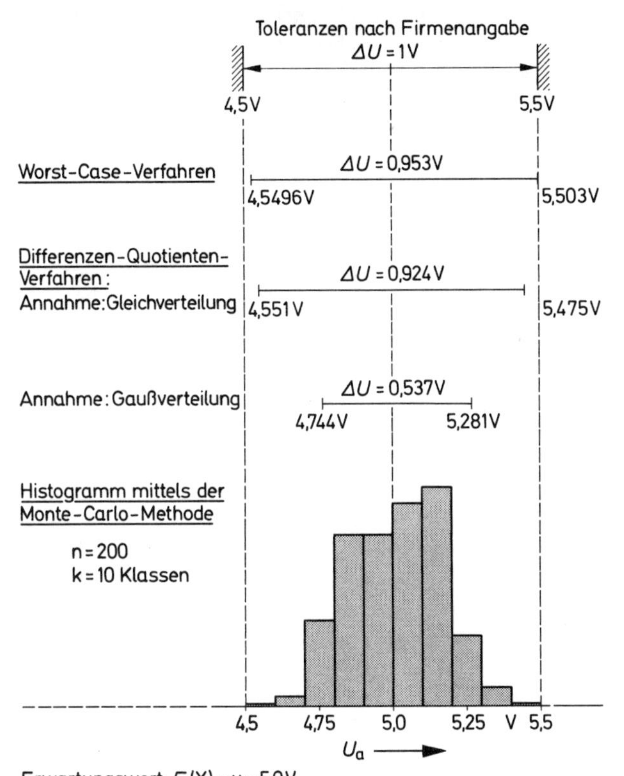

Das Ergebnis der etwa 15-seitigen Rechnung ist in Bild 7.3 grafisch dargestellt.

Das Ergebnis der Rechnung zeigt, daß es nur nach der Worst-Case-Analyse zu einer geringfügigen Überschreitung von 3 mV an der oberen Toleranzgrenze kommt. Nach allen anderen Verfahren liegen die Maximal- und Minimalwerte im garantierten Toleranzbereich. Die MC-Methode liefert ein Histogramm als Annäherung an die Verteilung. Hierbei zeigt sich in diesem speziellen Fall, daß die Verteilung nicht symmetrisch ist, und der Mittelwert nach der oberen Grenze tendiert.

7.6 Vergleich der drei Analysemethoden

Die in den Abschnitten 7.2, 7.3, 7.4 beschriebenen Toleranzanalyse-Methoden seien zum Schluß nochmals vergleichend gegenübergestellt.

Bei der Worst-Case-Methode ist festzustellen:

Vorteile:
einfache, schnelle Rechnung, große Sicherheit, kein Rechner notwendig,

Nachteile:
Rechenergebnisse sind nur Grenzwerte, Rechenergebnis ist pessimistisch, Ergebnis verlangt enge Bauelementetoleranzen, daher von dieser Seite her kostenintensiv.

Anwendung:
für Schaltungen in kleinen Stückzahlen, die aber in der Funktion sehr zuverlässig sein müssen.

Für das Differenzen-Quotienten-Verfahren gilt:

Vorteile:
nicht nur die Eckwerte, auch die Standardabweichungen der Verteilung werden bestimmt, mittelmäßiger Rechenaufwand, für die Praxis meist ausreichend,

Nachteile:
mehr Rechenaufwand als beim Worst-Case-Verfahren, eine Verschiebung des Verteilungsmaximums wird nicht erfaßt, unsichere Aussage über die Zielgrößenverteilung.

Anwendung:
für Schaltungen, bei denen die Verteilung nicht genau bekannt sein muß.

Schließlich kann man für das MC-Verfahren formulieren:

Vorteile:
liefert alle Größen der Verteilung wie Mittelwert, Standardabweichung, Schiefe und Verlauf.

Nachteile:
Rechner und ein Rechnerprogramm für die Übertragungsfunktion sind erforderlich, die Zufallszahlen müssen generiert oder aus Tabellen entnommen werden, in manchen Fällen ergeben sich Konvergenzprobleme.

Anwendung:
anzuwenden bei Schaltungen, die in größerer Stückzahl hergestellt werden, und bei denen der besonders große Aufwand wirtschaftlich tragbar ist, wichtig, wenn ein Sicherheitsnachweis erbracht werden muß, wichtig z.B. bei der Planung eines ICs, damit spätere Nacharbeit in Form neuer Maskensätze vermieden wird.

7.7 Fehlerbaum-Analyse

Definition:
Die *Fehlerbaum-Analyse* ist ein analytisches Verfahren, das dazu dient, die Schwachstellen in einem Systemkonzept zu finden. Es soll damit die Zuverlässigkeit, Verfügbarkeit und Sicherheit eines Systems erhöht werden. Dabei wird ein unerwünschtes Hauptereignis (Systemausfall) vorgegeben. Dann werden dazu die Basisereignisse (Fehlerursachen) gesucht, die zu diesem Hauptereignis führen.

Bei der *Störfallausfall-Analyse* geht man umgekehrt vor. Hierbei sucht man die unerwünschten Ereignisse, die sich aus einer bestimmtem Unfallursache ergeben.

Mittels des *Fehlerbaumes* werden die logischen Zusammenhänge der verschiedenen Eingangszustände, die zu dem Hauptereignis führen, anschaulich grafisch dargestellt. Ziel der Fehlerbaumanalyse ist es, nicht nur die Fehlerursachen aufzudecken sondern auch deren funktionale Zusammenhänge. Dabei bedient man sich der ODER- und UND-Verknüpfungen. Ferner werden die Eintrittswahrscheinlichkeiten der Basis- und Hauptereignisse rechnerisch ermittelt. Eine ausgeführte und dokumentierte Fehlerbaum-Analyse liefert die Ansatzpunkte, um ein bestehendes Systemkonzept zu verbessern.

Bild 7.4 Symbole in Fehlerbäumen nach DIN 25 424

Symbol	Benennung
	Standardeingang
	Sekundäreingang
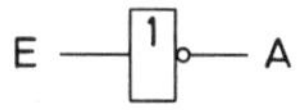 E — 1 — A	NICHT-Verknüpfung
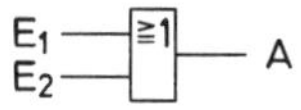 E_1, E_2 — ≥1 — A	ODER-Verknüpfung
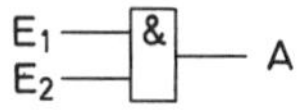 E_1, E_2 — & — A	UND-Verknüpfung
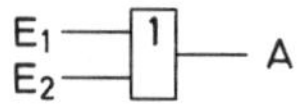 E_1, E_2 — 1 — A	Sekundär-Verknüpfung
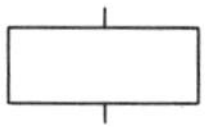	Ausfallkriterium
	Übertragungs-Eingang
	Übertragungs-Ausgang

Verfahren:
Wie bei der Zuverlässigkeits-Berechnung nach dem BOOLEschen Modell werden für eine bestimmte Funktion einer Betrachtungseinheit nur die Zustände «funktionsfähig» oder «ausgefallen» zugelassen. Zur grafischen Darstellung bedient man sich der in DIN 25 424 vorgeschlagenen und in Bild 7.4 dargestellten Zeichen.

Gegenüber den Zuverlässigkeits-Ersatzschaltbildern gibt es jedoch einige Unterschiede. Hier werden durch Zweige die Systemkomponenten und durch Knoten die funktionsgemäßen Verknüpfungen dargestellt. Zusätzliche Einflüsse können nur über das Derating-Modell erfaßt werden. Die Systemfunktion beschreibt die Überlebenswahrscheinlichkeit des Systems, nicht deren Ausfallwahrscheinlichkeit.

Bei der Fehlerbaumanalyse beschreibt die Systemfunktion den Ausfallzustand. Man geht nicht von den Systemkomponenten aus, sondern von den Fehlermöglichkeiten der *Funktionselemente*. Das Versagen von Funktionselementen kann dabei sein:

a) ein primäres Versagen (Komponentenausfall durch innewohnende Schwäche),
b) ein sekundäres Versagen (Komponentenausfall durch unzulässige Einsatzbedingungen der Komponenten),
c) ein kommandiertes Versagen (Ausfall der Kommandos oder der Hilfsenergie, wobei die Funktionselemente in Ordnung sind).

Während die Primärverknüpfung die disjunkten Ereignisse beschreibt, erfaßt man bei der Sekundärverknüpfung die bedingten Wahrscheinlichkeiten (Einsatzbedingungen, Kommandoausfall). Fehlerbäume haben keine Zyklen. Jedem Eingang bzw. Ausgang sind zwei definierte Zustände zugeordnet. Einfache Fehlerbäume sind Fehlerbäume, in denen von jeder Komponente nur ein Weg zum Systemausfall führt. Man kann Fehlerbäume für nichtreparierbare und reparierbare Systeme aufstellen.

Im Grund genommen sind Fehlerbaum-Analysen nicht grundsätzlich anders als Zuverlässigkeits-Berechnungen. Sie bieten aber eine andere Betrachtungsweise, die zum selben Ziel führt.

Beispiel
Bild 7.5 zeigt an einem einfachen Beispiel, dem Aufsatz von Schallopp [52] entnommen, den Zusammenhang zwischen Schaltung, Zuverlässigkeits-Ersatzschaltbild und Fehlerbäumen. Betrachtet wird ein Spannungsimpuls, der über einen Steckerkontakt (St. 1), eine Diode (d_1) und einen Widerstand (r_1) einer Schaltung zugeführt wird. Mit den angenommenen Ausfallraten:

$$\lambda_1 = 7 \cdot 10^{-9}/\text{h} \qquad \lambda_2 = 1{,}2 \cdot 10^{-9}/\text{h} \qquad \lambda_3 = 2 \cdot 10^{-9}/\text{h}$$

erhält man die Systemausfallrate

$$\Lambda_s = \lambda_1 + \lambda_2 + \lambda_3 = 1{,}02 \cdot 10^{-8}/\text{h}$$

Da ein Jahr 8760 h hat, ergeben sich die folgenden Einzelfehler- und Systemfehlerwahrscheinlichkeiten:

$$\left.\begin{aligned} p_1 &= 0{,}613 \cdot 10^{-4} \\ p_2 &= 0{,}1 \quad\;\; \cdot 10^{-4} \\ p_3 &= 0{,}175 \cdot 10^{-4} \end{aligned}\right\} \; p_s = 0{,}888 \cdot 10^{-4}$$

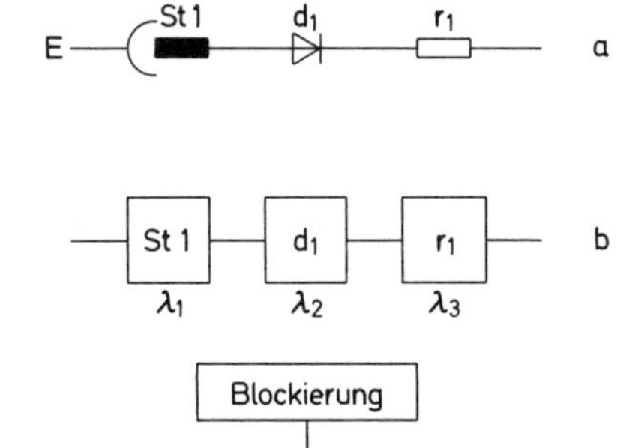

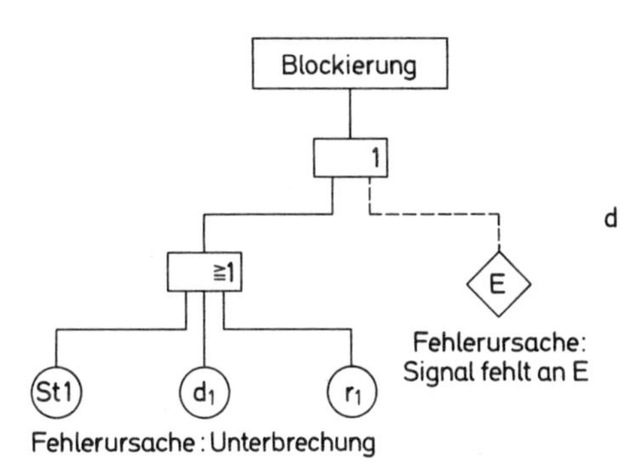

Bild 7.5 Fehlerbaum-Analyse:
3-Komponenten-Seriensystem
a) Schaltung
b) Zuverlässigkeits-Ersatzschaltbild
c) Fehlerbaum der disjunkten Ereignisse
d) Fehlerbaum mit disjunkten/abhängigen Ereignissen

Diese Zahl besagt, daß bei 100 000 gleichen Anordnungen in einem Jahr ein Ausfall 8 ··· 9-mal zu erwarten ist. Dies gilt nur, wenn auch Fehler wirksam werden und sämtliche Bauelemente an den Systemausfall beteiligt sind. Man kann dafür den Fehlerbaum für disjunkte Ereignisse zeichnen (Bild 7.5c).

Will man den Schaltzustand des Systems berücksichtigen, dann benötigt man das Logisch-UND. Die Signalwege zeichnet man in Fehlerbäumen gestrichelt. Die Erfassung des abhängigen Ereignisses zeigt Bild 7.5d.

Die Ergebnisse eines komplexeren Systems bringt Weber [53] in seinem Beitrag. Das Netzsystem wird hier als nichtreparierbar angenommen. Aus dem Fehlerbaum in Bild 7.6 gewinnt man mit der Ausfallwahrscheinlichkeitsfunktion, den Ausfallraten λ_i und den Einzelfehlerwahrscheinlichkeiten p_i den zeitlichen Verlauf der Funktion $p_s = f(t)$. Danach ist z. B. bei ca. $0{,}8 \cdot 10^4$ h der p_s-Wert 0,01 %, d.h. innerhalb eines Jahres würde von 10 000 derartigen Systemen ein Netz ausfallen. Nach 2 Jahren steigt die Ausfallwahrscheinlichkeit auf 0,08 %.

a

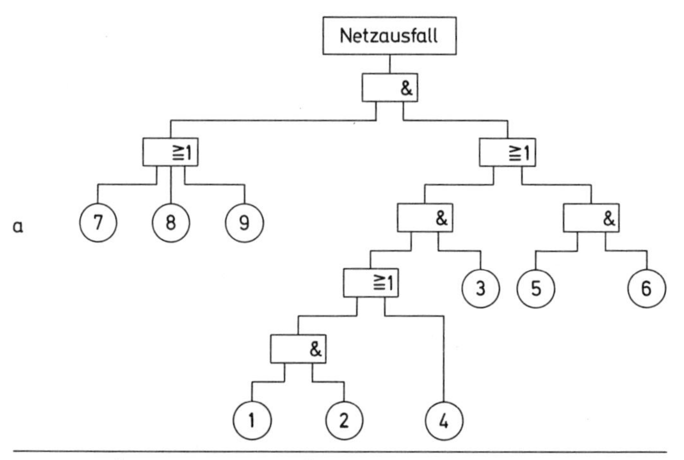

b $p_s = [(p_1 \cdot p_2 + p_4) \cdot p_3 + p_5 \cdot p_6] \cdot (p_7 + p_8 + p_9)$

c

	Ereignis (Ausfall von „i")	Ausfallrate/10^6h	p_i ($t_i = 10^4$h)
1	400 kV-Netz	100	0,632
2	110 kV-Netz	100	0,632
3	21 kV-Generator	16	0,148
4	Umschaltautomatik Netz-EB	10	0,096
5	Kurzschluß 6 kV-I-EB	10	0,096
6	Kurzschluß 6 kV-II-EB	10	0,096
7	Umschaltautomatik Netz-Diesel	10	0,096
8	Startautomatik Diesel	10	0,096
9	Diesel-Subsystem	10	0,096

d

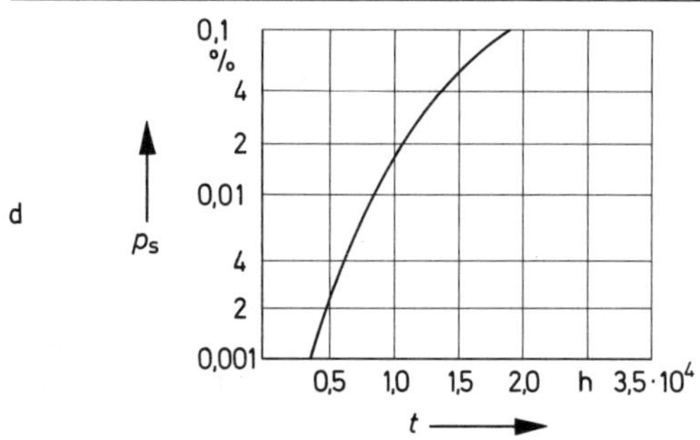

Bild 7.6 Fehlerbaum-Analyse:

Stromversorgungs-System

a) einfacher Fehlerbaum
b) Ausfallwahrscheinlichkeitsfunktion des Systems
c) Tabelle mit Ausfallraten/Fehlerwahrscheinlichkeiten der Einzelelemente
d) Verlauf der Funktion $p_s = f(t)$

Bewertung:
Die Fehlerbaum-Analyse ist ein Verfahren der Zuverlässigkeitsanalyse, welches von den möglichen Fehlerursachen ausgeht. Es wird angewandt zur Durchleuchtung von Sicherheitssystemen. Der entwickelte Fehlerbaum zeigt die logische Verknüpfung der Funktionselemente auf, wobei disjunkte und abhängige Ereignisse erfaßt werden können. Fehlerbäume können elektrische und mechanische Bauelemente, Signale und den Einsatz des Menschen berücksichtigen. Liegen aufgrund von Fehlerstatistiken die Ausfallraten vor, dann kann man die Einzelfehler- und die Gesamtfehlerwahrscheinlichkeit und deren zeitlichen Verlauf berechnen und darstellen. *Mehrfachfehler*, d.h. das gleichzeitige Eintreten von Fehlern, wird in einfachen Fehlerbäumen nicht erfaßt. Schwieriger werden die Fehlerbäume bei redundanten Systemen bzw., wenn ein Bauelement mehrfach zum gesamten Ausfallverhalten beiträgt.

Fehlerbäume sind anschaulicher als Zuverlässigkeits-Ersatzschaltbilder. Sie sind allgemeiner, weil man nicht nur technische Komponenten, sondern auch Umgebungsbedingungen und das Operationsverhalten des Menschen als Basisereignisse berücksichtigen kann.

8 Fotos von Ausfallmustern elektronischer Bauelemente

8.1 Fehlermöglichkeiten

Die Ermittlung der Ausfallrate λ nach der Gleichung (1.4) besteht darin, daß man ein Prüfkollektiv N während einer Prüfzeit Δt belastet und dann die Ausfälle zählt. Zur Bestimmung der Fehlerzahl c muß man erst definieren:

a) Was ist als Fehler anzusehen?
b) Wie tritt der Fehler in Erscheinung?

Die Aufklärung der Fehlerursache ist der Ausgangspunkt für die Fehlerbeseitigung. Jeder beseitigte und verhütete Fehler steigert die Zuverlässigkeit des Systems.
Rein schematisch kann man unterteilen in

Hersteller-Fehler
Material, Konstruktion, Fertigung, Lagerung, Transport.

Anwender-Fehler
falscher Einsatz, damit Ausfall durch und/oder thermische, mechanische chemische, elektrische Überlastung.

In jedem Anwendungsbereich ist die Fehlerklassifikation und Fehlerverteilung eine andere. Dazu zwei Beispiele.

Bild 8.1 zeigt das Ergebnis einer Fehleranalyse von Integrierten Schaltungen, die im SEL-Forschungslaboratorium angestellt wurde [54]. Danach entfallen auf Anwender und Hersteller etwa gleichviele Fehler. Der Anwender muß demnach gleichermaßen auf den richtigen Einsatz achten, wie der Hersteller um die Fehlerfreiheit seiner Produkte bemüht sein muß.

Bild 8.2 bringt eine Fehlerstatistik, die bei der Platinenprüfung im Herstellprozeß gemacht wurde [55]. Aus der Aufstellung geht hervor, daß die Lötfehler mit 41 % nahezu die Hälfte der anfallenden Fehler ausmachen, d. h. dem Löten muß der Hersteller erhöhte Aufmerksamkeit widmen, wenn er zuverlässige Elektronikprodukte erzielen will.

Die Fotos in diesem Kapitel zeigen elektronische Bauelemente, die teils durch Herstellfehler, teils durch falsche Anwendung ausgefallen sind. In einigen Fällen sind fehlerfreie und fehlerbehaftete Stellen gegenübergestellt. Dadurch soll das Auge des Betrachters für Fehler geschult werden. Zuvor wird im nachfolgenden Abschnitt ein kurzer Überblick der Untersuchungsmethoden im Prüflabor gegeben. Selbst wenn der Anwendungs- oder Entwicklungs-Ingenieur diese Prüfungen nicht selbst durchführen kann, weil sie nur mit speziellen Kenntnissen und Prüfapparaten möglich sind, sollte er

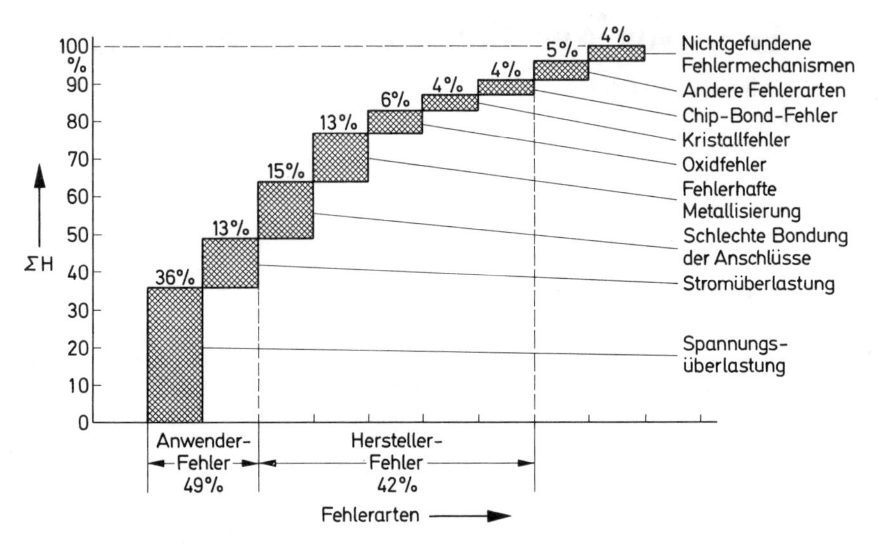

Bild 8.1 Fehleranalyse von ICs

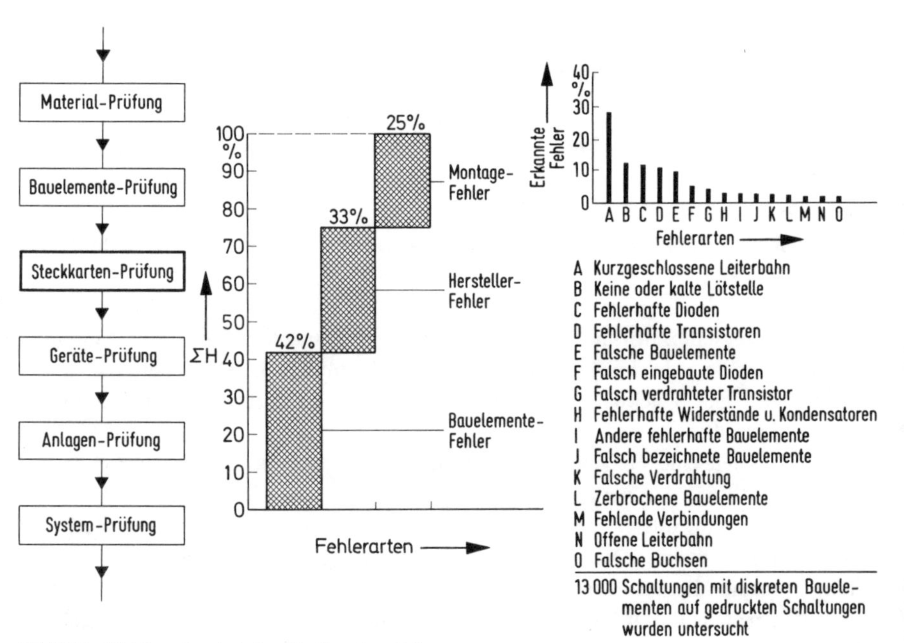

Bild 8.2 Fehlerarten bei der Platinenbestückung

doch über die Methoden der Untersuchung und Fehlerdokumentation Bescheid wissen. Sehr viele Fehler sind auch heute noch im Zeitalter der LSI-Technik rein optisch ohne elektrische Prüfungen diagnostizierbar.

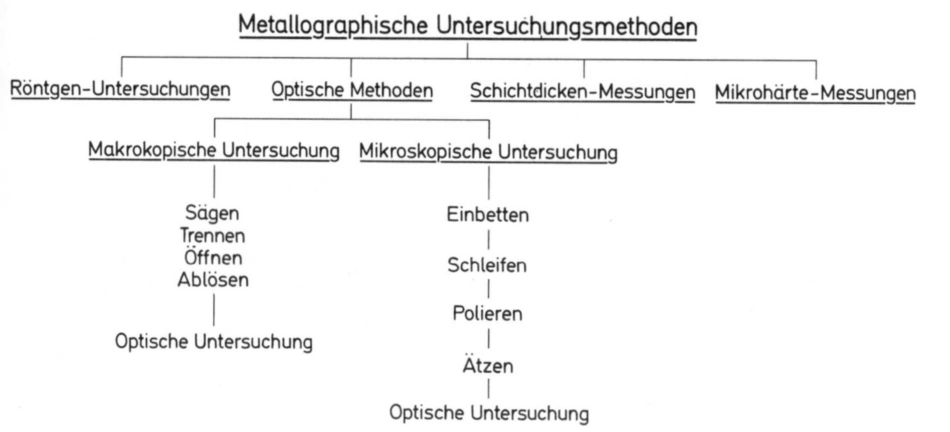

Bild 8.3 Einteilung metallographischer Untersuchungsverfahren

8.2 Methoden zur Bauelementeprüfung

Bild 8.3 zeigt eine Einteilung der metallographischen Untersuchungsmethoden, die nach Oexle und Ulbricht gewöhnlich zur Prüfung elektronischer Bauelemente herangezogen werden [56]. Meist geht es in der Elektronik um die Prüfung von

Schichtdicken
Kontaktierungen
Oberflächen
Grenzschichten
Materialgefüge
Gehäuseausführungen.

Röntgen-Untersuchungen mit kontinuierlichem oder gepulstem Strahl erlauben den Einblick in den inneren Aufbau der Bauelemente ohne besondere Probenaufbereitung, jedoch ist die Fehlererkennung nicht immer eindeutig.

Makroskopische Untersuchungen, d.h. ohne Zuhilfenahme eines Mikroskopes, nur mit dem Auge oder einer Lupe (bis 10-fache Vergrößerung), erfordern in der Regel das Öffnen des Bauelementes. Das chemisch/thermische Ablösen von Kunststoffumhüllungen ist aufwendiger als das Öffnen von Glas- oder Metallgehäusen. Das Einbetten und Schleifen der Probe führt dann zum Schliffbild.

Mikroskopische Untersuchungen mit dem Lichtmikroskop (10–1000fache Vergrößerung) erfordern meist das Anätzen der Probe und zusätzliche Kontrastierverfahren. Das Ergebnis sind dann mikroskopische Schliffbilder.

Schichtdickenmeßverfahren unterteilt man in zerstörende und elektrisch zerstörungsfreie Meßverfahren. Letztere gliedert man in:

magnetisch-induktive Verfahren
Wirbelstromverfahren

kapazitive Meßverfahren
thermoelektrische Verfahren
fotoelektrische Verfahren
Strahlenmeßverfahren
röntgenografische Verfahren.

Die Verfahren werden in dem Buch von Plog [1]* beschrieben. Coulometrische Schichtdickenmesser (z. B. KOCOUR) haben einen Meßfehler von ca. 5% und lösen in 1 Minute 0,01 ··· 100 µm von allen unedlen metallischen Schichten, ferner von Silber auf jedem Grundmaterial einschließlich Kunststoff durch elektrolytische Abtragung. Die Messung ist zerstörend. Sie eignet sich besonders für Kleinteile der Elektronik. Zur Messung von Goldschichten eignet sich das universelle Betastrahlen-Rückstreuverfahren (Betascope), vgl. Bild 8.4. Hierbei werden die von einem Radioisotop ausgestrahlten und vom zu prüfenden Stoff zurückgestreuten Betastrahlen ausgewertet. Es eignet sich für punktförmige Messungen. Die Messung ist nichtzerstörend. Es sind viele Materialkombinationen für Schichtdicken von 0,1 ··· 100 µm möglich. Für jeden Bereich benötigt man einen anderen Strahler, wobei sich die Meßgenauigkeit ändert. Nickelschichten auf Kupfer lassen sich mit diesem Verfahren nicht messen, weil sich beide Werkstoffe nur um eine Ordnungszahl unterscheiden.

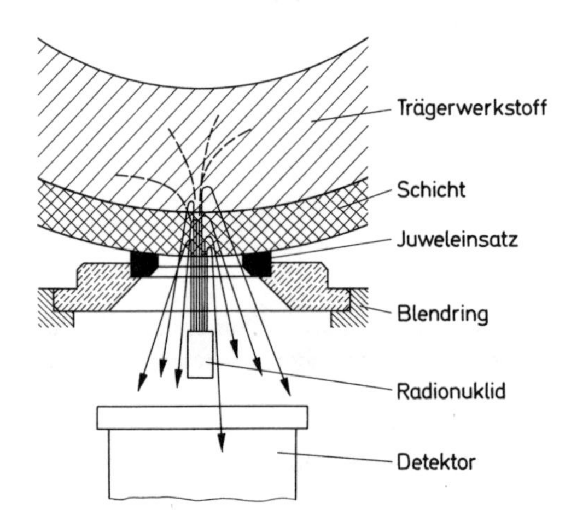

Bild 8.4 Schichtdickenmessung nach dem Betastrahlen-Rückstreuverfahren

Mikrohärteprüfungen sind Härteprüfungen im Bereich

$$0{,}0025 \cdots 0{,}5\ N$$

In diesem Kleinlastbereich ist der Härtewert nicht mehr lastunabhängig. Mikrohärteprüfer sind meist Zusatzgeräte zu den Mikroskopieeinrichtungen.

Rauhigkeits-Messungen werden für die Oberflächenbeurteilung von Kleinteilen in der Elektronik immer wichtiger. Nach DIN 4768 ist der Mittenrauhwert R_a der Mittelwert der absoluten Beträge des Rauhigkeitsprofiles von der mittleren Linie innerhalb der

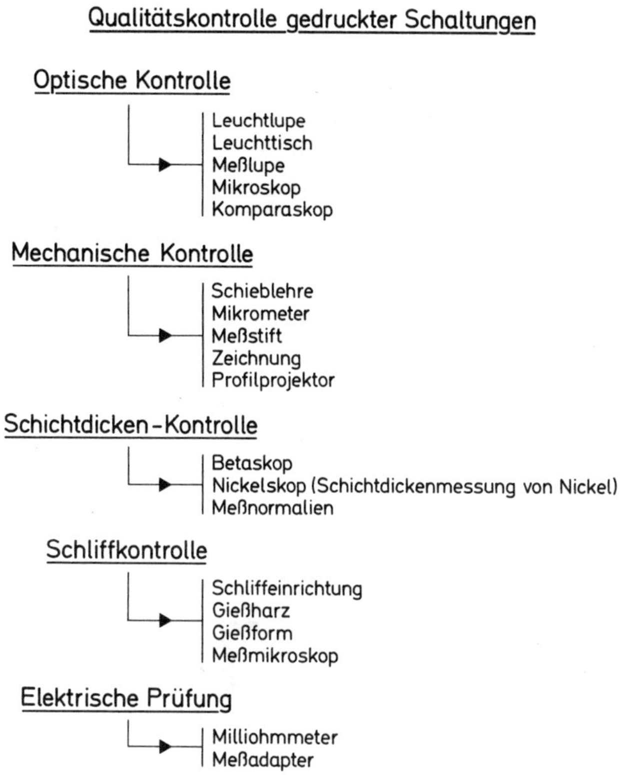

Bild 8.5 Prüfungen zur Qualitätskontrolle gedruckter Schaltungen

Qualitätskontrolle gedruckter Schaltungen

Optische Kontrolle
- Leuchtlupe
- Leuchttisch
- Meßlupe
- Mikroskop
- Komparaskop

Mechanische Kontrolle
- Schieblehre
- Mikrometer
- Meßstift
- Zeichnung
- Profilprojektor

Schichtdicken-Kontrolle
- Betaskop
- Nickelskop (Schichtdickenmessung von Nickel)
- Meßnormalien

Schliffkontrolle
- Schliffeinrichtung
- Gießharz
- Gießform
- Meßmikroskop

Elektrische Prüfung
- Milliohmmeter
- Meßadapter

Meßstrecke. Beim Gerät Talysurf 10 z.B. ist über einen Meßweg von 50 mm der Meßbereich $R_a = 0{,}1 \cdots 5\,\mu m$. Es wird dabei mittels eines Taststiftes das Profil abgefahren und die Auslenkung als Profilogramm (Amplituden-Weg-Funktion) geschrieben. Gleichzeitig wird an einem Instrument der R_a-Wert angezeigt.

Allein zur Qualitätskontrolle gedruckter Schaltungen sind nach Büttner und Pabst [2]* die in Bild 8.5 aufgezählten Kontrollen und Prüfeinrichtungen erforderlich.

Die nachfolgend kurz angesprochenen Meßeinrichtungen haben zu Fehlerbeobachtungen geführt, die früher in der HL-Technologie nicht möglich waren. Es handelt sich jedoch um kostenaufwendige Apparaturen, die von 100000 bis 350000 DM kosten und nicht in jedem Werkstofflabor zur Verfügung stehen.

Das *TEM* (*t*ransmission *e*lectron *m*icroscope), zu deutsch Transmission-Elektronenstrahlmikroskop, ist bereits seit den 30er-Jahren bekannt. Es erlaubt $10^3 \cdots 10^5$-fache Vergrößerung. Die Auflösung liegt bei $0{,}2 \cdots 0{,}3$ nm. Eine Wolframkathode erzeugt die Elektronenstrahlen. Man arbeitet mit Beschleunigungsenergien von 0,1 bis 5 MeV. Die Strahlen werden durch elektrostatische und magnetische Linsen gebündelt. Das dünne Objekt wird durchleuchtet. Es wird auf einem Fluoreszenzschirm oder einer Fotoplatte abgebildet. Die Proben müssen präpariert werden. Es sind nur Durchstrahlungen und keine Oberflächenbetrachtungen möglich.

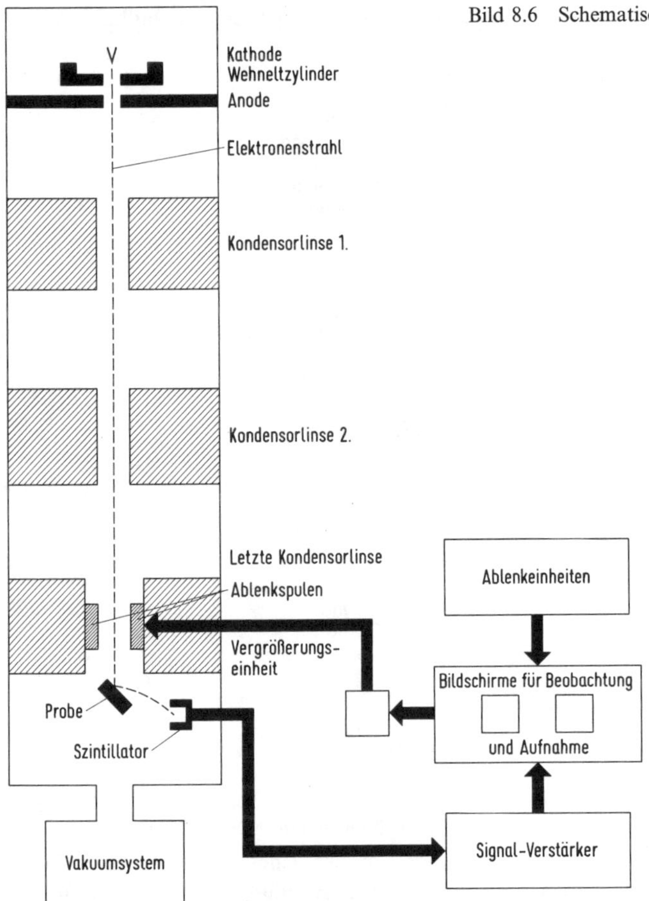

Bild 8.6 Schematischer Aufbau eines REM

Das *REM* (*r*aster *e*lectron *m*icroscope) oder Raster-Elektronenmikroskop hat nicht eine so große Verstärkung (20 ··· 30 000fach). Die Auflösungsgrenze liegt bei 10 nm. Es sind jedoch Oberflächenbetrachtungen möglich, die plastische Bilder mit hoher Tiefenschärfe ergeben. Meist ist keine Probenaufbereitung erforderlich. Nichtleitende Stoffe müssen mit einer Metallschicht bedampft werden. Bei diesem Emissionsmikroskop, vgl. Bild 8.6 aus dem Buch von Engel und Klingele [3]*, wird die Oberfläche der Probe mit einem 10 nm dicken Elektronenstrahl abgetastet (Spannung 1 ··· 30 kV). Die ausgelösten Sekundärelektronen treffen auf einen Szintillationszähler, der Licht über einen Lichtleiter an einen Photomultiplier gibt. Zur Abbildung dienen ein Bildschirm zum Fotografieren und ein Schirm zur Betrachtung.

Im Hause Siemens wurde in den letzten Jahren die stroboskopische Wafer-Fehleranalyse mit einem SEM (*s*canning *e*lectron *m*icroscope) entwickelt. Hierbei wird

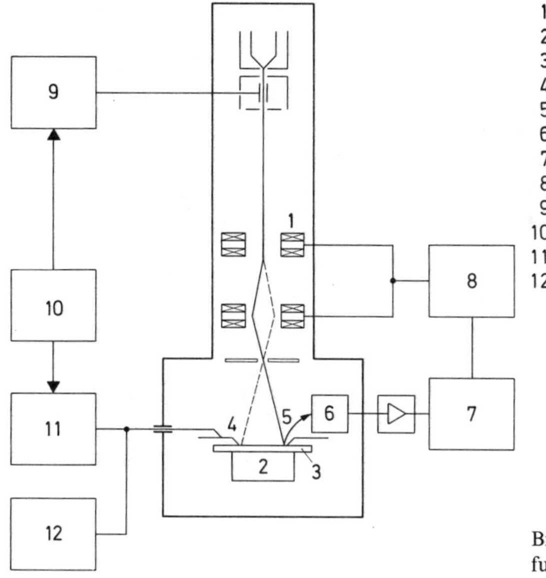

Bild 8.7 Optisch-elektrische Prüfung mit einem SEM

das HL-Plättchen mit einem Elektronenstrahl abgetastet und gleichzeitig mit elektrischen Impulsen angeregt. Bei Fehlstellen ergeben sich Schattierungen der Helligkeit, und man kann fehlerhafte Stellen, Zeilen oder Spalten optisch erkennen und fotografieren. Die Prüfung eines 4 kbit-RAM in MOS-Technik dauert etwa 10 min. Bild 8.7 zeigt ein Blockschaltbild der Apparatur nach Lindner, Otto und Wolfgang [57]. Der Prüfung wird ein Computer-Test in Form einer «Software-Bit-Card» vorgeschaltet. Dadurch kann eine Fehlergrobklassifizierung vorgenommen werden.

In einer *Mikrosonde* werden die von der Sonde emittierten Röntgenstrahlen zur Probenanalyse ausgewertet. Bisher wurde die Strahlung mit Kristallspektrometern nach Wellenlängen zerlegt. Neuerdings ist mittels Si(Li)-Detektoren auch eine Aufteilung des Spektrums nach Energien möglich. Bild 8.8 zeigt das Prinzip eines energiedispersiven Mikroanalysators nach Engel und Klingele [3]*. Ergebnis der Messung ist das mit einem X-Y-Schreiber registrierte Energiespektrum, wobei auf der y-Achse die gemessene Impulsanzahl, auf der x-Achse die Energie in keV bei einer bestimmten Prüfspannung aufgetragen ist. Die Elementvorkommen zeigen sich in diskreten Linien. Die Nachweisgrenzen liegen für Zählzeiten von 100 ··· 500 Sekunden unter 0,1 % Gewichtsprozent. Die Analyse ist also relativ schnell und auch an gewölbten und rauhen Flächen bis 7 × 5 mm möglich (kleinstes Raster 0,3 × 0,2 µm). Die Strahlstärken sind gering.

IR-Mikroskope (*i*nfra*r*ed microscope) sind seit 1960 im Handel. Sie erlauben eine Thermografie, d. h. die Registrierung einer Temperaturverteilung längs einer Fläche. Dies ist zur Auffindung z. B. von «hot spots» auf HL-Chips sehr wichtig. Eine Methode bedient sich Vidikons mit infrarotempfindlichen Schichten. Die Bildauflösung läßt jedoch noch zu wünschen übrig. Besser ist das Thermovisions-Verfahren der schwedischen Firma

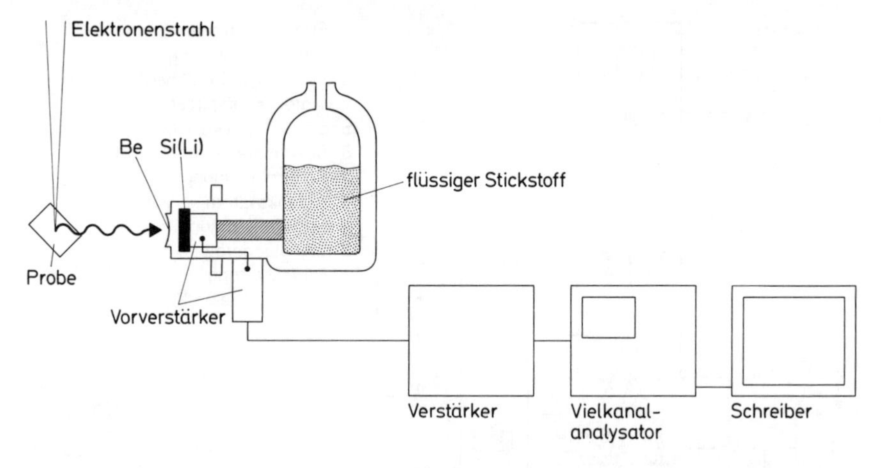

Bild 8.8 Prinzip eines energiedispersiven Mikroanalysators

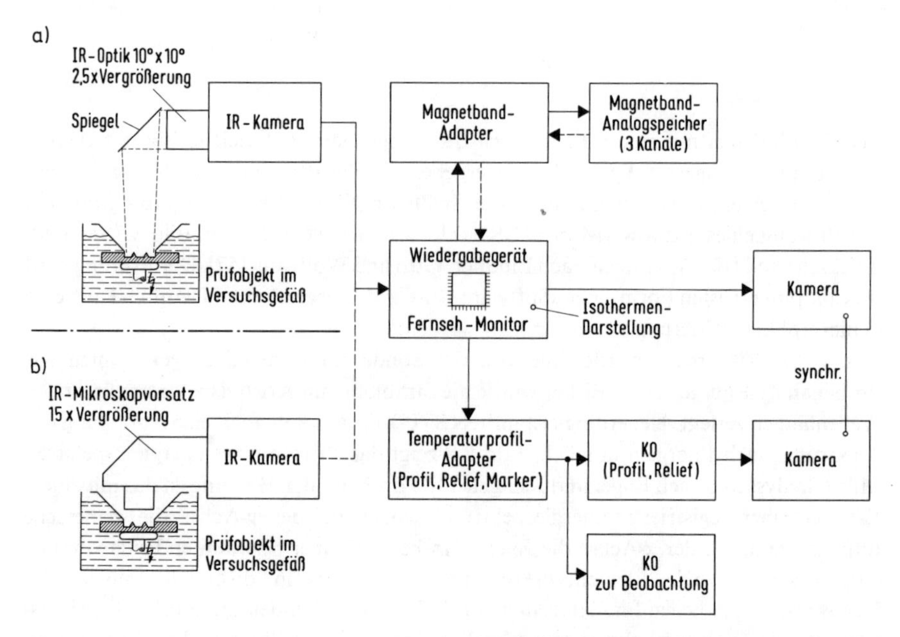

Bild 8.9 Blockschaltbild eines Thermovisions-Infrarot-Mikroskopes

AGA. Hier handelt es sich um ein optisch-mechanisches System bestehend aus zwei zueinander senkrecht angeordneten Silizium-Prismen, die das Blickfeld abtasten. Die vom Objekt kommende IR-Strahlung wird auf einen InSb-Detektor geleitet, der mit flüssigem Stickstoff gekühlt wird. Das elektrische Signal steuert nach Verstärkung den Elektronenstrahl des Fernsehmonitors. Vertikale und horizontale Bildzuordnung werden aus den Triggersignalen der rotierenden Prismen gewonnen. Das Thermogramm ist ein zeilenweise erstelltes Bild wie beim Fernsehen. Mittels Zusatzschaltungen und Eichkurven wird die thermografische Aufnahme auch quantitativ auswertbar. Bild 8.9 zeigt das Blockschaltbild.

Einige Kenndaten der Thermovisions-Kamera AGA 680

Gesichtsfeld: z.B. $1{,}6 \times 1{,}6\,\text{mm}^2$
Spektralbereich $2 \cdots 5{,}6\,\mu\text{m}$
Kühlmittel für 4 h-Betrieb
Bildgröße: $90 \times 90\,\text{mm}^2$
Bildfrequenz: 16 Bilder/s
Zeilenfrequenz: 1600 pro Sekunde
Auflösungsvermögen: 140 Zeilen
Temperaturanzeige: $-30 \cdots +850\,°\text{C}$ in 10 Stufen
Auflösung: z.B. 0,5 °C bei einer Objekttemperatur von 70 °C

8.3 Begriffe zur Fehlerphysik

Bei der Beschreibung und Deutung von Bauelementeschäden als Folge physikalisch-chemisch-elektrischer Vorgänge bedient sich der Werkstoffkundige einer Reihe von Fachausdrücken, die nachstehend mit Worten umrissen werden. Der Elektroniker muß die Bedeutung dieser Begriffe kennen und die Effekte bei Bedarf genauer studieren. Entsprechend dem Bild 8.10 unterteilt man in:

Oberflächenschäden,
Gefügeschäden,
Außen-/Innen-Schäden.

Brüche sind Fehler, die die Beschaffenheit im Innern und Äußeren des Bauelementes beeinträchtigen. Oberflächenschäden sind sehr vielgestaltig. Sie können gleichmäßig verteilt (ebenmäßig) oder örtlich (punktuell) entstehen.

Verschleiß nennt man die allmähliche Abtragung der Oberfläche fester Körper (Abnutzung) überwiegend durch mechanischen Angriff. Wirkt eine feste Fläche gegen eine feste Fläche, dann spricht man von Gleitverschleiß, z.B. beim Stecker mit oder ohne Schmierung. Strahlverschleiß liegt vor, wenn z.B. ein Sandstrahl auf eine feste Fläche einwirkt. Tropfenschlag nennt man das Einwirken von Flüssigkeitstropfen auf eine feste Fläche. Beim Verschleiß kommt es zu einem Abrieb.

Korrosion heißt chemische Zernagung, Anfressung, Verrottung. Es ist der Sammelbe-

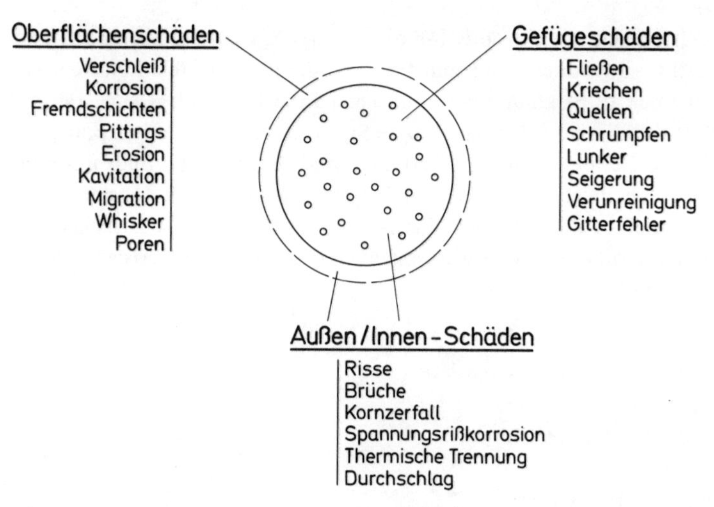

Bild 8.10 Zuordnung von Begriffen aus der Fehlerphysik

griff für alle Prozesse, die die Oberfläche von Metallen unbeabsichtigt verändern und bei Fortschreitung zerstören. Ebenmäßige Korrosion liegt vor, wenn die chemische Abtragung gleichmäßig ist. Es handelt sich dabei um heterogene Reaktionen. Der Materialangriff kann dabei durch wäßrige Lösungen, Schmelzen (Salzschmelzen, Metallschmelzen) oder durch Gase vor sich gehen.

Fremdschichten ist der Sammelbegriff für alle Schichten, die sich durch Ablagerung, Zersetzung, Polymerisation, Abbrand, insbesondere auf Metalloberflächen bilden können und dadurch z.B. elektrische Kontakte unterbrechen.

Adsorption (Ansaugung) ist die Anlagerung von Molekülen an Oberflächen rein durch mechanische Kräfte ohne chemische Bindungen.

Absorption (Verschluckung) ist die Aufnahme von Gasen durch Flüssigkeiten oder feste Körper ohne chemische Bindungen.

Diffusion (Hineinfließen, Hineinstreuen) ist das Wandern von Atomen in andere Körper. Meist meint man damit das Hineindiffundieren von Gasen in feste Körper.

Örtliche Oberflächenbeschädigungen können die Folge mechanischer, chemischer und thermischer Einflüsse sein. Riefen und Grate sind meist die Ausgangspunkte derartiger Beschädigungen.

Pittings (Ausbrüche) sind örtliche Gleitverschleißerscheinungen, die z.B. an Zahnradflanken beobachtet werden.

Erosion nennt man das rinnenförmige Auswaschen durch mechanische Wirkungen. Sie entsteht, wenn ein strömendes Medium in begrenzten Bahnen auf einen Festkörper einwirkt.

Kaviation ist die Hohlraumbildung in Flüssigkeiten, d.h. die Dampfblasenbildung durch örtlichen Druckabfall. Die Implosion der Dampfblasen an der Werkstoffgrenzfläche führt dann zu den örtlichen, mechanisch bedingten Oberflächenschäden.

Selektive Korrosion heißen die lokal begrenzten, chemischen Angriffe aufgrund von Lokalelementbildung. Sie können z. B. nadelstichartig den Werkstoff anlösen.

Reibkorrosion wirkt mechanisch, chemisch und thermisch auf die Oberfläche ein. Sie entsteht, wenn unter dem Einfluß einer Normalkraft zusätzlich kleinste Relativbewegungen ausgeführt werden.

Migration (Wanderung) bei Kunststoff ist der Ausdruck für seinen Übergang in einen benachbarten Körper (Weichmacher-Wanderung). Bei Metallen ist es die Materialwanderung, die zu einer schädlichen Brückenbildung führt. Die Ursachen sind hohe Stromdichten auf Leiterbahnen und mechanische Schubspannungen infolge thermischer Kräfte.

Hillocks sind die Hügel, die sich im Anfangsstadium der Migration z. B. bei Al-Bahnen bilden.

Whiskers sind haarförmige Metallauswachsungen extremer Festigkeit von z. B. 1 μm Durchmesser und u. U. bis zu mehreren mm Länge. Sie werden unter mechanischen Streßbedingungen und bei bestimmten Materialzusammensetzungen mit Zinn und Silber aus der Metalloberfläche herausgequetscht. Man nimmt an, daß sie auf schraubenförmigen Versetzungen basieren. Sie können Brücken bilden und Leiterbahnen kurzschließen. Sie wachsen normalerweise in Monaten, können jedoch in Verbindung mit Lichtbögen auch sehr schnell entstehen.

Poren sind ebenfalls Oberflächenfehler. Sie entstehen durch aufgeplatzte Gasbläschen direkt unter der Oberfläche beim Erstarren aus der Schmelze.

Fehler im Inneren des Materials sind bei den amorphen Stoffen andere als bei den kristallinen Materialien. Beim Kunststoff beobachten wir z. B. Fließen, Kriechen, Quellen, Schrumpfen usw.

Fließen ist die plastische Weiterverformung eines Stoffes trotz verminderter Krafteinwirkung.

Kriechen ist die plastische Weiterverformung von Stoffen bei ruhender Belastung.

Quellen ist die Vergrößerung der Abmessungen eines Körpers durch Flüssigkeitsaufnahme.

Schrumpfen ist die Abnahme eines Körpervolumens durch Flüssigkeitsabgabe.

Lunker sind die Hohlräume, die durch sprunghafte Volumenkontraktion im Inneren beim Erstarren entstehen.

Seigerung nennt man die Entmischung einer zunächst gleichmäßigen Schmelze beim Erstarren. Dies führt zu unterschiedlichen Festigkeitseigenschaften.

Nichtmetallische Verunreinigungen lösen sich nicht in der Schmelze. Dadurch wird das Material inhomogen und verliert an Festigkeit.

Gitterfehler sind Störungen im Kristallaufbau. Es können dies z. B. Versetzungen sein. Auch Verunreinigungen bewirken Gitterfehler.

Rekristallisation ist die Umwandlung einer Kristallstruktur in eine andere (Wiederneubildung) am gleichen Material durch Energieeinwirkung.

Schäden, die innen und außen auftreten, sind z. B. folgende Effekte:

Risse heißen die Fehlstellen, an denen Material getrennt wurde. Ursachen können mechanische Einwirkungen, Korrosion aber auch thermische Spannungen sein. Mikrorisse sind der Ausgangspunkt für Brüche.

Brüche nennt man ganz allgemein die Trennung von Werkstücken als Folge mechanischer Kräfte, chemischer Einflüsse und Wärmeeinwirkungen. *Gewaltbrüche* (duktil oder spröde) treten meist spontan auf. *Dauerbrüche* oder Ermüdungsbrüche sind an wechselbeanspruchten Teilen nach sehr hohen Wechselzahlen (z.B. Größenordnung 10^7) zu beobachten. Hauptausfallursache ist die mechanische Belastung.

Kornzerfall (interkristalline Korrosion) ist ein Bruch unter chemischem Einfluß. Er tritt auf an den Korngrenzen eines Metalles.

Spannungsrißkorrosion ist die Folge von gleichzeitigem Vorhandensein mechanischer Spannungen und chemischer Angriffsmittel. Sie ist bei Metallen, aber in besonderen Fällen auch an Kunststoffteilen zu beobachten.

Thermische Trennung nennt man Risse oder Brüche als Folge von Temperaturschocks oder Temperaturzyklen.

Durchschlag ist der Sammelbegriff für die Bildung von Verbindungskanälen zwischen zwei normalerweise isolierten Elektroden. Es gibt mechanische, chemische, thermische und elektrische Auslösung von Durchschlägen. Ausgangspunkt für die Kanäle sind Inhomogenitäten im Material.

8.4 Fotos schadhafter Bauelemente

Die auf den folgenden Seiten abgebildeten, ausgefallenen elektronischen Bauelemente bilden eine Auswahl aus dem Gesamtbereich Elektronik. In einigen Fällen werden einwandfreie und schadhafte Elemente gegenübergestellt. Das Betrachten dieser Fotos soll insbesondere den Blick der Jungingenieure für die vielfältigen Fehler in der Elektronik schulen. Allein ein Transistor kann über 20 Fehlermechanismen aufweisen!

Die Firmennamen bei Bildern geben die Bildquelle an. Sie haben nichts damit zu tun, von welcher Seite (Bauelemente-Produzent, Zusammenbau-Firma, Geräte-Anwender) gezeigte Fehler verursacht sein könnten.

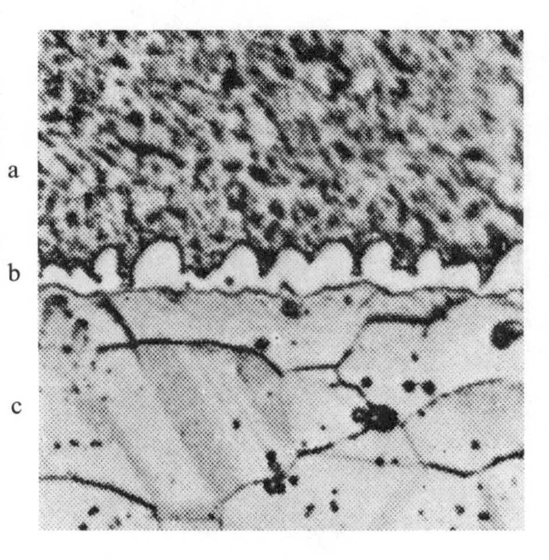

Bild 8.11 Schliffbild einer fehlerfreien Lötstelle (ZEVATRON)
a: Lot, b: Übergangszone, c: Kupfer

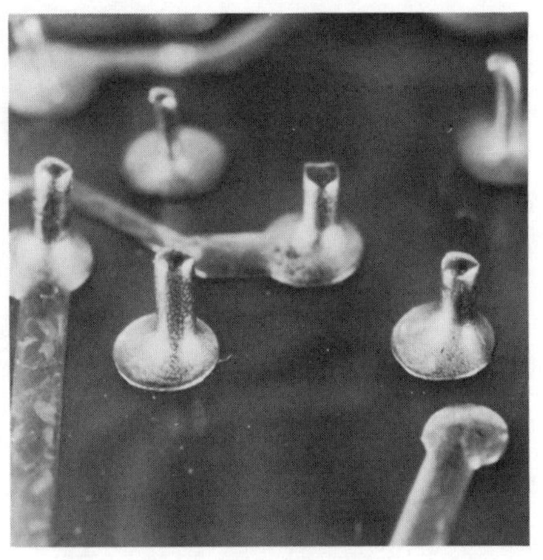

Bild 8.12 Einwandfreie Lötstellen, Zweilagen-Leiterplatte, durchkontaktiert (Wandel & Goltermann)

Bild 8.13 Keine Benetzung des Lötpins, daher fehlerhafte Lötstelle (Wandel & Goltermann)

Bild 8.14 Lötfehler „Eiszapfen“ (Wandel & Goltermann)

Bild 8.15 Links: einwandfreie Lötstelle, Rechts: fehlerhafte Lötstelle, weil ungenügende Lötpinbenetzung (Wandel & Goltermann)

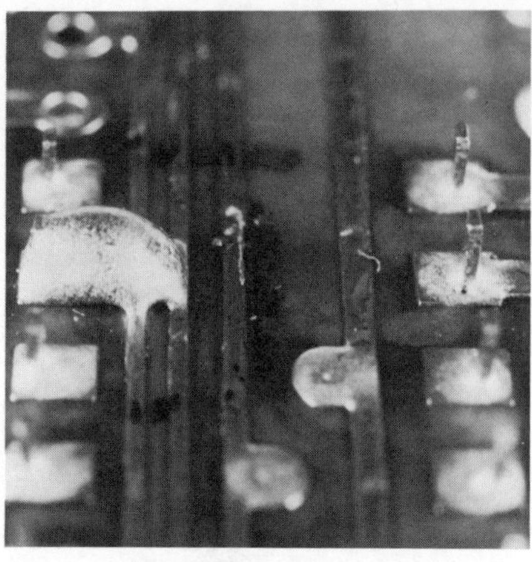

Bild 8.16 Kurzschluß durch Lötzinnbrücke (Wandel & Goltermann)

Bild 8.17 Kurzschluß über Lötzinnbrücke durch falsch abgebogenen Anschluß (Wandel & Goltermann)

Bild 8.18 Kurzschluß verursacht durch „Spinnwebenmuster“, weil die Oxidhaut auf dem Lötbad nicht vollständig entfernt wurde (Wandel & Goltermann)

Bild 8.19 Kurzschluß durch Lötzinnbrücke (Wandel & Goltermann)

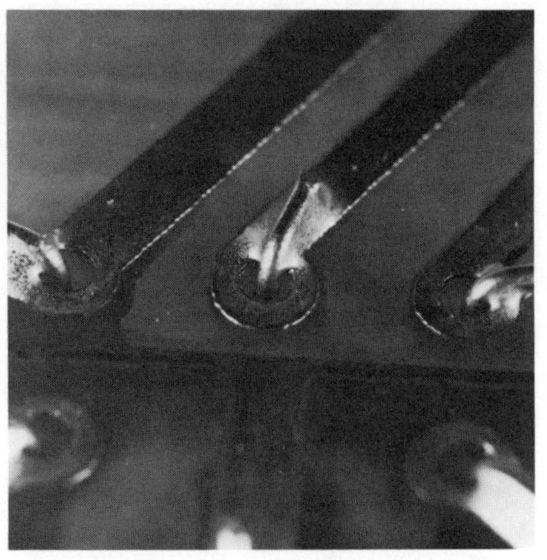

Bild 8.20 Links und Mitte: Einwandfreie Lötstelle, Rechts: Fehlerhafte Lötstelle, weil Anschluß falsch abgebogen (Wandel & Goltermann)

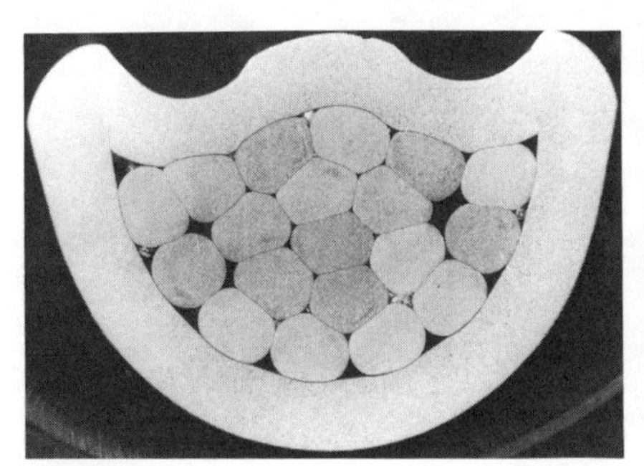

Bild 8.21 Schliffbild eines intakten Crimpschuhs (STOCKO)

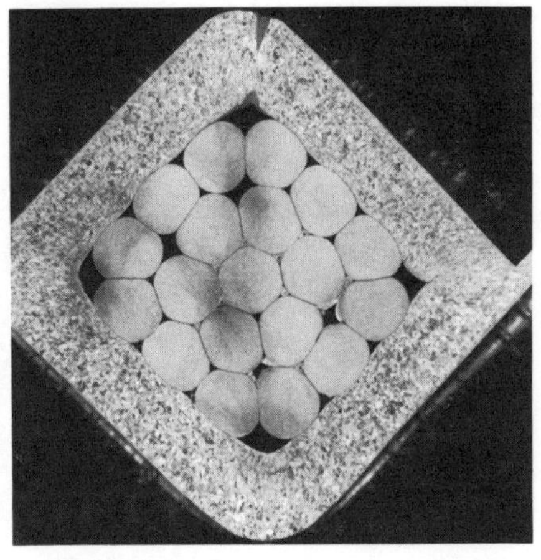

Bild 8.22 Schliffbild einer 4-Kant-Crimpung mit Anriß (STOCKO) und Gratbildung

Bild 8.23 Schliffbild Draht-Pfosten einer intakten Wire-Wrap-Verbindung 500 : 1 (Gardner Denver)

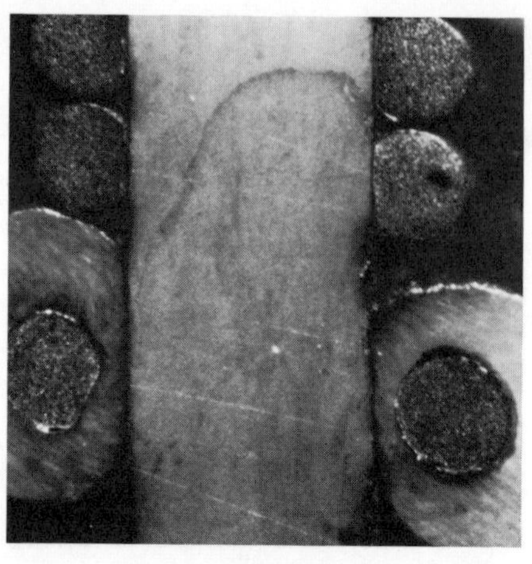

Bild 8.24 Schliffbild des Endwickels einer Wire-Wrap-Verbindung (Gardner-Denver)

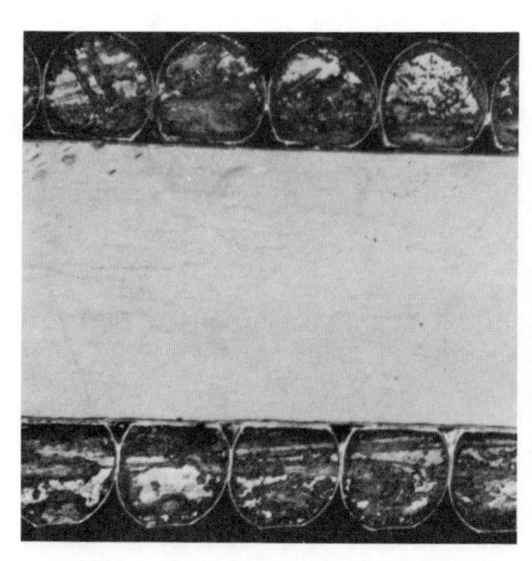

Bild 8.25 Längsschliff einer Wire-Wrap-Verbindung (Gardner-Denver) 50 : 1

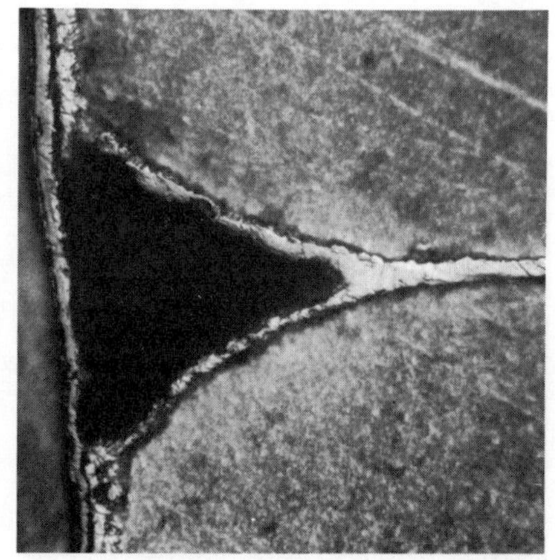

Bild 8.26 Längsschliff einer Wire-Wrap-Verbindung 500 : 1 (Gardner-Denver)

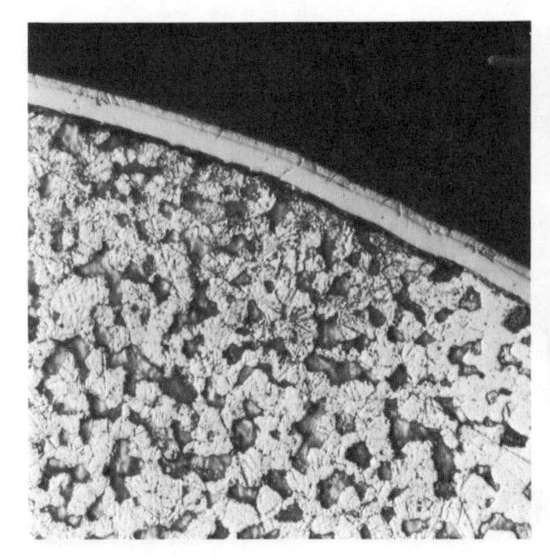

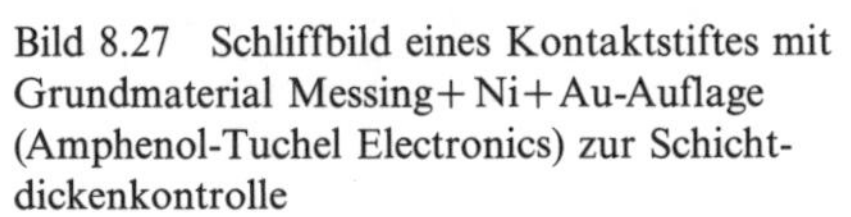

Bild 8.27 Schliffbild eines Kontaktstiftes mit Grundmaterial Messing + Ni + Au-Auflage (Amphenol-Tuchel Electronics) zur Schichtdickenkontrolle

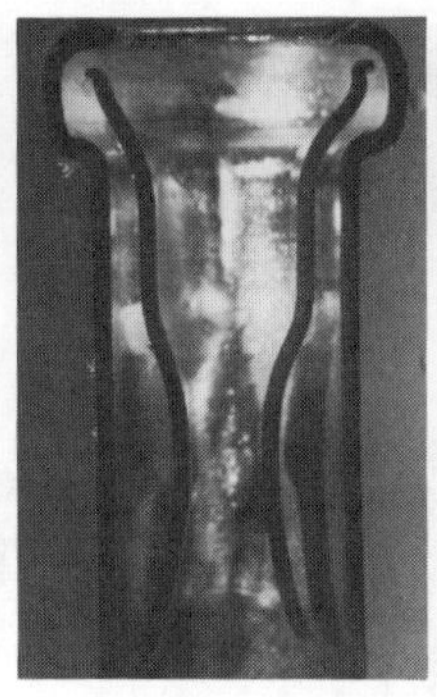

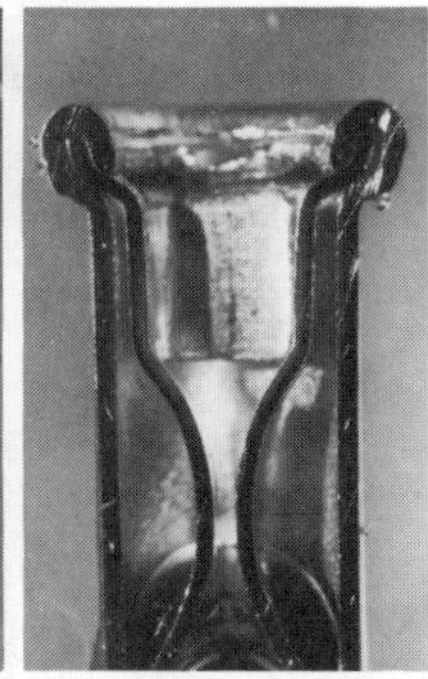

Bild 8.28 Links: Miniatur-Steckbuchse mit schlecht eingebördelter Kontaktfeder
Rechts: Miniatur-Steckbuchse mit gut eingebördelter Kontaktfeder (Wandel & Goltermann)

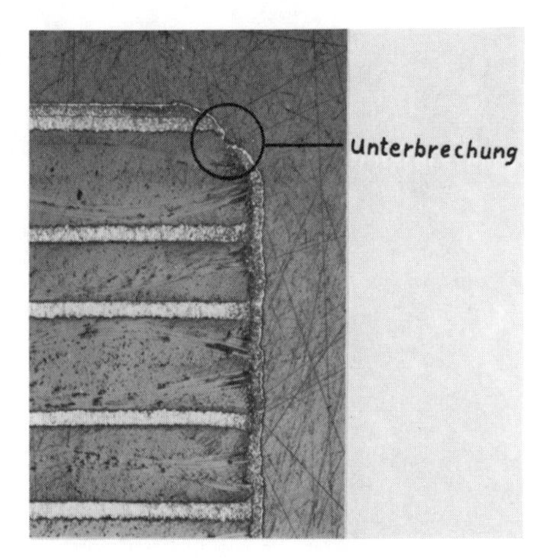

Bild 8.29 Fehlerhafte Durchplattierung einer Mehrlagenschaltung. Auflicht-Hellfeld-Beleuchtung. Die links und unten angeschnittene Mehrlagenschaltung wird rechts und oben von der Einbettmasse umgeben. 80:1 (Wandel & Goltermann)

Bild 8.30 Spannungsrißkorrosion an einer Anschlußklemme aus Messing (Landis & Gyr)

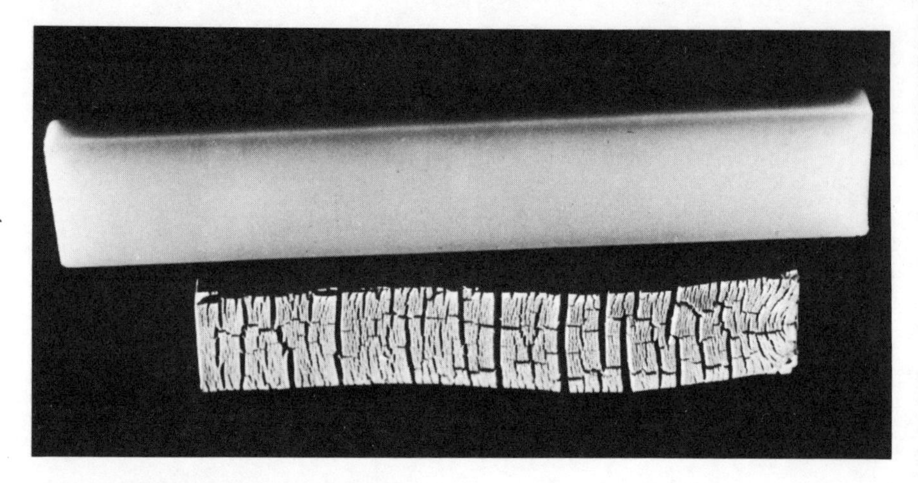

Bild 8.31 Kunststoffe altern. Höhere Temperatur über längere Zeit kann bereits schädigend wirken. Das Bild zeigt einen Probestab aus POM im Anlieferungszustand und nach einer Warmlagerung von zwei Jahren bei 100 °C (Landis & Gyr)

Bild 8.32 Palladiniertes Steckerteil, 500 : 1, links: nur wenige Steckungen, rechts: breite Gleitspuren und plastische Verformung (DODUCO)

Bild 8.33 Gleitspuren auf gekreuzten Rundstäben aus Kupfer mit galvanischen Auflagen ($F_k = 100$ N)

a) Feingold Au ff/5 µm,

b) Hartgold AuNi 1,6/3 µm auf Ni/5 µm

Rasterelektronenmikroskop: V = 80-fach (DODUCO)

a

b

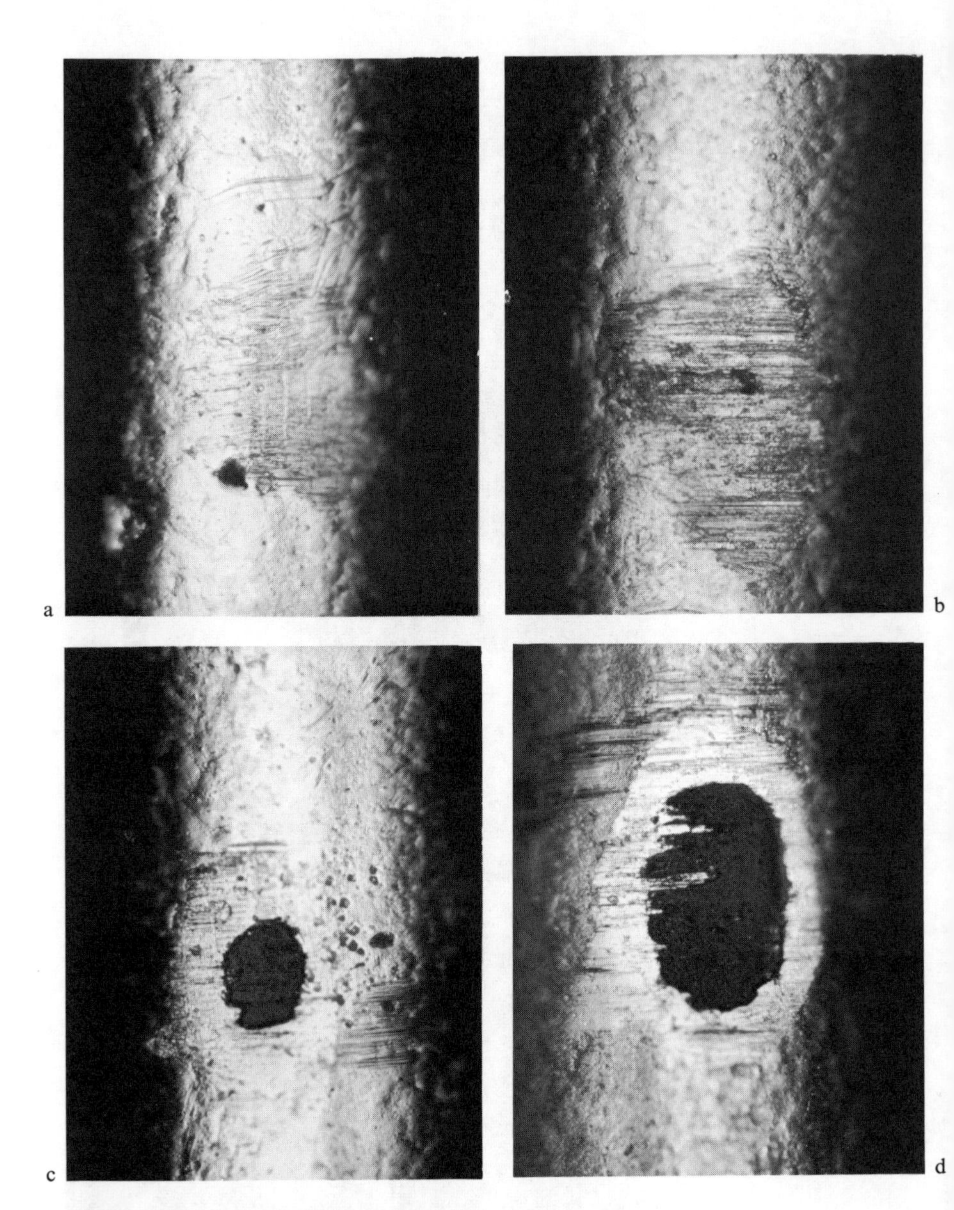

Bild 8.34 Oberfläche eines 3 µm hartvergoldeten Federbronze-Schleifers nach a: 5, b: 10; c: 25; d: 50 Betätigungen (Wandel & Goltermann)

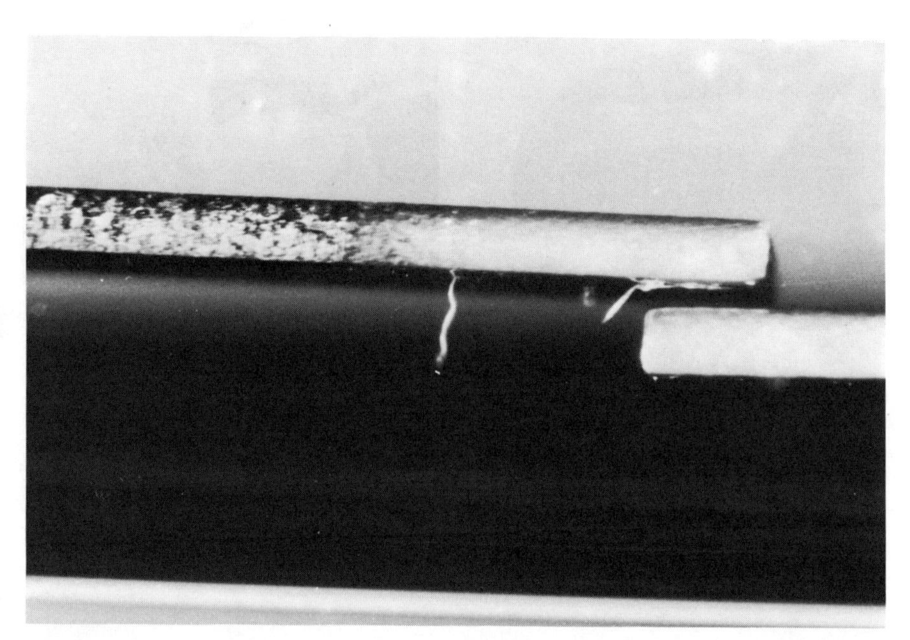

Bild 8.35 Isolierende Fussel auf den Kontaktzungen eines Reed-Kontaktes (Wandel & Goltermann)

Bild 8.36 Glaskrümel im Kontaktbereich eines Reed-Kontaktes (Wandel & Goltermann)

Bild 8.37 Haarriß in der Einschmelzung eines Reed-Kontaktes (Wandel & Goltermann)

Bild 8.38 Blasige Einschmelzung eines Reed-Kontaktes (Wandel & Goltermann)

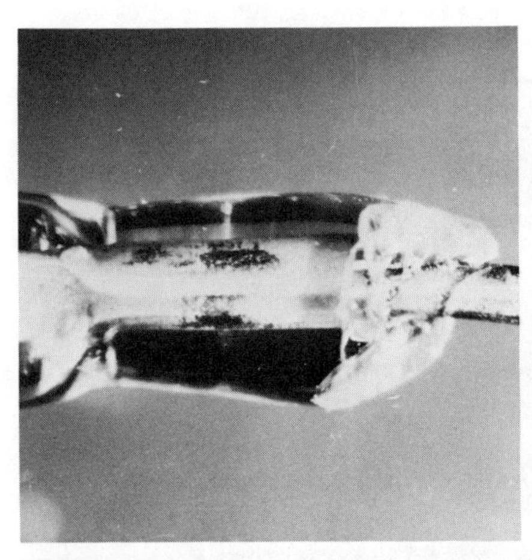

Bild 8.39 Beschädigte Einschmelzung eines Reed-Kontaktes (Wandel & Goltermann)

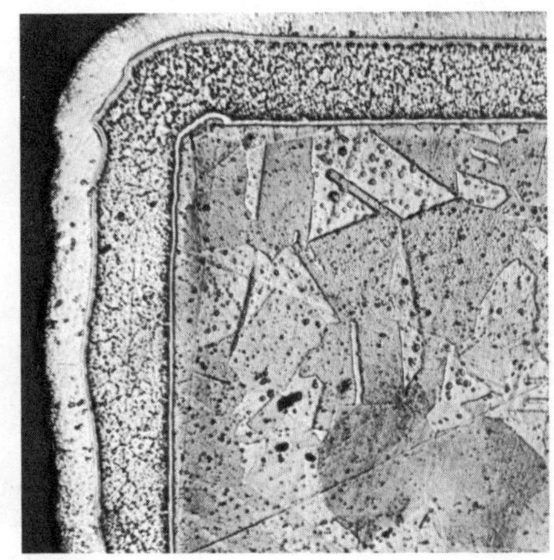

Bild 8.40 Querschliff der Zunge eines Reed-Kontaktes, Nickelätzmittel 10 min, Kupferätzmittel 5 s, Auflicht-Differential-Interferenzkontrast nach Nomarski, 1250:1 (Wandel & Goltermann)

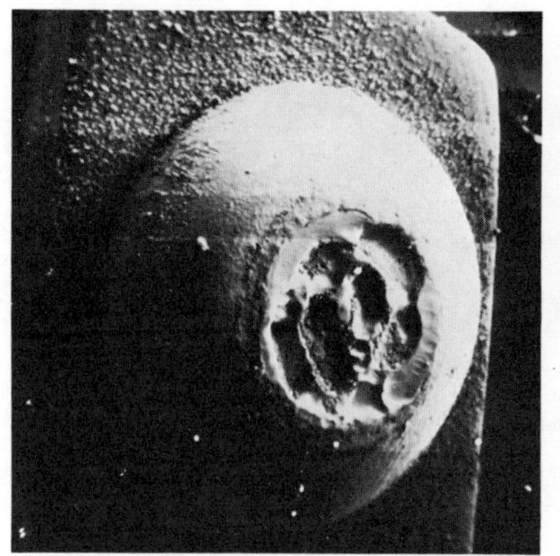

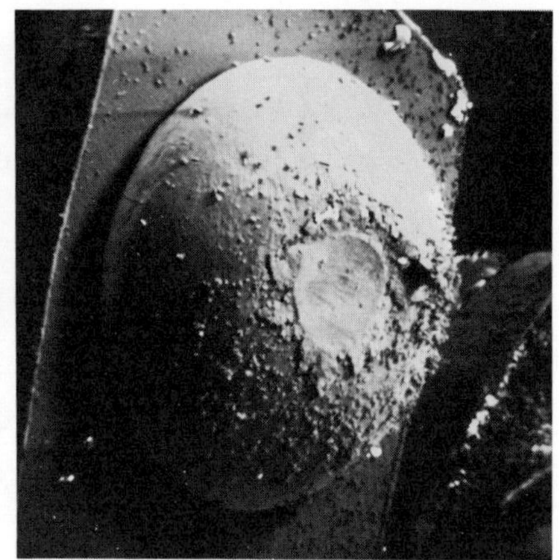

Bild 8.41 Ag-Kontaktniet, induktiv belastet (48 V), 60:1
links: unter dem Einfluß organischer Dämpfe (Makrolon)
rechts: ohne den Einfluß organischer Dämpfe (DODUCO)

Bild 8.42 Kuppen- und Kraterbildung beim Wolframkontakt durch Materialwanderung (DODUCO)

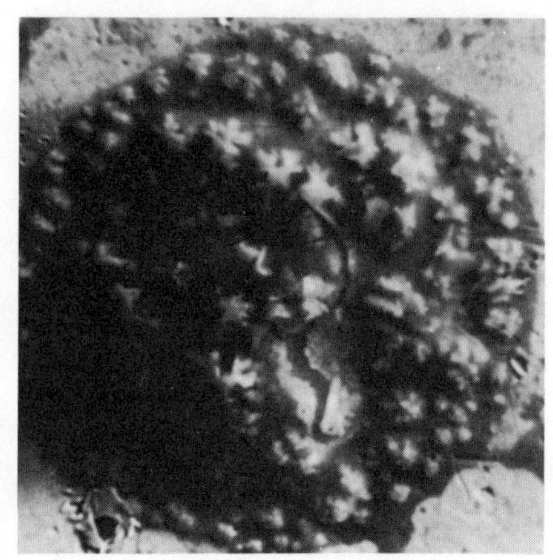

Bild 8.43 Verunreinigung auf einem Au-Kontaktniet
links: 600:1, rechts: 2000:1 (DODUCO)

Bild 8.44 Mikrosonden-Aufnahme der Kontaktnietverunreinigung, 2000:1
links: C-Kα-Verteilung,
rechts: Cl-Kα-Verteilung (DODUCO)

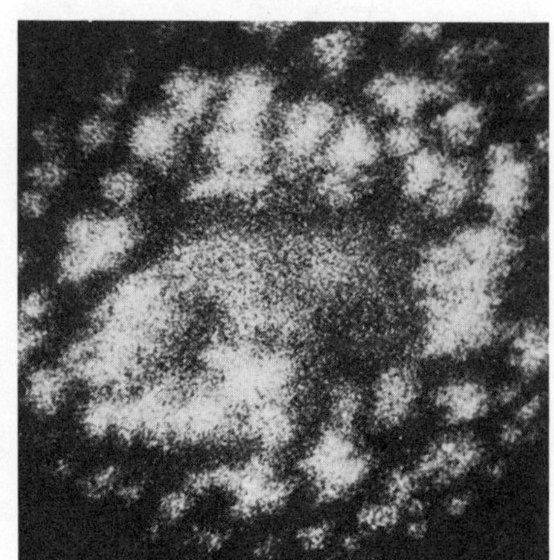

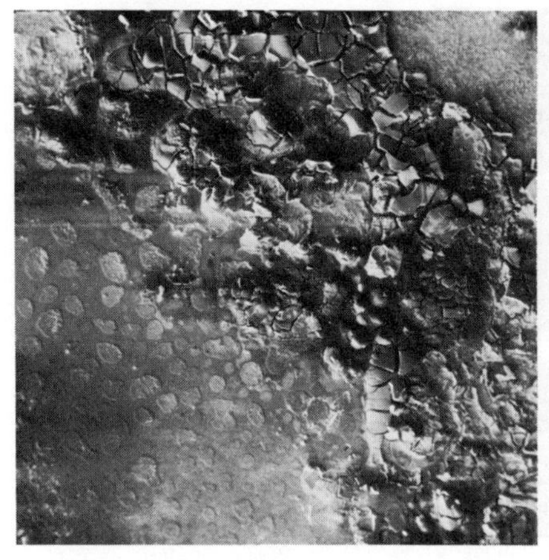

Bild 8.45 Korrosionsschicht auf Wolfram-Kontaktniet (DODUCO)
links: Eisenoxid, 100:1, rechts: Fe-Cu-Ca-Oxide, 500:1

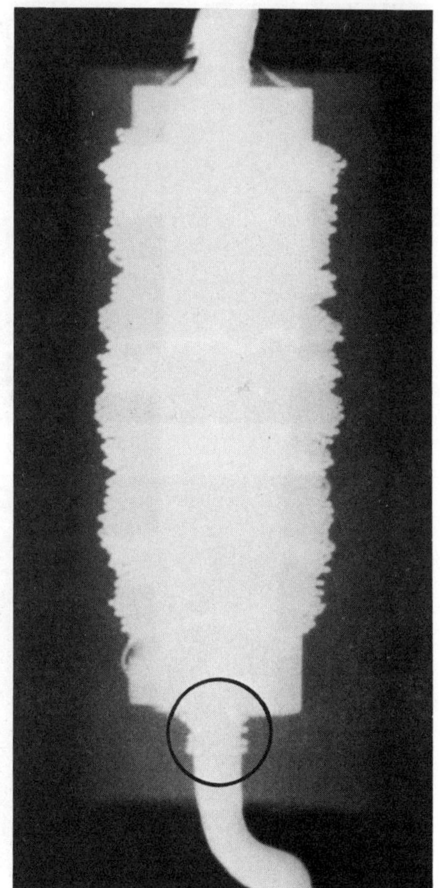

Bild 8.46 Oben: Röntgenaufnahme einer ausgefallenen kunststoffumhüllten Miniaturdrossel – Fehler nicht erkennbar
Unten: Foto der ausgefallenen Miniaturdrossel nach dem Ablösen der Kunststoffumhüllung – Fehler erkennbar (Wandel & Goltermann)

a

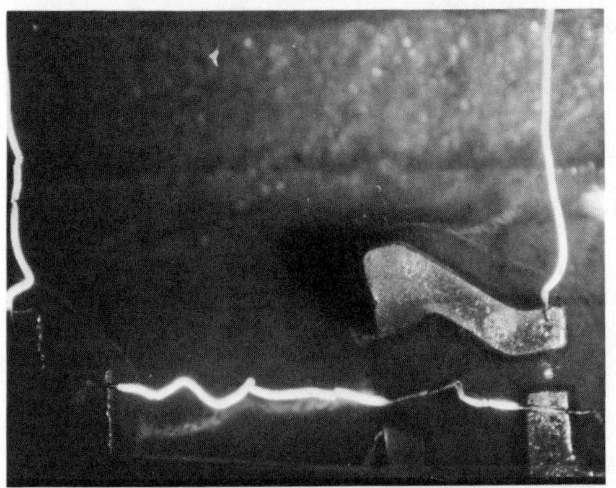

b

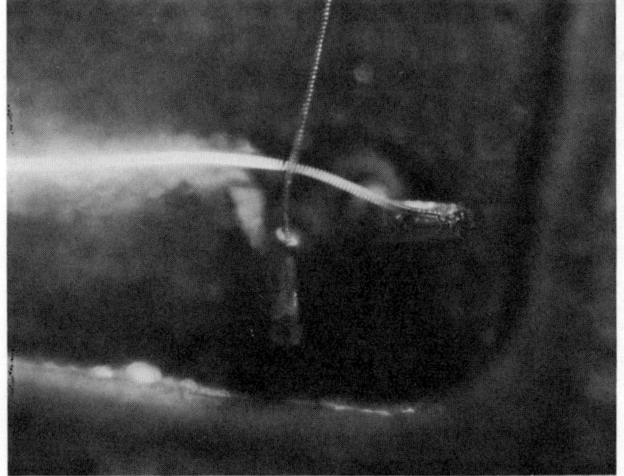

c

Bild 8.47 a, b: Verformte Glühfäden einer Glühfaden-Segmentanzeige nach dem ersten Betrieb mit Überspannung (Minitron) $U > 9$ V
c: Verformte Glühfäden nach 100 Stunden Betrieb mit $U = 6{,}9$ V (Pinlites) (Wandel & Goltermann)

Bild 8.48 Gasentladungs-Segmentanzeige. Die Kathoden sind wegen des zu niedrigen Segmentstromes nur teilweise bedeckt. Links unten: Pumpstutzen; rechts unten: Anodenkontaktierung mit Sprühschutzring; rechts unten: Anodenkontaktierung. Die Anode ist auf dem Deckglas aufgedruckt oder aufgedampft. (Wandel & Goltermann)

Bild 8.49 Chipfoto eines mit Golddraht gebondeten Transistors nach einer Hochtemperaturlagerung (1000 h, 150 °C, Purpurpest) (Wandel & Goltermann)

Bild 8.50 Chipfoto eines durch Überlastung ausgefallenen Transistors (Wandel und Goltermann)

8.48

8.49

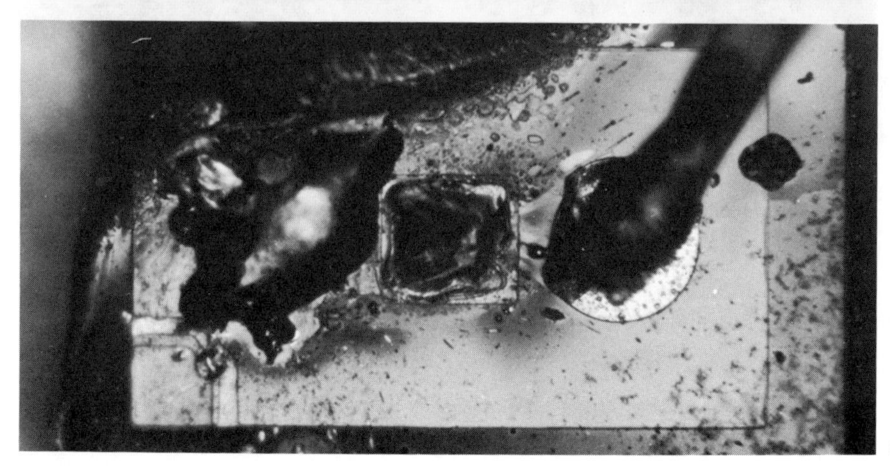

8.50

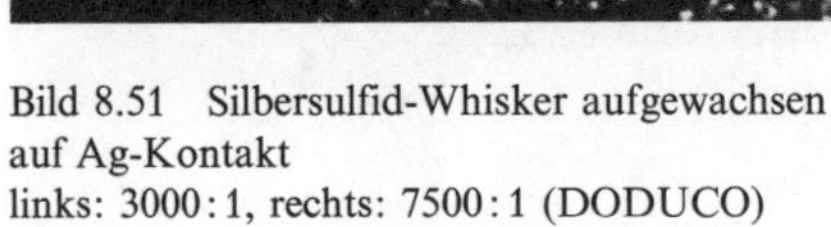

Bild 8.51 Silbersulfid-Whisker aufgewachsen auf Ag-Kontakt
links: 3000:1, rechts: 7500:1 (DODUCO)

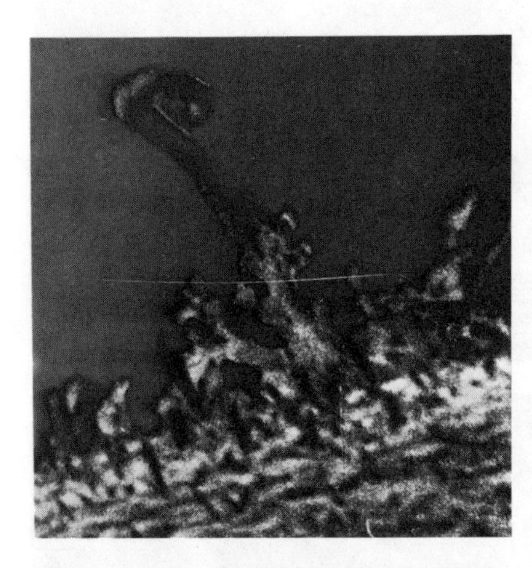

Bild 8.52 Silbersulfid-Whisker aufgewachsen auf einem Ag-Kontakt nach einer Lagerzeit von 6 Jahren, 75000:1 (DODUCO)

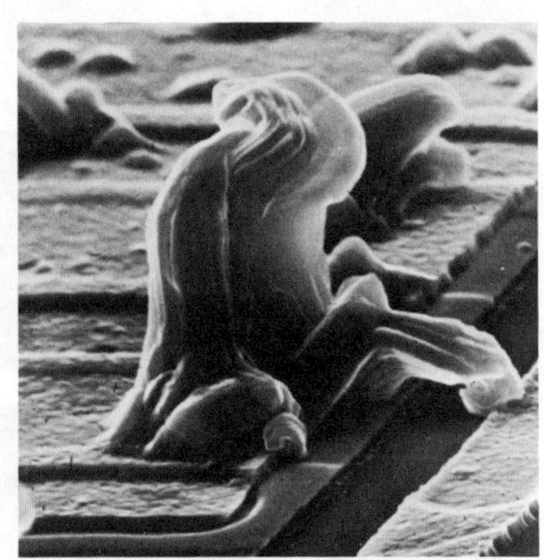

Bild 8.53 Rasterelektronenmikroskop-Foto (REM-Foto) von Whisker und Hillocks auf dem Al des 2-N-3866-Transistors, 8400:1, Blickwinkel 70°, 20 kV. Die Einkristalle aus Al wurden verursacht durch mechanische Schubspannungen einer Al-Temperatur von ca. 180 °C. Der elektrische Ausfall erfolgte durch BE-Kurzschluß (Siemens AG)

Bild 8.54 REM-Foto von Al-Whiskers auf Transistor-Leiterbahnen (Länge ca. 100 µm, Durchmesser ca. 1 µm), 1400 : 1, Blickwinkel 60°, 20 kV (Siemens AG)

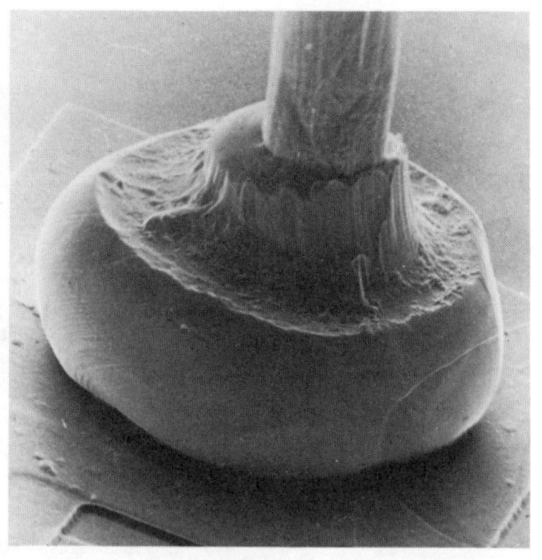

Bild 8.55 REM-Foto einer guten Nailhead-Bondstelle beim Transistor, 1500 : 1, Blickwinkel 60°, 20 kV (Siemens AG)

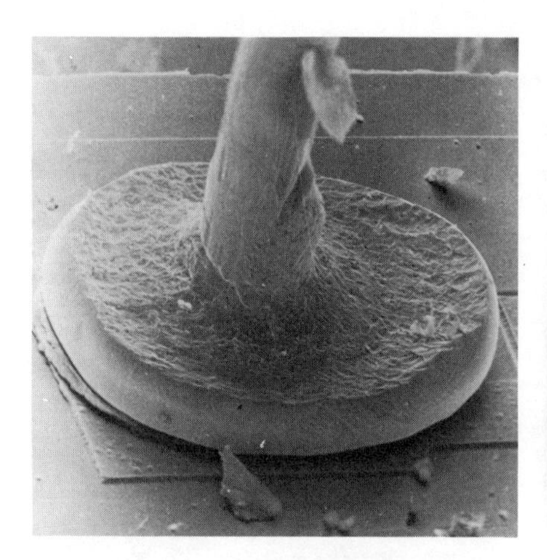

Bild 8.56 REM-Foto einer schlechten Nailhead-Bondstelle beim Transistor, 1000 : 1, Blickwinkel 60°, 20 kV (Siemens AG)

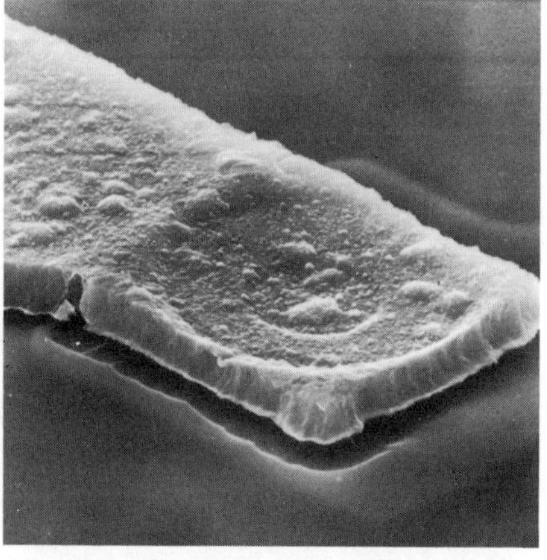

Bild 8.57 REM-Foto einer Unterätzung einer Al-Leiterbahn beim Transistor, 11000 : 1, Blickwinkel 60°, 20 kV (Siemens AG)

Bild 8.58 REM-Foto einer Unterätzung eines mit Ni-bedampften Leistungstransistors (Insel ist Basis, Rand ist der Emitter), 1000 : 1, Blickwinkel 75°, 20 kV (Siemens AG)

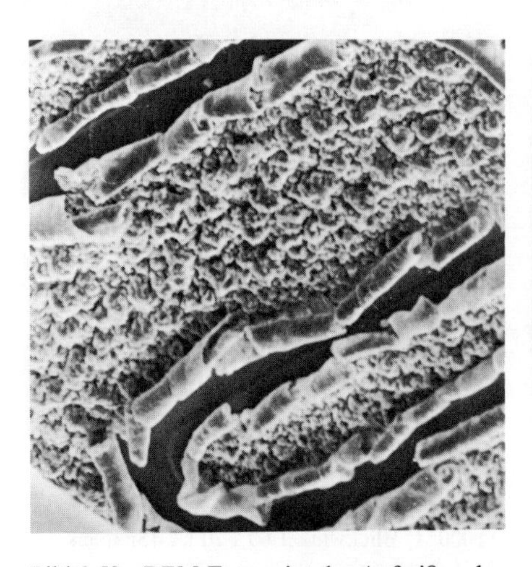

Bild 8.59 REM-Foto zeigt das Aufreißen der Korngrenzen bei Al infolge von Zugkräften nach 10^5 Lastwechseln bei einem Leistungstransistor mit 100 °C Temperaturänderung, Al-Stärke ca. 6 µm, 800 : 1, Blickwinkel 45°, 20 kV (Siemens AG)

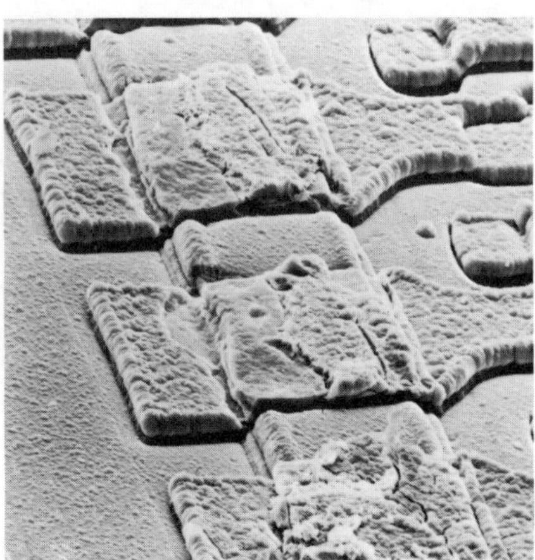

Bild 8.60 Risse in der Glaspassivierung von Al-Leiterbahnen beim Transistor, REM-Foto 3000 : 1, Blickwinkel 60°, 10 kV (Siemens AG)

a

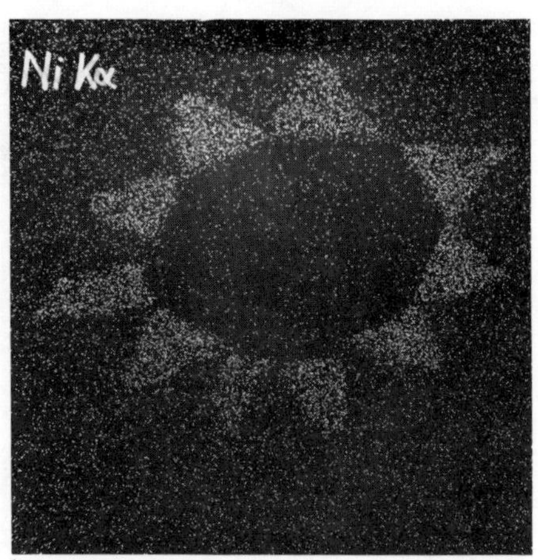

b

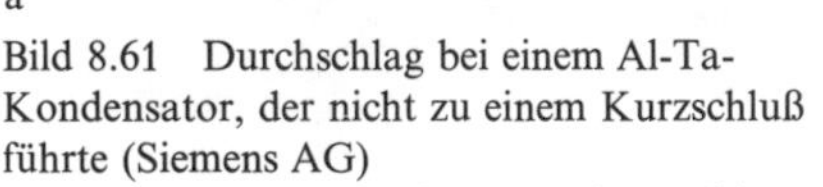

Bild 8.61 Durchschlag bei einem Al-Ta-Kondensator, der nicht zu einem Kurzschluß führte (Siemens AG)

a) Foto, das die aufgerissene und umgeklappte Gegenelektrode zeigt. Das Substrat in der Mitte mit angrenzender Oxidzone liegt frei.
b) REM-Bild der Durchschlagstelle im „Lichte“ einer NiKα-Verteilung

Bild 8.62 Schliffkontrolle einer Durchmetallisierung (AEG-Telefunken)

a) Der Längsschnitt durch die defekte Bohrung läßt den Fehler nicht erkennen
b) Erst der Querschliff zeigt die fehlerhafte Durchmetallisierung. Die Strichlinie zeigt den Verlauf des angefertigten Längsschliffes
c) Querschliff einer fehlerfreien Durchmetallisierung

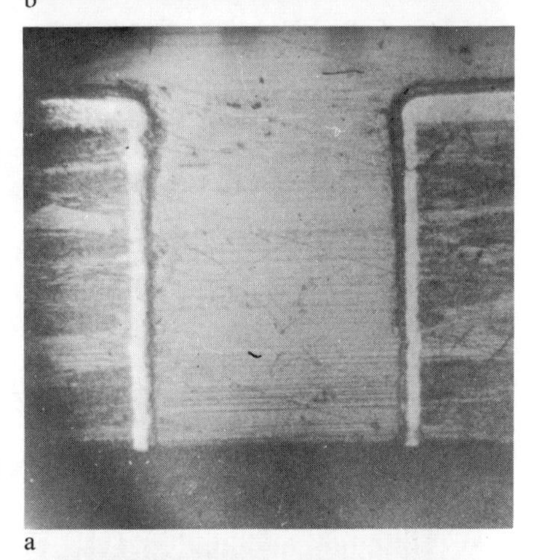

a

b

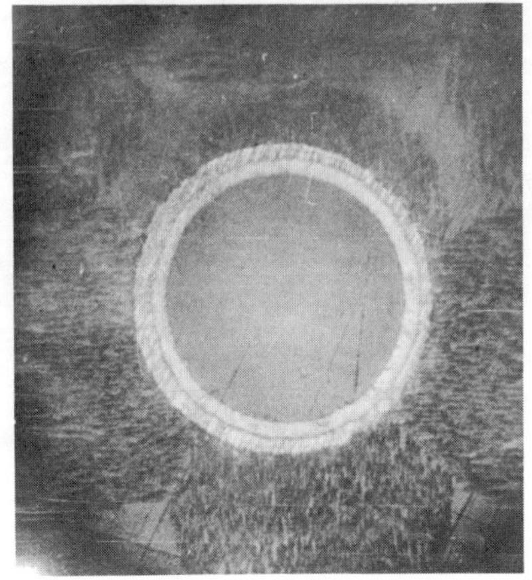

c

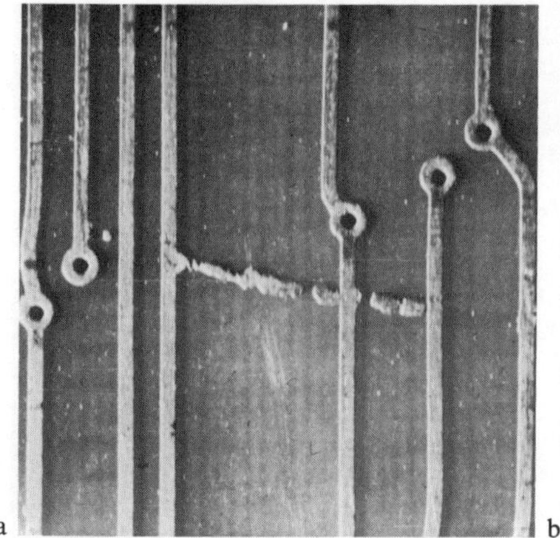
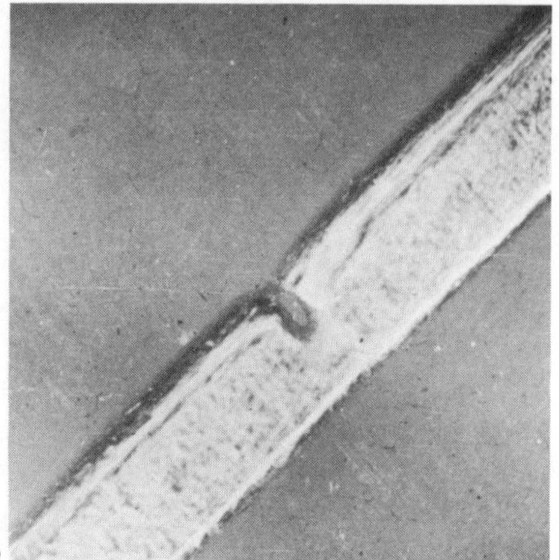

Bild 8.63 Fotos fehlerhafter Leiterplatten (AEG-Telefunken)

a) Metallrückstände. Ursache: schlechte Retusche vor dem Galvanisieren und Ätzen
b) Leiterbahneinschnürung. Ursache: fehlender Metallresist, unterlassene Retusche vor dem Ätzen

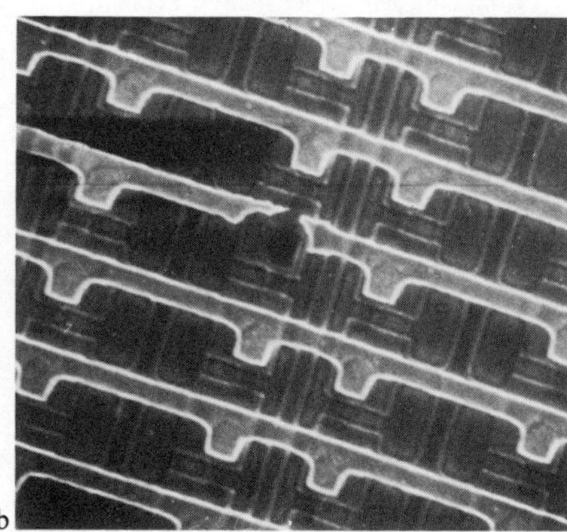

Bild 8.64

a) Die stroboskopische Spannungskontrastmethode zeigt beim 4 k-Chip eine links dunkle, rechts helle Zeile
b) Erst die Vergrößerung der pfeilmarkierten Stelle offenbart die Unterbrechung der Al-Bahn (Siemens AG)

a

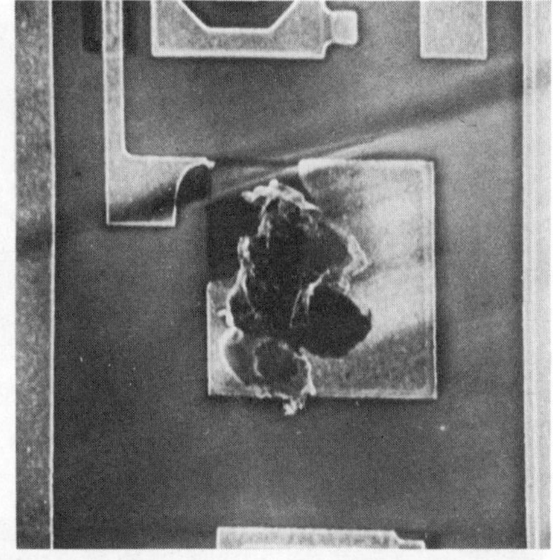

b

Bild 8.65
a) Die stroboskopische Spannungskontrastmethode zeigt die Bondstelle trotz anliegender Spannung dunkel (Pfeil)
b) Das SEM-Foto offenbart erst deutlich die Unterbrechung an der Bondstelle. (Siemens AG)

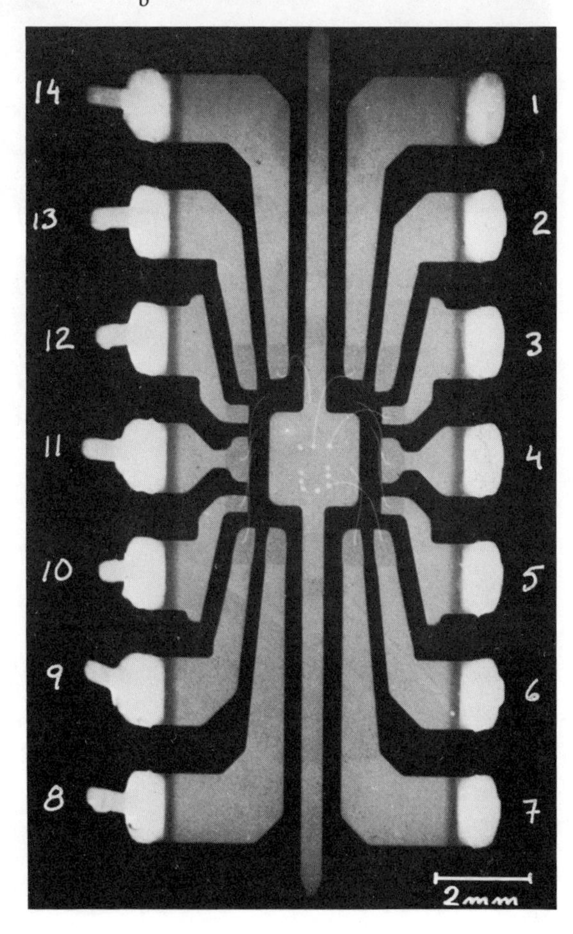

Bild 8.66 Röntgenaufnahme eines ICs im Dual-in-line-Gehäuse. Bonddrähte bei der Kunststoffumhüllung abgerissen (Wandel & Goltermann)

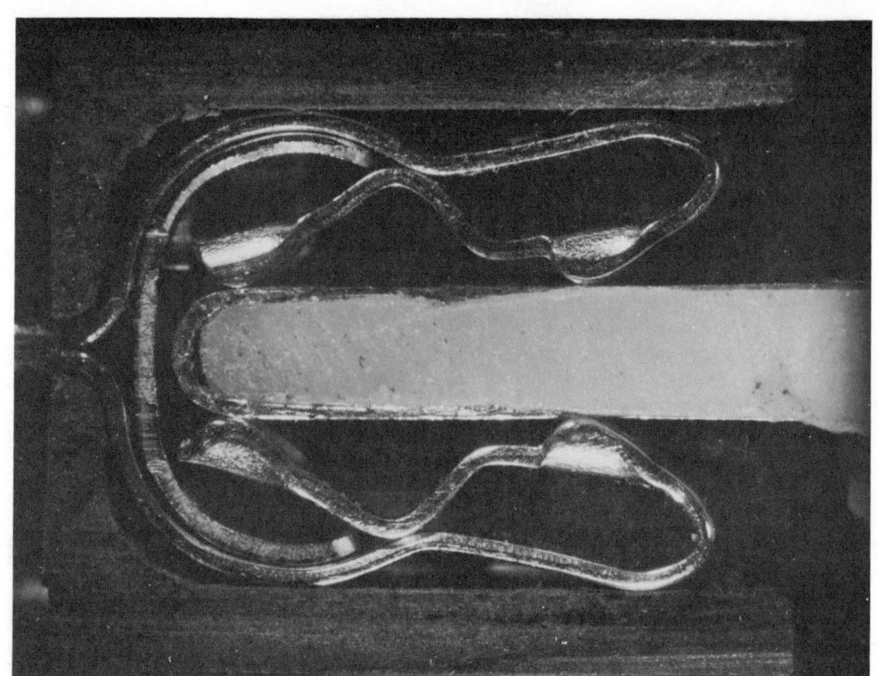
8.67

8.68

Bild 8.67 (linke Seite oben)
Schnittbild einer Steckverbindung mit Gabelprogressivfeder mit ungleichmäßig vergoldetem Messerkontakt (Amphenol-Tuchel Electronics)

Bild 8.68 (linke Seite unten)
Schliffbild einer Dreifach-Tuchelbuchse mit Rundstift (Amphenol-Tuchel Electronics)

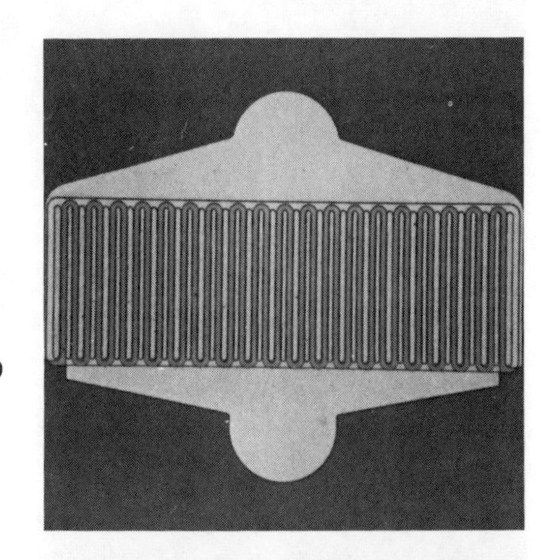

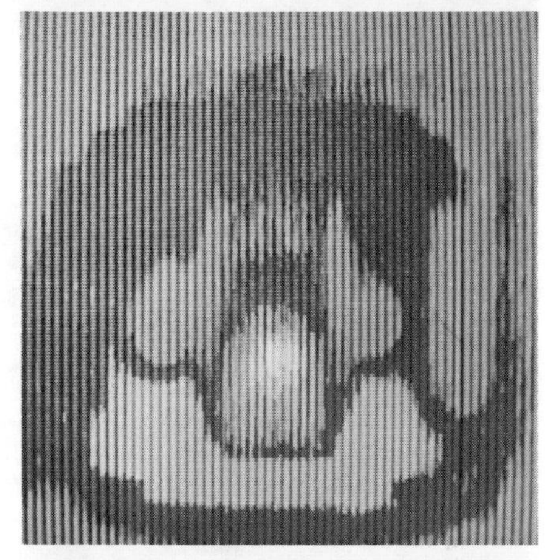

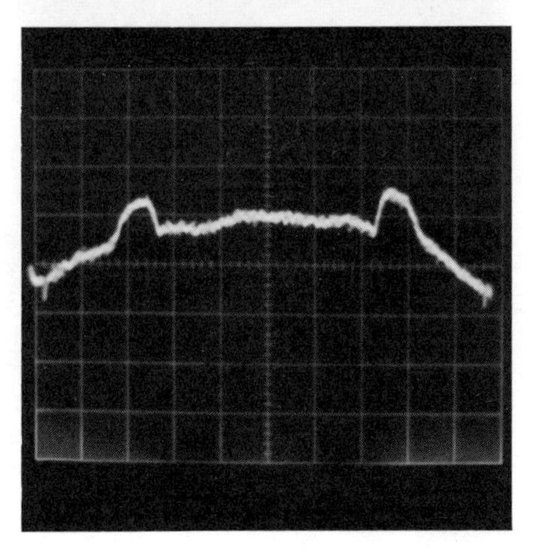

Bild 8.69
Oben: Chip-Foto eines HF-Transistor mit 20 Emitterstreifen, Raster der Si-Fläche $0{,}5 \times 0{,}6\,mm^2$, Streifenbreite $4\,\mu m$
Mitte: Thermogramm mit 10 isothermen Farbstufen, aufgenommen mit dem Infrarot-Mikroskop der AGA-Optronik, Linse C, 125:1 Thermogramm des HF-Transistors mit 20 Emitterstreifen
Unten: IR-Profilkurve des HF-Transistors. Das Oszillogramm zeigt den Temperaturverlauf beim HF-Transistor über die Streifen 1 bis 20 (Siemens AG)

8.70

8.71

Bild 8.70 Foto des geöffneten Metallgehäuses einer Integrierten Schaltung mit zwei Chips. Es zeigt die Bondstellen als mögliche Schwachstellen des Systems

Bild 8.71 Foto einer Integrierten Schaltung aus der nur die Bondstellen ersichtlich sind (AGA Optronik GmbH)

8.72

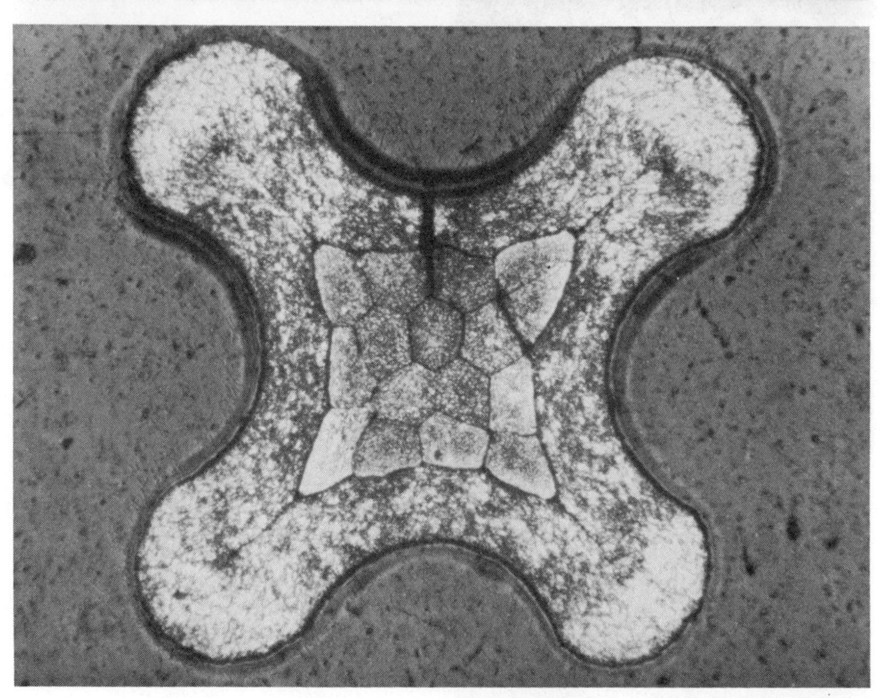

8.73

Bild 8.72 Thermografie des Chips von Bild 8.71 aufgenommen mit einem IR-Mikroskopvorsatz 15 : 1 (vgl. Bild 8.9). Die heißesten Stellen (weiße Flecken) und damit die späteren Ausfallorte sind nun deutlich erkennbar (AGA Optronik GmbH)

Bild 8.73 Querschliff durch einen Crimpanschluß mit 0,5 mm² Cu-Litze. Der erkennbare Spalt ist der Ansatzpunkt späterer korrosiver Schäden (Amphenol-Tuchel Electronics)

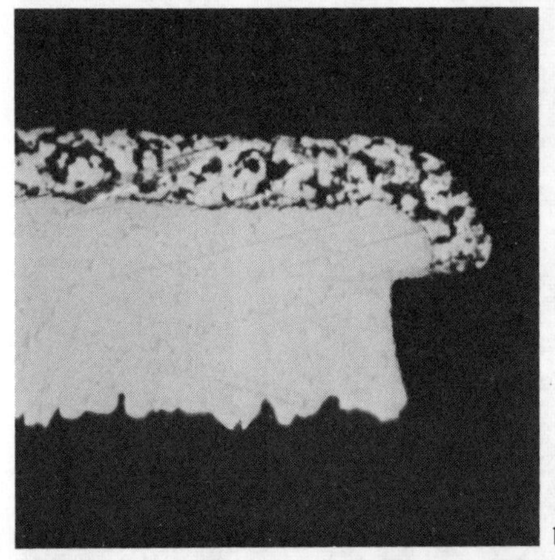

a

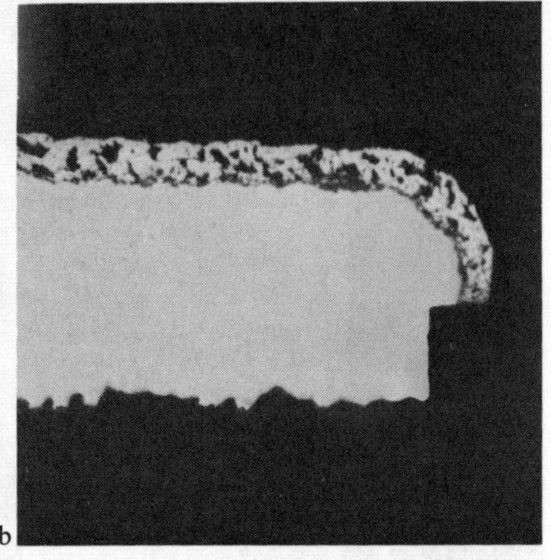

b

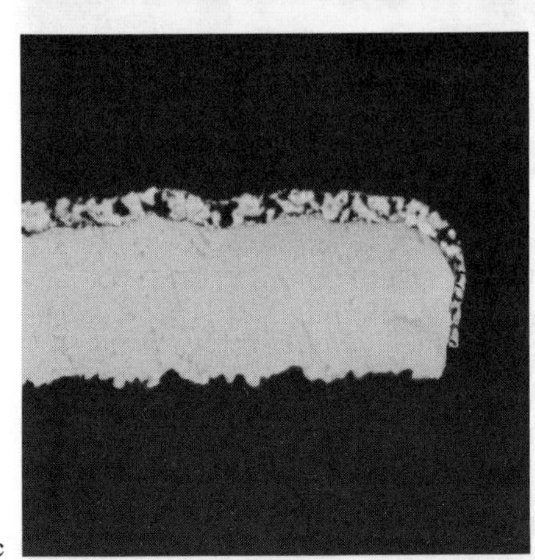

c

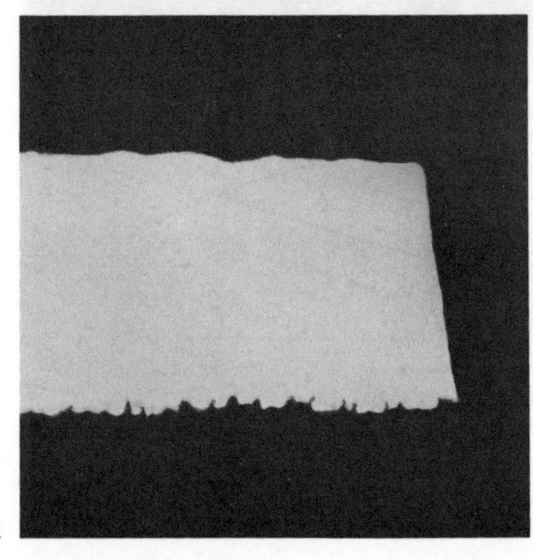

d

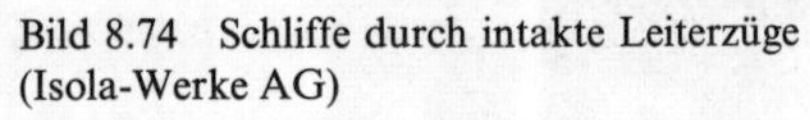

Bild 8.74 Schliffe durch intakte Leiterzüge (Isola-Werke AG)

a) 35 µm-Kupferfolie, Zinn-Blei-Abdeckung, 560 : 1
b) 17,5 µm-Kupferfolie, Zinn-Blei-Abdeckung, 560 : 1
c) 5 µm-Kupferfolie mit Zinn-Blei-Abdeckung, 500 : 1
d) 5 µm-Kupferfolie ohne Zinn-Blei-Abdeckung, 500 : 1

Bild 8.75 (oben) Thermografie einer LED, die die ungleichmäßige Leuchtdichteverteilung als Folge einer ungleichmäßigen Stromverteilung im Kristall aufzeigt. 1,5-facher Nennstrom (30 mA, 0,3 mm ⌀). Die örtliche Überlastung (hot-spot) ist die spätere Ausfallursache der Diode. Bereiche höherer Leuchtdichte (Stromdichte) sind rot, mittlerer gelb, kleinerer hellblau, kleinster dunkelblau. (Institut für Physikalische Elektronik, Universität Stuttgart)

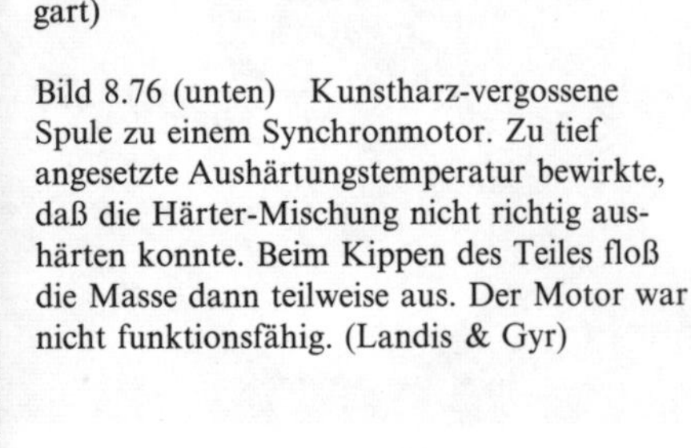

Bild 8.76 (unten) Kunstharz-vergossene Spule zu einem Synchronmotor. Zu tief angesetzte Aushärtungstemperatur bewirkte, daß die Härter-Mischung nicht richtig aushärten konnte. Beim Kippen des Teiles floß die Masse dann teilweise aus. Der Motor war nicht funktionsfähig. (Landis & Gyr)

Bild 8.75

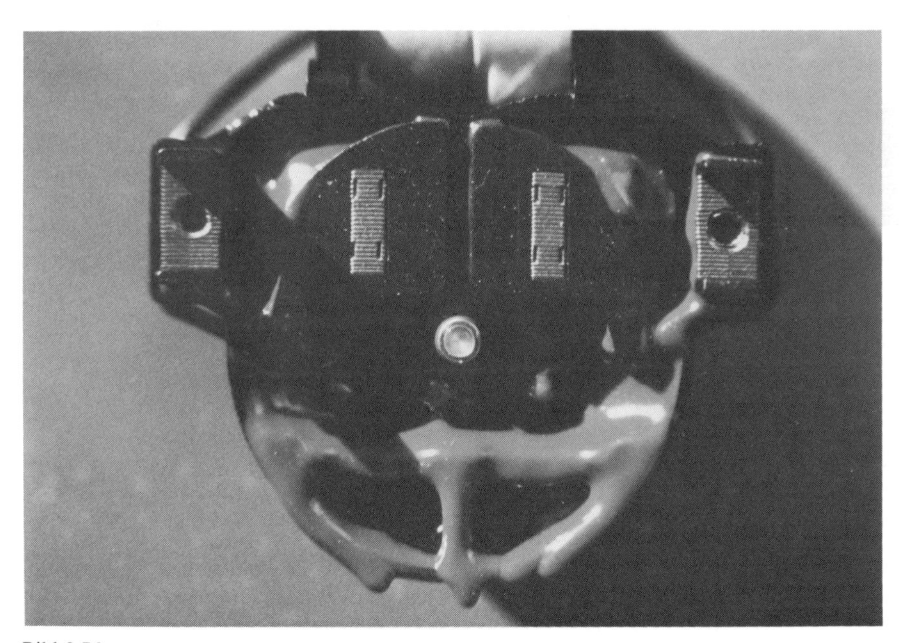

Bild 8.76

9 Zuverlässigkeits-Sicherung

9.1 Aufgabe der Zuverlässigkeits-Sicherung

Die Zuverlässigkeits-Sicherung ist ein Teilkomplex der *Qualitätssicherung*. Darunter versteht man die Gesamtheit organisatorischer und technischer Aktivitäten zur Sicherung der Qualität des Konzepts und der Ausführungsqualität unter Berücksichtigung der Wirtschaftlichkeit.

Technische Produkte bestehen meist aus einer großen Anzahl von Einzelteilen (ein PKW besteht z. B. aus ca. 10 000 Teilen, eine Schreibmaschine aus 2000 Teilen usw.). Um die Systemzuverlässigkeit zu vergrößern, muß man

a) die Anzahl der Elemente reduzieren,
b) die Einzelzuverlässigkeit R_i der Elemente erhöhen.

Bild 9.1 zeigt die Abhängigkeit der Systemzuverlässigkeit von der Höhe der – für alle Elemente als gleich angesetzten – Einzelzuverlässigkeit. Bild 9.1 veranschaulicht

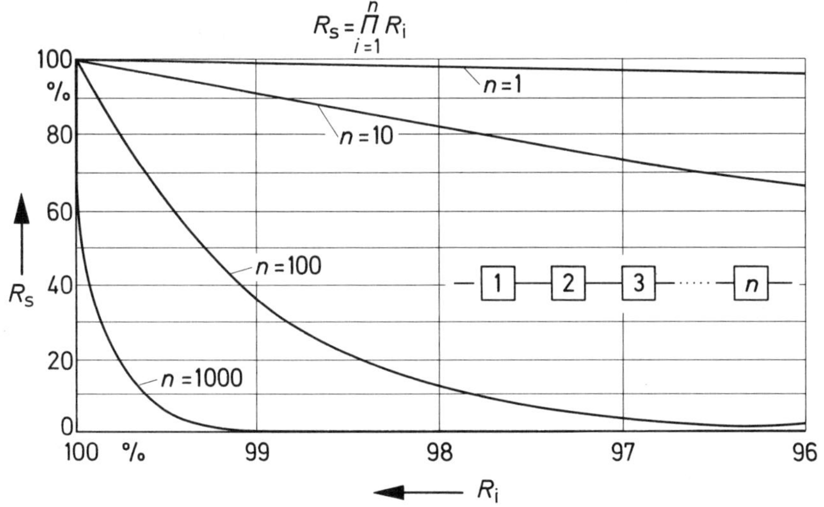

Bild 9.1 Serien-Systemzuverlässigkeit bei n gleichen Elementen in Abhängigkeit von der Komponentenzuverlässigkeit

Bild 9.2 Das „Faßmodell" zur Veranschaulichung der Aufgabe der Zuverlässigkeits-Sicherung

beeindruckend, wie außerordentlich nahe an 100% der Wert von R_i liegen muß, um bei den genannten Einzelteilzahlen die für den Gebrauchswert notwendige Systemzuverlässigkeit zu erreichen.

Zuverlässigkeitssicherung zu betreiben, indem man nur einen Schwerpunkt bildet, z.B. Verwendung von Bauelementen niedriger Ausfallrate, ist nicht wirksam genug. Die Arbeit der Zuverlässigkeitssicherung ist vielmehr eine Gemeinschaftsaufgabe, die alle angeht, den Hersteller wie den Anwender.

Wenn man in einem aus mehreren Komponenten bestehenden System alle Komponenten bis auf eine als für den Anwendungszweck «hundertprozentig zuverlässig» ansehen darf, so bestimmt diese allein die Systemzuverlässigkeit. Diesen speziellen Fall (vgl. Produktgesetz der Zuverlässigkeit, Gleichung 4.1) veranschaulicht das «Faßmodell» in Bild 9.2 links, wobei jede Faßdaube eine Systemkomponente darstellt und der Faßinhalt der Systemzuverlässigkeit entspricht.

Bezugnehmend auf die Fehlerzahl kann man aus der Analogie «Faß» noch etwas anderes ableiten. Teilt man die Fehler in mehrere unabhängige Einzelfehler unterschiedlicher Größe auf:

$$c_{ges} = c_1 + c_2 + c_3 + c_4 + \dots$$

$$\text{z.B.} \quad c_{ges} = 1 + 4 + 2 + 7 + \dots$$

so kann man sich die Einzelfehler c_i als «Löcher» im Faß vorstellen wie es das Bild 9.2 rechts darstellt. Je größer c_{ges} ist, desto mehr Wasser fließt aus dem Faß. Die Zuverlässigkeitsarbeit besteht darin, die «Löcher» so gut wie möglich zu verstopfen, d.h. die Fehlerzahl pro Fehlerart zu reduzieren, von der gröbsten Fehlerquelle zu der kleinsten übergehend nacheinander die Zuverlässigkeit des Systems zu optimieren. Das Ziel ist es, die Auslaufzeit (≙ MTBF-Wert) möglichst zu vergrößern.

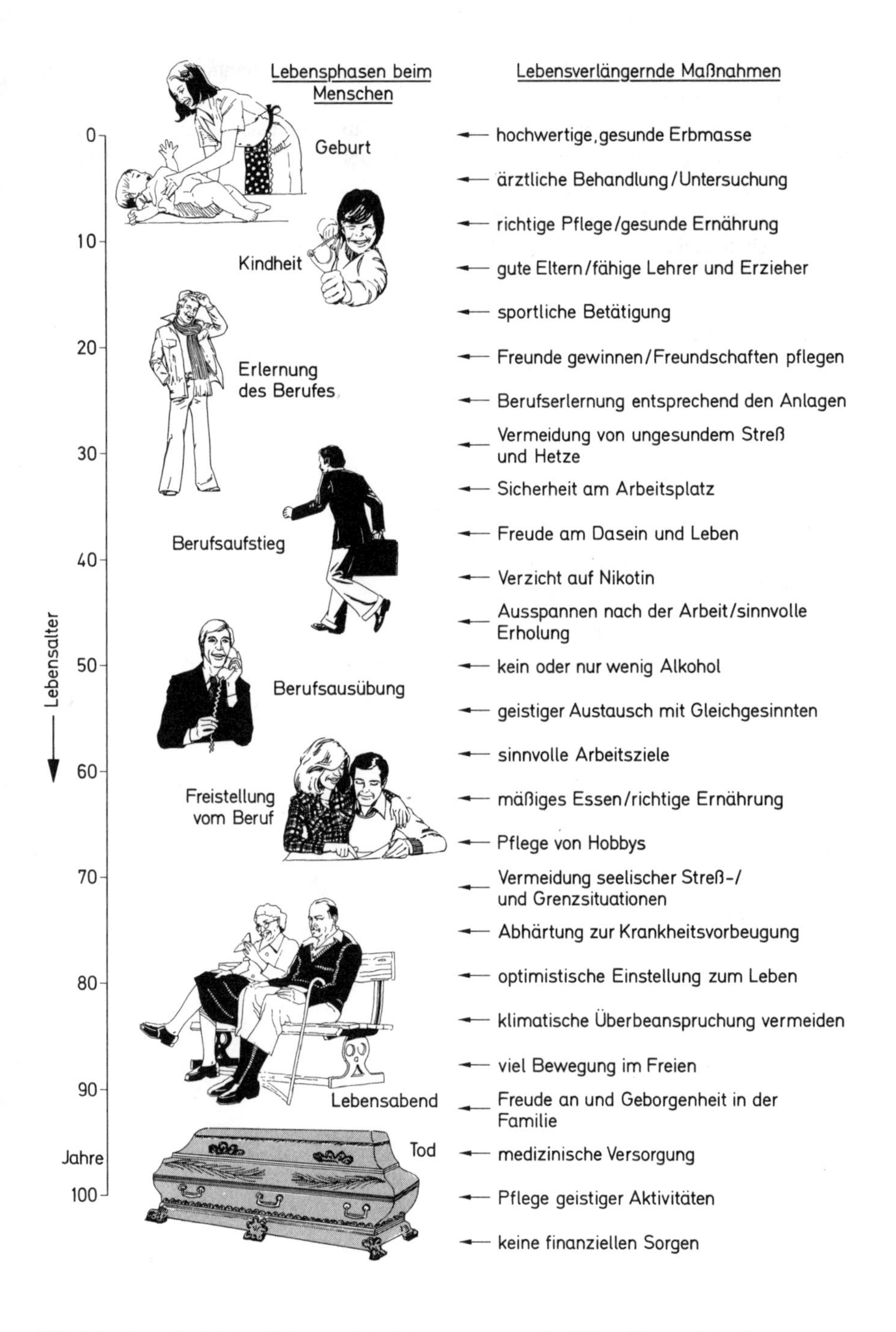

Bild 9.3 Zuverlässigkeits-Sicherung beim Menschen „von der Wiege bis zur Bahre“

Im Abschnitt 2.3 war mit Bild 2.4 auf die Lebensdauerverteilung beim Menschen eingegangen worden. Greift man dieses, jedermann verständliche, jedoch komplizierte Beispiel, nochmals auf, so wird die Aufgabe der Zuverlässigkeits-Sicherung deutlich. Beim Menschen geht es darum, sein Leben im Mittel ($\triangleq$ MTBF-Wert) zu verlängern. Dazu sind zahlreiche Maßnahmen erforderlich und Bedingungen zu erfüllen. In Bild 9.3 sind einige dieser Maßnahmen aufgezählt.

Bei einem technischen Erzeugnis muß ebenfalls, wie Bild 9.4 zeigt, die Zuverlässigkeitsarbeit das Produkt «von der Wiege bis zur Bahre» begleiten. Einige zuverlässigkeitserhöhende Maßnahmen, wie Redundanz und Reparatur, wurden bereits erörtert. Andere Maßnahmen werden in diesem Kapitel noch genannt. Rechts in Bild 9.4 sind die Zuverlässigkeitskenngrößen aufgezählt, die das Ergebnis der jeweiligen Zuverlässigkeitsstudien darstellen.

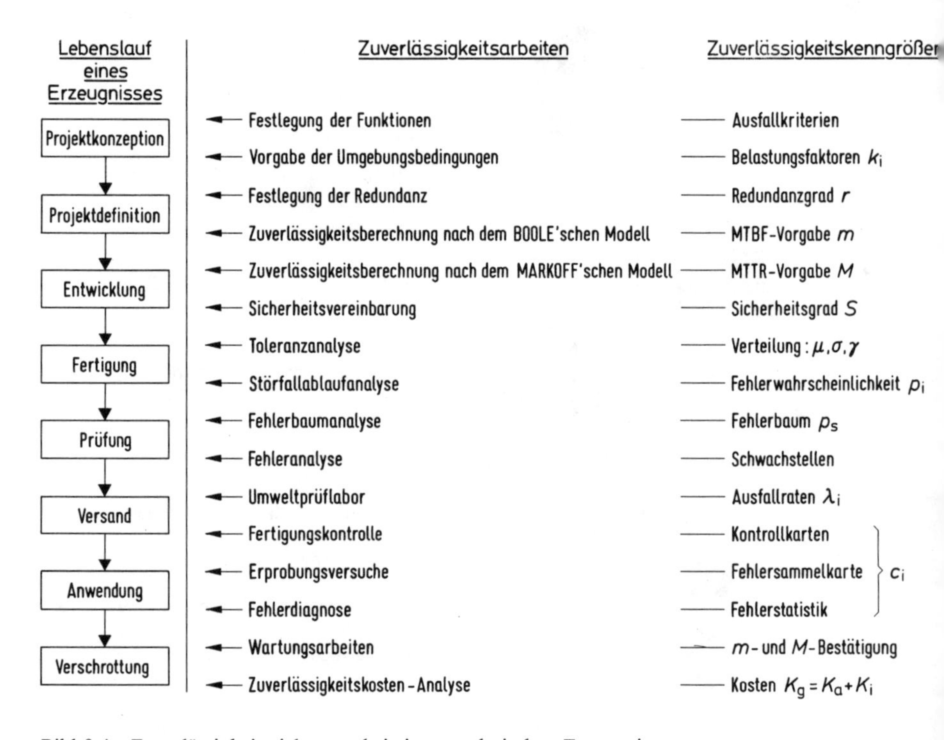

Bild 9.4 Zuverlässigkeitssicherung bei einem technischen Erzeugnis

9.2 Fehlerbenennung/Fehlererkennung

Ausgangspunkt jeder Zuverlässigkeitsberechnung ist die Bezifferung der Ausfallrate eines *Elementes* nach der Gleichung (1.4), die lautete:

$$\lambda = \frac{c}{N \cdot \Delta t}$$

λ = Ausfallrate

c = Fehlerzahl, die zum Ausfall führt

N = Stichprobenumfang

Δt = Prüfzeit

Unter Element sei ein Objekt verstanden, auf das der Geräteentwickler keinen Einfluß mehr ausüben kann, weil es eine geschlossene Einheit ist, z. B. Widerstand, Kondensator, Transistor, integrierte Schaltung usw. Die Fehlerzahl c, die zum Ausfall führt, kann man jedoch erst dann ermitteln, wenn man definiert hat, was ein Fehler ist.

Dazu ist festzulegen:

a) das funktionsnotwendige in Betracht zu ziehende Merkmal, z. B. der β-Wert eines Transistors (Kurzschlußstromverstärkung),
b) die Toleranzgrenze, bei deren Überschreitung erfahrungsgemäß der Element- bzw. Systemausfall erfolgt (Ausfallkriterium), z. B. $\beta_{soll} = 100 \pm 50\,\%$

Dann kann man sagen:

kein Fehler: $\beta_{min} = 50 < \beta_{ist} < \beta_{max} = 150$
Fehler: $\beta_{ist} > \beta_{max}$ oder $\beta_{ist} < \beta_{min}$

Nachstehend wird eine Reihe von Ausfallarten kurz mit Worten definiert, die in Zuverlässigkeitsberichten häufig als Vokabular benutzt werden. Die beiden besonders wichtigen Ausfallarten («Zufallsausfall» und «Verschleißausfall») werden in Bild 9.5 in ihren Eigenschaftsmerkmalen gegenübergestellt. Die Fehlerbenennung weist in der Regel bereits auf die Ausfallursache hin, vgl. auch die Fehlerunterteilung in dem Buch von Preuß [19].

Frühausfälle: Fehlerart, die in der ersten Lebensphase des Erzeugnisses, z. B. beim Probelauf im Prüffeld, in Erscheinung tritt. Zur Erkennung dient der BURN-IN-Test z. B. bei Halbleiterbauelementen bzw. der RUN-IN-Test bei Relais. Merkmal dieser Fehlerart ist die zeitliche Abnahme der Ausfallrate. In dieser Phase ist der Weibull-Exponent kleiner als eins ($\beta < 1$). Drift- und Ausgleichsvorgänge führen dann zu einer Stabilisierung der Parameterwerte.

Normalausfälle oder *Zufallsausfälle* gibt es während der gesamten Lebensdauer eines Elementes. Sie überwiegen aber, wenn die Frühausfälle vorbei sind und die Verschleißausfälle noch nicht in Erscheinung treten. Dies ist im Bereich der mittleren Lebensdauer, z. B. bei Transistoren zwischen $t_{I/II} = 10^2$ h und $t_{II/III} = 10^4 \cdots 10^5$ h der Fall. Es ist dann λ = konst., $\beta = 1$. Die Ursachen für die meist spontan auftretenden Totalausfälle sind oft kritische Belastungen, die die Widerstandsfähigkeit des Elementes überschreiten. Gegenmaßnahmen sind eine geringere Belastung und ein höherer

Merkmale	Zufallsausfälle	Verschleißausfälle (Altern)
Ausfallrate	λ = konst. Ausfallrate kann sich jedoch u.U. sprunghaft ändern, danach konstant	$\lambda \rightarrow$ steigt mit der Betriebszeit an
Weibullexponent	$\beta = 1$	$\beta > 1$
Ausfallart	spontane Totalausfälle	Toleranzausfälle mit langsamer Änderung der Parameter
Ursache	kritische Lastfälle, die zufallsverteilt sind, übersteigen die zulässige Grenzlast nicht vermeidbar, da die Belastungen immer zufallsbedingt entweder diskontinuierlich oder stetig (Rauschen) schwanken	irreversible Änderungen durch Korrosion, Abtragung, Deformation, Ermüdung, Diffusion eines Stoffes in einen anderen nicht vermeidbar, da immer eine Abnützung vorhanden
Wartung	keinen Einfluß auf die Zufallsausfälle	durch Wartung kann beginnender Verschleiß längs der Badewannenkurve verschoben werden
Abhilfe	a.) geringere äußere Beanspruchung b.) bessere Auslegung (Sicherheitsfaktor)	a.) durch Qualitätskontrolle gleiche Teile b.) Auswechseln vor den Verschleißausfällen
Zeiteinfluß	bei einer e-Verteilung ist die Zuverlässigkeit eines Teiles vom Alter abhängig	zeitabhängig: anfangs normale Ermüdung später katastrophale Ermüdung
Beschreibende Verteilung	Exponential-Verteilung, die ein Grenzfall der Poisson-Verteilung ist	Gamma-Verteilung indem man die „sinusförmig-wellige-Abnützung" durch eine Stufenfunktion ersetzt Grenzfall $r = 1$: e-Verteilung, System hat 2 Zustände Grenzfall $r \gg 1$: Gauß-Verteilung, beliebig viele Sprünge, diese so klein, daß die Abnützung quasi-stetig, gut für Drift-Abnützung Weibull-Verteilung ist der Gamma-Verteilung ähnlich
Lebensdauer	Kehrwert der Ausfallrate: $m = \frac{1}{\lambda}$ (Einzellebensdauer ist zufallsabhängig)	die individuellen Mittelwerte streuen um einen ausgeprägten Mittelwert, bei Weibull-Verteilung: $m = \eta \cdot \Gamma(1+1/\beta)$
Ausfalldichte	$f(t) = \lambda \cdot e^{-\lambda \cdot t}$	$f(t) = \frac{1}{(r-1)!} \cdot \lambda^r \cdot t^{r-1} \cdot e^{-\lambda \cdot t}$ bei der Gamma-Verteilung r = Zahl der Freiheitsgrade

Bild 9.5 Gegenüberstellung der Merkmale von Zufallsausfällen und Verschleißausfällen

Sicherheitsfaktor. Beispiel ist ein Haarriß im Glasgehäuse eines Reedkontaktes. Bei einer kritischen Erschütterung splittert das Glas, das Kontaktelement lockert sich, der Kontakt fällt damit aus.

Ermüdungsausfälle oder *Alterungsausfälle* sind dagegen Toleranzausfälle als Folge einer langsamen Änderung der Parameter. Ursache sind innere oder äußere physikalische und chemische Vorgänge, die die Widerstandsfähigkeit des Elementes herabsetzen. Sie führen zu einer irreversiblen Abnützung und schließlich zum Ausfall. Typisch ist für Verschleißausfälle das Ansteigen der Ausfallrate mit der Zeit. Der β-Wert ist größer als eins ($\beta > 1$). Durch bessere Qualität und Auswechseln der Teile kann man das Altern verschieben, jedoch nicht verhindern. Beispiel ist die Kathoden-Emission in Röhren, die mit der Zeit nachläßt.

Betriebsausfälle nennt man die Ausfälle, die in der Betriebszeit auftreten. Es sind in der Regel Zufallsausfälle. Beim nichtredundanten System führt ein Ausfall zum Betriebsstillstand. Beispiel: Eine Unterbrechung einer Motorwicklung führt zum Ausfall des Motors und damit zum Stillstand des Transportbandes. Die Fertigung ist unterbrochen.

Anwendungsausfälle schließen die Betriebsausfälle mit ein und sind Zufallsausfälle. Ein Beispiel wäre ein Kontaktelement einer Alarmanlage, die längere Zeit nicht gewartet wurde und verschmutzt ist. Im Alarmfall versagt der Kontakt.

Primärausfälle heißen die Ausfälle, die nicht die Folge fehlerhafter benachbarter Elemente sind. Beispiel: Fällt in einem Raum eine Glühlampe z. B. infolge Fadenbruches aus, so ist dies nicht beeinflußt durch eine schadhafte Glühlampe im Nebenraum, die am gleichen Netzstrang liegt.

Sekundärausfälle oder *Folgeausfälle* sind Fehler, bei denen der Ausfall des Nachbarelementes den eigenen Ausfall durch Überlastung verursacht. Beispiel sind parallel geschaltete Dioden. Wird eine Diode elektrisch durchschlagen, dann zieht dies den Ausfall der anderen Diode nach sich.

Überbeanspruchungsausfall nennt man die Ausfälle, die entstehen, wenn ein Element außerhalb der zulässigen Belastungsgrenzen betrieben wird. Dies kann z.B. durch Unkenntnis oder ungünstige Umstände geschehen. Beispiel: Ein Transistor hat eine zulässige Dauerverlustleistung von 0,5 W bei 40 °C Umgebungstemperatur. Durch Wärmestau tritt jedoch im Sommer bei ungünstiger Anordnung eine Umgebungstemperatur von 50 °C auf. Der Transistor fällt deshalb infolge thermischer Überlast aus. Abhilfe: Datenblätter mit Grenzwertangaben, die der Anwender auch beachten soll.

Teilausfall: Ausfall, der zu einer Beeinträchtigung einer Funktion, jedoch nicht zum Systemausfall führt. Beispiel: Ausfall der Skalenbeleuchtung bei einem Meßgerät. Das Meßgerät funktioniert noch, jedoch kann man im Dunkeln die Skala nicht mehr ablesen.

Vollausfall oder *Totalausfall:* Ausfall, bei dem das Element oder das nichtredundante System durch das Element völlig ausfällt. Beispiel ist der Heizfadenbruch bei einer Bildröhre. Dies führt zum Ausfall des Fernsehgerätes.

Spontanausfälle oder *Schnellausfälle* sind Ausfälle, die ohne Ankündigung sprunghaft in Erscheinung treten, z.B. als Folge einer kurzzeitigen Überbelastung. Beispiel: Mikrorisse, die durch einen mechanischen Stoß sich plötzlich verbreitern und eine innere Leiterbahn unterbrechen, man vgl. auch die Bezeichnungen Normalausfälle, Zufallsausfälle.

Driftausfälle oder *Toleranzausfälle* sind Ausfälle, bei denen ein oder mehrere Parameter über eine Toleranzgrenze «wegdriften». Dies kann, braucht aber nicht, zum Ausfall des Elementes oder des Systems führen. Beim Übergang von der normalen zur katastrophalen Ermüdung kommt es jedoch dann zum Totalausfall. Beispiel: Kapazitätsänderung in einem Elektrolytkondensator.

Systematische Ausfälle sind Ausfälle, die sich z.B. aufgrund der Verschleiß- und Belastungsart in ihrem Ausfallzeitpunkt mit einer geringen Irrtumswahrscheinlichkeit vorhersagen lassen. Beispiel: Abnutzung der Kohlebürsten bei einem Elektromotor.

9.3 Fehlerursachen

Das *Streß-Strength-Model*, dargestellt in Bild 9.6, gibt eine Antwort auf die Frage, wie es zu einem Ausfall kommt. Dazu zeichnet man auf der x-Achse die Verteilung der Widerstandsfähigkeit und der Belastung auf, auf der y-Achse die Ausfalldichtefunktion. In Bild 9.6 wurde als Beispiel in beiden Fällen die Normalverteilung mit $\mu = 1$; $\sigma = 0{,}5$ gewählt. Dann legen die $3 \cdot \sigma$-Grenzen die obere Lastgrenze B_{max} und die untere Qualitätsgrenze W_{soll} fest. Damit ergibt sich der *Sicherheitsfaktor*

$$S_f = \frac{W_{soll}}{B_{max}} \qquad (9.1)$$

Beispiel: Ein Kondensator habe eine Durchschlagsspannung von $U_2 = 650\,V$, eine Lastspannung von $U_1 = 250\,V$ im Mittel. Dann ist bei $\sigma_1 = \sigma_2 = 50\,V$:

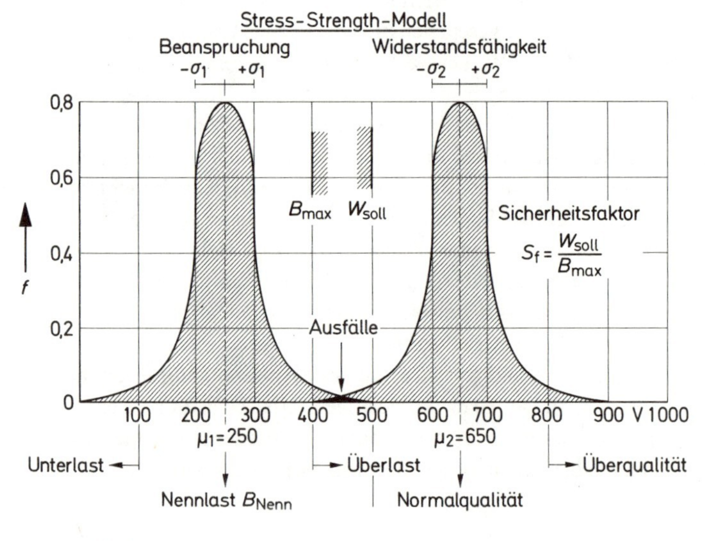

Bild 9.6
Stress-Strength-Modell zur Aufdeckung von Fehlerursachen

Bild 9.7 Kenngrößendrift bei Driftausfällen

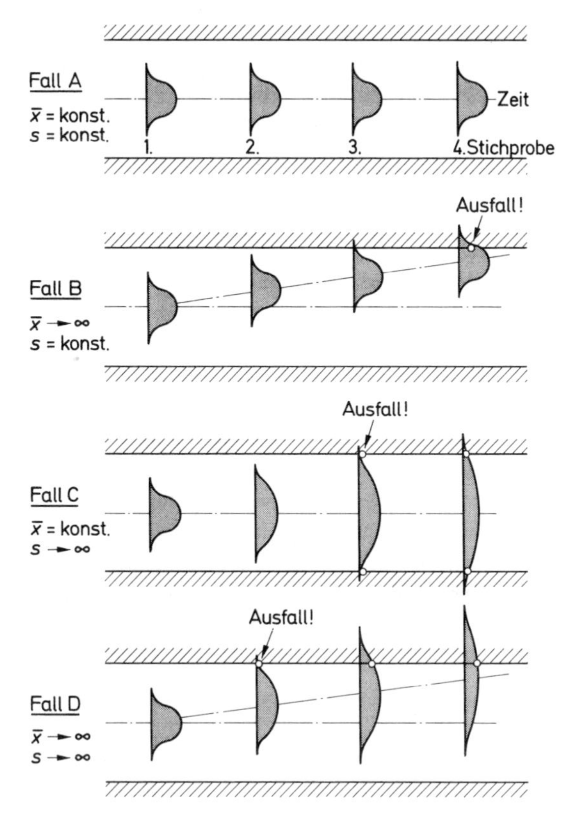

$W_{soll} = 650\,V - 3 \cdot 50\,V = 650\,V - 150\,V = 500\,V$
$B_{max} = 250\,V + 3 \cdot 50\,V = 250\,V + 150\,V = 400\,V$

$$S_f = \frac{500\,V}{400\,V} = 1{,}25$$

99,7 % aller Durchschlagsspannungen liegen dann im Bereich 500 ··· 800 V, 99,7 % aller Lastspannungen liegen zwischen 100 ··· 400 V. Dort, wo die Verteilungen sich überschneiden, kommt es zu Ausfällen. Im gewählten Beispiel sind es $2 \times 0{,}3\,\% = 0{,}6\,\%$ aller vorkommenden Werte. Damit liegt der Prozentsatz c/N fest, und damit ist c bekannt, wenn N vorgegeben ist.

Will man Ausfälle vermeiden, so muß man demnach den Sicherheitsfaktor erhöhen, das bedeutet im einzelnen:

1. die Verteilungen auseinanderrücken: $\mu_2 \gg \mu_1$,
2. die Standardabweichungen klein halten: $\sigma_1 \to 0$, $\sigma_2 \to 0$,
3. die Drift der Kenngrößen verhindern. Den Sachverhalt der Kenngrößendrift erläutert Bild 9.7. Darin sind vier denkbare Fälle gezeichnet. Zeitlich nacheinander werden in gleichen Abständen Stichproben entnommen und die Verteilungen aufgetragen.

Fall A:	$\bar{x} =$ konst.	Befund:	keine Drift
	$s =$ konst.	Ergebnis:	kein Ausfall, da die Verteilung innerhalb der Toleranzgrenzen
Fall B:	$\bar{x} \to \infty$	Befund:	Mittelwert driftet weg
	$s =$ konst.	Ergebnis:	Ausfall zum Zeitpunkt 4
Fall C:	$\bar{x} =$ konst.	Befund:	Standardabweichung vergrößert sich
	$s \to \infty$	Ergebnis:	Ausfall zum Zeitpunkt 3
Fall D:	$\bar{x} \to \infty$	Befund:	Mittelwert und Standardabweichung vergrößern sich
	$s \to \infty$	Ergebnis:	Ausfall bereits zum Zeitpunkt 2

Bezüglich des Stress-Strength-Modell heißt das, daß man auch bei einem festgelegten, ausreichenden Sicherheitsfaktor darauf achten muß, daß die Verteilungen mit den Kennwerten μ_1, σ_1, μ_2, σ_2 nicht «wegdriften». Auf beliebig lange Zeit läßt sich dies nicht verhindern, so daß es irgendwann doch zum Ausfall kommt.

Damit kann man abschließend prinzipiell als Ausfallursachen festhalten:

1. Ausfälle als Folgen von Überlastung,
2. Ausfälle durch zu geringe Widerstandsfähigkeit (innere Schwäche, ungenügende Qualität),
3. Ausfälle trotz ausreichendem Sicherheitsfaktor, weil im Laufe der Zeit die Verteilungen über die zulässigen Grenzen als Folge veränderlicher Mittelwerte und Vergrößerung der Streuungen «hinwegdriften».

Die Art und Belastung der elektronischen Baueinheiten kann sehr vielfältig sein. Grundsätzlich kann man unterteilen in elektrische, thermische, mechanische und chemische Belastungen und deren Kombinationen. Bild 9.8 zeigt eine Aufteilung der Belastungen, die Preuß in seinem Buch [19] darlegt. Unabhängig von der gewählten Aufteilung in Anwenderklassen und den entsprechend gewählten Prüfklassen muß der Entwickler zwei Fragen beantworten:

1. Welchen Belastungen wird diese Baueinheit ausgesetzt sein?
2. Wie kann man diese mit minimalem Aufwand in einem Laboratorium, speziell im Umweltprüflabor, simulieren, um die dabei auftretenden Fehlermechanismen und Ausfälle unter Kontrolle zu bringen?

Es muß an dieser Stelle auf die in Kapitel 12.11 aufgeführten Aufsätze verwiesen werden. Beispielsweise beschreiben Bach, Ebel und Wehr in ihrem Aufsatz [58] welches harte Testprogramm heute Fernsprechapparate bis zur Freigabe durchlaufen müssen. Das Prüfprogramm umfaßt elektrische Stoßbelastung (Blitzspannungen), klimatische Belastungen (Arktiskälte, Tropenhitze, Waschküchendampf), Schadgasbelastungen (H_2S; SO_2) und mechanische Belastungen (Stoß mit 800 g, Wüstenstaub). Tabelle 24 bringt eine kurze Liste der Prüfklassen nach IEC 68 (DIN 40046).

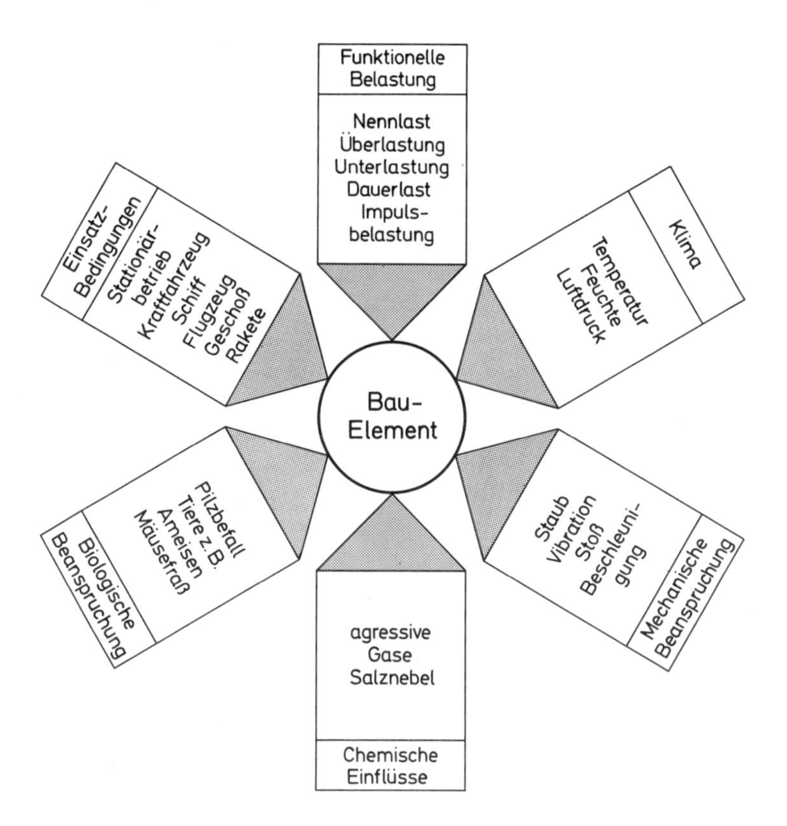

Bild 9.8 Übersicht über die Vielfalt der Belastungsarten bei einem Bauelement

Tabelle 24

Einflüsse	Prüfungen	
Klimatisch	A	Kälte
	B	trockene Wärme
	C	feuchte Wärme, konstant
	D	feuchte Wärme, zyklisch
	L	Staub und Sand
	M	Unterdruck
	N	Temperaturwechsel
	S	Sonnenstrahlung
Mechanisch	E	Stoßen
	F	Schwingen
	G	gleichmäßiges Beschleunigen
	V	Schall
	X	Erdbeben
Chemisch und biologisch	K	korrosive Atmosphäre
	J	Schimmelwachstum
Montage und Fertigung	T	Löten
	U	mechanische Widerstandsfähigkeit der Anschlüsse
	W	Ultraschallreinigung
Sonstige	P	Zündquellen
	Q	Dichtheit
	XA	Widerstandsfähigkeit gegen Lösungsmittel
	Z	kombinierte Prüfungen

9.4 Fehlerregistrierung

In den folgenden vier Lebensphasen eines Produktes muß der Ingenieur Fehlermessungen und Aufzeichnungen über den Soll-Ist-Zustand wichtiger, die Zuverlässigkeit bestimmenden Merkmale durchführen:

- orientierende Messungen während der Entwicklung
- Überwachung der laufenden Produktion
- Abnahmeprüfungen im Prüffeld
- Kontrollmessungen beim Kunden.

Dabei gibt es grundsätzlich zwei Möglichkeiten:

attributive Prüfung → Zählwerte,
messende Prüfung. → Meßwerte.

Die erste Methode ist zeitsparend und macht eine Go/NoGo-Aussage, wenn die Merkmalswerte innerhalb oder außerhalb der Toleranzgrenzen liegen. Sie ist anwendbar bei Totalausfällen. Die zweite Methode ist meßtechnisch aufwendiger und kostet mehr Zeit, zeigt aber Merkmaltendenzen an. Dies ist insbesondere zur Beobachtung von Driftausfällen unerläßlich.

Ausgangspunkt einer jeden Aufzeichnung ist das Meßprotokoll mit den Urwerten. Klassiert man diese Werte, so führt dies zur Strichliste bzw. zum *Histogramm*. Das Histogramm ist erstens sehr anschaulich, zweitens sehr aussagekräftig, weil man viererlei erkennt:

1 die Lage des Mittelwertes: $\bar{x}_{ist} \gtreqless \bar{x}_{soll}$
2. die Streuung der Verteilung: $3 \cdot s_{soll} \gtrless x_0$ bzw. x_u
3. die Schiefe der Verteilung: $\gamma \geqq 0$
4. Die Lage der Verteilung innerhalb/außerhalb der Toleranzgrenzen.

In Bild 9.9 sind zwei denkbare Fälle einer Verteilung bezüglich einer vorgegebenen Toleranzspanne dargestellt. Um aussagekräftig zu sein, hat man jedoch mindestens 60 Meßwerte zu ermitteln, wenn eine Normalverteilung vorliegt, ein S-Wert von 99% gefordert wird und das Verhältnis $\sigma/a = 3$ beträgt (vgl. Gleichung 3.17). Bei einem Zeitaufwand von 20 s pro Meßwert zum Messen und Darstellen benötigt man 20 min zur Zeichnung eines Histogrammes. Man hat dann nur ein Merkmal beobachtet und dies nur zu einem Zeitpunkt. Dieser Aufwand ist sehr hoch.

Liegen die Werteklassierung und das Histogramm (Säulendiagramm) vor, dann kann man daraus die Summenhäufigkeitskurve zeichnen. Sie verläuft im Fall einer Normalverteilung S-förmig. Verzerrt man den Maßstab der y-Achse derart, daß sich die S-Kurve zu einer Geraden erstreckt, wie es das Bild 9.10 zeigt, dann erhält man das «*Wahrscheinlichkeitspapier*». Dies hat den Vorteil, daß man die Meßwerte direkt ohne Klassierung eintragen kann und die $\bar{x}$- und s-Werte sofort abgelesen werden, denn es gilt bei der Gauß-Verteilung die Zuordnung:

∅	x
84%	$\bar{x} + s$
50%	$\bar{x}$
16%	$\bar{x} - s$

Man erhält grafisch ohne Rechnung bereits nach wenigen Minuten die gewünschten statistischen Kennwerte $\bar{x}$ und s.

Muß man jedoch eine laufende Produktion überwachen, dann sind 60 Meßwerte und ein Wahrscheinlichkeitspapier pro Messung zu aufwendig. Man verwendet dann zweckmäßig die bewährten *Kontrollkarten*, die neuerdings treffender *Qualitätsregelkarten* genannt werden, da im allgemeinen aufgrund der Aufzeichnungen die Qualität verbessert wird.

Bild 9.9 Lage zweier Histogramme innerhalb vorgegebener Toleranzgrenzen

Toleranzmitte

Toleranzbreite

Toleranzgrenzen

x_u $\bar{x}_{soll}$ x_o

Fall A keine Toleranzüberschreitung

$-s$ $+s$

keine Aktion erforderlich

x_u $\bar{x}_{ist}$ x_o

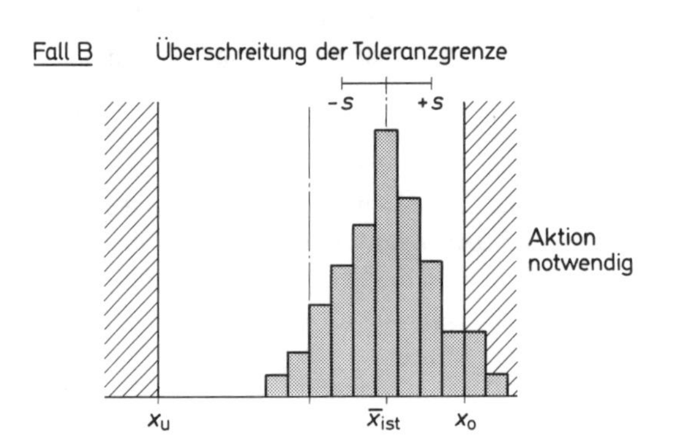

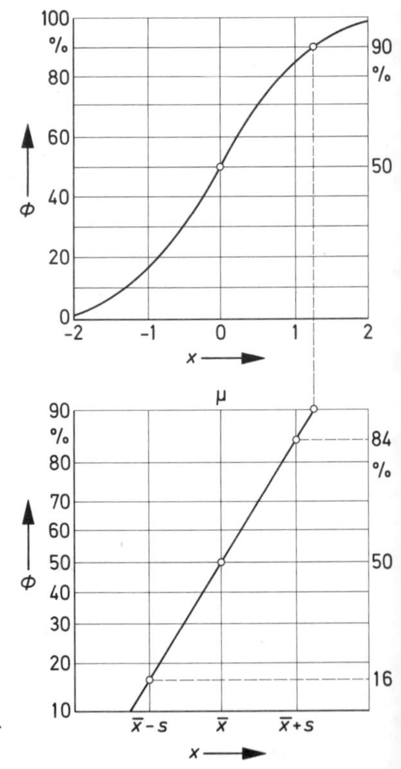

Bild 9.10 Zuordnung der Verteilungsfunktion der Normalverteilung zum Wahrscheinlichkeitsnetz im Wahrscheinlichkeitspapier, Annahme: $\sigma = 1$.

Bild 9.11 Schema einer $\bar{x}$-R-Kontrollkarte

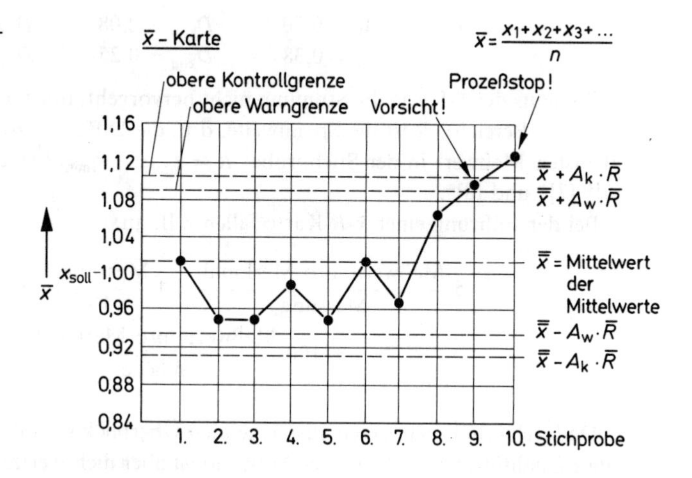

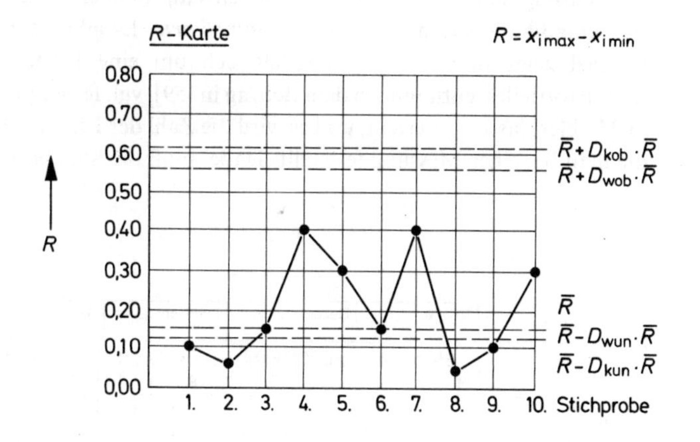

Das Prinzip ist folgendes. Man entnimmt der Produktion z. B. $n = 5$ Proben an der Meßstelle, z. B. alle zwei Stunden einmal, mißt an diesen die interessierenden Größen, errechnet den Mittelwert $\bar{x}$ und trägt diesen als Kreuz in ein Diagramm entsprechend Bild 9.11 ein. Hierbei verlaufen die Toleranzgrenzen horizontal. Verbindet man die Punkte mit einem Polygonzug, so sieht man anschaulich den Qualitätsverlauf, wobei mögliche Trends erkennbar werden. Außer den Kontrollgrenzen werden auch zwei Warngrenzen eingezeichnet. Liegen sämtliche Werte innerhalb der Warngrenzen, so ist ein Eingriff in den Prozeß nicht notwendig. Er wäre sogar unwirtschaftlich. Wird eine Warngrenze überschritten, dann ist der Prozeß strenger zu kontrollieren (z. B. erneute Stichprobenmessung). Bei Überschreitung einer Kontrollgrenze ist der Prozeß zu stoppen. Die Grenzen sind nicht willkürlich von außen vorgegeben, sondern werden aufgrund statistischer Zusammenhänge berechnet. Der AWF-Schrift «Kontrollkarten» (vgl. Kapitel 12.5) entnimmt man z. B. aus der Tabelle 8 die Werte:

$$n = 5: \quad A_k = 0{,}50 \qquad D_{kob} = 2{,}08 \qquad D_{wob} = 1{,}81$$
$$A_w = 0{,}38 \qquad D_{kun} = 0{,}25 \qquad D_{wun} = 0{,}37$$

Weil aus der $\bar{x}$-Karte die Streuung nicht hervorgeht, führt man parallel eine R-Karte (*r*ange = Bereich), R ist die Spannweite, d.h. die Differenz zwischen dem größten und kleinsten Meßwert in der Stichprobe: $R = x_{imax} - x_{imin}$. Siehe weitere Literatur: [5],* [6]* [7]* und [8]*.

Bei der Führung einer $\bar{x}$-R-Karte fallen z.B. an:

$$5\,\frac{\text{Meßwerte pro Merkmal}}{\text{Messung}} \times 4\,\frac{\text{Messungen}}{\text{Tag}} \times 5\,\frac{\text{Tage}}{\text{Woche}}$$
$$= 100\,\frac{\text{Meßwerte pro Merkmal}}{\text{Woche}}$$

Dadurch erhält man einen ausreichenden Überblick über den wöchentlichen Verlauf eines Qualitätsmerkmals. Dieser Aufwand ist aber nicht vertretbar, wenn z.B. bei einer Betrachtungseinheit 8–10 Merkmale gleichzeitig zu überwachen sind. Dann benutzt man zweckmäßig die sogenannte *Fehlersammelkarte*. Es gibt sie in vielen Variationen. Ein Beispiel zeigt Bild 9.12. Es handelt sich um eine Karte zur Überwachung eines Kunststoffteiles, entnommen dem Beitrag in [59], vgl. ferner [60]. Die Fehler werden hier in 9 Fehlerklassen unterteilt, und es wird die Zahl der Fehler je Fehlerklasse eingetragen, die man bei einer Messung feststellt. Dabei muß die Stichprobenanzahl n immer gleich

Fehler		Teil-Nr.:			Bezeichnung:			Lieferant:		Werkstoff:	
		Stichprobenanzahl/Fehler je Fehlerart									Fehlersumme
		1	2	3	4	5	6	7	8	9	10	2 4 6 8 10
Grat												
Oberflächenfehler		1	1				2	1	4			
Farbabweichung												
Länge	> l	1	4	1		1		1	1		1	
	< l				3							
Dicke	> d				1							
	< d											
Durchmesser	> ϕ				3	1						
	< ϕ											
Fehlersumme (0 – 5 – 10)												
Eingangsdatum:		Prüfdatum:			Prüfer:			Abnahme ja/nein				

Bild 9.12
Beispiel für eine Fehlersammelkarte

groß sein. Die Karte erfaßt in diesem Fall das Ergebnis von $9 \times 10 = 90$ Go-NoGo-Messungen. Bei z. B. 2 Messungen/Tag erfaßt die Karte die Wochenqualität des Artikels, jedoch ohne Angabe des Mittelwertes und der Streuung. Bildet man die Spaltensumme und verbindet die Werte zu einem Polygonzug, so erhält man eine zeitliche Aussage. Die Zeilensumme am Ende der Woche zeigt an, welche Fehlerart dominiert. Das Diagramm liefert demnach die Tages-Fehlerhäufigkeit, aber auch, welche Fehlerart in der Woche am häufigsten war.

9.5 Poisson-Verteilung/Stichprobenplan

Nur bei wertvollen Betrachtungseinheiten oder Sicherheitsteilen ist eine *Vollprüfung* vertretbar, d.h.

Vollprüfung: $N = n$ N = Losumfang
n = Zahl der geprüften Teile

Es wird dann jeder Artikel geprüft. Bei billigen Massenartikeln muß man sich aus wirtschaftlichen Gründen mit einer *Stichprobenprüfung* begnügen, d.h.

Stichprobenprüfung: $N > n$

Es ist nun die Frage zu beantworten: Welche minimale Relation n/N ist z. B. für eine statistische Sicherheit von 95% noch zulässig? Diese Anzahl n wird nach der *Poisson-Verteilung* berechnet. Sie ist anwendbar bei diskreten Ereignissen mit geringer Erfolgswahrscheinlichkeit $p < 5\%$. Die Formeln lauten:

$$\mu = n \cdot p \tag{9.2}$$

$$f(x) = \frac{\mu^x}{x!} \cdot e^{-\mu} \tag{9.3}$$

$$F(x) = e^{-\mu} \cdot \sum_{s \leqq x} \frac{\mu^s}{s!} \quad \text{für} \quad x \geqq 0 \tag{9.4}$$

Es bedeuten hierbei:

x = diskrete Variable, p = Fehleranteil in %
s = diskrete Variable zwischen 0 und x
n = Anzahl der Ereignisse
μ = Mittelwert der Grundgesamtheit
$f(x)$ = Wahrscheinlichkeitsfunktion
$F(x)$ = Summenhäufigkeit

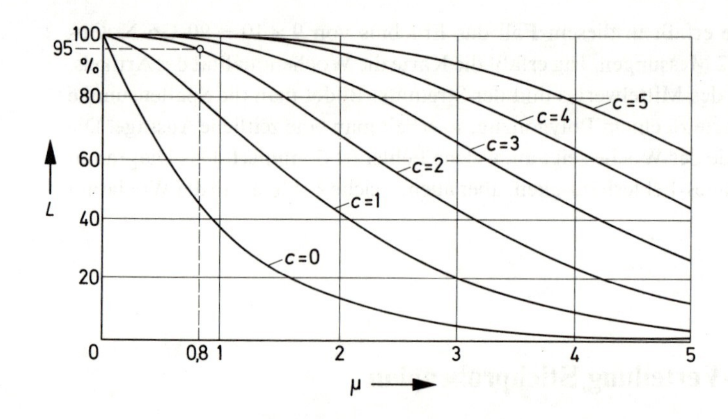

Bild 9.13 Wahrscheinlichkeitsfunktion der Poisson-Verteilung: *x*-*y*-Achsen mit linearem Maßstab

Die Werte der Poisson-Verteilung befinden sich in Tabellen, z.B. in Tabelle 2 bei Kreyszig [4]*. Übernimmt man dieses vielseitige, mathematische Modell in die Prüftechnik und bezeichnet mit L die Annahmewahrscheinlichkeit in % für ein Los ($\hat{=} F(x)$), so erhält man eine Summe von e-Funktionen z.B. für $c = 3$ wie folgt:

$$L = \mathrm{e}^{-\mu} \cdot \left[1 + \frac{1}{1!}\,\mu^1 + \frac{1}{2!}\,\mu^2 + \frac{1}{3!} \cdot \mu^3 + \ldots \right] \qquad (9.5)$$

Bei $c = 0$ ergibt sich also nur eine e-Funktion, bei $c = 1$ zwei e-Funktionen usw. Dieser Sachverhalt ist in Bild 9.13 grafisch dargestellt. Dabei haben die y-Achse und x-Achse

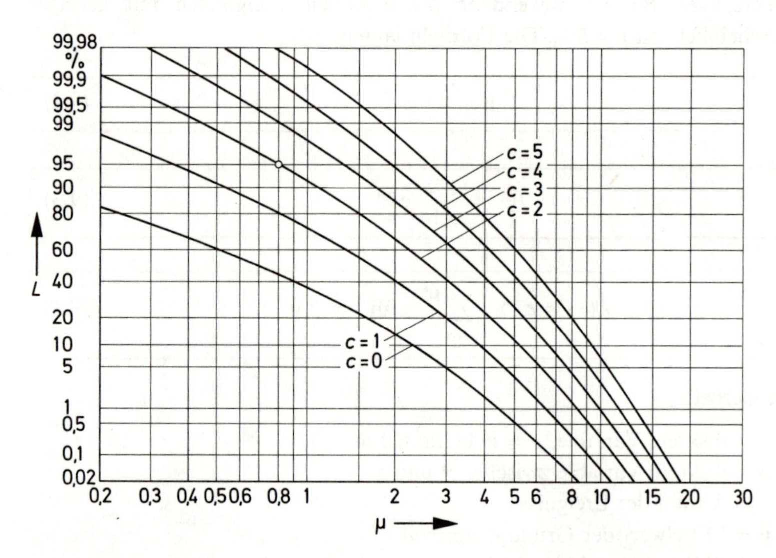

Bild 9.14 Wahrscheinlichkeitsfunktion der Poisson-Verteilung: *x*-*y*-Achsen mit einfach-logarithmischem Maßstab

einen linearen Maßstab. Wählt man einen einfach-logarithmischen Maßstab, dann werden die L-Werte oberhalb 90 % besser ablesbar, vgl. Bild 9.14. Danach ist z.B. bei

$$L \mathrel{\hat{=}} 95\,\%; \quad c = 2 \quad \rightarrow \quad \mu = 0{,}8$$

Wegen Gleichung (9.2) ist dann bei $p = 1\,\%$

$$n = \frac{\mu}{p} = \frac{0{,}8}{0{,}01} = 80 \quad \text{damit lautet die Prüfanweisung:}$$

In einem Los von $n = 80$ dürfen nicht mehr als $c = 2$ Fehler sein, andernfalls ist das Los zurückzuweisen.

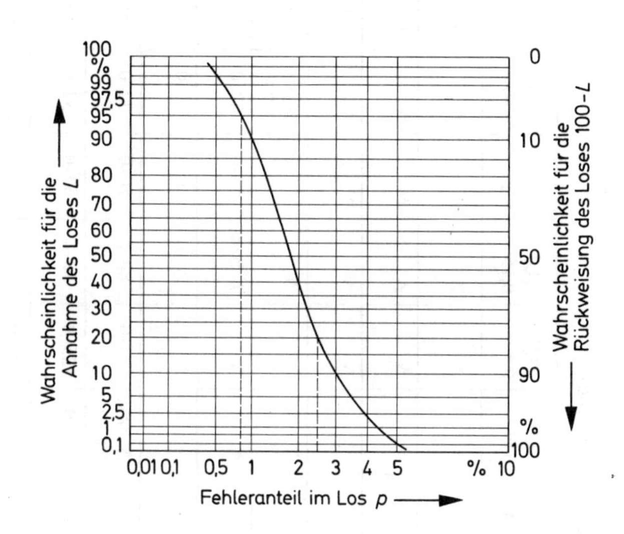

Bild 9.15 OC-Kurve für $n = 315$, $c = 5$. Einfach-Stichprobenvorschrift: Bei $L = 95\,\%$ ist $p = 0{,}8\,\%$, $\mu = 2{,}52$

Da nun nach Gleichung (9.2) bei konstantem n der p-Wert mit dem μ-Wert fest verknüpft ist, kann man auf der x-Achse auch die p-Werte auftragen. Man erhält dann die sogenannte *Annahmekennlinie* oder *Operationscharakteristik* (*o*perational *c*haracteristic) oder einfach OC-Kurve. Bild 9.15 zeigt eine solche OC-Kurve für den Fall $n = 315$, $c = 5$. Über den Fehleranteil im Los kann man dann das Qualitätsniveau festlegen. In den USA nennt man dies den *AQL-Wert* (*a*cceptable *q*uality *l*evel = annehmbares Qualitätsniveau). Dies ist nichts anderes als die Angabe des p-Wertes bei festgelegtem c-Wert, wobei man sich auf einen L-Wert geeinigt hat. Daraus erhält man dann die gesuchte Größe n. Damit das mathematisch weniger geschulte Prüfpersonal eine feste Prüfvorschrift erhält, hat man *Stichprobenpläne* bzw. *Stichprobentabellen* erarbeitet. Sie geben gleichzeitig den Bezug zur gesamten Anzahl N der Teile an. Tabelle 25 zeigt einen Einfach-Stichprobenplan für normale Beurteilung, vgl. Lit. 12.5. S. 25. Dieser Tabelle entnimmt man für einen AQL-Wert von 1,0:

$$N = 1201 \cdots 3200, \quad n = 80, \quad c = 2 \quad \text{bei} \quad L \mathrel{\hat{=}} 95\,\%$$

Tabelle 25: Einfach-Stichprobenpläne für normale Beurteilung (n–c)

N \ Stichproben-Plan	AQL 0,010	AQL 0,015	AQL 0,025	AQL 0,040	AQL 0,065	AQL 0,10	AQL 0,15	AQL 0,25	AQL 0,40	AQL 0,65	AQL 1,0	AQL 1,5	AQL 2,5
2 bis 8	*N*	*N*	*N*	*N*	*N*	*N*	*N*	*N*	*N*	*N*	*N*	*N*	*N* bzw. 5–0
9 bis 15	*N*	*N*	*N*	*N*	*N*	*N*	*N*	*N*	*N*	*N*	*N* bzw. 13–0	8–0	5–0
16 bis 25	*N*	*N*	*N*	*N*	*N*	*N*	*N*	*N*	*N*	*N* bzw. 20–0	13–0	8–0	5–0
26 bis 50	*N*	*N*	*N*	*N*	*N*	*N*	*N*	*N*	*N* bzw. 32–0	20–0	13–0	8–0	5–0
51 bis 90	*N*	*N*	*N*	*N*	*N*	*N*	*N* bzw. 80–0	50–0	32–0	20–0	13–0	8–0	20–1
91 bis 150	*N*	*N*	*N*	*N*	*N*	*N* bzw. 125–0	80–0	50–0	32–0	20–0	13–0	32–1	20–1
151 bis 280	*N*	*N*	*N*	*N*	*N* bzw. 200–0	125–0	80–0	50–0	32–0	20–0	50–1	32–1	20–1
281 bis 500	*N*	*N*	*N*	*N* bzw. 315–0	200–0	125–0	80–0	50–0	32–0	80–1	50–1	32–1	32–2
501 bis 1 200	*N*	*N* bzw. 800–0	500–0	315–0	200–0	125–0	80–0	50–0	125–1	80–1	50–1	50–2	50–3
1 201 bis 3 200	*N* bzw. 1250–0	800–0	500–0	315–0	200–0	125–0	80–0	200–1	125–1	80–1	80–2	80–3	80–5
3 201 bis 10 000	1250–0	800–0	500–0	315–0	200–0	125–0	315–1	200–1	125–1	125–2	125–3	125–5	125–7
10 001 bis 35 000	1250–0	800–0	500–0	315–0	200–0	500–1	315–1	200–1	200–2	200–3	200–5	200–7	200–10
35 001 bis 150 000	1250–0	800–0	500–0	315–0	800–1	500–1	315–1	315–2	315–3	315–5	315–7	315–10	315–14
150 001 bis 500 000	1250–0	800–0	500–0	1250–1	800–1	500–1	500–2	500–3	500–5	500–7	500–10	500–14	315–14
> 500 000	1250–0	800–0	2000–1	1250–1	800–1	800–2	800–3	800–5	800–7	800–10	800–14	500–14	315–14

Anmerkung: N bedeutet Vollprüfung, falls $N \leqq n$.

Diese Angaben besagen: Bei 95 von 100 Stichproben dürfen maximal 2 Fehler in einer Stichprobe sein. Dazu sind jeweils $n = 80$ Messungen pro Merkmal und Fehlerart vorzunehmen. Die produzierte Anzahl der Teile darf dabei nicht größer als $N = 3200$ Stück sein. Die Stichprobe muß aus dieser Menge eine Zufallsauswahl darstellen.

Fordert nun der Kunde den schärferen *AQL*-Wert von 0,65, so bedeutet dies:

$$N = 3201 \cdots 10000, \quad n = 125, \quad c = 2 \quad \text{bei} \quad L \mathrel{\hat{=}} 95\,\% \quad \text{usw.}$$

Die Stichprobentabellen sind also wichtige Hilfsmittel bei der attributiven Prüfung zur Aufrechterhaltung eines geforderten Qualitätsniveaus. Sie wurden aufgrund der Poisson-Verteilung berechnet. Je niedriger der AQL-Wert ist, desto höher werden die Prüfkosten.

Prüft man nach derartigen Prüfplänen, so ergeben sich erhebliche Prüfzeiten pro Prüfling, z.B.

$$\begin{aligned} &3\,\text{s/Messung} \times 125\ \text{Messungen/Merkmal} \times 10\ \text{Merkmale/Artikel} \\ &\quad = 62{,}5\,\text{min}\ (> 1\,\text{h})\ \text{Prüfzeit pro Artikel} \end{aligned}$$

Man ist also bestrebt, entweder reduzierte Prüfpläne oder zeitsparende Prüfungen anzuwenden.

9.6 Zeitraffende Tests

Zur Bestimmung der Ausfallrate muß man ein Bauelementekollektiv mit der Nennlast bei den Grenzdaten belasten und auf die Ausfälle warten. Bei den üblichen Ausfallraten von $\lambda \leqq 10^{-8}$/h der Dioden und Transistoren wären dazu bei $c = 1$ mindestens 100 Mio. Bauelementestunden erforderlich. Dieser Prüfaufwand ist zur Beobachtung einer Fertigung nicht tragbar. Daher versucht man durch Stress-Erhöhung eine Zeitraffung zu erreichen. Dies führt auf die Fragen:

1.) Welche Zeitraffungsmethoden sind realisierbar?
2.) Welcher Streß (höhere Belastung) ist für das Bauteil noch zulässig?

Die Antwort auf diese Fragen gibt die Streß-Zeit-Kurve nach Bild 9.16. Danach ist ein *Streß-Faktor* noch solange zulässig, solange sich der Ausfallmechanismus nicht ändert. Es dürfen also bei höherer Belastung weder neue Ausfallmechanismen entstehen, noch solche wegfallen. Man erkennt dies an der gleichbleibenden Ausfallverteilung.

Bei der Kurzprüfung (Punkt A) ist die Prüfzeit konstant, und die Belastung wird in Stufen geändert. Die Ausfälle werden dann gezählt und in Klassen getrennt aufgetragen. Beim Dauerversuch (Punkt B) bleibt die Belastung konstant. In aufeinanderfolgenden Zeitintervallen werden die Ausfälle gezählt und im Histogramm aufgetragen. Danach kann man auf den normalen Anwendungsfall (Punkt C) umrechnen, vgl. Aufsatz von Werner [61]. Welche Streßfaktoren und *Beschleunigungsfaktoren* (exakter: Raffungsfaktoren) realistisch sind, liest man in der Druckschrift TELEREL [62] auf S. 45. Danach kann man bei Steigerung der Sperrschichttemperatur an bipolaren integrierten Schaltungen folgende Faktoren erwarten:

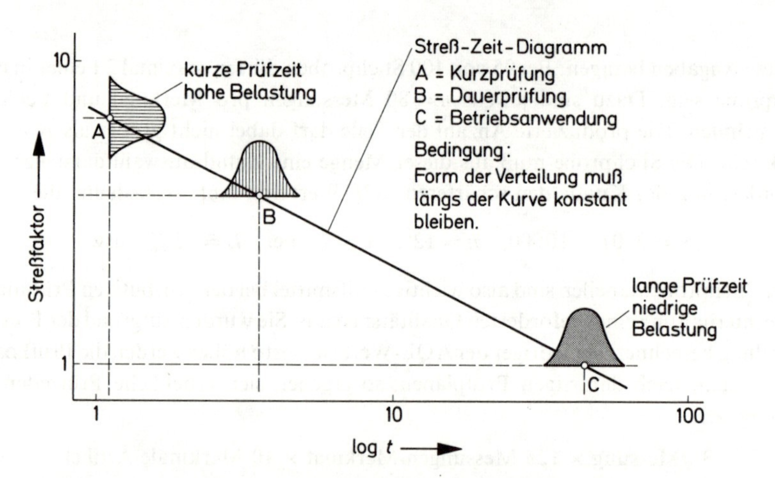

Bild 9.16 Belastung – Zeit – Diagramm bei gleichbleibender Ausfallverteilung gültig für eine Bauelementegattung z. B. Leistungstransistoren

45 °C auf 100 °C: Zeitraffungsfaktor 7, Streßfaktor: 2,2
45 °C auf 150 °C: Zeitraffungsfaktor 35, Streßfaktor: 3,3

Diese Faktoren sind geringer, als sie sich nach dem theoretischen Arrhenius-Diagramm von Bild 3.4 sowie nach den Meßwerten von Bild 3.5 errechnen. Man benutzt diesen Sachverhalt auch bei den BURN-IN-Tests. Hierbei wird z.B. ein Los von 50 Halbleiterbauelementen 1000 h bei 150 °C gelagert. Nach der Hochtemperatur-Lagerung werden innerhalb von 24 ··· 96 h die elektrischen Kenngrößen gemessen, für die die Ausfallkriterien definiert sind. Es darf dann nicht mehr als ein Totalausfall im Los vorkommen. Diese Art Tests dienen wegen der geringen Bauelementestundenzahl nur der Überwachung der Stabilität der Fertigung, ferner zur Selektierung von Frühausfällen.

Bei anderen Bauelementen ergeben sich völlig andere Faktoren und damit Streß-Zeit-Diagramme. Ackermann nennt in seinem Buch [18] auf S. 16 folgende Beziehung:

$$\frac{m_1}{m_2} = \left(\frac{U_2}{U_1}\right)^n \tag{9.6}$$

U_2 = Prüfspannung für die Lebensdauer m_2
U_1 = Prüfspannung für die Lebensdauer m_1
n = Lebensdauerexponent

Der Exponent kann bei Kondensatoren zwischen 2 und 12 liegen, sollte jedoch bei Papierkondensatoren den Wert 4 nicht überschreiten. Wählt man einen Streßfaktor von 1,2 und $n = 4$, so erhält man als Zeitraffungsfaktor

$$\left(\frac{U_2}{U_1}\right)^n = 1{,}2^4 = 2\text{fach},$$

wählt man einen Streßfaktor von 2 und $n = 6$, so beträgt der Raffungsfaktor

$$\left(\frac{U_2}{U_1}\right)^n = 2^6 = 64\text{fach}.$$

Man sollte diese Streß- und Raffungsfaktoren nicht willkürlich in einer Prüfvorschrift verankern, sondern gemeinsam mit dem Prüffeldingenieur, der auch die Ausfallanalysen durchführt, absprechen.

In jedem Fall sollten Streßfaktoren den Bereich 1,3 ··· 3fach, Zeitraffungsfaktoren den Bereich 5 ··· 50fach nicht überschreiten, weil sich sonst falsche Werte ergeben, die sich nicht auf das Langzeitverhalten der Prüflinge umrechnen lassen. Immer sollten neben Kurzzeitmessungen vom gleichen Prüflos zum Vergleich auch Langzeitprüfungen über 1000 h und mehr durchgeführt werden, d.h. die Gerade im Streß-Zeit-Diagramm durch zwei Punkte festgelegt werden. Die Ausfallanalyse im Prüflabor muß sicherstellen, daß die Ausfallmechanismen sich nicht verändert haben.

9.7 Qualitätskosten

Um ein Erzeugnis in seinen Zuverlässigkeits-Kenndaten vorauszuplanen und zu garantieren, muß man nicht nur das geeignete Lebensdauer-Modell auswählen, sondern auch die erforderlichen Zuverlässigkeits-Parameter wie λ, μ, η, β, γ in Erfahrung bringen. Diese Kennwerte lassen sich aus den geführten Prüfprotokollen und Fehlerstatistiken, einer Vielzahl sinnvoller Messungen, über einen längeren Zeitabschnitt ermitteln. Diese Prüfungen und Tests kosten jedoch Material, Prüfeinrichtungen und menschliche Arbeitskraft, die bezahlt werden müssen. Es erheben sich somit zwei Fragen:

1. Was kostet die Qualität eines Erzeignis?
2. Wie groß dürfen die Fehlerkosten im Vergleich zum Gesamtpreis des Erzeugnisses sein?

Entsprechend den Empfehlungen der DGQ (*D*eutsche *G*esellschaft für *Q*ualität), vgl. Aufsatz [63], unterteilt man die *Qualitätskosten* (QK) wie folgt in drei Gruppen:

Fehlerverhütungskosten (V) nennt man die Kosten für eine vorbeugende Q-Sicherung, so daß die Fehler garnicht erst entstehen. Dazu zählen:

- Prüfplanung
- Entwicklung von Prüfgeräten
- Qualitäts-Schulung
- Lieferanten-Beurteilung
- Qualitäts-Vergleiche mit Konkurrenzerzeugnissen
- Qualitätsförderungs-Programme

Prüf- und Beurteilungskosten (P) sind die Kosten, die zur Feststellung und Steuerung der Qualität entstehen. Dazu zählen:

- Wareneingangsprüfung
- Laboruntersuchungen

- Prüfkosten in der Fertigung
- Prüfkosten im Prüffeld u. bei der Abnahme
- Prüfkosten beim Kunden
- Wartung der Prüfeinrichtungen
- Beurteilung von Produkten und Prozessen

Fehlerkosten (F) sind die Kosten, die entstehen, weil das Erzeugnis nicht den Qualitätsanforderungen entspricht. Dazu gehören:

- Ausschußkosten
- Wertminderungskosten
- Kosten der Nacharbeit
- Aussortierkosten
- Garantiekosten
- Kosten für Zusatzprüfungen

Da die Q-Kosten normalerweise nicht innerhalb des betrieblichen Rechnungswesens erfaßt werden, ist eine Aufstellung nicht immer einfach. Sind z. B. die Zwischenprüfungen, durchgeführt vom Bedienungspersonal der Maschinen, Fertigungskosten (FK) oder Q-Kosten? Hinweise für eine genauere Kostenanalyse gibt die ASQ-Schrift [63], der auch die Zahlen von Tabelle 26 entnommen sind. Sie geben eine Vorstellung der prozentualen Aufteilung der Q-Kosten. Natürlich sind diese produkt- und branchenspezifisch verschieden.

Tabelle 26

Kostenart	Kostenanalyse nach Lundvall (1963)	Kostenanalyse nach Masser (1959)	Kostenanalyse nach Stumpf (1977)
Fehlerverhütungskosten (V)	28,0	7,1	4
Prüf- u. Beurteilungskosten (P)	37,5	23,7	62
Fehlerkosten (F)	34,5	69,5	34
Qualitätskosten (QK)	100%	100%	100%

Crosby schreibt in seinem Buch [9]*, daß die Q-Kosten nicht mehr als 4% des Umsatzvolumens ausmachen sollen, wobei die Prüfkosten nur 2,5% des Umsatzes betragen dürfen. Tatsächlich sind sie in manchen Bereichen und Betrieben 10% und mehr.

Man muß aber auch die Q-Kosten in Relation zu den Fertigungskosten sehen. Renfer gibt in seinem Beitrag [64] dazu ein Zahlenbeispiel zur Kostenstruktur an, das in Bild 9.17 dargestellt wurde und um den Fall D erweitert ist.

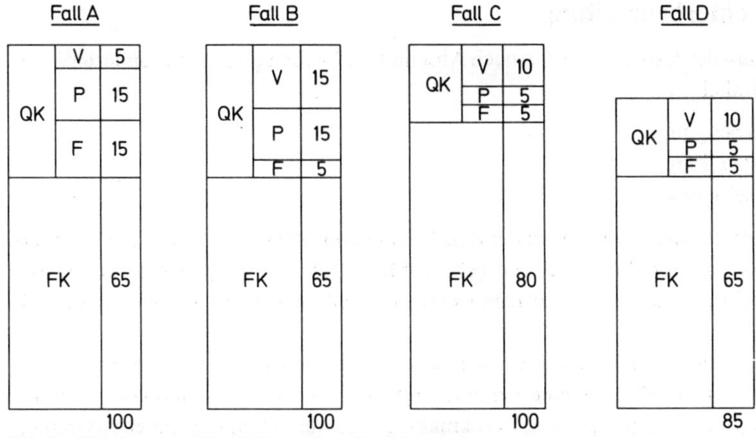

Bild 9.17 Grafik zur Veranschaulichung der Relation *Q*ualitäts-*K*osten und *F*ertigungs-*K*osten, dargestellt in 4 Fällen. Die Zahlen sind willkürlich angenommen.

Im Fall A wird kostengünstig produziert, jedoch mit vielen Fehlern, was die Fehlerkosten hochtreibt.

Im Fall B wird mehr Fehlerverhütung betrieben, was die Fehlerkosten niedrig hält bei gleichen FK-Werten.

Im Fall C werden aufwendige, exakter arbeitende Produktionsmittel verwendet, so daß die Q-Kosten sinken, da die Prüf- und Fehlerkosten niedrig liegen.

Höhere Erlöse erzielt man erst im Fall D, wenn außer den Q-Kosten auch die Fertigungskosten bei gleichbleibendem Erzeugnispreis gering werden.

Bei der Herstellung komplexer hochintegrierter Bausteine ist der Trend zu beobachten, daß die Q-Kosten im Vergleich zu den Fertigungskosten, gemessen an den Gesamtkosten, prozentual stärker steigen.

Für den BBC-Konzern werden in dem Aufsatz von Stumpf [65] die Q-Kosten mit 5 % der Herstellungskostensumme angegeben. Die schon zitierte Tabelle 26 zeigt ihre prozentuale Aufteilung.

9.8 Fehlerbeurteilung

Die Aufteilung der Qualitätskosten nach Abschnitt 9.7 kann auch in abgeänderter Form erfolgen, nämlich in

1. Fehlervorbeugung,
2. Fehlerfeststellung,
3. Fehlerbeseitigung.

Aus Kostengründen kann man in der Regel nicht gegen alle Fehler gleichzeitig, sondern nur gegen wenige Fehler gezielt vorgehen. Man muß unterscheiden zwischen den «wenigen wichtigen» und den «vielen unwichtigen» Fehlern, vgl. das «Faßmodell» in Bild 9.2 rechts.

Die *Lorenz-Verteilung* – auch *Pareto-Analyse* genannt – ist für diese Unterscheidung nützlich. Danach erstellt man eine Fehlerklassierung mit z.B. 10 Fehlerklassen. Sind es mehr Fehlerarten, so faßt man diese zweckmäßig zu mehreren Fehlergruppen zusammen. Erfahrungsgemäß kann man in einer Fehlersammelkarte gerade noch in 8–10 Fehlerklassen übersichtlich eintragen. Danach entnimmt man den Fehlersammelkarten über den Beobachtungszeitraum die Häufigkeit H der Fehler und ordnet sie in einem Diagramm der Häufigkeit nach, von links nach rechts, siehe Bild 9.18. Außerdem ermittelt man pro Fehlerart die Kosten zur Verhütung, Feststellung und Beseitigung, also z.B. 30 Fehler × 30 DM/Fehler = 900 DM Fehlerkosten und trägt die Werte im gleichen Diagramm, auf der y-Achse jedoch nach unten auf. Bildet man für beide Diagramme die Summenhäufigkeitskurve, so erhält man in beiden Diagrammen die Pareto-Linie (gestrichelt). Diese sagt aus, daß man bei Bekämpfung der drei oder vier ersten Fehlerarten die häufigsten Fehlerarten berücksichtigt und zugleich die Fehlerkosten am wirksamsten absenkt. Auf diese Fehlerarten ist das Hauptaugenmerk zu richten, vgl. den Aufsatz [66], ferner das Buch von Smith [11] S. 48–49. In der Regel sind dies 2/3 aller auftretenden Fehler und Fehlerkosten. Die Ermittlung der häufigsten und teuersten Fehler ist jedoch erst der erste Schritt zu ihrer Beseitigung. Man muß noch mehr Daten sammeln, um diese Fehler zu beurteilen und abzustellen. Die Fehlererfassung muß zudem mit einem Datenträger geschehen, der maschinell per Rechner auswertbar ist.

In der Fa. BBC wurde dazu ein beispielhaftes Qualitätssicherungssystem aufgebaut, vgl. Aufsatz von Stumpf und Bräuninger [67], wobei die nachfolgend genannten Angaben auf dem Datenträger sind. Damit die Eingabe von Hand auf den Datenträger schnell und einfach erfolgt, wurden je Beurteilungsgesichtspunkt jeweils nur wenige Klassen gewählt.

Die *Fehlerart* (FA) benennt die Fehler nach einem Fehlerkatalog. Man benutzt 4 Ziffern zur Kennzeichnung, z.B.

Qualitätsmerkmal von Teilen	0
Oberflächengüte	05
Fehlerhafte Oberflächenrauhigkeit	050
Ungenügende Rauhtiefe	0501

Die *Fehlerort*-Angabe (FO) gibt den Hinweis, wo die Fehler festgestellt wurden, z.B. beim Rohmaterial, Halbzeug, Einzelteil, Baugruppe, Gerät, Anlage, System und weist über die Codierung von 3 Ziffern bis zum Planquadrat auf der Zeichnung hin.

Bild 9.18 Lorenz-Verteilung (Pareto-Analyse) zur Fehlerbeurteilung

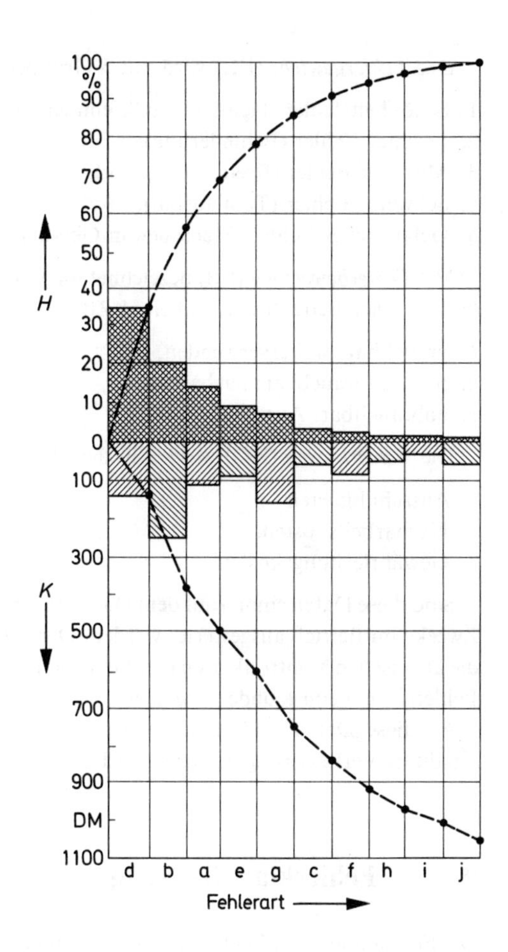

Die *Fehlerursache* (FU) wird in 10 Gruppen (2 Ziffern) wie folgt vorbenannt:

1. Ungenügende Herstellung des Produktes,
2. Ungenügende Arbeitsbedingungen,
3. Ungenügender Entwurf und ungenügende Planung,
4. Fehlerhafte Bestellung,
5. Fehlerhafte Zulieferung,
6. Mangelhafter Transport, falsche Lagerung,
7. Falsche Umweltbedingungen,
8. Durchschlupf infolge ungenügender Prüfung,
9. Fehlerfolge,
10. FU nicht feststellbar.

Das *Fehlergewicht* (FG) wird mit 5 Gruppen (1 Ziffer) belegt:

1. Schönheitsfehler (kleine Unvollkommenheit),
2. Leichter Fehler (Behinderung),
3. Mittlerer Fehler (Beeinträchtigung),
4. Schwerer Fehler (Totalausfall),
5. Gefährlicher Fehler (Menschen in Gefahr).

Mit *Fehlerbewertung* (FB) bezeichnet man in diesem Zusammenhang die Restbrauchbarkeit einer Betrachtungseinheit (1 Ziffer):

1. brauchbar: weiterverwenden,
2. bedingt brauchbar: nacharbeiten,
3. unbrauchbar: Ausschuß.

Die *Fehlerkosten* (KO) werden in dem Beitrag [67] aufgeteilt in:

1. Ausschußkosten,
2. Nacharbeitskosten,
3. Gewährleistungskosten.

Sind diese Daten einmal auf dem Datenträger, dann können sie für die verschiedensten Zwecke im Betrieb ausgewertet werden. Derartige Fehlermeldungen treten dann neben die klassischen Kontrollkarten und Fehlersammelkarten und sind im Prinzip auch bei der Fehlersuche beim Kunden geeignet.

All diese Daten sind jedoch wertlos, wenn nicht schnell daraus Folgerungen zur Qualitäts-Verbesserung gezogen werden.

9.9 Fehlerklassifizierung

Die Feststellung von Fehlern dient dazu, die Fehler abzustellen. Dazu genügt nicht nur eine Benennung und Erkennung der Fehler, sondern es muß eine genaue Fehlerdefinition und eine Einteilung der Fehlerarten vorgenommen werden. Schwierig ist es nun, die Fehler so zu definieren und zu klassifizieren, daß man danach direkt die Fehlerursachen herausfinden kann. Zur Fehlerdefinition muß erst festgelegt werden, was die Norm sein soll, denn ein Fehler ist eine Abweichung von der Norm. Ferner muß gesagt werden, wie groß die zulässige Abweichung sein darf.

Damit ergeben sich außerordentlich viele Möglichkeiten. Nachstehend werden einige gängige Fehlereinteilungen genannt, die in Bild 9.19 in Gruppen zusammengefaßt wurden. Diese Begriffe werden neben den Begriffen gebraucht, die in der Regel in den Prüfvorschriften stehen. Darin wird einfach festgehalten, was der Kunde verlangt und welchen Spielraum er gewährt. Beispielsweise werden bei dem Kunststoffteil der Fehlersammelkarte von Bild 9.12 neun Fehlerarten definiert:

Einteilung nach der Ursache	Einteilung nach der Wirkung	Einteilung nach der zeitlichen Dauer	Einteilung nach dem Signalpegel	Einteilung nach der Entwicklungsstufe bei Software-Fehlern
Prinzipieller Fehler Chargen-Fehler	ungefährlicher Fehler gefährlicher Fehler	Einfach-Fehler Mehrfach-Fehler	stuck-at-0 stuck-at-1	Systemanalyse-Fehler
systematischer Fehler zufälliger Fehler	Primärfehler Folgefehler	Dynamischer Fehler (Kurzzeitfehler) Statischer Fehler (Dauerfehler)	unterscheidbarer Fehler im Test nicht unterscheidbarer Fehler im Test	Programmier-Fehler
zu empfindlich, weil Schwelle zu niedrig zu unempfindlich, weil Schwelle zu hoch	Kurzschluß der Versorgungsspannung Unterbrechung der Versorgungsspannung	Timing-Fehler Flanken-Fehler	passiver Fehler (drop-out) aktiver Fehler (drop-in)	Ausführungs-Fehler
Codier-Fehler Decodier-Fehler	Hardware-Fehler Software-Fehler	Laufzeit-Fehler Fehler durch Einfluß der Sättigung	Bit-Fehler Bitmuster-Fehler	Datenerfassungs-Fehler Datenbank-Fehler

Bild 9.19 Einteilung häufiger Fehlerarten in der Elektronik

Gratbildung,
Oberflächenfehler,
Farbabweichung,
Längenüberschreitung/Längenunterschreitung,
Dickenüberschreitung/Dickenunterschreitung,
Durchmesserüberschreitung/Durchmesserunterschreitung.

Diese Art der Fehlereinteilung birgt die Gefahr in sich, daß man die Fehlerursachen nicht sofort erkennt bzw. diese verdeckt werden.

Fehlerbezeichnungen, die auf die Ursache Bezug nehmen, sind unter anderem bezogen auf Bild 9.19:

Prinzipielle Fehler, z.B. Konstruktionsfehler, die alle nach der falschen Zeichnung hergestellten Einheiten aufweisen.

Chargen-Fehler sind dagegen Fehler, die nur in einer Charge oder Lieferung vorkommen, in der z.B. ein Herstellparameter geändert wurde.

Systematische Fehler sind Fehler, die bezüglich ihrer Eigenschaftsmerkmale einen stetigen Trend in einer Richtung aufweisen.

Zufällige Fehler sind unabhängig von der Zeit und unterliegen wechselnden positiven und negativen Einflüssen. Die erkennbaren Trends sind willkürlich (regellos).

Fehlerbezeichnungen, die auf die Wirkung Bezug nehmen:

Ungefährliche Fehler: Fehler, die vielleicht zu einer Störung oder zu einem Ausfall führen können, jedoch keine gefährlichen Folgen für Mensch und Maschine haben, z.B. Kratzer am Gehäuse, Ausfall einer Skalenbeleuchtung.

Gefährliche Fehler, z.B. der Ausfall einer Stromversorgung, können Menschenleben in Gefahr bringen.

Primärfehler ist z.B. der Ausfall der ersten Diode in einer Diodenparallelschaltung.

Folgefehler wäre dann der Ausfall der zweiten Diode durch Überlastung, weil keine Parallelschaltung mehr vorliegt.

Fehlerbezeichnungen, die auf die Zeit Bezug nehmen:

Einfach-Fehler: Fehler, dessen Ursache behoben wird, bevor ein anderer Fehler im System auftritt.

Mehrfach-Fehler sind Fehler, die gleichzeitig im System auftreten. Dabei kann es Zweifach-Fehler geben, die nicht erkannt werden können. Ändern sich z.B. in einem Byte eine «0» und eine «1» gleichzeitig, dann kann der Parity-Check diesen Fehler nicht erkennen.

Dynamische Fehler sind kurzzeitige Fehler, z.B. als Folge einmaliger Störsignale oder Wackelkontakte. Der Fehler kann, muß aber nicht, zur Prüfzeit erkennbar sein. Hierbei versagen deterministische Prüfverfahren. Es helfen nur vorbeugende Maßnahmen.

Statische Fehler sind Dauerfehler, z.B. Drahtbruch. Diese Ständigfehler (Stuck-Fehler) werden als logische Fehler erkannt.

Signalfehler sind Fehler, bei denen das Istsignal vom Sollsignal derart abweicht, daß es zu einer Fehlfunktion kommt. Die Abweichung kann sich auf die Amplitude, die Zeit-

oder das Frequenzraster beziehen. Neuerdings unterscheidet man häufig zwischen Hardware-Fehlern und Software-Fehlern. Kopetz beschreibt in seinem Buch [20] Softwarefehler. Er teilt sie entsprechend den Entwicklungsstufen ein, die ein Programm bis zur Anwendbarkeit durchlaufen muß.

Systemanalyse-Fehler sind demnach Fehler, bei denen das Problem nicht richtig erkannt wurde, wichtige Parameter außer acht gelassen wurden, oder ein Algorithmus falsch gewählt wurde.

Programmierfehler sind Fehler, die beim Abfassen bzw. Schreiben des Programmes entstehen können, z.B. Adressierfehler, Syntaxfehler usw.

Ausführungsfehler sind schließlich Fehler bei der Eingabe der Daten bzw. bei einer Falschinterpretation der Ergebnisse. Dazu gehören auch die Datenerfassungs-Fehler und die Datenbank-Fehler.

9.10 Fehlerdiagnose

Die Diagnostik befaßt sich mit dem Erkennen von Krankheiten an ihren Symptomen. *Fehlerdiagnose* nennt man in der Elektronik den Prüfprozeß, der folgende Ziele hat:

1. Aufdeckung der Fehlerart (FA)
2. Auffindung des Fehlerortes (FO)
3. Herausfindung der Fehlerursache (FU)

Ist die Betrachtungseinheit ein defektes Bauelement, so kann man lediglich eine Ausfallanalyse vornehmen. Dies geschieht im Werkstoffprüflabor durch optisch/elektrische Prüfung mit Öffnung des Gehäuses zur Aufdeckung der Fehlerursache (vgl. Kapitel 8). Die Prüfung ist zerstörend.

Ist die Betrachtungseinheit eine Druckschaltungskarte, ein Gerät oder eine Anlage, so wird man das defekte Bauteil nach der Fehlerfeststellung austauschen bzw. reparieren. Die Behandlung der als fehlerhaft gemeldeten Teile zeigt Bild 9.20. Nach Adaptierung des Prüflings im Prüfadapter oder in der Prüfposition läuft das Untersuchungsprogramm in Form einer Prüfung oder eines Testes ab. Liegt der Prüfling im Toleranzbereich, dann folgt die Freigabe. Bei Fehlerfeststellung wird das Prüfprogramm gestoppt; die Diagnose setzt ein zwecks Ermittlung von FA, FO, FU. Nach der Fehlerbeseitigung soll die Fehlermeldung zu einer Fehlerverhütungsmaßnahme führen, damit künftige Fehler dieser Art vermieden werden.

Die Feststellung, ob das Ist-Verhalten im Soll-Bereich liegt, kann durch Prüfung oder Test geschehen.

Eine *Prüfung* ist messend, umfaßt mehrere Qualitätsmerkmale, dauert länger und gibt einen tieferen Einblick in das Verhalten des Prüflings.

Ein *Test* besteht aus vorformulierten Fragen und Antworten. Man erwartet jeweils eine dieser Antworten. Prüfzeit und Prüfauswertezeit sind daher kürzer. Man gewinnt mit dem Test jedoch nur eine Go/NoGo-Aussage. Eine Gegenüberstellung dieser beiden Begriffe bringt das Bild 9.21.

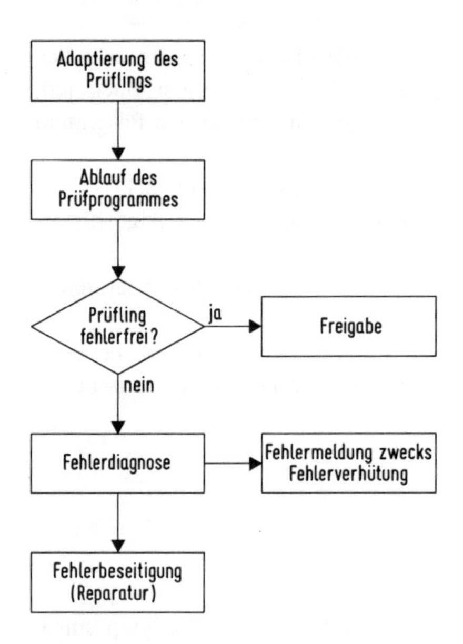

Bild 9.20 Ablaufs-Schema zur Behandlung gemeldeter Fehler

Bild 9.21 Gegenüberstellung der Begriffe Prüfung und Test

Merkmale	Prüfung	Test
Prüfweise	messend in kleinen Schritten	zählend in Stufen
Prüfflexibilität	groß	gering
Prüfumfang	Zahl der Merkmale und Schrittweite ergibt sich aus der Antwort	vorformulierte Muster
Prüfart	Dialogverkehr	einseitig: nur Einzel-Frage, auf die eine Einzel-Antwort erwartet wird
Prüfzeit	lang	kurz
Auswertzeit	länger, weil die Verteilung des Qualitätsmerkmals ermittelt wird	kurz, weil nur Prüfung auf Übereinstimmung
Aussage der Prüfung	hoher Prüfwert, weil die statistischen Kennwerte μ, σ, γ der Verteilung gewonnen werden	geringerer Prüfwert, weil nur Go/NoGo-Aussage

Was den Ort und den Zeitpunkt einer Fehlerdiagnose angeht, so weiß man, daß aus Kostengründen möglichst frühzeitig geprüft werden soll. Die niedrigsten Prüfkosten fallen an, wenn gründlich bei der Wareneingangskontrolle geprüft wird. Aufwendiger sind die Prüfungen bestückter Platinen und fertiger Geräte im Prüffeld. Das teuerste Verfahren bilden Fehlerdiagnose und Reparatur eines Gerätes oder einer Anlage beim Kunden. Die Skizze in Bild 9.22 soll dies veranschaulichen. Die Zahlenangaben stammen aus dem Aufsatz von Grossman [68].

Bild 9.22 Relation Fehlerdiagnosekosten und Ort bzw. Zeitpunkt pro fehlerhaftes IC

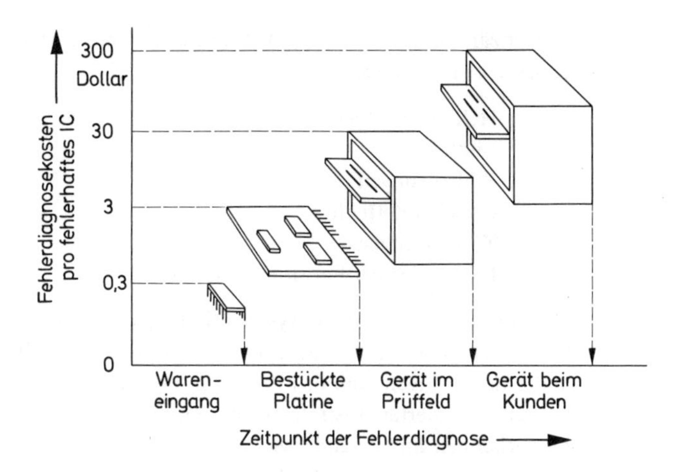

Welches Prüf- bzw. Testverfahren anzuwenden ist, richtet sich nach der Aufgabenstellung. Der Prüfablauf wird heute mehr und mehr automatisiert. Die Möglichkeiten reichen von der manuellen Handhabung der Meßgeräte über die halbautomatischen Prüfplätze (ATE = *a*utomatic *t*esting *e*quipment) bis hin zu den rechnergesteuerten Testsystemen. Dabei werden immer wieder die folgenden 5 Abschnitte bei einem Prüfvorgang durchlaufen:

1. Stimulation des Prüflings mit den Testsignalen einschließlich Anlegung der Versorgungsspannungen,
2. Messungen am Prüfling, d.h. Beobachten der Reaktionen des Prüflings auf die Testsignale,
3. Meßwertanalyse, d.h. Vergleich der Ist-Werte mit den Soll-Werten,
4. Meßwertstatistik, d.h. Sammeln und Ordnen der Daten sowie Bestimmung der statistischen Kenngrößen,
5. Entscheidung fällen über die Verwendbarkeit bzw. Reparatur.

Die Prüfmethoden richten sich danach, ob analoge, digitale oder beide Signalarten verarbeitet werden. Entsprechend vielfältig ist das Angebot an Prüfgeräten und Prüfmethoden, die der Elektroniker studieren muß, um für seinen Anwendungsfall die beste Lösung zu finden. Beurteilungsgesichtspunkte für Prüfgeräte und Prüfmethoden sind:

1. die Prüftiefe, d.h. der Umfang, in dem Fehler erkannt, geortet und ihre Ursache aufgedeckt werden können,
2. die Prüfzeit,
3. die Auswertzeit,
4. der Prüfgeräteaufwand (Hardware-Kosten),
5. der Prüfprogrammaufwand (Software-Kosten).

Wie unterschiedlich die Prüfungen in der Elektronik sein können, sollen zwei Beispiele belegen.

Nieder zählt in seinem Buch [10]* zahlreiche Fehlerarten auf, die der Fernseh-Service-Techniker kennen muß:

Helligkeitsfehler
Bildfehler
Bildstörungen
Gleichlaufeffekte
Tonstörungen
Farbfehler bei Farbfernsehgeräten

Sie werden in dem Buch systematisch nach dem Schema: Befund, Fehlersuche, Fehlerursache behandelt. Völlig anders liegen die Verhältnisse bei der Fehlerdiagnose digitaler Schaltungen, vgl. das Buch von Görke [11]*. Hier geht es um die Erstellung einfacher, reduzierter Testfolgen, die, angelegt an Schaltnetze und Schaltwerke, die Fehler erkennen und orten lassen.

Wieder anders sind die Probleme bei programmierbaren Einheiten, wie z.B. den Mikroprozessoren, für deren Prüfung es noch kein Patentrezept gibt.

Abschließend werden in diesem Zusammenhang sechs Prüfmethoden aufgezählt, die bei der Prüfung von Analog- und Digitalgeräten angewandt werden.

Parameter-Prüfung bedeutet, daß nur bestimmte Kenngrößen der Betrachtungseinheit messend geprüft werden, z. B. Vierpol-Parameter. Es können aber auch aus Spannungen abgeleitete Kenngrößen wie die VP-Dämpfung oder der Klirrfaktor sein.

Funktions-Prüfung ist die messende Prüfungsart, bei der man die Sollfunktionen des Prüflings kontrolliert. Im Frequenzbereich sind dies z.B. die Frequenzgänge, bestimmbar mittels Wobbelgeneratoren, im Zeitbereich sind es die Impulsantwortsignale auf bestimmte Testimpulse. Bei der Reparatur von Geräten haben sich als Funktionsprüfungen die Verfahren der Signalverfolgung und der Signalzuführung bewährt.

Bei der erstgenannten Methode rückt man vom Eingang von Stufe zu Stufe vor, um die defekte Stelle zu finden. Rückkopplungsschleifen müssen dazu aufgetrennt werden. Bei der zweiten Methode wird zunächst die letzte Stufe vor dem Schaltungsausgang mit dem Sollsignal gespeist und der Schaltungsausgang betrachtet. Dann rückt man um eine Stufe vor und gibt wieder das Testsignal ein, dies Stufe für Stufe, bis man am Eingang angelangt ist. Es müssen hierbei jeweils die vorderen Stufen abgetrennt werden. Ein weiteres Verfahren ist die *Vergleichs-Methode.* Hierbei wird der Prüfling und parallel dazu ein «Gut-Muster» an einen Zufallsgenerator gelegt und die Reaktion am Ausgang einer Exclusive-Oder-Schaltung beobachtet. Der Hardware- und Software-Aufwand ist zwar hierbei gering, doch muß das «Gut-Muster» immer in Ordnung sein, und beim Feststellen eines Fehlers ist keine Fehlerortung möglich.

Algorithmische Testerstellungsverfahren sind Verfahren, die Fehler in Digitalschaltungen zu erkennen und zu orten gestatten. Es muß die Innenschaltung bekannt sein. Man legt das Ständig-Fehler-Modell zugrunde. Bild 9.23 zeigt ein Schaltungsbeispiel mit drei Gattern, die Wahrheitstabelle und die Einzelfehlertabelle sowie den daraus abgeleiteten reduzierten Testsatz. Das Beispiel entstammt der Dissertation von H.O. Flabb [69]. Bei komplexen Schaltwerken sind diese Verfahren nicht mehr praktikabel.

Ferner gibt es *Simulationsverfahren* zur Testmustererstellung, die aber nicht alle

Bild 9.23 a) Schaltnetz mit logischer Gleichung, b) Einzelfehlertabelle, c) Testüberdeckungstabelle und d) Minimaltestsatz zur Fehlerlokalisierung

a

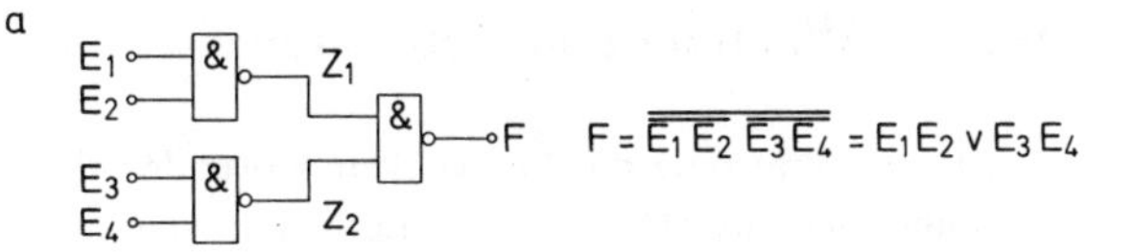

b

T	Tests				erkannte Fehler						
	E_1	E_2	E_3	E_4	E_1/	E_2/	E_3/	E_4/	Z_1/	Z_2/	F/
0	0	0	0	0					0	0	I
1	0	0	0	I			I		0	0	I
2	0	0	I	0				I	0	0	I
3	0	0	I	I			0	0		I	0
4	0	I	0	0	I				0	0	I
5	0	I	0	I	I		I		0	0	I
6	0	I	I	0	I			I	0	0	I
7	0	I	I	I			0	0		I	0
8	I	0	0	0		I			0	0	I
9	I	0	0	I		I	I		0	0	I
10	I	0	I	0		I		I	0	0	I
11	I	0	I	I			0	0		I	0
12	I	I	0	0	0	0			I		0
13	I	I	0	I	0	0			I		0
14	I	I	I	0	0	0			I		0
15	I	I	I	I							0

E_2/0-Fehler

c

T	Tests				erkannte Fehler						
	E_1	E_2	E_3	E_4	E_1/	E_2/	E_3/	E_4/	Z_1/	Z_2/	F/
3	0	0	I	I			0	0		I	0
5	0	I	0	I	I		I		0	0	I
9	I	0	0	I		I	I		0	0	I
10	I	0	I	0		I		I	0	0	I
13	I	I	0	I	0	0			I		0

d

erkannte Fehler							Tests
E_1/	E_2/	E_3/	E_4/	Z_1/	Z_2/	F/	
I							T5
	I						T9,T10
		I					T5,T9
			I				T10
0	0			I			T13
		0	0		I		T3
				0	0	I	T5,T9,T10
						0	T3,T13

denkbaren Einzelfehler erfassen und in der Regel bei komplexen Schaltungen hohe Rechenzeiten erfordern.

Selbsttest-Verfahren sind bei programmierbaren Einheiten anwendbar. Diese bei größeren Rechnern seit langem angewandte Methode wird jetzt auch bei Mikroprozessoren benutzt. In einem programmierten Probelauf werden der Befehlssatz des Rechners, die Speicherbausteine und die Datenübertragung an den Schnittstellen überprüft. Im Fehlerfall gibt es Fehlermeldung mit Hinweisen auf den Fehlerort im Programm.

9.11 Wartung und Reparatur

Wird das Gerät oder die Anlage dem Anwender übergeben, dann beginnt ein weiterer Abschnitt der Zuverlässigkeits-Sicherung. Es sind dabei folgende Prüfungen notwendig:

- Abnahme der installierten Anlage,
- Routineprüfung auf Funktionstüchtigkeit,
- Fehlersuche bei Störungen,
- Einmessungen bei Änderungen oder Erweiterungen,
- Prüfung nach Reparaturen.

Bei diesen Prüfarbeiten ist ein prüffreundlicher Entwurf zeit- und damit kostensparend, vgl. den Aufsatz von Glünder [70].

Da nicht nur Zufallsausfälle, sondern auch Verschleißausfälle auftreten, stellt sich der Lebensweg einer Einrichtung wie in Bild 9.24 dar. Zu Ende der Nutzungsdauer häufen sich die Reparaturen derart, und sie werden immer teurer, so daß die Verschrottung die billigste Lösung ist.

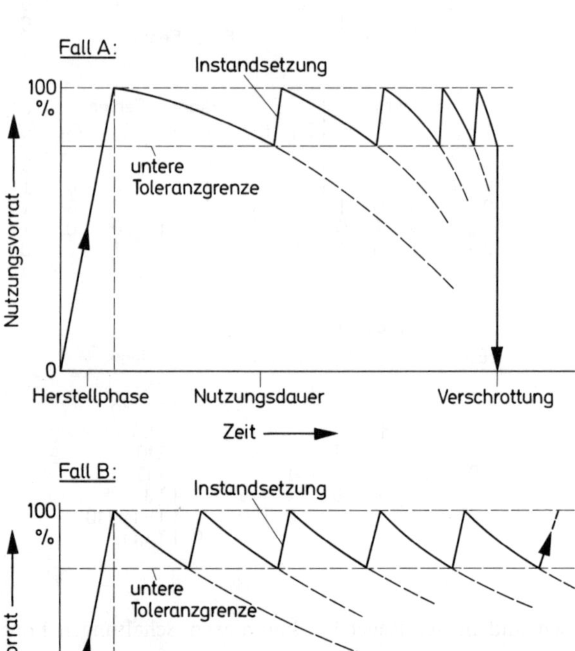

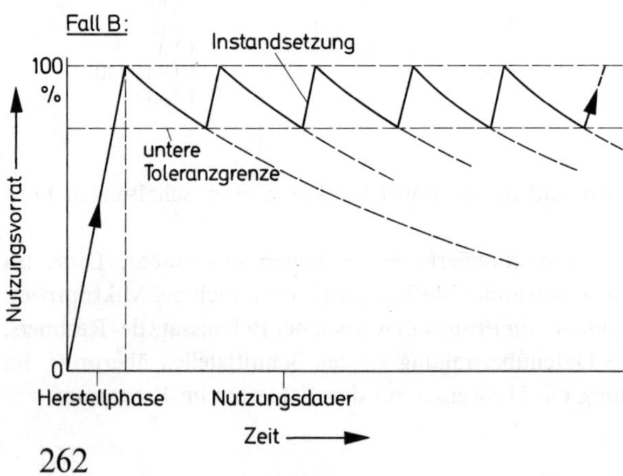

Bild 9.24 Lebensweg eines Gerätes oder einer Anlage bei Reparatur

Fall A: Zufalls- und Verschleißausfälle, am Ende Verschrottung,

Fall B: Zufallsausfälle, Lebensdauerende nicht abzusehen

In diesem Abschnitt soll nur auf die Wichtigkeit der beiden Arbeitsgebiete Wartung und Reparatur für die Zuverlässigkeits-Sicherung hingewiesen werden. Es wird das Studium der weiterführenden Bücher [2], [7], [8] und [12] empfohlen.

Unter *Wartung* versteht man vorbeugende Maßnahmen, welche die Einsatzverfügbarkeit einer Anlage erhöhen. Dies kann durch den Austausch von Verschleißteilen geschehen, bevor es zum Ausfall kommt. Bei Systemen mit konstanter Ausfallrate bringt eine vorbeugende Wartung keine Erhöhung der Verfügbarkeit. Sie verursacht nur Kosten. Ferner kann eine ausreichende Ersatzteilbevorratung die Wartezeiten bei einer Reparatur verkürzen und damit die Verfügbarkeit erhöhen.

Reparatur nennt man die Maßnahme zur Instandsetzung einer Einheit, nachdem der Ausfall eingetreten ist. Reparaturen sind nur angebracht, wenn sie billiger als die Neuanschaffung des Gerätes sind.

Im Zusammenhang mit Wartung und Reparatur ergeben sich zahlreiche schwierige Fragen «beispielsweise»:

1. In welchen Abständen soll gewartet werden?
2. Für wieviele Ersatzteile soll Vorrat angelegt werden?
3. Was ist billiger: ein aufwendiger, prüffreundlicher Entwurf oder längere Fehlersuchzeiten?
4. Was ist kostengünstiger: Systemredundanz oder schneller Reparatur-Service?
5. Wie plant man ein Wartungssystem bei unterschiedlich qualifiziertem Personal? usw.

Wie man die Fragen der Ersatzteilbevorratung mittels mathematischer Modelle beantworten kann, soll abschließend an einem kleinen Beispiel erläutert werden.

Gegeben sei der Fall, daß defekte Bauelemente nicht reparierbar sind, sondern durch neue ersetzt werden. Dieser Fall liegt vor, wenn wegen der geschlossenen Bauform eine Reparatur nicht möglich oder aber der Austausch billiger als die Reparatur ist. Es sei angenommen, daß die Bauelemente nach einer e-Verteilung ausfallen. Die Fehlerabstände $m_i = 1/\lambda_i$ sind dabei Zufallsvariable. Sind die Ausfälle diskret und voneinander unabhängig, dann kann die Wahrscheinlichkeit des Auftretens nach der Poisson-Verteilung wie folgt berechnet werden:

$$P(n,t) = \frac{(\lambda \cdot t)^n}{n!} \cdot e^{-\lambda \cdot t} \qquad (9.7)$$

Es sei $\bar{n}$ die mittlere Zahl der Ausfälle (Mittelwert der Poisson-Verteilung):

$$\bar{n} = \lambda \cdot t \qquad (9.8)$$

n ist hierbei die Zahl der Ersatzelemente, die garantieren, daß der Erneuerungsprozeß nicht abbricht. Über die Summenfunktion bestimmt man die dazu gehörige statistische Sicherheit S. Dies sei an dem Beispiel von Pietrowski, vgl. Aufsatz [71] erläutert. In einer Anlage seien $z = 200$ NiCr-Ni-Thermoelemente im Einsatz, deren Ausfallrate $\lambda_i = 0{,}8 \cdot 10^{-5}\,h^{-1}$ sei. Damit erhält man die Systemausfallrate:

$$\lambda_s = z \cdot \lambda_i = 200 \cdot 0{,}8 \cdot 10^{-5}\,h^{-1} = 1{,}6 \cdot 10^{-3}\,h^{-1}.$$

In einem Jahr wäre dann die mittlere Zahl der Ausfälle:

$$\bar{n} = \lambda_s \cdot t = 1{,}6 \cdot 10^{-3}\,h^{-1} \cdot 8{,}76 \cdot 10^3\,h = 14.$$

Nimmt man eine Irrtumswahrscheinlichkeit von $\alpha = 1\%$ bzw. eine statistische Sicherheit von $S \triangleq 99\%$ an, dann erhält man nach der tabellierten Poisson-Verteilung, vgl. z. B. die Signifikanztabellen von Reinfeldt u. Tränkle [12]*, bei $\alpha = 1\%$, $\bar{n} = 14$: $n = 23$.Der *Garantiekoeffizient* g ist dann

$$g = \frac{n}{\bar{n}} \tag{9.9}$$

$g = \frac{23}{14} = 1{,}64$ ist höher, als wenn man sich mit einer statistischen Sicherheit von $S = 90\%$ begnügt hätte. Dies ergäbe die Werte:

$$\alpha = 10\%, \quad \bar{n} = 14: n = 19, \quad g = \frac{19}{14} = 1{,}35.$$

Man muß also g-mal soviel Bauelemente in Vorrat nehmen, als die Betriebsdauer geteilt durch den MTBF-Wert des Systems angibt, vgl. Bild 9.25.

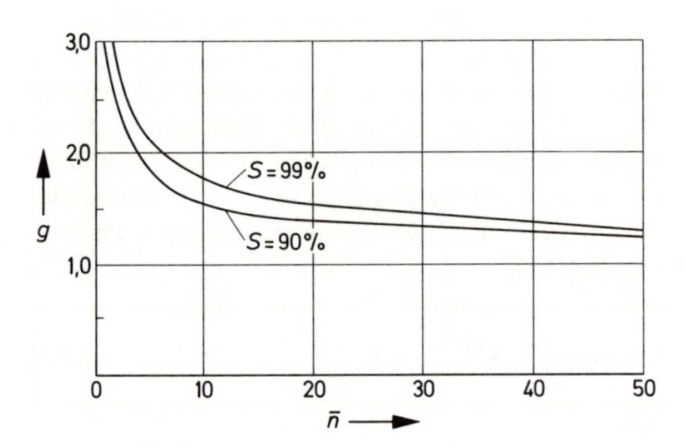

Bild 9.25 Zusammenhang Garantiekoeffizient und mittlere Ausfallzahl

9.12 Mensch als Zuverlässigkeits-Kenngröße

Es sind vier «M», die die Qualität eines Erzeugnisses beeinflussen:
*M*ensch, *M*aterial, *M*aschine, *M*ethode

Der Mensch entwirft, fertigt, prüft und benutzt die Produkte. Er benötigt dazu hochwertiges Material, ausgereifte Maschinen und erprobte Methoden, um die geplante Qualität und Zuverlässigkeit zu erreichen. In dem Beitrag von Goubeaud des Buches [13]* wird die prozentuale Aufteilung dieser Einflußgrößen entsprechend Bild 9.26 dargestellt. Dieses Bild sagt aus, daß bei einem Handarbeitsprodukt der Einfluß des Menschen auf die erreichte Qualität besonders hoch ist. Man denke an einen Künstler, der mit wenig Material, Werkzeugen und einfacher Methodik ein Kunstwerk schaffen kann. Bei Großprojekten ist dagegen bei Versagen des einzeln beteiligten Menschen die Beeinflussung der Objektqualität gering, weil die Planungsqualität (Methode), die Entwurfsqualität (Maschine) und die Fertigungsqualität (Material) den größten Einfluß auf die Produktqualität ausüben.

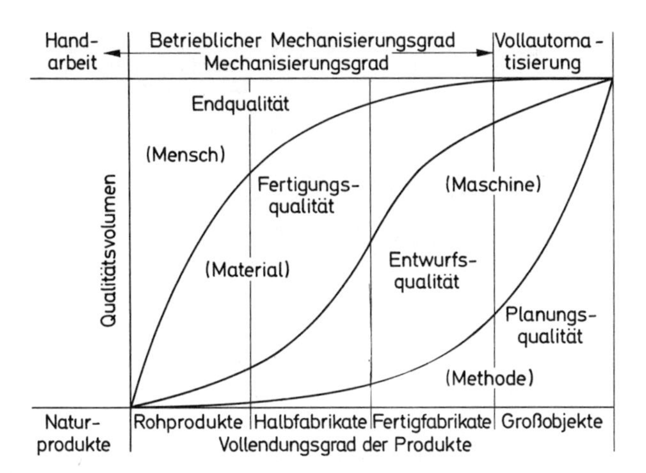

Bild 9.26
Prozentuale Aufteilung der Qualitätselemente bei unterschiedlichem Mechanisierungsgrad der Produkte nach Goubeaud

Was versteht man nun unter der «Zuverlässigkeit eines Menschen»? Ein Mensch gilt als «zuverlässig», wenn man sich auf ihn «verlassen» kann, d.h., wenn er in einem vorgegebenen Zeitraum die für ihn vorgesehene und ausübbare Funktion meistens auch erfüllt. Er gilt als «unzuverlässig», wenn er häufig Fehler macht oder bestimmte Erwartungen in dieser Zeit nicht erfüllt (Fehlverhalten), d.h., wenn er «versagt». In der Unfallstatistik ist beispielsweise die häufigste Fehlergruppe «menschliches Versagen».

Warum versagt ein Mensch?

Dieses Problem ist vielschichtig. Es sind jedoch sicherlich die vier nachstehenden Punkte von Bedeutung, wie daran anschließend erläutert wird:

1. Man muß herausfinden, welche maximale Leistung der Mensch bei geringster Beanspruchung erbringen kann. Dabei darf er weder unterfordert, noch überfordert werden.
2. Es gilt zu unterscheiden zwischen der «Belastung» und der «Beanspruchung», die ein Mensch ertragen kann.
3. Das Anforderungsprofil des Arbeitsplatzes und das Fähigkeitsprofil des Menschen sollten möglichst übereinstimmen.
4. Man muß herausfinden, was die Maschine besser macht als der Mensch, und worin der Mensch der Maschine überlegen ist.

Rohmert zitiert in dem Aufsatz [72] das Modell des Arbeitssystemes nach Laurig, vgl. Bild 9.27. Danach wirkt der Mensch über Methoden auf seine Arbeitsaufgabe ein, wobei diese ihn belastet, was zu einer Beanspruchung führt. Ergebnis dieses Zusammenwirkens sind Qualität und Quantität. Die Eingangsgrößen sind dabei Material, Energie und Information.

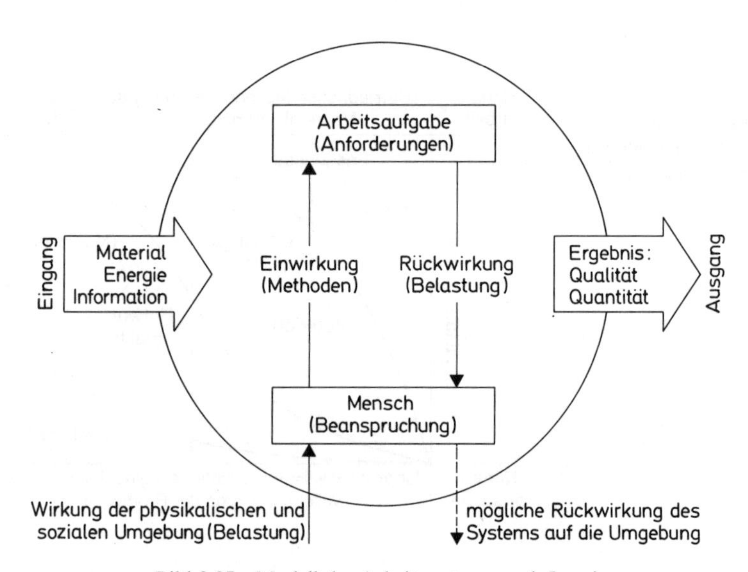

Bild 9.27 Modell des Arbeitssystems nach Laurig

Im technischen Bereich sind Belastung und Belastbarkeit streng korreliert. Man denke an das Spannungs-Dehnungs-Diagramm beim Zugversuch von Stahl. Beim Menschen muß man zwischen der Belastung (= äußere Last) und Beanspruchung (= innere Last) unterscheiden. Dieselbe Belastung (meßbar als physikalische Größe z.B. Lärm, Temperatur, Luftfeuchte usw.) beansprucht die Menschen unterschiedlich. Als *Beanspruchung* wird der Grad der Inanspruchnahme der Dynamik physiologischer und biochemischer Variablen bei Belastung verstanden. Die maximale Beanspruchbarkeit ist beim Menschen offenbar dort erreicht, wo diese Dynamik Null wird. Er ist dann so eingeengt, daß er überfordert wird und Fehler macht.

Das Anforderungsprofil eines Arbeitsplatzes wird heute über eine Arbeitsanalyse und eine Arbeitsbeschreibung ermittelt (ATE = *A*rbeitswissenschaftliche *E*rhebungsverfahren zur Tätigkeitsanalyse). Rohmert nennt in seinem Aufsatz [72] eine einfache Fünfer-Gliederung der spezifischen Arbeitsinhalte beim Menschen:

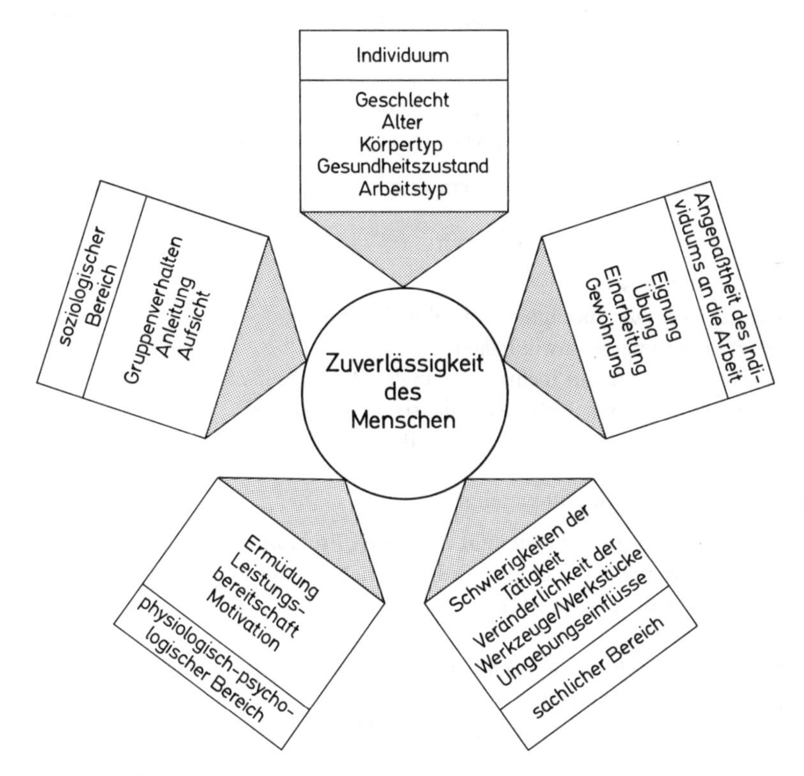

Bild 9.28 Einflußgrößen auf die Zuverlässigkeit des Menschen

1. Erzeugen von Kräften,
2. Koordination von Motorik und Sensorik,
3. Umsetzen von Eingangsinformation in Reaktion,
4. Umsetzen von Eingangsinformation in Ausgangsinformation,
5. Erzeugen von Information.

Die moderne Arbeitswelt verlangt heute vom Menschen mehr Informationstätigkeit als Muskeltätigkeit. Sie belastet ihn ferner mehr dynamisch als statisch.

Die Gründe, warum nun ein Mensch «versagt», sind häufig «Einsatzfehler». Er arbeitet am falschen Arbeitsplatz. Der Mensch kann dann entweder die Arbeit nicht «ausführen», oder – wenn er sie ausführen kann – kann er sie dann auf die Dauer nicht «ertragen». Der Planungsfehler besteht auch darin, daß sich der Mensch an den Arbeitsplatz anpassen muß und nicht umgekehrt der Arbeitsplatz dem Menschen angepaßt wird. Nach Rohmert bestimmen andere Einflußgrößen die Zuverlässigkeit des Menschen als bei einem technischen System. Man vergleiche dazu die Bilder 9.8 und 9.28.

Die Einflußgrößen eines technischen Systems sind physikalisch beschreibbar. Die Einflußgrößen auf die menschliche Zuverlässigkeit sind schwerer erfaßbar und bewertbar.

Diese Problematik kann an dieser Stelle nur angedeutet werden. Es soll jedoch abschließend noch ein Vergleich zwischen Mensch und Maschine gezogen werden. Er soll sich aber nur auf den Einsatz des Menschen im Prüfprozeß beziehen, z.B. so:

Wer prüft besser: der Mensch oder ein programmgesteuerter Prüfautomat?

Die Vorteile eines Prüfautomaten sind:

- beliebige mechanische Leistung,
- konstante Leistung über lange Zeit ohne Ermüdung,
- hohe Verarbeitungsgeschwindigkeit,
- Parallelverarbeitung auf mehreren Kanälen möglich, je nach Aufwand,
- bei programmierbaren Prüfungen niedrigere Prüfkosten,
- Selektion von Signalen bei entsprechender Einstellung.

Die Nachteile eines Prüfautomaten sind:

- starres Prüfprogramm, Flexibilität nur durch Programmwechsel,
- normalerweise nichtredundanter Aufbau, d.h. bei Elementausfall auch Systemausfall,
- begrenzte Dynamik der analogen Eingangssignale,
- nicht lernfähig,
- nur bei entsprechend aufwendiger Programmierung in der Lage, bestimmte Kenngrößen zu optimieren,
- Wartung und Nachjustierung von Zeit zu Zeit erforderlich.

Vorteilhaft beim Menschen ist: er kann

- aus Fehlern lernen, d.h. ein System verbessern,
- lehren, d.h. gesammelte Erfahrungen weitergeben,
- optimieren, d.h. nach dem Studium von Kenngrößen eine vorteilhafte Entscheidung fällen,
- Strategien bilden, z.B. eine Wartungsstrategie,
- in einem bestimmten Ausmaß sich an neue Umgebungs- und Arbeitsbedingungen anpassen (adaptieren),
- kurzzeitig Höchstleistungen erbringen,
- sich nach einer Anstrengung wieder regenerieren (erholen),
- speziell die Bildverarbeitung mit großer Dynamik und schnell durchführen,

- Wichtiges von Unwichtigen unterscheiden (gewichtet selektieren),
- viel in seinem Gedächtnis abspeichern,
- in vielerlei Hinsicht redundant arbeiten.

Nachteilig beim Menschen ist, daß er

- ermüdet und altert,
- vergißt (Blockierung der Zugriffswege),
- sich erholen muß (z.B. 8 h Arbeitszeit/16 h Erholung),
- sich leicht durch Umwelteinflüsse ablenken läßt,
- optimale Arbeitsbedingungen zur Erbringung hoher Leistungen braucht,
- Leitbilder für seine Arbeit benötigt,
- in seiner Leistung stark tageszeitabhängig ist,
- zu Flüchtigkeits- und Konzentrationsfehlern neigt,
- nur geringe Leistungen über längere Zeit konstant erbringen kann,
- in seiner Arbeit motiviert werden muß (z.B. durch Furcht, Freude, Not oder ideelle bzw. materielle Belohnung).

Abschließend läßt sich formulieren, daß unter Berücksichtigung der aufgeführten Merkmale und bei Anpassung der Arbeitsverhältnisse an den Menschen und nicht umgekehrt, sowie unter Berücksichtigung der Erkenntnisse der Ergonomie der Mensch sehr wohl zuverlässig sein kann und die Maschine bezüglich Flexibilität und Kreativität überflügelt.

Ergonomie ist die Wissenschaft, die die Gesetzesmäßigkeiten des menschlichen Verhaltens innerhalb eines Arbeitssystemes zu ergründen versucht, um die geleistete Arbeit gerecht zu bewerten und optimal zu gestalten.

9.13 Qualitätsregelung

Im Hause Siemens wird Qualitätssicherung als «ein System aller wissenschaftlichen, technischen, organisatorischen und wirtschaftlichen Mittel zum Bewältigen der Gesamtaufgabe der Festlegung, Verwirklichung und des Nachweises der Qualität» verstanden. Dabei ist Qualität die «Gesamtheit derjenigen Eigenschaften und Merkmale eines Produktes, die seine Fähigkeit kennzeichnen, einen gegebenen Bedarf zu genügen», vgl. Aufsatz von Deixler und Selwitschka [73]. Zum Erreichen dieser Qualität gibt es zwei Wege:

1. Man stellt Fehler fest und beseitigt sie.
2. Man läßt es gar nicht erst zum Fehler kommen, d.h. man betreibt *Fehlerverhütung*.

Der Prozeß, vorhandene Fehler zu erkennen, zu beseitigen und in Zukunft zu vermeiden, wird bei einem Einzelprodukt eines Menschen von diesem einen Menschen geleistet.

Sofern viele Menschen an der Herstellung und Anwendung eines Produktes beteiligt sind, müssen alle in den Prozeß der Qualitätsregelung einbezogen werden, wenn man ein Qualitätsziel erreichen will. Diese Maßnahmen müssen auf breiter Ebene angelegt, systematisch durchgeführt und dauernd überwacht werden. Es ist dies ein Vorgang, der nicht nur auf die Qualitätsstelle beschränkt ist, sondern, wie Bild 9.29 andeutet, alle Beteiligten einbezieht. Es werden viele Wege beschritten, um das Qualitätsziel in einem Regelkreis zu verbessern. In diesem Abschnitt werden einige wesentliche Methoden dazu nochmals kurz aufgeführt.

Es beginnt mit der Qualitätskonzeption. Dies geschieht z.B. mit einem Pflichtenheft, welches nicht nur die Marktziele, die Kostenziele und die Termine enthält, sondern auch die Qualitätsziele. Dazu sind die Qualitätsmerkmale und ihre Grenzwerte festzulegen.

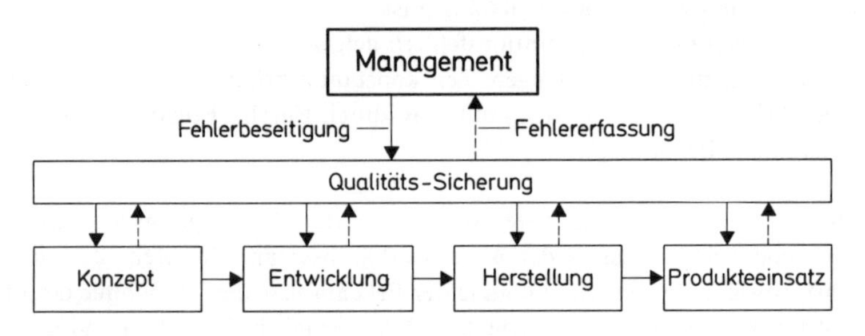

Bild 9.29 Regelkreis der Fehlererfassung und Fehlerbeseitigung bei der Qualitätssicherung

Die Qualitätsplanung in der folgenden Entwicklungsphase umfaßt Arbeiten wie:

- Festlegung der Qualitätskenngrößen,
- Material- und Bauelementeauswahl,
- Konstruktionsüberprüfung,
- Toleranzanalysen,
- Zuverlässigkeitsberechnungen,
- Fehlerbaumanalysen,
- Überprüfung, ob Normen/Vorschriften eingehalten wurden,
- Umweltsimulation der ersten Muster usw.

Der nächste Schritt ist die *Prüfplanung*. Sie bezieht sich vor allem auf die Herstellphase. Es müssen nicht nur die gefertigten Produkte geprüft werden, sondern vor allem über die Prüfung der Prozeß überwacht und verbessert werden. Dazu muß man nach Stumpf [74]:

Prüfpläne . . . . entwickeln,
Prüfvorschriften . . . . . formulieren,
Prüfmittel . . . . planen,
Prüfkosten . . . . kalkulieren,
Fehlerkosten . . . . schätzen,

denn der Prüfer muß wissen, was er prüfen soll, wo, wie oft, womit, wann, wieviele Teile, und wie er das Prüfergebnis festhalten und darstellen soll.

In dieser Phase der Qualitätssicherung ist die Anwendung der statistischen Erkenntnisse besonders nützlich, die zufällige und systematische Fehler voneinander zu trennen vermag. Es schließt sich der Produkteinsatz an. Dazu muß der Kunde über das Produkt informiert werden. Es muß vorbeugend gewartet werden. Reparaturen sind auszuführen.

Fehlerverhütung ist nun der andere Weg Fehler abzustellen. Crosby beschreibt in seinem Buch [9]* ein umfassendes Fehlerverhütungssystem. Sein Fehlerverhütungsplan auf den S. 132–133 umfaßt 24 Punkte, der entsprechend dem Lebensweg eines Produktes angelegt ist. Die konsequente Fortsetzung dieser Gedankengänge sind die *Null-Fehler-Programme* nach dem Motto: Mach es gleich oder von Anfang an richtig! Seit den 60er-Jahren sind derartige Programme in den USA und der BRD durchgeführt worden. Pelka [75] berichtet von einem 0-Fehler-Programm bei der Fa. SEL, das in zweieinhalb Jahren die Ausschuß- und Nacharbeitskosten auf die Hälfte absenkte. Ziel eines 0-Fehlerprogrammes ist es, alle Beteiligten zu motivieren, in ihrem Bereich Fehler abzustellen. Krippendorf schlägt in seinem Aufsatz [76] eine Problem-Lösungs-Technik vor, damit jeder seine Arbeit fehlerfrei, pünktlich und kostengerecht ausübt:

1. Beschreibung des Problemes,
2. Erfassung der Fehlerursache,
3. Formulierung des Zieles,
4. Formulierung der Abhilfemaßnahmen,
5. Bewertung der Ziele und Maßnahmen,
6. Erarbeitung eines Aktionsplanes,
7. Kontrolle der Ergebnisse,
8. Rückkopplung, d.h. Verbesserung der Ergebnisse.

Solche Programme führen auf die Fragen:

- Was ist *Motivation*?
- Wie kann man einen Menschen zum Qualitätsbewußtsein motivieren?

Justen zitiert in seinem Aufsatz [77] die Bedürfnispyramide des Menschen nach Maslow. Sie ist in Bild 9.30 dargestellt. Danach bezeichnet man in der industriellen Praxis mit Motivieren, «die Bedürfnisse, die Interessen, die Ziele der Mitarbeiter zu erkennen und sie so weit wie möglich befriedigen, treffen, ihnen entgegenkommen». Soll also ein Mensch ein bestimmtes Qualitätsziel erreichen, muß er dafür motiviert werden. Dabei ist die Skala nach Bild 9.30 bedeutsam.

Es muß aber auch überprüft werden. Dazu dient die *Quality-Audit-Methode*. Hierunter versteht man das Verfahren, die Wirksamkeit einer Qualitätsorganisation, durch Soll/-Ist-Vergleich zu überprüfen. Dies bezieht sich auf Produkteigenschaften, Herstellverfahren und organisatorische Abläufe. Gaster behandelt in seinem Beitrag [78] die systemorientierte Qualitäts-Revision. Es gibt auch die produkt- oder ablauforientierte Qualitäts-Revision. Der Auditor (Prüfer) muß dabei 4 Funktionen ausüben:

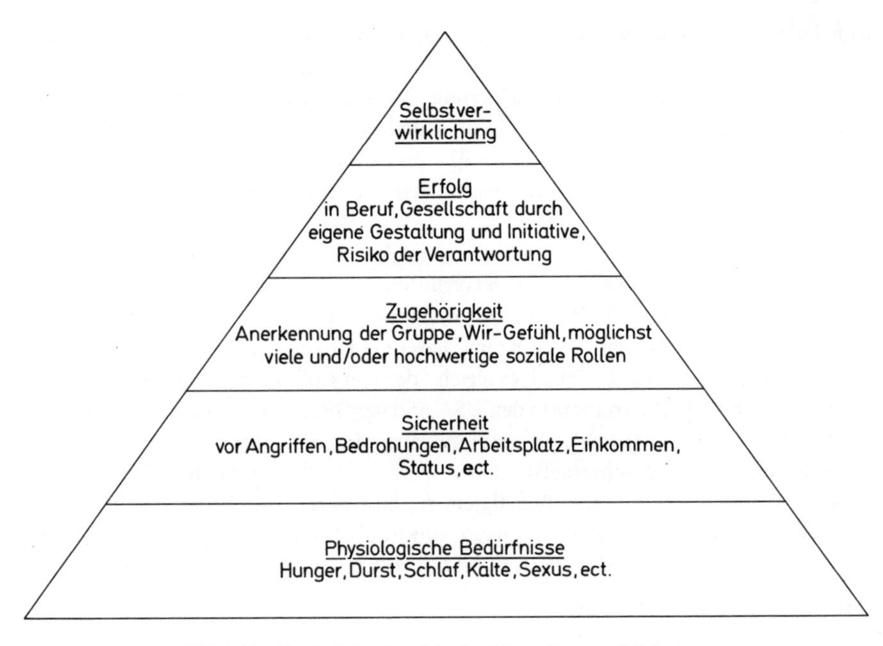

Bild 9.30 Bedürfnispyramide des Menschen nach Maslow

- sich orientieren,
- die Revision planen,
- sie durchführen,
- darüber Bericht erstatten.

Auch hier wird der Qualitätsberichterstattung ein hoher Stellenwert eingeräumt; denn ohne die Fehlerverursacher und die verantwortlichen Stellen zu informieren, ist keine Fehlerbeseitigung möglich. Dazu sind die Daten zu erfassen, zu verarbeiten, zu verdichten und den verantwortlichen Stellen zuzuleiten, um geeignete Abhilfemaßnahmen zu ergreifen. Geschieht dies nicht, sind auch die Qualitätsberichte wertlos. Der Qualitätsregelkreis schließt sich nicht.

Der Abschluß des Kapitels 9 soll eine Aufzählung der Anforderungen bilden, die Crosby in seinem Aufsatz [79] an einen Qualitäts-Sicherungs-Ingenieur (Fehlerverhüter) stellt: Er muß

- genau untersuchen können,
- schriftlich sowie mündlich verhandeln können,
- überzeugende, aufrechte Haltung gegenüber Kollegen besitzen,
- die Haut eines Rhinozeros bei der Wahrung der Interessen des Unternehmens haben,
- ein abgeschlossenes Studium aufweisen,

- Fabrikerfahrung aufweisen,
- Prüfpraxis haben,
- Kenntnisse der Betriebswirtschaft besitzen,
- ein Amateurpsychologe sein, um zu motivieren und
- entscheiden können zwischen «fast gut» und «nicht gut».

Bisher wurde dieser Qualitäts-Sicherungs-Ingenieur nicht an unseren Schulen ausgebildet. Man muß offenbar den Weg durch Weiterbildung und Eigeninitiative selbst dorthin finden. Das vorliegende Buch soll auch dazu eine kleine Hilfestellung geben.

a

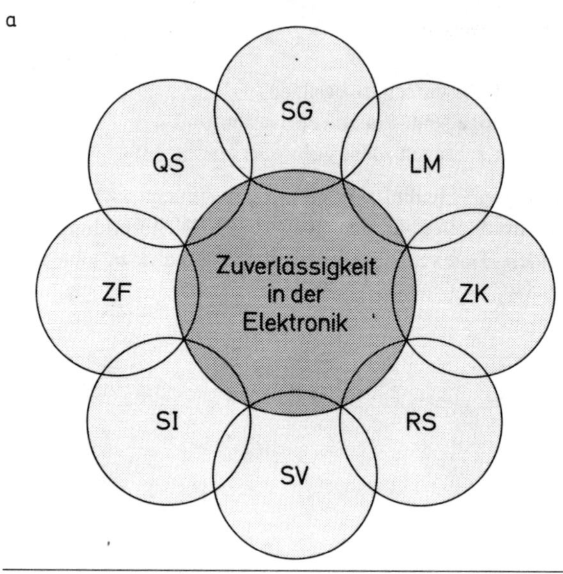

b

SG	Statische Grundlagen/Grundbegriffe der Zuverlässigkeit	77
LM	Lebensdauer-Modelle	35
ZK	Zuverlässigkeit von Komponenten	41
RS	Redundante Systeme	20
SV	Systemverfügbarkeit	22
SI	Sicherheit von Systemen	20
ZF	Zuverlässigkeitsnachweis/Fehleranalysen	83
QS	Qualitätsicherung	52
		350 Begriffe

Bild 10.1 a: Darstellung der Überschneidung von Arbeitsgebieten zur Thematik „Zuverlässigkeit in der Elektronik"
b: Verteilung der 350 Begriffe des Begriffelexikon auf acht Arbeitsgebiete des Themas „Zuverlässigkeit in der Elektronik"

10 Fachausdrücke zum Thema «Zuverlässigkeit»

Die nachstehenden Begriffe stammen aus folgenden Arbeitsgebieten (vgl. Bild 10.1):

SG *S*tatistische Grundlagen/*G*rundbegriffe der Zuverlässigkeit
LM *L*ebensdauer-*M*odelle
ZK *Z*uverlässigkeit von *K*omponenten
RS *R*edundante *S*ysteme
SV *S*ystem*v*erfügbarkeit
SI *Si*cherheit von Systemen
ZF *Z*uverlässigkeitsnachweis/*F*ehleranalysen
QS *Q*ualitäts*s*icherung

Die Kennbuchstaben des Arbeitsbereiches werden zur leichteren Einordnung jedem Begriff nachgestellt. Zum Studium der englisch-sprachigen Fachliteratur wird jeweils die englische Vokabel des Begriffes in Klammern mit angegeben.

Abbrand von Kontakten ZF
(contact erosion by arc flaming)
Materialverlust an Kontakten als Folge eines statischen Lichtbogens. Die mechanische, elektrische und thermische Belastung der Oberfläche führt nach einer bestimmten Lastspielzahl zum Kontaktausfall, z.B. durch Verschweißen.

Absorption (absorption) ZF
(Verschluckung) ist die Aufnahme von Gasen durch Flüssigkeiten oder feste Körper ohne chemische Bindung.

Abweichung (deviation) SG
Nichtübereinstimmung des Istzustandes eines Merkmales mit dem Sollzustand. Differenz zwischen Istwert und Sollwert.

Adaptive Mehrheitslogik SI
(adaptive majority logic)
Mehrheitslogik-Schaltung, bei der die ausgefallene Baugruppe ihren Ausfall anzeigt und danach abgeschaltet wird. Sie trägt dann nicht mehr zur Mehrheitsentscheidung bei und kann, da sie außer Funktion ist, repariert werden. Kommt es in dieser Zeit nicht zum weiteren Ausfall einer anderen Baugruppe, z.B. in einer 2v3-Anordnung, dann erreicht man dadurch gleichzeitig hohe Sicherheit und Systemzuverlässigkeit.

Additionsregel der Wahrscheinlichkeit
(theorem of total probability) SG
Bei zwei Ereignissen ist die Wahrscheinlichkeit, daß das Ereignis A oder das Ereignis B eintritt:
$P(A \text{ oder } B) = P(A) + P(B) - P(AB)$
Schließen sich die Ereignisse A und B gegenseitig aus, so gilt: $P(A \text{ oder } B) = P(A) + P(B)$.

Adsorption (adsorption) ZF
(Ansaugung) ist die Anlagerung von Molekülen an Oberflächen rein durch mechanische Kräfte ohne chemische Bindungen.

Änderung (change) SG
Nichtübereinstimmung des Istzustandes mit

dem Sollzustand zu verschiedenen Zeitpunkten. Änderungen sind in der Regel bleibende Abweichungen.

Änderungsausfall SG
(degradation failure)
siehe Driftausfall.

Aktive Redundanz RS
(active redundancy)
oder «heiße Reserve» nennt man die Systemredundanz aus parallelen Elementen, bei denen alle ausfallen können, bis auf eines, bevor es zum Systemausfall kommt, z.B. Zwillingskontakt.

Aktiver Fehler (active fault) SI
Ein Fehler, bei dem auf dem Übertragungsweg infolge einer Störung aus einer «0» das Zeichen «1» wird, d.h. fälschlicherweise aktives Signal gegeben wird.

Aktivierungsenergie ZK
(activation energy)
Diejenige Energie, die halbleitendes Material vom gesperrten in den leitenden Zustand bringt. Im Bändermodell ist es der Bandabstand zwischen Valenz- und Leitungsband, z.B. bei einer Si-Diode $E_a = 1{,}1\,\mathrm{eV}$.

Algorithmische Testerstellungsverfahren QS
(algorithmic fault diagnosis by test pattern)
Verfahren, die in Digitalschaltungen Fehler zu erkennen und zu orten gestatten. Die Testmuster werden extern oder intern generiert. Das «Innenleben der Schaltung» muß bekannt sein. Man legt als Fehlermodell das «Ständig-Fehlermodell» zugrunde. Bei komplexen Schaltnetzen und Schaltwerken ist dieses Verfahren nicht mehr anwendbar.

Annahmekennlinie ZF
(operating characteristic)
Sie wird auch Operationscharakteristik oder OC-Kurve genannt. Es ist dies die grafische Darstellung der Poisson-Verteilung. Auf der Abszisse zeichnet man den Fehleranteil im Los in % (p-Wert, AQL-Wert). Auf der Ordinate wird die Annahmewahrscheinlichkeit L in % aufgetragen. Parameter sind der Losumfang n und die zugelassene Fehlerzahl c. Zahlenbeispiel, vgl. Bild 9.15: $p = \mathrm{AQL} = 0{,}8\%$, $L = 95\%$, $n = 315$, $c = 5$.

Anwender-Fehler ZF
(application fault)
Fehler, der ausschließlich zu Lasten des Anwenders geht, z.B. durch falschen Einsatz des Bauelementes bzw. Gerätes, nicht zulässige thermische, mechanische, chemische, elektrische Überlastung sowie gegebenenfalls durch mehrere dieser Ursachen.

Anwendungsausfall SG
(application failure)
Ausfall, der sich während des Produkteinsatzes beim Anwender ereignet. Es sind Zufallsausfälle, Betriebsausfälle und Verschleißausfälle.

AQL-Wert ZF
(acceptable quality level)
Annehmbares Qualitätsniveau als Vereinbarung zwischen Kunden und Lieferanten. Mit der Angabe des p-Wertes legt man für ein Prüflos n die Fehlerzahl c fest, die bei Zugrundelegung einer Annahmewahrscheinlichkeit L von z.B. 95% noch toleriert wird. Dieser Wert wird mittels der Poisson-Verteilung bestimmt. Über weitere statistische Methoden ermittelt man zum AQL-Wert und der n-c-Relation den dazugehörigen Losumfang N bei Festlegung des L-Wertes.

Arrhenius-Gleichung ZK
(Arrhenius formula)
Nach Arrhenius läuft eine chemische Reaktion umso schneller ab, je höher die Aktivierungsenergie E_a und die Umgebungstemperatur T ist. Dieses Gesetz benutzt man, um mathematisch die Temperaturabhängigkeit der Lebensdauer, speziell bei halbleitenden Stoffen, annähernd zu beschreiben:

$$m = A \cdot e^{+\frac{E_a}{k^* \cdot T}}$$

wobei A eine bauelementespezifische Konstante ist. Mit sinkendem T erhöht sich exponentiell die Lebensdauer m.

Attributive Prüfung SG
(inspection by attributs)
Prüfart, bei der eine Go/NoGo-Entscheidung getroffen wird. Es wird in einem Prüflos gezählt, ob mehr oder weniger als c-Fehler unter n-Musterteilen vorhanden sind. Qualitätsprüfung mittels Attributsmerkmale.

Attributive Zuverlässigkeitskenngröße SG
(attributive reliability characteristic)

Kenngröße, bei der die Häufigkeit von «ausgefallen» bzw. «nicht ausgefallen» betrachtet wird. Solche Größen sind R, F, λ, MTTFF, MTBF. Gegensatz zur Kenngröße mit Variablen-Charakter.

Ausfall (failure) SG

Verletzung mindestens eines Ausfallkriteriums bei einer, zu Beginn als fehlerfrei angesehenen Betrachtungseinheit. Die Definition eines Ausfalls hängt davon ab, was man als Fehler festgelegt und welcher Grenzwert als Ausfallkriterium vereinbart wird. Bei einem Relaiskontakt kann man z.B. als Leerlaufausfall definieren, wenn der gemessene R_k-Wert das Zehnfache des normalen Mittelwertes des Kontaktwiderstandes überschreitet.

Ausfallhäufigkeit SG
(failure frequency)

Differenz der relativen Bestände am Anfang und am Ende eines betrachteten Zeitabschnittes.

Ausfallhäufigkeitsdichte SG
(failure density)

Der Quotient aus Ausfallhäufigkeit und betrachtetem Zeitabschnitt.

Ausfallkriterium SG
(failure criteria)

Nach Erfahrung festgelegter Grenzwert einer für die Zuverlässigkeitsbetrachtung herangezogenen Kenngröße, bei deren Überschreitung es mit Sicherheit zum Ausfall kommt.

Ausfallquote SG
(failure quota)

Quotient aus temporärer Ausfallhäufigkeit und betrachtetem Zeitintervall. Die Ausfallquote ist ein Schätzwert für die Ausfallrate λ.

Ausfallrate (failure rate) SG

Quotient aus Ausfalldichte und Überlebenswahrscheinlichkeit zu einem bestimmten Zeitpunkt. Nur im Fall einer vorliegenden Exponential-Verteilung ist dieser wichtige Zuverlässigkeitsparameter konstant und zeitunabhängig. Zur Bestimmung benötigt man die drei Angaben: Fehlerzahl, Prüfzeit und Stichprobenumfang. Der Grenzwert der Ausfallquote ist die Ausfallrate.

Ausfallraten-Datenbank ZK
(failure rate data bank)

Sammlung von Ausfallraten elektronischer Bauelemente, die in einem Rechner matrixförmig in Abhängigkeit von wichtigen Einflußparameter z.B. Temperatur, Strombelastungsfaktor usw. gespeichert werden.

Ausfallratendatenplan ZK
(failure rate data plan)

Tabelle, die Auskunft gibt über die erforderliche «Bauelementestundenzahl $n \cdot t$» für eine Ausfallratenbestimmung mit Angabe der Aussagewahrscheinlichkeit (statistische Sicherheit). Sie wird mittels der Poisson-Verteilung berechnet.

Ausfallsatz SG
(cumulative failure frequency)

Summe der Ausfallhäufigkeiten bis zu einem vorgegebenen Zeitpunkt. Diese Kenngröße hat sich in der internationalen Normung nicht durchgesetzt.

Ausfallwahrscheinlichkeit SG
(probability of failure)

Wahrscheinlichkeit für ein Bauelement des Bestandes bis zu einem bestimmten Zeitpunkt t_i auszufallen. Anstelle der Zeit kann z.B. auch die Steckzahl n oder die Zahl der Schaltspiele treten.

Ausfallwahrscheinlichkeitsdichte SG
(failure-probability density)

Wahrscheinlichkeit, im Zeitintervall $t + dt$ Ausfälle anzutreffen, z.B. 3 Ausfälle innerhalb von 10 h bezogen auf das Kollektiv N.

Ausführungsfehler QS
(execution fault)

Fehler, der bei der Programmeingabe, Datenerfassung – kurz bei der Programmanwendung gemacht wird. Man kann damit auch Fertigungsfehler bezeichnen.

Außerplanmäßige Wartung QS
(nonregulary maintenance)

Wartung, die außerhalb eines Wartungsplanes auf Anfrage oder bei einer Störung durchgeführt wird. Die korrigierende Instandhaltung ist das Gegenstück zur vorbeugenden Instandhaltung.

Automatische Fehlerdiagnose SI
(automatic failure diagnosis)
Fehlererkennung und Fehlerortung derart, daß beim Auftreten eines Fehlers dieser sich selbst am Fehlerort anzeigt (z.B. LED-Anzeige der ausgefallenen Platine) und dabei das System abschaltet bzw. stillsetzt (fail-safe).

Badewannenkurve SG
(bathing-tub diagram)
Diagramm des typischen zeitlichen Verlaufes der Ausfallrate: erst abfallend (Frühausfälle), dann während der normalen Nutzungsdauer mit konstantem Verlauf (Zufallsausfälle) und im Abschnitt der Verschleißausfälle wieder ansteigend, bis alle Elemente des Kollektivs ausgefallen sind.

Basis-Ausfallrate ZK
(base failure rate)
Ausfallrate, die man ermittelt, wenn man Bauelemente an der gerade noch zulässigen Grenze ihrer Belastbarkeit betreibt. Der gefundene Wert λ_B wird mit den Einflußfaktoren k_i gemäß dem Derating-Modell multipliziert, um in einem vorliegenden Anwendungsfall die tatsächlich zu erwartende Ausfallrate abzuschätzen.

Bauelementeredundanz RS
(component-redundancy)
Zuverlässigkeitserhöhender Mehraufwand auf der Bauelementeebene. Es gibt aktive, passive Redundanz, ferner Majoritätsredundanz, Quadredundanz und andere Redundanzen.

Beanspruchung (stress) QS
Grad der Inanspruchnahme. Bei einem technischen System sind Belastung und Beanspruchung in der Regel identisch, nicht so beim Menschen. Die gleiche Belastung (meßbar als physikalische Größe z.B. Luftfeuchte, Lärm, Temperatur usw.) kann bei zwei Menschen unterschiedliche Beanspruchungen hervorrufen. Beanspruchung ist beim Menschen der Grad der Inanspruchnahme der Dynamik physiologischer und biologischer Variablen bei auftretender Belastung.

Bedingte Wahrscheinlichkeit SG
(conditional probability)
Wahrscheinlichkeit $P(B|A)$ für ein Ereignis B unter der Bedingung, daß A eingetreten ist. Sie berechnet sich aus dem Verhältnis von Verbundwahrscheinlichkeit $P(AB)$ und der Wahrscheinlichkeit für das Ereignis A (geschrieben $P(A)$). Für stochastische, unabhängige Ereignisse ist einfach $P(B) = P(AB): P(A)$, wobei $P(B) > P(B|A)$ ist.

Belastungsfaktor ZK
(load factor)
Faktor, der das Verhältnis des Istwertes eines Lastwertes zum maximal zulässigen Lastwert angibt, z.B.

$$k_u = (U/U_{max}) < 1$$

Ist der tatsächliche Lastwert der oberste zulässige Nennwert, dann ist der Kehrwert von k der Sicherheitsfaktor $S_f = 1/k$
Beispiel: $U_{zul} = 100\,V$,
$U_{nenn} = 50\,V$,
$U_{ist} = 30\,V$,
dann ist
$k = 0{,}3$,
$S_f = 2$
Den Belastungsfaktor wählt man als Parameter in Kurvenscharen, die grafisch die Abhängigkeit zwischen den Einflußgrößen aufzeigen.
Die Belastungsfaktoren k_i sind die Faktoren (reine Zahlen), die mit der Basis-Ausfallrate multipliziert werden müssen, damit die wesentlich verändernden Einflüsse wie Temperatur, Erschütterung, Strombelastung, chemische Belastung usw. erfaßt werden.

Bereitschaftsredundanz RS
(stand-by redundancy)
siehe passive Redundanz

Beschleunigungsfaktor ZF
(accelerating factor)
auch Zeitraffungsfaktoren genannt, sind zulässig bei Halbleiterbauelementen, die der Arrhenius-Gleichung folgen. Danach ist bei höherer Innentemperatur die mittlere Lebensdauer geringer. Man setzt die HL höheren Temperaturen aus und mißt die Ausfallrate. Ohne Änderung des Ausfallmechanismus sind Zeitraffungsfaktoren bis 100 möglich.

Bestandsfunktion SG
(survival function)

Sie gibt den Zusammenhang $B = f(t)$, wobei $B(t_i)/B(t_0)$ der relative Bestand ist. Sie veranschaulicht grafisch wieviel von einer ursprünglich intakten Anzahl von Bauelementen noch funktionsfähig sind.

Beta-Gerade
β-Gerade (β-line) LM

Der β-Faktor (Weibull-Exponent) legt die Kurvenform der Weibull-Verteilung fest. Er grenzt die Frühausfälle gegen die Zufallsausfälle ($\beta \leq 1$) und den Abschnitt konstanter Ausfallrate gegen den Abschnitt der Verschleißausfälle ab ($\beta \geq 1$). Im Weibull-Wahrscheinlichkeitspapier ist der β-Wert der Anstieg der Geraden, die sich mittelnd durch die Meßwertpunkteschar legen läßt.

Betätigungsfrequenz ZK
(actuation frequency)

Frequenz, mit der Bauelemente betätigt werden, z.B. 12,5 Hz bei der Postrelaisprüfung.

Betriebsausfall SG
(operating failure)

Zufallsausfall, der in der Betriebszeit auftritt.

Binomial-Verteilung SG
(binomial distribution)

Verteilung, die diskrete, ganzzahlige Ereignisse von 0 bis n beschreibt. Besitzt die Grundgesamtheit die Wahrscheinlichkeit p, daß ein Ereignis eintritt, dann gibt die Wahrscheinlichkeitsfunktion $f(x)$ an, mit welcher Wahrscheinlichkeit unter n-Einheiten x-Einheiten in einer Zufallsstichprobe das gleiche Merkmal aufweisen. Stochastisch unabhängige Ereignisse wie Münzwurf, Würfelspiel werden damit erfaßbar. Die Formeln enthält die Tabelle 27, drei Zahlenbeispiele zeigt das Bild 10.2 links. k ist die Zahl der Erfolge, n die Zahl der Würfe beim Würfelspiel. Für $n > 100$ geht die Binomial-Verteilung in die Gauß-Verteilung über.

Boolesches Zuverlässigkeitsmodell RS
(Boolian reliability model)

Einfachste Methode zur Berechnung der Systemzuverlässigkeit, wobei für jedes Element nur zwei Zustände «in Ordnung» oder «ausgefallen» angenommen werden und der Ausfall

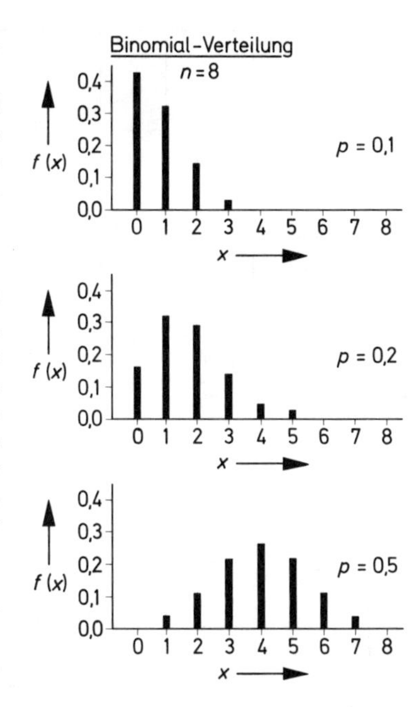

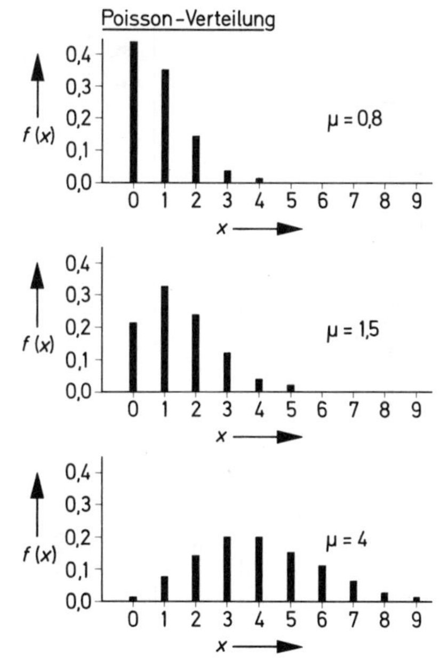

Bild 10.2 Binominal- und Poisson-Verteilung

Tabelle 27

Kenngrößen der diskreten Verteilungen	Binomial-Verteilung	Poisson-Verteilung
Verteilungsfunktion (Summenwahrscheinlichkeit)	$F(x) = \sum_{k \leqq x}^{n} \binom{n}{k} \cdot p^{k} \cdot q^{n-k} \qquad q = 1 - p$	$F(x) = e^{-\mu} \cdot \sum_{s \leqq x} \frac{\mu^{s}}{s!} \quad \text{für} \quad x \geqq 0$
Wahrscheinlichkeitsfunktion	$f(x) = \binom{n}{p} \cdot p^{x} \cdot q^{n-k} \qquad x = 0,1,\ldots,n$	$f(x) = \frac{\mu^{x}}{x!} \cdot e^{-\mu} \qquad x = 0,1,\ldots$
Mittelwert	$\mu = n \cdot p$	$\mu = n \cdot p$
Standardabweichung	$\sigma = \sqrt{n \cdot p \cdot (1 - p)}$	$\sigma = \sqrt{n \cdot p}$
Schiefe	$\gamma = \frac{n \cdot p \cdot q \cdot (1 - 2 \cdot p)}{(n \cdot p \cdot q)^{3/2}}$	$\gamma = \frac{1}{\sqrt{\mu}}$

der einzelnen Elemente voneinander unabhängig ist. Das System enthält eine endliche Anzahl von Elementen. Es gilt die Monotonieeigenschaft, d.h. durch Ausfall eines Elementes werden andere Elemente nicht wieder funktionsfähig.

Bruch (breakage) ZF

Ganz allgemein die Trennung von Werkstücken als Folge mechanischer Kräfte, chemischer Einflüsse oder Wärmeeinwirkungen.

Brückenwanderung ZF
(contact erosion by bridge transfer)

Beim Stromfluß zwischen zwei metallischen Kontakten bilden sich durch punktuelles Überschreiten des Schmelzpunktes metallische Brükken, die beim Öffnen wieder aufreißen und Krater und Hügel bilden, welche der Anlaß zur Kontakterosion und des späteren Kontaktausfalles sind.

Burn-In ZF

Allgemein bezeichnet man als «Burn-In» das «Einbrennen» eines Bauelementes, z.B. im Prüffeld zwecks Erkennung von Frühausfällen (z.B. 6···24 h lang). U.a. meint man damit auch eine Hochtemperaturlagerung (z.B. 168 h bei 125 °C) bei HL-Bauelementen. Hierbei treten zahlreiche thermisch verursachte Ausfälle in Erscheinung, die sonst erst später aufgetreten wären. Diese Prüfmethode belastet zwar jedes Bauelement mit einem Mehrpreis, nimmt aber eine Reihe zukünftiger Ausfälle vorweg und ist dort besonders wichtig, wo eine Reparatur sehr aufwendig oder unmöglich ist (z.B. bei Satelliten).

Charakteristische Lebensdauer LM
(characteristic life time)

Maßstabparameter bei der Weibull-Verteilung. Bei $t = \eta$ hat sich die Überlebenswahrscheinlichkeit auf $R \triangleq 37\%$ verringert, wenn $\gamma = 0$ wird. Bei $\gamma = 0$ und $\beta = 1$ ist $m = \eta = \frac{1}{\lambda}$ d.h. die Lebensdauer der e-Verteilung.

Chargen-Fehler QS
(charge defect, batch defect)

Fehler, die nur in einer Lieferung vorkommen, weil hierbei z.B. ein Material- oder Herstellparameter geändert worden war.

Dauerbrüche ZF
(breakage by aging)

Diese Erscheinungen, auch «Ermüdungsbrüche» genannt, sind nach (z.B. über 10^7) Wechseln an wechselbeanspruchten Teilen zu beobachten. Hauptursache ist die mechanische Belastung.

Dauerverfügbarkeit SV
(steady state availability)

Verfügbarkeit einer reparierbaren Anlage, die im Zeitraum $t = 0$ bis $t = \infty$ immer vorhanden ist. Man erhält sie, indem man bei der sofortigen Verfügbarkeit den Parameter Zeit t gegen Unendlich gehen läßt:

$$A_{ss} = \lim_{t \to \infty} A(t)$$

A_{ss} ist bei komplizierteren Systemen leichter zu bestimmen als $A(t)$ und reicht zur Systembeurteilung in der Regel aus. A_{ss} ist die Wahrscheinlichkeit, daß das System für sehr lange Zeiten einsatzfähig ist.

Derating-Modell ZK
(derating model)

Methode zum groben Abschätzen der Abhängigkeit der Ausfallrate eines Bauelementes von seinen Haupteinflußfaktoren. Dies geschieht dadurch, daß man nicht die Basis-Ausfallrate λ_B in die Berechnungsformel für R einsetzt, sondern mit den Belastungsfaktoren k_i multipliziert, deren Größe man aus ähnlich liegenden Fällen empirisch ermittelt hat. Man schreibt dann:

$$\lambda = \lambda_B \cdot k_1 \cdot k_2 \cdot k_3 \cdot k_4 \ldots$$

Es sind soviele Faktoren anzusetzen, wie wichtige verändernde Einflußgrößen vorhanden sind. Da in den meisten Betriebsfällen die k_i-Werte kleiner Eins sind, spricht man von «derating» = Unterlastung. Der λ_B-Wert wird für die Grenzdaten des Bauelementes bestimmt.

Determiniertes Ereignis SG
(determinated event)

Vorherbestimmtes Ereignis. Bei einem systematischen Ausfall ist eine klar erkennbare Ursache vorhanden.

Differenzen-Quotienten-Verfahren ZF
(difference-quotient method)

Methode der Toleranzanalyse, bei der nicht nur

die Eckwerte des Toleranzbereiches einer Zielgröße, sondern auch die Standardabweichung der Zielgröße bestimmt wird. Die Rechnung wird dadurch aufwendiger, und das Ergebnis wirklichkeitsnaher als beim Worst-Case-Verfahren. Das D-Q-Verfahren beruht auf dem Fehlerfortpflanzungsgesetz. Bei Benutzung einer Gleichverteilung bzw. einer Normalverteilung erhält man dabei wiederum eine ungünstigere bzw. günstigere Aussage über die Zielgrößenverteilung.

Differenzierbare Funktion LM
(differentiable function)

Funktion deren Verlauf keine Knicke und Sprünge aufweist. Als Modellfunktion für die Lebensdauerkurve nimmt man differenzierbare Funktionen an, damit man aussagekräftigere Zuverlässigkeitskenngrößen wie f, λ oder $A(t)$ bestimmen kann.

Diffusion (diffusion) ZF

(Hineinfließen, Hineinstreuen) ist das Wandern von Atomen in Mischphasen. Meist meint man damit das Hineindiffundieren von Gasen in feste Körper.

Disjunktes Ereignis SG
(disjunctive event)

Ein Junktim ist eine Zusatzbedingung. Entfällt diese bei zwei aufeinanderfolgenden Ereignissen, dann sind sie «disjunkt», d.h. voneinander unabhängig. Die Gesamtwahrscheinlichkeit ist dann die Summe der Einzelwahrscheinlichkeiten.

diskret (discrete) SG

Soviel wie «einzeln» oder «abzählbar». Diskrete Bauelemente sind Einzelbauelemente im Gegensatz zu Integrierten Schaltungen.

Diskrete Verteilung SG
(discrete distribution)

Bei einer diskreten Verteilung haben die Ereignisse nur an bestimmten Punkten der Variablenskala eine von Null verschiedene Wahrscheinlichkeit, z.B. beim Würfeln bei den Ziffern 1, 2, 3, 4, 5 und 6.

3-aus-5 Systeme (3-out-5 systems) SI

Sie gehören zu den ϱ^*-Systemen, bei denen $\varrho^* = 3$ ist. Hierbei sind Zweifachfehler (zwei Fehler gleichzeitig) zulässig, ohne daß es zum Systemausfall kommt. ϱ^*-Systeme haben den Vorteil, daß die Ausfallarten Leerlauf- oder Kurzschlußausfall unwichtig sind.

Driftausfall SG
(degradation failure)

Driftausfälle sind Toleranzausfälle, bei denen ein Parameter «wegwandert» und beim Überschreiten eines Ausfallkriteriums zum Ausfall führt. Driftausfälle sind systematische Ausfälle, d.h. in vielen Fällen vorher- bzw. absehbar, z.B. die Abnutzung von Kohlebürsten bei einem Motor.

DRY-CIRCUIT-Kontakte ZK
(dry-circuit contacts)

Kontakte, deren Arbeitsbedingungen folgende erschwerende Merkmale aufweisen:

1. niedrige Kontaktspannung: $U_k = 5 \cdots 100\,\text{mV}$
2. niedriger Kontaktstrom: $I_k = 10\,\mu\text{A} \cdots 100\,\text{mA}$
3. niedrige Kontaktkräfte: $F_k = 0{,}01 \cdots 0{,}1\,\text{N}$

Derartige Kontakte fallen überwiegend durch Fremdschichtbildung (Leerlaufausfälle) aus.

Durchgangslogik SI
(logic circuits without memory elements)

«Schaltnetze» enthalten im Gegensatz zu «Schaltwerken» keine speichernden Elemente wie z.B. Flipflops. Die am Eingang angelegte Information steht nach Durchlaufen der Gatterbausteine sofort am Ausgang an. Bei Schaltnetzen ist die Fehlerdiagnose einfacher als bei Schaltwerken.

Durchschlag (break down) ZF

Sammelbegriff für die Bildung von Verbindungskanälen zwischen zwei normalerweise isolierten Elektroden. Es gibt mechanische, chemische, thermische und elektrische Durchschläge. Ausgangspunkt für die Kanäle sind Inhomogenitäten im Material.

Dynamische Fehler QS
(dynamic defect, transient defect)

Kurzzeitige Fehler z.B. durch einen Störimpuls. Der Fehler kann, muß aber während der Prüfzeit nicht auftreten. Sie sind daher schwer zu beseitigen. Es helfen dann nur vorbeugende Maßnahmen.

Einfach-Fehler (single defect) QS

Fehler, der in einem System auftritt und beseitigt wird, bevor ein zweiter Fehler auftritt.

Einflußfaktoren (influence factor) ZF

Differenzenquotienten

$$Q_i = \frac{z(x_{imax}) - z(x_{imin})}{x_{imax} - x_{imin}},$$

die man in die Taylor-Reihe einsetzen muß, um die Zielgrößenabweichung Δz für die Einflußgrößen $x_1, x_2, \cdots x_n$ beim Worst-Case-Verfahren zu bestimmen.

Einsatzeinflußfaktor ZK
(degradation factor)

Faktor, mit dem die Ausfallrate zu multiplizieren ist, z.B. zur Erfassung des Erschütterungseinflusses. Bei ruhenden Geräten ist z.B. $K_e = 1$, in Raketenköpfen rechnet man z.B. mit $K_e = 100$.

Einsatzprofil (application profile) ZF

Darstellung und Beschreibung der elektrischen, mechanischen, thermischen und chemischen Einflußgrößen und Randbedingungen, unter denen eine Betrachtungseinheit ihre Funktion erfüllen soll.

Eins-Verteilung (once distribution) LM

Verteilung, bei der zu einem Zeitpunkt t_1 alle Elemente zur gleichen Zeit ausfallen. Dieser theoretische Grenzfall bedeutet, daß die Lebensdauer m die Standardabweichung $\sigma = 0$ hätte.

Element (element) SG

Element ist ein Objekt, auf das der Geräteentwickler keinen Einfluß mehr hat, weil es eine geschlossene Einheit ist, z.B. Widerstand, Kondensator, Integrierte Schaltung.

Entfestigungsspannung ZK
(softening voltage)

Eine für jedes Kontaktmaterial typische elektrische Spannung U_e in mV, bei der eine «Entfestigung», d.h. Aufweichung der durch die Bearbeitung entstandenen Verfestigung eintritt. Bei $U_k > U_e$ erniedrigt sich R_k, weil das Material zu fließen beginnt und seine Berührungsfläche vergrößert. Die dazu erforderliche Wärme kommt durch den fließenden Strom.

Ergonomie (ergonomy) QS

Wissenschaft, die die Gesetzmäßigkeiten des menschlichen Verhaltens innerhalb eines Arbeitssystemes zu ergründen versucht. Ihr Ziel ist es, die geleistete Arbeit gerecht zu bewerten und optimal zu gestalten.

Erhaltungsrate (repair rate) QS

siehe Reparaturrate

Ermüdungsausfälle SG
(wearout failure)

auch Alterungsausfälle, siehe Verschleißausfälle.

Erosion (erosion) ZF

Rinnenförmige Auswaschungen durch mechanische Wirkungen. Sie entstehen, wenn ein strömendes Medium in begrenzten Bahnen auf einen Festkörper einwirkt.

Erwartungswert (expected value) SG

Wert, den man nach Auswertung einer Verteilung als beschreibende, statistische Maßzahl ermittelt. Bei einer diskreten Zufallsvariablen gilt:

$$E(x_i) = \sum_i x_i \cdot p(x_i).$$

Beim idealen Würfel mit disjunktiven Ereignissen und gleicher Einzelwahrscheinlichkeit der Würfe ist der Erwartungswert der Mittelwert:

$$E(1, 2, 3, 4, 5, 6) = \mu$$

$$= \frac{1+2+3+4+5+6}{6} = 3{,}5$$

Dieser Mittelwert wird sich nach vielen Würfen bestätigen.

Exponential-Verteilung LM
(exponential distribution)

Stetige Verteilung positiver Werte mit nur einem Parameter, hier der Ausfallrate λ. Danach nimmt die Überlebenswahrscheinlichkeit eines Systems nach dem Gesetz $R = e^{-\lambda \cdot t}$ ab. Die Ausfallrate ist von der Benutzungsdauer unabhängig. Sie ist anzuwenden, wenn reine Zufallsausfälle vorliegen, d.h. nur unstetige Schadensursachen mit spontanen Totalausfällen. Der β-Faktor ist gleich eins, vgl. Tabelle 28.

Tabelle 28

Kenngrößen der stetigen Verteilungen	Linear-Verteilung	Rechteck-Verteilung	Exponential-Verteilung
Parameter	k	a, b	λ
Überlebenswahrscheinlichkeit	$R(t) = 1 - k \cdot t$	$R(t) = \begin{cases} 1 & \text{für } 0 < t < a \\ \frac{b-t}{b-a} & \text{für } a < t < b \\ 0 & \text{für } t > b \end{cases}$	$R(t) = \mathrm{e}^{-\lambda \cdot t}$
Ausfallwahrscheinlichkeit	$F(t) = k \cdot t$	$F(t) = \begin{cases} 0 & \text{für } 0 < t < a \\ \frac{b-t}{b-a} & \text{für } a < t < b \\ 1 & \text{für } t > b \end{cases}$	$F(t) = 1 - \mathrm{e}^{-\lambda \cdot t}$
Ausfalldichte	$f(t) = k$	$f(t) = \begin{cases} 0 & \text{für } 0 < t < a \\ \frac{1}{b-a} & \text{für } a < t < b \\ 0 & \text{für } t > b \end{cases}$	$f(t) = \lambda \cdot \mathrm{e}^{-\lambda \cdot t}$
Ausfallrate	$\lambda(t) = \frac{k}{1 - k \cdot t}$	$\lambda(t) = \begin{cases} \infty & \text{für } 0 < t < a \\ \frac{1}{b-t} & \text{für } a < t < b \\ \frac{1}{b-a} & \text{für } t > b \end{cases}$	$\lambda = \text{konst.}$

mittlere Lebensdauer	$m = \frac{1}{2 \cdot k}$	$m = \frac{a+b}{2}$	$m = \frac{1}{\lambda}$
Standardabweichung	$\sigma = \frac{1}{2 \cdot k \cdot \sqrt{6 \cdot k}}$	$\sigma = \frac{b-a}{\sqrt{12}}$	$\sigma = \frac{1}{\lambda}$
Schiefe	$\gamma = 0$	$\gamma = 0$	$\gamma > 0$

Fail-Operational-System SI
(fail-operational-system)

Redundantes System, das nach einer Mehrheitslogik arbeitet, z. B. in Form eines 2-aus-3 Systems, welches Einfachfehler ohne Systemausfall übersteht.

Fail-Passive-System SI
(fail-passive system)

Duplexsystem mit z. B. zwei arbeitenden Arbeitskanälen oder einem Arbeitskanal und einem Überwachungskanal. Ein Fehler führt nicht zum Systemausfall oder wird sofort angezeigt.

Fail-Safe-System (fail-safe system) SI

Diese Systeme sind so ausgelegt, daß sie beim Auftreten eines Fehlers auf der «sicheren Seite» bleiben. Bei der Eisenbahn bedeutet dies «Zugstillstand». Nicht alle Systeme sind «fail-safe» auslegbar, z. B. Flugzeuge mit ihren Triebwerken.

Fail-Soft-System (fail-soft system) SI

System mit einem Arbeitskanal und einem nicht in Funktion, sondern in Reserve befindlichen Kanal (stand-by-Betrieb). Bei einem Ausfall des Arbeitskanales erfolgt eine «weiche Übernahme» durch den Reservekanal. Danach ist die Anlage nicht mehr redundant. Ein weiterer Ausfall führt zum Systemausfall.

Fehler (defect, error, fault, flaw) SG

Unzulässige Abweichung eines Merkmales. Eine Betrachtungseinheit kann mehrere Fehler aufweisen. Auch führt nicht jeder Fehler (z. B. Kratzer am Gehäuse) zum Ausfall. Bei einem Ausfall können aber mehrere Fehler die Ursache sein.

Fehlerart (type of defect) QS

Bezeichnung für einen Fehler in einem Fehlerkatalog. Der Fehlerkatalog kann verschieden aufgeteilt sein.

Fehlerbaum (failure tree) ZF

Grafische Darstellung der Fehlerbaumanalyse. Die Basisereignisse (Ausfallursachen) werden bei Primärereignissen (disjunkte Ereignisse) über ODER-Glieder, Sekundärereignisse (stochastisch abhängig) über UND-Glieder verknüpft. Sekundäre Ereignisse erfassen die bedingten Wahrscheinlichkeiten. Es werden am Eingang und Ausgang nur zwei Zustände zugelassen. Beim einfachen Fehlerbaum führt von jeder Systemkomponente nur ein Weg zum Systemausfall. Fehlerbäume haben keine Zyklen. Nach Zeichnung des Fehlerbaumes setzt man die Systemfehlerwahrscheinlichkeit an und berechnet bei Kenntnis der Ausfallraten der Funktionselemente deren zeitlichen Verlauf.

Fehlerbaum-Analyse ZF
(failure tree analysis)

Verfahren der Zuverlässigkeitsanalyse, welches die logische Verknüpfung der Basisereignisse (Ausfallursachen) aufdeckt, die zum Hauptereignis (Systemausfall) führen. Ziel der Analyse ist die Aufstellung des Fehlerbaumes und die Berechnung der Systemausfallwahrscheinlichkeit.

Fehlerbewertung QS
(valuation of defects)

Sie ist das Ergebnis einer Untersuchung. Entweder ist die Betrachtungseinheit brauchbar, oder sie ist unbrauchbar. Bei Unbrauchbarkeit muß entweder nachgearbeitet werden, oder es liegt Ausschußware vor.

Fehlerdiagnose (fault diagnosis) QS

Prüfprozeß, der die Fehlerart aufdecken, den Fehlerort und die Fehlerursache finden soll, mit dem Ziel, den Fehler zu beseitigen, damit die Betrachtungseinheit wieder ihre Sollfunktion ausführen kann.

Fehlerfortpflanzungsgesetz ZF
(analysis rule of variance)

Nach Gauß ist bei n unabhängigen Einzelfehlern $\varepsilon_1, \varepsilon_2, \cdots \varepsilon_n$ der Gesamtfehler darstellbar in Linearform:

$$\varepsilon = c_1 \cdot \varepsilon_1 + c_2 \cdot \varepsilon_2 + \ldots + c_n \cdot \varepsilon_n,$$

dann läßt sich die Streuung σ^2 wie folgt bestimmen:

$$\sigma^2 = \sum_{i=1}^{n} c_i^2 \cdot \sigma_i^2.$$

Demnach ergibt sich bei zwei Einzelfehlern mit gleicher Steigung der Gesamtfehler nicht aus der algebraischen Summe der Standardabweichungen, sondern aus der vektoriellen Summe, die immer kleinere Werte ergibt.

Fehlergewicht (weight of the defect) QS

Das Fehlergewicht bestimmt das Ausmaß der Gegen- und Abhilfemaßnahmen. Gefährliche Fehler erfordern mehr Aufmerksamkeit als kleine Unvollkommenheiten des Erzeugnisses.

Fehlerkosten (costs of defects) QS

Kosten, die entstehen, weil das Erzeugnis nicht den Qualitätsanforderungen entspricht. Es gehören dazu die Ausschußkosten, sowie die Kosten für Nacharbeit.

Fehlerort (defect region) QS

Die Angabe des Fehlerortes ist ein wichtiger Hinweis für die Fehlerdiagnose.

Fehlerrate (defect rate) SG

frühere Bezeichnung für λ. Man sagt jedoch besser «Ausfallrate», denn ein Gerät kann einen (Schönheits-)Fehler aufweisen und fällt aber deswegen nicht aus.

Fehlersammelkarte ZF
(defect collecting card)

Karte, die viele Fehlerarten erfaßt, jedoch nur attributiv, z.B. 10 Fehlerarten auf der y-Achse. Auf der x-Achse wird die Zeit aufgetragen, z.B. 10 Stichprobenentnahmen jeweils eine pro Tag. Die Fehler werden als Zahlen in Kästchen in dem Diagramm eingetragen. Der Eintragung liegt eine Fehlerbeschreibung und ein Stichprobenplan zugrunde. Die zeilen- und spaltenweise Addition der Zahlen in der Karte gibt horizontal einen zeitlichen Fehlerverlauf, vertikal eine Häufigkeitsangabe der Fehler pro Fehlerklasse. Es gibt die Karte in vielen Varianten. Ein Beispiel zeigt Bild 9.12. Das Gegenstück ist die Kontrollkarte bei der nur ein oder zwei Merkmale, jedoch messend überwacht werden, vgl. Bild 9.11.

Fehlerursache (cause of the defect) QS

Grund und Ursprung eines Fehlers. Kennt man die Fehlerursache, kann man auch in der Regel den Fehler beseitigen.

Fehlerverhütung (defect prevention) QS

Summe aller vorbeugenden Maßnahmen zum Verhüten von Fehlern bzw. zu ihrer grundsätzlichen Vermeidung. Dazu gehören Planungsaufgaben, Schulungsarbeiten, Aufklärungskampagnen, Qualitätsbeurteilungen, Lieferantenbeurteilungen usw.

Fehlerverhütungskosten QS
(preventive quality cost)

Kosten für eine vorbeugende Qualitätssicherung. Es zählen dazu die Kosten für Prüfplanung, Schulung des Prüfpersonals, Lieferantenbeurteilung u.ä.

Feinwanderung ZF
(transfer of small material)

Materialwanderung, die bei thermisch/elektrisch belasteten Kontaktoberflächen zu beobachten ist. Die Materialwanderung geht von der Katode zur Anode, wenn die Kontaktspannung größer als die Siedespannung, jedoch niedriger als die Lichtbogenmindestspannung ist. In der Regel kommt es erst nach einigen Millionen Schaltspielen zum Kontaktausfall.

Fließen (flowing) ZF

Plastische Weiterverformung eines Stoffes trotz verminderter Krafteinwirkung.

Flüssigkristallanzeige ZK
(liquid crystal display)

Passive Anzeige, neuerdings bei elektronischen Geräten angewandt, bei der die optische Anisotropie bestimmter Flüssigkeiten in Anwesenheit elektrischer Felder genutzt wird. Die Lebensdauer kann heute über 20000 h betragen. Der Ausfall geschieht durch teilweise noch ungeklärte Ausfallmechanismen.

Folgeausfall (secondary failure) SG

Ausfall einer Betrachtungseinheit bei unzulässiger Beanspruchung, die durch den Ausfall einer anderen Betrachtungseinheit verursacht wird. Er ist in Zuverlässigkeitsberechnungen überhaupt nicht oder nur schwer erfaßbar.

Folgefehler (secondary defect) QS

Z.B. der Ausfall der zweiten Diode einer Diodenparallelschaltung, nachdem die erste Diode ausgefallen ist. Die Ausfallursache wäre dann Überlastung des Elementes.

FRDB (**f**ailure **r**ate **d**ata **b**ank) ZK

Ausfallraten-Datenbank, die im Rechner gespeichert wird. Dabei sind die Ausfallratenwerte als Funktion der Temperatur und elektrischen Belastung sowie weiterer wichtiger Einflußgrößen abgespeichert. Die FRDB ist Bestandteil eines Programmsystems zur Zuverlässigkeitsvorhersage per Rechner.

Fremdschicht ZF
(lamination, coating)

Sammelbegriff für alle Schichten, die sich durch Ablagerung, Zersetzung, Polymerisation, Abbrand – insbesondere auf Metalloberflächen – bilden können und dadurch z.B. elektrische Kontakte unterbrechen.

Frühausfall (early failure) SG

Ausfallart, die in der ersten Lebensphase eines Bauelementes beobachtet wird, z.B. beim Probelauf im Prüffeld. Zur Erkennung dient der BURN-IN- bzw. RUN-IN-Test. Es ist eine Phase der Drift- und Ausgleichsvorgänge, die zu einer Stabilisierung der Parameterwerte führt. Die λ-Werte nehmen ab. Es ist $\beta < 1$. Beispiel ist der anfänglich hohe Sperrstrom bei Dioden.

Funktionelle Redundanz RS
(functional redundancy)

Bezeichnung für alle Maßnahmen, die der zuverlässigen Signalübertragung und Verarbeitung dienen. Dazu gehören die Maßnahmen wie Codesicherung, Störpegelunterdrückung usw.

Funktionselement (function element) ZF

Verallgemeinerung von Systemkomponente, beispielsweise Widerstand, Kondensator, Lötstelle, Baugruppe. Bei Funktionselementen kann man außer der Komponentenschwäche noch weitere Ausfallursachen in die Fehleranalyse einbeziehen, insgesamt also:

a) primäres Versagen (Komponentenschwäche),
b) sekundäres Versagen (Ausfall durch unzulässigen Einsatz),
c) kommandiertes Versagen (Ausfall des Kommandos oder der Hilfsenergie, obwohl die Systemkomponenten in Ordnung sind).

Funktions-Prüfung QS
(functional test or prove)

Attributive oder messende Prüfung, bei der man den Prüfling auf Sollfunktionen überprüft, z. B. den Frequenzgang bei einem Verstärker oder Testmusterüberprüfung bei einem Schaltnetz. Die Messung wird bei den Nennbedingungen durchgeführt. Sie kann damit nur eine Teilprüfung des Systems sein.

Gamma-Funktion LM
(gamma-function)

Sie ist eine wichtige nichtelementare Funktion und wie folgt definiert:

$$\Gamma(\alpha) = \int_0^\infty e^{-t} \cdot t^{\alpha-1} \cdot dt \quad \text{für } \alpha > 0.$$

Eine Näherung ist der Ausdruck:

$$\Gamma\left(1 + \frac{k}{\alpha}\right)$$

Bei der Weibull-Verteilung benutzt man diesen zur Bestimmung der Lebensdauer wie folgt:

$$m = \eta \cdot \Gamma\left(1 + \frac{1}{\beta}\right)$$

Für positive β-Werte erhält man eine unsymmetrische Funktion im I.-Quadranten z. B. mit den Werten:

$\beta = 0{,}5$: $m = 2 \cdot \eta$
$\beta = 1$: $m = 1 \cdot \eta$
$\beta = 1{,}5$: $m = 0{,}903 \cdot \eta$
$\beta = 2{,}0$: $m = 0{,}886 \cdot \eta$

Garantiekoeffizient QS
(guarantee coefficient)

Verhältnis der kritischen Zahl der Einheiten, unterhalb der der Erneuerungsprozeß abbricht, zur mittleren Zahl der Ausfälle. Die Zahl bestimmt sich mittels der Poisson-Verteilung und gibt die Zahl der zu bevorratenden Ersatzteile an. Der g-Wert liegt z. B. zwischen $1{,}3 \cdots 3$, je nach Mittelwert und gewählter statistischer Sicherheit.

Gaußsche Glockenkurve LM
(Gauszian distribution curve)

Die Ausfalldichtefunktion der Gauß-Verteilung verläuft symmetrisch glockenförmig zum m-Wert nach der folgenden Beziehung:

$$f(t) = \frac{1}{\sigma \cdot \sqrt{2 \cdot \pi}} \cdot e^{-\frac{(t-m)^2}{2 \cdot \sigma^2}}.$$

Gauß-Verteilung LM
(Gauszian distribution)

Sie ist eine symmetrische Verteilung mit zwei Parametern. In der Zuverlässigkeitstheorie ist der Lageparameter die mittlere Lebensdauer m und der Formparameter die Standardabweichung σ. Sie wird zur Beschreibung von Verschleißausfällen mit kleinem Variationskoeffizienten $v = \sigma/m < 1:3$ herangezogen, weil bei dieser Verteilung die Ausfallrate ab $t > 0$ entsprechend dem σ-Wert progressiv ansteigt. Sie ist die Verteilung einer stetigen Zufallsvariablen, vgl. Tabelle 29.

Gefährlicher Fehler QS
(dangerous defect)

Fehler, der zum Ausfall führt und Mensch und Maschine in Gefahr bringt, z. B. Ausfall einer Stromversorgung.

Gemischte Weibull-Verteilung LM
(mixed Weibull distribution)

Will man eine gegebene Lebensdauerkurve mit den drei Bereichen $\beta < 1, \beta = 1, \beta > 1$ geschlossen mathematisch beschreiben, so muß man dazu dreimal die Weibull-Funktion ansetzen und benötigt dadurch 9 Parameter, da die Weibull-Funktion 3-parametrisch ist (γ, η, β).

Geräteredundanz (tool redundancy) RS
Mehraufwand auf Geräteebene. Auf der Bauelementebene hat sich die aktive Reserve bewährt, auf der Geräteebene die passive Reserve, d. h. erst nach dem Ausfall z. B. der Stromversorgung durch das Netz, wird auf die Stromversorgung durch die Batterie umgeschaltet.

Gesamtausfall (blackout) SG
siehe Totalausfall

Gewaltbrüche (breakage by force) RS
Meist spontan auftretende Materialtrennung (duktil oder spröde) als Folge mechanischer Kräfte, chemischer Einflüsse oder Wärmeeinwirkungen.

Tabelle 29

Kenngrößen der stetigen Verteilungen	Gauß-Verteilung	Lognormal-Verteilung	Weibull-Verteilung
Parameter	μ, σ	μ, σ	η, β, γ
Überlebenswahrscheinlichkeit	$R(t) = \frac{1}{\sigma\sqrt{2 \cdot \pi}} \int_t^\infty e^{-\frac{(t-\mu)^2}{2 \cdot \sigma^2}} \cdot dt$	$R(t) = \int_t^\infty f(t) \cdot dt$	$R(t) = e^{-\left(\frac{t-\gamma}{\eta}\right)^\beta}$ für $t > \gamma$
Ausfalldichte	$f(t) = \frac{1}{\sigma \cdot \sqrt{2 \cdot \pi}} \cdot e^{-\frac{(t-\mu)^2}{2 \cdot \sigma^2}}$	$f(t) = \frac{1}{t \cdot \sigma \cdot \sqrt{2 \cdot \pi}} \cdot e^{-\frac{(\ln t-\mu)^2}{2 \cdot \sigma^2}}$	$f(t) = \frac{\beta}{\eta}\left(\frac{t-\gamma}{\eta}\right)^{\beta-1} \cdot e^{-\left(\frac{t-\gamma}{\eta}\right)^\beta}$
Ausfallrate	$\lambda(t) = \frac{e^{-\frac{(t-\mu)^2}{2 \cdot \sigma^2}}}{\int_t^\infty e^{-\frac{(t-\mu)^2}{2 \cdot \sigma^2}} \cdot dt}$	$\lambda(t) = \frac{f(t)}{R(t)}$	$\lambda(t) = \frac{\beta}{\eta} \cdot \left(\frac{t-\gamma}{\eta}\right)^{\beta-1}$
mittlere Lebensdauer	$m = \mu$	$m = \mu \cdot e^{\mu + \frac{\sigma^2}{2}}$	$m = \eta \cdot \Gamma\left(1 + \frac{1}{\beta}\right)$

Gitterfehler (lattice defect) ZF

Störungen im Kristallaufbau. Dies können z.B. Versetzungen (Fehlen einer Gitterreihe) sein. Auch Verunreinigungen bewirken Gitterfehler.

Glimmlampe (glow discharge lamp) ZK

Neben der Glühlampe ($m > 10^3$ h) häufig verwandtes, leistungssparendes Anzeigebauelement mit zwei gegenüberbefindlichen Metallelektroden in einem gasgefüllten Glaskolben ($m > 10^4$ h).

Glimmlichtmindestspannung ZK
(minimal voltage of glow discharge)

Spannung, oberhalb der ein Glimmlicht zwischen zwei Metallelektroden zündet. Bei $U_k < U_g$ kann auch die kürzeste Isolierstrecke nicht mehr durchschlagen werden. U_k = Kontaktspannung, U_g = Glimmlichtmindestspannung.

Glühlampe (incandescant lamp) ZK

Klassisches Anzeigeelement der Elektronik, bestehend aus einer Wolframfadenwendel, die in einen Glaskolben mit zwei Anschlußelementen eingeschmolzen ist. Der Ausfall erfolgt nach dem Hot-Spot-Modell, normalerweise nach $m > 10^3$ h, bei Spannungsreduzierung (z.B. 9 V-Wendeln bei 5 V betrieben) u.U. erst nach 10^5 h.

Grobwanderung ZF
(transfer of big material)

Materialwanderung bei elektrischen Kontakten, gekennzeichnet durch stabile Lichtbögen. Bei $U_k > U_b$ geht die Materialwanderung von der Katode zur Anode. Der Ausfall kann bereits nach wenigen Schaltspielen des Kontaktes eintreten, durch Verschweißung oder zu großem Abbrand, der zum Leerlaufausfall führt. U_k = Kontaktspannung, U_b = Lichtbogenmindestspannung.

Gütefaktor (Q-factor) LM

Kenngröße, die die drei Weibull-Parameter wie folgt verknüpft:

$$Q = \frac{\eta + \gamma}{\beta}.$$

Die Prüfcharge ist die beste, die den höchsten Q-Faktor aufweist.

Hardware (hardware) ZK

Gerätetechnischer Aspekt der Datenverarbeitung, wie Entwicklung, Herstellung und technische Wartung von EDV-Anlagen, sowie Einrichtungen der Datenübertragung. Beim Mikrocomputer ist es die gleichbleibende elektronische Schaltung, die «schwer» änderbar ist (= harte Ware). Hardware-Fehler haben die unangenehme Eigenschaft, daß sie immer wieder vorkommen können; im Gegensatz zu Software-Fehler, die nach dem Austestvorgang entfallen.

Hersteller-Fehler (producer defect) ZF

Fehler, der vom Hersteller verursacht wurde, z.B. als Material-, Konstruktions-, Fertigungs-, Lager- oder Transport-Fehler.

Hillocks (hillocks) ZF

Hügel, die sich im Anfangsstadium der Migration, z.B. bei Al-Bahnen bilden.

Histogramm SG
(histogram, bar chart)

Säulendiagramm einer Häufigkeitsverteilung, welches durch Klassifizieren und Auftragen der Meßwerte pro Klasse gewonnen wird. Die Flächen der Rechtecke, die über den Klassenbreiten errichtet werden, sind proportional der Häufigkeit (Besetzungszahl zur Gesamtzahl der Einzelwerte). Ein Histogramm veranschaulicht den Mittelwert, die Standardabweichung und die Schiefe einer Verteilung. Ferner kann man in einem Histogramm die Toleranzgrenzen des gemessenen Qualitätsmerkmales eintragen. Toleranz ist der Unterschied zwischen dem zugelassenen Größt- und Kleinstwert eines meßbaren Merkmales.

Homogene Markoffkette SV
(homogenous Markoff chain)

Markoffkette mit konstanten Übergangswahrscheinlichkeiten. Der gegenwärtige Zustand hängt nicht von dem vorausgegangenen Zustand ab.

Idealer Würfel (ideal die) SG

Symmetrischer Würfel, bei dem beim Würfeln die einzelnen Ereignisse alle die gleiche Wahrscheinlichkeit haben, nämlich

$$p = \frac{1}{N} = \frac{1}{6} \mathrel{\hat=} 16{,}6\,\%$$

Informationsgehalt SG
(entropy of information)

Entropie im Sinne der Informationstheorie ist die Ungewißheit vor der Durchführung eines Experimentes. Gewonnene Information ist damit die beseitigte Ungewißheit. Nach Shannon ist der Mindestbedarf an Bit pro Symbol für entzifferbare Binärcodierungen:

$$H = \sum_{1}^{N} p \cdot \mathrm{ld} \frac{1}{p}$$

Beim Münzwurf ist $N = 2$, und die Zeichen sind gleichwahrscheinlich und damit $p = 1/N$: $H = \mathrm{ld}\ 2 = 1$ bit/Zeichen. Wenn z. B. das Zeichen «Ziffer» unmöglich wäre ($p = 0$) oder immer kommen würde ($p = 1$), dann wäre $H = 0$ bit/Zeichen.

Intaktwahrscheinlichkeit SV
(availability)

Bei nichtreparierbaren Systemen ist die Intaktwahrscheinlichkeit die System-Überlebenswahrscheinlichkeits-Funktion R_s; bei reparierbaren Systemen (Systemen mit Erneuerung) ist es die Verfügbarkeitsfunktion $A(t)$.

IR-Mikroskop (infrared microscope) ZF

Gerät zur Thermografie, d. h. zur Registrierung der Temperaturverteilung längs einer Fläche. Dies ist zur Auffindung von «hot spots» auf HL-Chips sehr wichtig. Eine Methode verwendet Vidikons mit infrarotempfindlichen Schichten. Die Bildauflösung läßt jedoch noch Wünsche offen. Besser ist das Thermovisions-Verfahren. Hierbei handelt es sich um ein optisch-mechanisches System mit Si-Prismen. Wie beim Fernsehen wird die Oberfläche zeilen- und spaltenweise abgetastet. Die vom Objekt kommende IR-Strahlung wird von einem, mit flüssigem Stickstoff gekühlten InSb-Detektor, in elektrische Signale umgesetzt. Das Farbbild erscheint auf einem Monitor. Es lassen sich Thermogramme auch zeilenweise, d. h. die Temperaturverteilung längs des Weges aufzeichnen. Spektralbereich: $2 \cdots 5{,}6\ \mu m$, Bildgröße $90 \times 90\ mm^2$, 16 Bilder/s, Zeilenfrequenz 1600 pro Sekunde, Auflösung: 140 Zeilen, Temperaturanzeige: $-30 \cdots +850$ °C, Auflösung z. B. 0,5 °C bei einer Objekttemperatur von 70 °C.

Kavitation (cavitation) ZF

Hohlraumbildung in Flüssigkeiten, d. h. Dampfblasenbildung durch örtlichen Druckabfall. Die Implosion der Dampfblasen an der Werkstoffgrenzfläche führt dann zu örtlichen, mechanisch bedingten Oberflächenschäden.

Kombinationsprüfung ZF
(combined test)

Prüfung unter gleichzeitiger mechanischer und thermischer Beanspruchung, z. B. durch Erschütterungen in einem Klimaschrank. Man will dadurch die Prüfungen praxisnäher gestalten. Die Kfz-Elektronik unter der Motorhaube ist gleichzeitig thermischen, mechanischen, elektrischen und chemischen Belastungen ausgesetzt. Die Prüfungen werden jedoch dadurch aufwendiger und komplizierter als Einfachprüfungen.

Komplementäres Ereignis SG
(complementary event)

Ereignis, dessen Wahrscheinlichkeit zum entgegengesetzten Ereignis sich zu 100% ergänzt, z. B. bei Intakt-/Defekt-Systemen $R + F = 1$.

Konfidenzintervall LM
(confidence region)

Vertrauensbereich für einen unbekannten Parameter, angegeben durch die Konfidenzzahl S, die meist mit 68, 95 oder 99% gewählt wird. In diesem Bereich liegen mit der Wahrscheinlichkeit S alle Werte eines Parameterwertes, z. B. bei der Gauß-Verteilung gilt:

$\mu \pm \sigma$: 68% aller anfallenden Meßwerte
$\mu \pm 2 \cdot \sigma$: 95% aller anfallenden Meßwerte
$\mu \pm 3 \cdot \sigma$: 99% aller anfallenden Meßwerte

Kontaktspannung ZK
(voltage of the contact)

Spannung, die am geöffneten Kontakt anliegt. Ist der Kontakt geschlossen und fließt der Nennstrom, dann mißt man über der Kontaktstelle nur wenige mV. Die Kontaktspannung sollte größer als die Frittspannung, aber kleiner als die Durchschlagsspannung sein, damit es nicht zum Durchschlag zum Nachbarkontakt kommt.

Kontaktstrom (contact current) ZK

Elektrischer Strom, den die sich berührenden Kontaktstücke führen. Der zulässige Kontaktstrom, z.B. eines Relaiskontaktes ist ein Erfahrungswert, der sich aus der Materialkombination und der Konstruktion ergibt. Er wird vom Hersteller als Nennwert angegeben, der kurzzeitig überschritten werden darf, ohne daß es zum Kontaktausfall kommt. Bei Dauerstrom müssen die Derating-Kurven der Hersteller berücksichtigt werden, die z.B. bei einem Einzel-NF-Steckerkontakt 7A bei 70 °C und 4,5A bei 100 °C angeben.

Kontrollkarte (control chart) ZF

Diagramm, bei dem als Polygonzug in x-Richtung die Mittelwerte von z.B. 5 Meßwerten eines Qualitätsmerkmals alle 2 Stunden aufgetragen werden. Die y-Achse des Diagramms enthält die Merkmalsgröße und die von außen vorgegebenen Toleranzgrenzen. Aufgrund des Werteverlaufes berechnet man mittels statistischer Kennwerte aus den $\bar{x}$-Werten die beiden Warngrenzen und die beiden Kontrollgrenzen. Weil aus der $\bar{x}$-Karte die Streuung nicht hervorgeht, führt man parallel zur $\bar{x}$-Karte eine R-Karte (range = Bereich, Spannweite). Auch hierfür muß man die Warn- und Kontrollgrenzen aus den R-Werten mittels Kennfaktoren berechnen. Man erhält so eine Veranschaulichung des Qualitätsverlaufes der Fertigung und Hinweise für Toleranzüberschreitungen, die Eingriffe in den Fertigungsprozeß erfordern.

Kornzerfall ZF
(intercristalline corrosion)

Bruch unter chemischem Einfluß. Er tritt an den Korngrenzen eines Materials auf.

Korrosion (corrosion) ZF

Zernagung, Anfressung, Verrottung. Es ist der Sammelbegriff für alle Prozesse, die die Oberfläche von Metallen unbeabsichtigt verändern und bei Fortschreitung zerstören. Ebenmäßige Korrosion liegt vor, wenn die chemische Abtragung gleichmäßig ist. Es handelt sich dabei um heterogene Reaktionen. Der Materialangriff kann durch wässrige Lösungen, Schmelzen (Salzschmelzen, Metallschmelzen) oder durch Gase vor sich gehen.

Kriechen (creeping) ZF

Plastische Weiterverformung von Stoffen bei ruhender Belastung.

k-tes Moment (moment of k) LM

μ_k ist das k-te Moment der zufälligen Größe X. Die Bestimmung führt auf die wichtigen statistischen Kennzahlen:

$k = 1$: μ_1 wird ermittelt durch den Mittelwert μ,
$k = 2$: μ_2 führt auf die Standardabweichung σ,
$k = 3$: μ_3 führt auf die Schiefe γ,
$k = 4$: μ_4 führt auf den Exzeß ε, vgl. Tabelle 2.

Kurzschlußausfall ZK
(short-circuit failure)

Ausfallart, bei der das elektronische Bauelement dauernd überbrückt bleibt und nicht mehr öffnet, z.B. Lötbrücke zwischen zwei Leiterbahnen, verschweißter Kontakt, Basis-Kollektor-Kurzschluß.

Lageparameter LM
(position index parameter)

Bei der Weibull-Verteilung ist γ der Lageparameter, der den Zeitpunkt als Verschiebung längs der Zeitachse festlegt, von dem ab die Ausfälle beginnen. Beispielsweise treten bei korrosiver Einwirkung die Ausfälle erst nach einigen Monaten oder Jahren in Erscheinung.

Lebensdauer (life, longevity) LM

Die Lebensdauer ist die Zeit vom Beanspruchungsbeginn bis zum Ausfallzeitpunkt einer nicht mehr reparierbaren Betrachtungseinheit. Sie ist eine Zufallsgröße und nichtnegative Zahl. Sie wird in der Regel als stetige Zufallsgröße aufgefaßt. Im Zusammenhang mit der Schaltspielzahl kann es auch eine diskrete (abzählbare) Zufallsgröße sein.

Lebensdauerkurve (life diagram) LM

Verlauf der Bestandsfunktion $B = f(t)$. Bei der relativen Bestandsfunktion $B_r = f(t)$ ist die Y-Achse bereits normiert (Angabe in %). Meint man nicht nur eine Stichprobe, sondern die Bestandsfunktion der Grundgesamtheit, dann schreibt man $R = f(t)$, auch «Zuverlässigkeitsfunktion» genannt, wobei R die Überlebenswahrscheinlichkeit in % ist (Übergang von der Häufigkeit zur Wahrscheinlichkeit).

Manchmal bezeichnet man als «Lebensdauerkurve» auch die Darstellung einer charakteristischen Zuverlässigkeitskenngröße, z.B. den Kontaktwiderstand eines Relais als Funktion der Schaltspielzahl $R_k = f(N)$. Bei Überschreiten eines Grenzwertes von R_k, z.B. dem 10fachen des mittleren Nennwertes, ist dann das Lebensdauerende markiert.

Lebensdauerverteilung LM
(life distribution)

Abhängigkeit $F = f(t)$ bzw. $F = f(N)$ oder die Summenhäufigkeitsfunktion. Fälschlicherweise wird mitunter die Lebensdauerkurve bzw. Zuverlässigkeitsfunktion als Lebensdauer-Verteilung angesehen.

Den Namen einer Verteilung leitet man manchmal aus dem Verlauf der Ausfalldichtefunktion ab, z.B. bei der Rechteck-Verteilung oder Gauß-Verteilung, d.h. der Funktion $f = f(t)$.

Leerlaufausfall (open-circuit failure) RS

Ausfallart, bei der das elektronische Bauelement dauernd unterbrochen bleibt, z.B. Unterbrechung einer Leiterbahn, nicht mehr schließender Relaiskontakt, Unterbrechung im Inneren einer Diode.

Leistungsbelastungsfaktor ZK
(power stress factor)

Faktor im Derating-Modell, der die Gehäusebauform und damit die Wärmeableitung und die im Chip umgesetzte Verlustleistung berücksichtigt, z.B. $k_2 = 1$ bei Signaltransistoren mit $P_c < 1$ W und $k_2 = 2$ bei Leistungstransistoren mit $P_c = 1 \cdots 5$ W.

Lichtbogenmindestspannung ZK
(voltage of arc bow)

Spannung, unterhalb der ein Strom beliebiger Stromstärke lichtbogenfrei unterbrochen werden kann. Den Wert erhält man aus den Asymptoten an die Lichtbogengrenzkurve. Diese Kurve wird empirisch ermittelt, bei Silber z.B. 12 V, 0,4 A. Unterhalb dieser Werte ist beim Relaiskontakt keine Materialwanderung und kein daraus resultierender vorzeitiger Ausfall zu befürchten.

Linear-Verteilung LM
(linear distribution)

Verteilung, bei der je Zeiteinheit gleichviele Elemente ausfallen. Die Ausfallswahrscheinlichkeit strebt mit steigendem Wert der Zufallsvariablen dem Wert Eins geradlinig zu. Es ist ein Spezialfall der Rechteck-Verteilung. Die Verteilung ist in der Elektronik nur selten anwendbar, vgl. Tabelle 28.

Lognormal-Verteilung LM
(logarithmic normal distribution)

Stetige Verteilung positiver Werte deren Logarithmen normalverteilt sind. Im Gegensatz zur Normal-Verteilung ist sie jedoch unsymmetrisch. Sie hat die interessante Eigenschaft, daß bei kleinen t-Werten die Ausfallrate ansteigt und bei größeren t-Werten wieder abnimmt. Sie wird benutzt, wenn das Ausfallverhalten von Verschleißteilen mit großer Streuung zu beschreiben ist, d.h. wenn gilt $v = \sigma/m > 1{:}3$, vgl. Tabelle 29.

Lorenz-Verteilung QS
(Lorenz distribution)

siehe Pareto-Analyse

Lumineszenzdiode ZK
(**l**ight **e**mitting **d**iode)

Diode mit einem monochromatisch leuchtenden pn-Übergang, der je nach Material (z.B. GaAsP) und Dotierung grün, gelb oder rot leuchtet. Sie wird als Anzeigelampe und zur Ziffernanzeige benutzt. Durch die Kleinheit und den niedrigen Preis konkurriert die LED mit der Glühlampe und der Glimmlampe. Unter günstigen Bedingungen kann die Lebensdauer $m > 10^5$ h betragen.

Lunker (inside hollow) ZF

Hohlräume, die durch sprunghaft ablaufende Volumenkontraktion beim Erstarren im Innern entstehen.

Majoritätsredundanz SI
(majority redundancy)

Redundanz, bei der durch eine logische Verknüpfung der verwendeten Gatterbausteine eine Mehrheitsentscheidung getroffen wird. Bei der 2-aus-3 Schaltung mit drei ankommenden Leitungen kann dabei in einer Leitung ein Bruch erfolgen – ein Einfachfehler, der nicht zum Systemausfall führt. Zweifach-, bzw. Dreifachfehler können nicht ausgeglichen werden.

Makroskopische Untersuchung ZF
(macroscopic examination)

Optische Prüfung eines Bauelementes nur mit dem Auge oder einer Lupe (bis 10fache Vergrößerung). Interessanter als das Äußere ist meist das Innere des Bauelementes zum Aufspüren der Ausfallursache. Dabei ist das Ablösen von Kunststoffumhüllungen meist schwieriger als das Öffnen von Glas- oder Metallgehäusen. Einbetten und Schleifen der Probe führt dann zu den aufschlußreichen Schliffbildern (Mikroskopie).

Markoff-Prozeß (Markoff process) SV

Stochastischer (zufälliger) Prozeß ohne Nachwirkung, d.h. ein Prozeß, für den die Kenntnis des gegenwärtigen Zustandes eindeutig sein zukünftiges Verhalten bestimmt. Dieses Verhalten hängt nur von dem unmittelbar vorausgegangenen Ereignis ab, nicht von der Vergangenheit des Prozesses. Die möglichen Systemzustände und die Übergänge von dem einen in den anderen Zustand werden als zufällige Ereignisse angesehen.

Markoffsches Zuverlässigkeitsmodell SV
(Markoff calculation model)

Berechnungsmodell zur Bestimmung der Verfügbarkeit bei reparierbaren Systemen. Es wird dabei ein Markoff-Prozeß vorausgesetzt. Man unterscheidet die homogene Markoff-Kette mit konstanten Übergangsraten und die Semi-Markoff-Prozesse mit zeitabhängigen Übergangsraten der betrachteten Systemzustände.

Mehrfach-Fehler QS
(more than one defect)

Fehler, die gleichzeitig im System auftreten, z.B. Zweifachfehler, Dreifachfehler usw. Dabei kann es z.B. Zweifachfehler geben bei der Binärdarstellung eines Maschinenwortes, daß sich gleichzeitig eine «0» in eine «1» und eine «1» in eine «0» verwandelt. Diesen Fehler kann der Parity-Check (Prüfung auf Geradheit/Ungeradheit der Quersumme) nicht erkennen.

Mehrheitslogik (majority logic) RS

siehe Majoritätsredundanz.

Merkmal (characteristic) SG

Eigenschaft eines Bauelementes, einer Schaltung, eines Gerätes, einer Anlage oder eines Systems, die für dessen Funktion oder Beurteilung von Bedeutung ist.

Messende Prüfung SG
(inspection by variables)

Prüfart, bei der Meßwerte in Form von Zahlenwerten des Qualitätsmerkmals gewonnen werden. Die Meßwerte der Meßreihe müssen nach der Messung klassifiziert und in Form einer Verteilung aufgetragen werden, um eine statistische Aussage zu liefern. Dazu ermittelt man außerdem den Mittelwert und die Standardabweichung, um das Qualitätsmerkmal beurteilen zu können. Diese Prüfart ist aufwendiger als die Attributsprüfung. Sie ist jedoch aussagekräftiger.

Methode der Markoffketten SV
(methode of Markoff chain)

Mathematisches Verfahren, das erlaubt, die Zustandswahrscheinlichkeiten eines Systems zu erfassen. Es werden dabei kettenförmige Ausdrücke gebildet, die aber in ihrer einfachsten Form nur lineare, homogene Differentialgleichungen 1. Ordnung sind. Das Zustandsdiagramm (Übergangsdiagramm) veranschaulicht den Sachverhalt. Die Übergangsmatrix enthält die Übergangswahrscheinlichkeiten. Es läßt sich mit diesem Verfahren die Verfügbarkeit einfacher und komplexerer Systeme mit *n*-Zuständen berechnen. Das BOOLEsche Modell ist nur auf nichtreparierbare Systeme beschränkt. Komplexe Systeme, wie sie in der belebten Natur vorkommen, lassen sich damit jedoch nicht beschreiben.

Migration (migration) ZF

Ausdruck für den Übergang eines Kunststoffes in einen benachbarten Körper (Weichmacher-Wanderung) oder bei Metallen die Materialwanderung, die zu einer schädlichen Brückenbildung führt. Die Ursachen sind hohe Stromdichten auf Leiterbahnen und mechanische Schubspannungen infolge thermischer Kräfte.

Mikrohärteprüfung ZF
(micro hardness measurement)

Härteprüfung im Bereich 25···2000 mN. In diesem Kleinlastbereich ist der Härtewert nicht mehr lastunabhängig. Mikrohärteprüfer sind meist Zusatzgeräte zu den Mikroskopieeinrichtungen.

Mikroskopische Untersuchungen (microscopic examination) ZF

mit dem Lichtmikroskop (10–1000fache Vergrößerung) erfordern meist das Schleifen und das Anätzen der Probe und zusätzliche Kontrastierverfahren. Die Prüfungsergebnisse sind mikroskopische Schliffbilder.

Mikrosonde (micro probe) ZF

Röntgenstrahlenquelle in Form einer kleinen Sonde. Die von der Probe emittierten Strahlen werden ausgewertet. Bisher wurde die Strahlung mittels Kristallspektrometer zerlegt. Neuerdings ist mittels Si(Li)-Detektoren auch eine Aufteilung des Spektrums nach Energien möglich. Ergebnis der Messung ist das mit einem x-y-Schreiber registrierte Energiespektrum, wobei auf der y-Achse die gemessene Impulsanzahl, auf der x-Achse die Energie in keV bei einer bestimmten Prüfspannung aufgetragen ist. Die vorkommenden verschiedenen Elemente zeigen sich in diskreten Linien. Das kleinste Raster ist $0{,}2 \times 0{,}3\,\mu m^2$, die Zählzeiten $100 \cdots 500$ Sekunden, die Nachweisgrenze unter 0,1 Gewichtsprozent.

MIL-Standards (military standards) ZF

Umfangreiches Vorschriftenwerk mit sehr detaillierten Angaben, z.B. für Prüfpläne, Ausfallraten usw. Es enthält die rigorosen militärischen Liefervorschriften und Qualitätsnormen in den USA. Dieses Regelwerk, aufgebaut seit den 40er-Jahren, ist beispielhaft auf dem Gebiet der Qualitätssicherung. Der sehr große Aufwand hat zu einer wesentlichen Verbesserung des Qualitäts- und Zuverlässigkeitsniveaus speziell auf dem Bauelementesektor geführt. Die MIL-Vorschriften sind die Basis für die Weltraumerfolge gewesen. Sie werden nach und nach in zivile Bereiche übernommen und in IEC- und DIN-Vorschriften eingearbeitet.

Missionsverfügbarkeit (mission availability) SV

ist der zeitliche Anteil der sofortigen Verfügbarkeit im Intervall t_1 bis t_2, im Hinblick auf die Erfüllbarkeit einer Mission z.B. in einer Folge-Radaranlage. A_m ist der Flächeninhalt unter der Verfügbarkeitsfunktion in den Grenzen t_1 bis t_2, geteilt durch die Missionsdauer.

Mittelwert (mean value) SG

Der einfache Mittelwert (arithmetischer Mittelwert) ohne Berücksichtigung der Klassenhäufigkeit ist die Summe aller Einzelwerte, dividiert durch ihre Anzahl wie folgt:

$$\bar{x} = \frac{x_1 + x_2 + x_3 + \cdots + x_n}{n}$$

Der Mittelwert einer in Klassen eingeteilten Stichprobe (gewogener Mittelwert) ist:

$$\bar{x} = \sum_{j=1}^{k} x_j \cdot \tilde{f}(x_j)$$

k = Zahl der Klassen
x_j = Mitte des j-ten Klassenintervalles
$\tilde{f}(x_j)$ = relative Klassenhäufigkeit

Bei einer stetigen Verteilung ist der Mittelwert der Grundgesamtheit:

$$\mu = \int_{-\infty}^{+\infty} x \cdot f(x) \cdot dx$$

Der Mittelwert gibt also den Wert in der Stichprobe oder Grundgesamtheit an, um den sich die Einzelwerte scharen, vgl. Tabelle 2.

Mittlere Brauchbarkeitsdauer (mean time between failures) ZK LM

siehe MTBF-Wert

Mittlere Lebensdauer (mean life) LM

Mittelwert der Lebensdauerwerte gleicher Betrachtungseinheiten. Es ist der Erwartungswert der Zufallsgröße «Lebensdauer». Mathematisch ist es der Flächeninhalt unter der relativen Bestandsfunktion. Der m-Wert ist eine Konstante und wird daher gern für die Zuverlässigkeitskurzbeschreibung von Geräten und Systemen benutzt. Es gilt für nichtreparierbare Einheiten:

$$m = \int_{0}^{\infty} R(t) \cdot dt$$

Mittlerer Ausfallabstand (**m**ean **t**ime **b**etween **f**ailures) LM

Der MTBF-Wert ist die mittlere Zeit zwischen

zwei Ausfällen. Bei einer einzelnen Betrachtungseinheit ermittelt man den MTBF-Wert durch Addition der Betriebszeiten zwischen den Ausfällen und teilt durch die Gesamtzahl der Ausfälle.

Bei mehreren Betrachtungseinheiten der gleichen Art addiert man die Betriebszeiten und teilt durch die Anzahl der beobachteten Geräte.

Liegen nur Zufallsausfälle vor (konstante Ausfallrate), dann ist der MTBF-Wert der Kehrwert der Ausfallrate der Betrachtungseinheit. Für nichtreparierbare Einheiten ist der MTBF-Wert die mittlere Lebensdauer.

Mittlerer Ausfallabstand für ein gewartetes System m_T SV

Nach Bazowsky ist der m_T-Wert wie folgt definiert:

$$m_T = \frac{\int_0^T R(t) \cdot dt}{1 - R(T)}$$

Damit erhält man eine zusätzliche Zuverlässigkeitskenngröße, da der m-Wert nur für nichtreparierbare Systeme definiert ist und die Wartungsdauer T nicht enthält. Bei $T \to \infty$ (keine Wartung) sind der m-Wert und der m_T-Wert identisch.

Modellverteilung (model distribution) LM

Theoretisch gibt es beliebig viele Verteilungen, d.h. Arten der Gruppierung der Einzelwerte um ihren Mittelwert. In der Praxis begegnet man jedoch immer wieder ähnlichen Verteilungen, die man durch eine mathematische Modell-Verteilung approximiert, wie z.B. die e-Verteilung oder die Weibull-Verteilung, um die statistischen Kennwerte zu berechnen und zukünftige Entwicklungen zu prognostizieren.

Monotonie-Eigenschaft RS
(monotone quality)

Eigenschaft nichtregenerativer Systeme. Hierbei nimmt eine Lebensdauerkurve immer monoton ab, weil durch den Ausfall eines Elementes andere Elemente nicht wieder intakt werden.

Monte-Carlo-Simulation ZF
(Monte-Carlo simulation)

Verallgemeinerung des MC-Verfahrens. Man versteht darunter ein numerisches Experimentierverfahren zur Erforschung stochastischer Systeme in der Physik, Technik oder Ökonomie. Die Zielfunktion in Abhängigkeit von der Zufallsvariablen muß gegeben sein. Jede Variable habe eine definierte Verteilung. Man zieht dann aus jeder Verteilung einen Wert und setzt ihn in die Zielfunktion ein. Je öfter dieser Vorgang wiederholt wird, desto mehr approximiert die so erhaltene Verteilung die tatsächliche Verteilung. Die MC-Simulation konkurriert mit analytischen Verfahren. Bei der praktischen Anwendung ergeben sich jedoch Einschränkungen, z.B. durch Konvergenzprobleme.

Monte-Carlo-Verfahren ZF
(Monte-Carlo design)

ist ein statistisches Verfahren der Toleranzanalyse, das nach dem Spielprinzip arbeitet. Es werden Zufallszahlen aus den Toleranzbereichen der Bauelementeparameter in die Übertragungsfunktion eingesetzt. Nach über 1000 Rechendurchläufen erhält man eine Zielgrößenverteilung, die der tatsächlichen sehr nahe kommt. Dieses Verfahren erfordert Programmierarbeit und einen Digitalrechner, der die Zufallszahlen selbst generiert. Man erhält jedoch nicht nur die Verteilung, sondern auch die Berechnung der statistischen Maßzahlen wie Mittelwert, Standardabweichung und Schiefe. Dieses Verfahren ist z.B. zur Planung von IC-Chips, die in großen Stückzahlen hergestellt werden sollen, unumgänglich.

Motivation (motivation) QS

Unter Motivation in der industriellen Praxis versteht man die Fähigkeit, die Bedürfnisse, die Interessen, die Ziele der Mitarbeiter zu erkennen, und sie soweit wie möglich zu befriedigen, zu treffen, ihnen entgegenzukommen. Soll ein Mensch ein bestimmtes Qualitätsziel erreichen, dann muß er dafür motiviert werden (Gegensatz: Manipulation).

MTBF-Wert LM
(**m**ean **t**ime **b**etween **f**ailures)

siehe mittlerer Ausfallabstand

MTTFF-Wert LM
(**m**ean **t**ime **t**o **f**irst **f**ailure)

Mittlere Zeit bis zum ersten Ausfall bei vielen Betrachtungseinheiten. Um den MTTFF-Wert abschätzen zu können, beobachtet man mehrere

Geräte unter ähnlichen Betriebsbedingungen und notiert die Zeit bis zum 1. Ausfall. Dann teilt man diese Zeit durch die Anzahl der Geräte. Bei einer e-Verteilung ist m = MTBF = MTTF = MTTFF.

MTTF-Wert LM
(mean time to failure)

Mittlere Zeit bis zum Ausfall einer einzelnen Betrachtungseinheit. Um den MTTF-Wert abzuschätzen, addiert man die Betriebszeiten einer einzelnen Betrachtungseinheit und dividiert durch die Gesamtzahl ihrer Ausfälle im Beobachtungszeitraum. Bei Zeitabhängigkeit der Ausfallrate können der MTTFF-Wert und MTTF-Wert voneinander differieren.

MTTR-Wert SV
(mean time to repair)

Mittlere Reparaturdauer, d.h. man zählt die Reparaturdauer von n-Geräten zusammen und teilt durch die Anzahl der reparierten Geräte. Liegt z.B. eine Gauß-Verteilung vor, dann sind nach M Stunden 50% aller Reparaturen ausgeführt.

Multiplikationsregel der Wahrscheinlichkeit SG
(theorem of compound probability)

Das «Logisch-UND» besagt, daß die Gesamtwahrscheinlichkeit zweier Ereignisse das Produkt der Einzelwahrscheinlichkeiten der beiden Ereignisse ist, sofern sie stochastisch unabhängig sind. Ist dies nicht der Fall, dann ist die Wahrscheinlichkeit für das Ereignis A mit der bedingten Wahrscheinlichkeit für das Ereignis B zu multiplizieren, was in der Regel eine geringere Wahrscheinlichkeit P(AB) ergibt.

Nennbeanspruchung (ratings) ZK

Belastungsprofil aller elektrischen, thermischen, mechanischen und chemischen Kennwerte, die die Betrachtungseinheit im Normalbetrieb erfahren darf, wenn die im Mittel vorgesehene Lebensdauer m erreicht werden soll. Die Nennwerte liegen unter den Grenzwerten. Sie werden vom Hersteller angegeben.

Nichtmetallische Verunreinigungen ZF
(nonmetallic impurities)

Bestandteile einer metallischen Schmelze, die sich beim Schmelzvorgang nicht lösen. Dadurch wird das Material inhomogen und verliert an Festigkeit.

Normalausfall (random failure) SG

siehe Sprungausfall, ebenso Zufallsausfall

Normalverteilung LM
(normal distribution)

siehe Gauß-Verteilung

Null-Fehler-Programm QS
(zero-defect program)

Motivierungsprogramm, um alle am Qualitätsprozeß Beteiligten anzuregen, innerhalb ihres Arbeitsbereiches möglichst von Anfang an keinen Fehler zu machen. Es sind dazu Problem-Lösungs-Techniken erarbeitet worden, damit jeder seine Arbeit fehlerfrei, pünktlich und kostengerecht ausübt.

Operationscharakteristik ZF
(operational characteristic)

siehe Annahmekennlinie

Parameter-Prüfung QS
(parametric test or prove)

Hier werden nur bestimmte Kenngrößen der Betrachtungseinheit im Test oder einer Messung geprüft. Es ist damit über die Gesamtfunktion noch nicht genügend ausgesagt.

Pareto-Analyse (Pareto analysis) QS

Analyseverfahren, welches die «wenigen wichtigen» von den «vielen unwichtigen» Fehlern trennt. Dazu werden z.B. 10 Fehlerklassen geschaffen und die Fehler in ihrer Häufigkeit in einem Säulendiagramm von links nach rechts geordnet. Gleichzeitig zeichnet man entsprechend dazu ein Fehlerkosten-Säulendiagramm. Bildet man für das H-Diagramm und für das K-Diagramm jeweils die Summenhäufigkeitskurve, so erhält man zwei Pareto-Linien. Die obere Pareto-Linie sagt aus, daß man mit den drei häufigsten Fehlern in der Regel zwei Drittel aller Fehler erfaßt. Die untere Pareto-Linie besagt, daß man dann fast immer nahezu die Hälfte der Fehlerkosten einspart, vgl. Bild 9.18.

Passive Redundanz RS
(stand-by redundancy)

nennt man die Art der Redundanz, bei der nach dem Ausfall auf die Reserveeinheit umgeschaltet wird. Da das Reserveelement normalerweise nicht an Spannung liegt, d. h. «kalt» ist, spricht man auch von «kalter Reserve». Die Systemzuverlässigkeit ist auch von der Zuverlässigkeit R_u des Umschalters abhängig.

Bei hochzuverlässigem Umschalter ist die passive Redundanz der aktiven Redundanz immer überlegen, jedoch ist der Aufwand höher.

Passiver Fehler SI
(passive fault)

Ein Fehler, bei dem auf dem Übertragungsweg infolge einer Störung aus einer «1» das Zeichen «0» wird, d. h. fälschlicherweise passives Signal gegeben wird.

Pittings (pitting) ZF

Ausbrüche oder örtliche Gleitverschleißerscheinungen, die z. B. an Zahnradflanken beobachtet werden.

Planmäßige Wartung (inspection) SV

Summe aller Maßnahmen, die in vorgegebenen Kontrollabständen die Funktion einer Betrachtungseinheit zu überprüfen gestatten. Gegensatz zur korrigierenden Wartung (Reparatur). Sie wird durchgeführt, damit die Ausfallrate des Systems konstant auf einem niedrigen Niveau gehalten wird.

Poisson-Verteilung QS
(Poisson distribution)

Verteilung, die diskrete, ganzzahlige Ereignisse $x = 0, 1, 2, \ldots$ beschreibt. Ist der Mittelwert der Verteilung bekannt, dann gibt $f(x)$ die Wahrscheinlichkeit an, mit der das Merkmal x_i in einer Stichprobe vorkommt. Die Poisson-Verteilung ist ein Grenzfall der Binominal-Verteilung für kleine Erfolgswahrscheinlichkeiten ($n \to \infty$, $p \to 0$, $\mu =$ konst.). Die Formeln enthält die Tabelle 27 rechts, 3 Zahlenbeispiele veranschaulicht Bild 10.2 rechts. Je größer der μ-Wert wird, desto symmetrischer verläuft die Poisson-Verteilung.

Poren (pores) ZF

Oberflächenfehler, die im allgemeinen durch aufgeplatzte Gasbläschen direkt unter der Oberfläche beim Erstarren aus der Schmelze entstehen.

Primärausfall (primary failure) SG

Ausfall, der nicht die Ursache fehlerhafter benachbarter Bauelemente ist (Gegensatz: Folgeausfall).

Primärfehler (primary defect) QS

Fehler in einer Schaltung, der z. B. durch den Ausfall der ersten Diode in einer Diodenparallelschaltung entstanden ist.

Prinzipieller Fehler QS
(defect on principle)

Fehler, der bei der Konzeption des Produktes gemacht wird, z. B. Konstruktionsfehler, so daß alle nach der Zeichnung hergestellten Exemplare des Produktes fehlerhaft sind.

Produktgesetz der Zuverlässigkeit ZK
(theorem of compound probability of survival)

Bei einer Serienschaltung ist die Systemüberlebenswahrscheinlichkeit das Produkt aus den Elementwahrscheinlichkeiten unter der Annahme, daß die Ausfälle voneinander unabhängig (disjunkt) sind: $R_s = R_1 \cdot R_2 \cdot R_3 \ldots$

Produktgesetz der Unzuverlässigkeit ZK
(theorem of compound probability of failure)

Bei einer Parallelschaltung ist die Systemausfallwahrscheinlichkeit das Produkt aus den Elementausfallwahrscheinlichkeiten unter der Annahme, daß die Ausfälle voneinander unabhängig (disjunkt) sind: $F_s = F_1 \cdot F_2 \cdot F_3 \ldots$

Programmier-Fehler QS
(program fault)

Fehler, der beim Schreiben des Programmes entstanden ist, z. B. Adressierfehler.

Prüfplanung (prove plan) QS

Unter Prüfplanung versteht man die Entwicklung von Prüfplänen, die Formulierung von Prüfvorschriften, die Planung der Prüfmittel, die Kalkulation der Prüfkosten und die Schätzung der Fehlerkosten.

Prüf- und Beurteilungskosten QS
(cost for prove and test)

Kosten, die zur Feststellung und Steuerung der Qualität entstehen. Es zählen dazu u. a. die Kosten der Wareneingangsprüfung, die Prüfkosten in der Fertigung, die Prüfkosten in den

Laboratorien usw. Fehler, die in der Wareneingangskontrolle entdeckt werden, verursachen die geringsten Fehlerkosten.

Prüfung (prove, examination) QS

Die Prüfung ist ein Vorgang zur Beurteilung und Bewertung von Qualitätsmerkmalen. Die Prüfung ist dabei messend, zeitaufwendig in der Ausführung und Auswertung und zeigt als Ergebnis die Verteilung einer oder mehrerer Qualitätsmerkmale. Im Gegensatz zu einem Test erhält man einen tieferen Einblick in das Verhalten des Prüfobjektes.

Quadredundanz (quadredundancy) RS

Redundanzart, bei der vier Elemente zweifach parallel und in Reihe geschaltet werden. Der vierfache Aufwand hat gegenüber der Verdopplung den Vorteil der Zuverlässigkeitserhöhung und eine hohe Wahrscheinlichkeit, daß der Ausfall nicht nach außen in Erscheinung tritt. Sie wird z.B. bei einem «Diodenquartett» angewandt.

Qualität (quality) SG

Nach den Begriffserläuterungen der ASQ ist Qualität diejenige Beschaffenheit eines Erzeugnisses, die es für seinen Verwendungszweck geeignet macht. Qualität ist der Oberbegriff für die ästhetischen und technischen Eigenschaften einer Ware. Zuverlässigkeit ist die Zeitkomponente der Qualität.

Qualitätskosten (quality cost) QS

Qualitätskosten sind die Kosten, die bei der Fehlerverhütung, Prüfung und Fehlerbeseitigung entstehen. Sie sollen nicht mehr als 5% der Umsatzsumme betragen. Den Hauptanteil nehmen in der Elektronik die Prüfkosten mit 33 ··· 65% der Qualitätskosten ein.

Qualitätsregelkarte ZF
(quality regulating card)

siehe Kontrollkarte

Qualitätssicherung QS
(quality assurance)

Darunter versteht man die Gesamtheit organisatorischer und technischer Aktivitäten zur Sicherung der Qualität des Konzepts und der Ausführungsqualität, unter Berücksichtigung der Wirtschaftlichkeit.

Quality-Audit-Methode QS
(quality-audit methode)

Qualitäts-Revision. Darunter versteht man die Methode, die Wirksamkeit einer Qualitätsorganisation durch Soll/-Istvergleich zu überprüfen. Dies bezieht sich auf Produkteigenschaften, Herstellverfahren und organisatorische Abläufe. Der Auditor (Prüfer, Revisor) muß vier Funktionen ausüben: sich an Ort und Stelle orientieren, die Revision planen, sie durchführen und darüber Bericht erstatten.

Quellen (soaking) ZF

Vergrößerung der Abmessungen eines Körpers durch Flüssigkeitsaufnahme.

Rauhigkeits-Messung ZF
(roughness measurement)

Bei modernen Geräten entsteht ein Profilogramm als Amplituden-Weg-Funktion mittels eines Taststiftes, der das Profil abtastet und über einen Schreiber aufzeichnet. Gleichzeitig wird an einem Instrument der Mittelwert des R_a-Wertes angezeigt. Er bewegt sich bei einer Meßstrecke bis zu 50 mm üblicherweise im Bereich von $R_a = 0{,}1 \cdots 5\,\mu m$.

Redundanz (redundancy) RS

Funktionsbereiter Aufwandsanteil, der zur geforderten Einrichtung nicht nötig ist. Er kann zur Zuverlässigkeitserhöhung genutzt werden. Redundanz wird z.B. erforderlich, wenn bei einem Seriensystem die geforderte Lebensdauer nicht erreicht werden kann. Redundanz gibt es übrigens auch bei der Software.

Redundanzgrad RS
(degree of redundancy)

Zahl der parallel arbeitenden Einheiten bei aktiver Redundanz. Beim Zwillingskontakt wäre $r = 2$.

Reibkorrosion (frictional corrosion) ZF

Sie wirkt mechanisch, chemisch und thermisch auf die Oberfläche ein und entsteht, wenn unter dem Einfluß einer Normalkraft zusätzlich kleinste Relativbewegungen ausgeführt werden.

Rekristallisation (recristallisation) ZF

Neuordnung der Kristalle verformter, metallischer Werkstoffe oder auch Mineralien.

Relais (relay) ZK

Meist meint man das elektromechanische Relais der elektrischen Nachrichtentechnik, ein Bauelement, bei dem eine elektromagnetisch erzeugte Kraft unmittelbar (z.B. Relais mit Reedkontakten) oder über einen Hebel Kontakte betätigt. Es hat maximal drei Schaltstellungen und dient dazu, elektrische Informationen miteinander zu verknüpfen oder auszuwerten. Als Verschleißteil ist es eine Schwachstelle der Elektronik. Es kann sich aber wegen anderer Vorteile gegenüber den elektronischen Schaltern teilweise behaupten. Da die Bauarten und Einsatzbedingungen sehr vielfältig sind, bereitet es Schwierigkeiten, die Ausfallrate von Relais im Derating-Modell treffend zu erfassen.

Relative Häufigkeit SG
(relative frequency)

Verhältnis der beobachteten Ereignisse einer bestimmten Art (X) zur Gesamtzahl der beobachtbaren Ereignisse (N)

$$H = \frac{X}{N}$$

H ist eine dimensionslose, positive Zahl zwischen Null und Eins.

REM (raster electron microscope) ZF

Das Rasterelektronenmikroskop hat nicht so eine große Verstärkung (20 ··· 30 000fach, Auflösung 10 nm) wie das TEM, jedoch sind Oberflächenbetrachtungen möglich. Die Fotos haben eine große Tiefenschärfe und sind sehr plastisch. Nichtleitende Stoffe müssen mit einer Metallschicht bedampft werden. Bei diesem Emissionsmikroskop wird die Probenoberfläche mit einem Elektronenstrahl abgetastet. Die ausgelösten Sekundärelektronen werden in elektrische Impulse umgewandelt und auf einem Schirm oder Foto sichtbar gemacht. Das REM ist ein sehr nützliches Hilfsmittel zur Fehlerdiagnose von HL-Bauelementen.

Reparatur (repair) QS

Maßnahme zur Instandsetzung einer Einheit, nachdem der Ausfall eingetreten ist. Reparaturen lohnen sich nur, wenn sie billiger sind als die Neuanschaffung der Einheit.

Reparaturrate (repair rate) QS

ist der Kehrwert der mittleren Reparaturdauer, wenn die Reparaturdauern nach einer *e*-Verteilung verteilt sind.

Reparierbare Systeme SV
(repairable systems)

Systeme, die nach Ausführung einer Reparatur wieder voll funktionsfähig sind. Systeme, die immer wieder repariert werden können, haben unendlich lange Lebensdauer bzw. eine von Null verschiedene Dauerverfügbarkeit $A_{ss} > 0$.

Residueller Erwartungswert SG
(residue expectation value)

Es ist die im Zeitpunkt t_i verbleibende Lebenserwartung von Betrachtungseinheiten, die bereits ein Alter t_i überlebt haben.

ϱ-aus-r Systeme SI
(ϱ-out-r systems)

r-kanalige Systeme mit einer Auswahlschaltung, deren Ausgang dann aktiven Signalpegel aufweist, wenn mindestens ϱ Kanäle aktiv sind, also ϱ oder $\varrho + 1 \ldots$ oder r. Sie sind in einer Pyramide darstellbar. Es sind besonders die ϱ^*-Systeme auf der Mittellinie wichtig, weil hierbei die Ausfallart (Leerlauf- oder Kurzschlußausfall) unerheblich ist. Die Systeme rechts der Mittellinie bieten nur Schutz vor Leerlaufausfällen, die Systeme links nur Schutz vor Kurzschlußausfällen.

ϱ^*-Systeme (ϱ^*-systems) SI

r-kanalige Systeme mit einer Auswahlschaltung, deren Ausgang dann aktiven Signalpegel aufweist, wenn mindestens die ϱ^* Kanäle intakt sind. Dabei ist es unerheblich, ob es sich um Kurzschluß- oder Leerlaufausfälle handelt. Es bieten Schutz vor:

Einfachfehlern:	2-aus-3 Systeme
Zweifachfehlern:	3-aus-5 Systeme
Dreifachfehlern:	4-aus-7 Systeme

Risikoanalyse (risc analysis) SI

Störfallausfall-Analyse in Fällen mit hohem Risiko und kleinen Ereigniswahrscheinlichkeiten. Sie wird angewendet z.B. in der Reaktortechnik oder bei der Prüfung von hohen Staudämmen, hinter denen viele Menschen leben. Derartige Analysen sind schwierig aufstellbar und nachprüfbar, weil die Wahrscheinlichkeiten so gering sind.

Riss (crack, spring) ZF

Fehlstelle, bei der Material getrennt wurde. Ursachen können mechanische Einwirkungen, Korrosion, aber auch thermische Spannungen sein. Mikrorisse sind der Ausgangspunkt für Brüche.

Röntgen-Untersuchung ZF
(X-ray analysis)

Hierbei durchdringen «harte Röntgenstrahlen» die Betrachtungseinheit und erlauben den Einblick in den inneren Aufbau eines Bauelementes ohne besondere Probenaufbereitung. Die Fehlererkennung und Deutung auf einem Röntgenfoto ist jedoch nicht immer eindeutig.

RUN-IN Test (run-in test) ZF

Er dient – wie der BURN-IN-Test – zum Auffinden von Frühausfällen bei Teilen, die mechanisch bewegt werden. Gefordert wird z.B., einen Stecker mindestens 10 × vor der Auslieferung zu stecken, ein Relais 500 × zu betätigen, Kleinmotore sollen einige Tausend Umdrehungen ausgeführt haben.

Schalterunzuverlässigkeit RS
(failure probability of switch)

Wahrscheinlichkeit, die bei passiver Redundanz berücksichtigt, daß auch der Umschalter ausfallen kann. In der Rechnung gibt man jedoch meistens nicht die Ausfallwahrscheinlichkeit, sondern die Überlebenswahrscheinlichkeit R_u in % an. $R_u \triangleq 90\%$ heißt, daß von 100 Umschaltern wahrscheinlich 10 ausfallen werden, d.h. «unzuverlässig» sind.

Schaltzahl (number of cycles) ZK

Anzahl N der Betätigungen bei einem Relais oder Schütz. Beim Stecker spricht man von der Steckzahl.

Schichtdicken-Meßverfahren ZF
(layer measurement)

Methoden zum Bestimmen der Schichtdicke, z.B. einer Gold-Nickel-Schicht auf einem unedlen Träger. Dazu benutzt man häufig das Betastrahlen-Rückstreuverfahren (Betascope). Es gibt sehr viele zerstörende und elektrisch-nichtzerstörende Schichtdicken-Prüfverfahren nach verschiedenen Prinzipien, die je nach dem Anwendungsfall einsetzbar sind.

Schmelzspannung (melting voltage) ZK

Elektrische Spannung mit einem für jedes Kontaktmaterial typischen Wert in mV, bei dem sich infolge des Stromflusses Schmelzbrücken zwischen den Kontaktstücken bilden. Dadurch sinkt der Kontaktwiderstand. Ferner wird dadurch eine Materialwanderung eingeleitet mit späterer Krater- und Hügelbildung, die ihrerseits nach einer höheren Schaltzahl zum Kontaktausfall führt.

Schrumpfen (shrinking) ZF

ist die Abnahme eines Körpers durch Flüssigkeitsabgabe.

Screening (screening) ZF

nennt man den Vorgang des «Aussiebens» von Bauelementen, einerseits zwecks Erfüllung bestimmter Kenndatenforderungen – andererseits in der Absicht Frühausfälle oder spätere Ausfälle vorwegzunehmen. Die Hochtemperaturlagerung ist ein «screening-Prozeß».

Seigerung (refining process) ZF

nennt man die Entmischung einer zunächst gleichmäßigen Schmelze beim Erstarren. Dies führt zu unterschiedlichen Festigkeitseigenschaften.

Sekundärausfall (secondary failure) SG

siehe Folgeausfall

Selbsttest-Verfahren QS
(selfdiagnosis test)

Bei programmierbaren Einheiten anwendbare Prüfprogramme, die so abgefaßt sind, daß sie den Befehlssatz des Rechners, die Speichereinheiten und die Eingabe-/Ausgabeeinheiten in ihrer Funktion kontrollieren. Der Programmieraufwand ist dabei mäßig und eine Fehlerortung ist möglich, jedoch lassen sich in einer kurzen Prüfzeit nicht alle Variationsmöglichkeiten abprüfen.

Selektive Korrosion ZF
(selective corrosion)

Lokal begrenzte, chemische Angriffe aufgrund von Lokalelementbildung. Sie können z.B. nadelstichartig einen Werkstoff anlösen.

SEM (scanning electron microscope) ZF

ist die Bezeichnung für Einrichtungen, bei denen die Probe mit einem Elektronenstrahl abgetastet wird und die ausgelösten Sekundärelektronen ausgewertet werden. Neuerdings regt man HL-Plättchen unter dem SEM gleichzeitig mit elektrischen Impulsen an und schließt aus sich ergebenden unregelmäßigen Schattierungen auf Fehlerstellen des Chips. Damit kombiniert man eine optische und elektrische Prüfung von hohem Aussagewert, z.B. zur Untersuchung von HL-Speicherbausteinen.

Semi-Markoffscher Prozeß SV
(semi-Markoff-process)

Prozeß, bei dem die Ausfälle nicht mehr nach der einfachen *e*-Verteilung, sondern entsprechend schwierigeren Verteilungen, z.B. nach einer Weibull-Verteilung, ausfallen. Die Übergangsraten sind dann nicht mehr konstant.

Sequentielle Logik SI
(logic elements with memory elements)

«Schaltwerke» enthalten im Gegensatz zu «Schaltnetzen» speichernde Elemente, z.B. Flipflops. Die am Eingang angelegte Information steht erst nach einem oder mehreren Takten am Ausgang an. Die Fehlerdiagnose gestaltet sich hierbei erheblich aufwendiger als bei Schaltnetzen. Ab einer bestimmten Komplexität ist sie nicht mehr mit erträglichem Aufwand realisierbar.

Sequentielle Redundanz RS
(sequential redundancy)

Erhöhung der Zuverlässigkeit, indem man eine Nachricht nochmals über den Übertragungskanal sendet, für den Fall, daß bei der 1. Übertragung Signale verfälscht wurden. Zyklische Code sind z.B. ein Hilfsmittel zur Bereitstellung dieser Redundanz. In der Fernwirktechnik werden auf Anfrage Telegramme zweimal gesendet.

Sicheres Ereignis (certain event) SG

Ereignis mit der Wahrscheinlichkeit $p \triangleq 100\,\%$. Dies bedeutet, daß alle zu erwartenden Ereignisse «Erfolgsereignisse» sein werden. Naturereignisse wie der Tod, freier Fall, Entropie sind «sichere Ereignisse». In der Technischen Zuverlässigkeit ist $R \triangleq 100\,\%$ nur ein theoretischer Grenzfall, der nicht erreichbar ist.

Sicherheit (safety) SI

Im Zusammenhang mit der Zuverlässigkeitstheorie meint man damit die Fähigkeit einer Betrachtungseinheit, bei einem Ausfall gefährlichen Folgen von den Menschen und Einrichtungen abzuwenden. Im Ausschuß «Steuerungstechnik» des VDE/VDI wird damit die Realisierung eines bestimmten Verhaltens beim Auftreten bestimmter Fehler definiert. Eine Sicherheitsvereinbarung enthält einen Fehlerkatalog und einen Verhaltenskatalog. Aufgrund beider Kataloge kann man einen Sicherheitsgrad von 100% erreichen. Eine totale Sicherheit gibt es jedoch nicht, weil man nicht alle Fehler in einen Fehlerkatalog aufnehmen kann, d.h. kennt.

Sicherheitsfaktor (safety factor) ZF

Verhältnis der Soll-Widerstandsfähigkeit (unterer Grenzwert) zur oberen Lastgrenze. Um Ausfälle zu vermeiden, muß man den Sicherheitsfaktor $S_f > 1$ wählen, vgl. auch Stress-Strength-Modell.

Sicherheitsgrad SI
(degree of safety)

Im Rahmen einer Sicherheitsvereinbarung die Anzahl der ungefährlichen Ausfälle, bezogen auf die Anzahl der gefährlichen und ungefährlichen Ausfälle, z.B. ist bei $g = u$: $S = 50\,\%$. Man erhält damit eine Kenngröße, um den Ausfallschutz verschiedener technischer Einrichtungen zahlenmäßig vergleichen zu können.

Siedespannung ZK
(boiling voltage)

Elektrische Spannung in mV, die für jedes Material charakteristisch ist, bei deren Überschreiten als Folge der auftretenden Wärme das Material an der Kontaktoberfläche örtlich zu sieden bzw. zu verdampfen beginnt.

Signalfehler (signal fault) QS

Fehler, bei dem das Istsignal vom Sollsignal bezüglich Amplituden-, Zeit- und Frequenzraster derart abweicht, daß es zu einer Fehlfunktion kommt. In der Digitaltechnik spricht man von logischen Fehlern.

Simulationsverfahren QS
(simulation methode)

Verfahren, bei denen die Testmuster nicht mittels eines bestimmten Rechenverfahrens

(Algorithmus), sondern durch Simulation erstellt werden, z. B. per Rechner. Es werden dabei nicht alle denkbaren Fehler erfaßt; ferner ergeben sich bei komplexen Schaltungen in der Regel hohe Rechenzeiten.

Sofortige Verfügbarkeit SV
(immediate avialability)

Wahrscheinlichkeit, daß ein System sofort betriebsfähig ist, sobald es zu irgendeinem Zeitpunkt benötigt wird. Man spricht auch von Momentanverfügbarkeit. $A(t)$ ist eine Zuverlässigkeitskenngröße, die z. B. für Flugsicherungseinrichtungen, die eine hohe Verfügbarkeit haben müssen, von Bedeutung ist.

Software (software) ZK

Programmiertechnische Seite einer EDV. Es sind die Arbeitsprogramme des Rechners. Beim Microcomputer ist es die Aneinanderreihung der Steuerbefehle. Sie sind «leichter» änderbar (= weiche Ware) als die Hardware, die die technisch-elektronische Seite des Rechners (z.B. Platinenbelegung, Speicherkapazität usw.) darstellt.

Spannungsbelastungsfaktor ZK
(voltage stress factor)

Faktor im Derating-Modell, der das Verhältnis der auf ein Bauelement auftretenden Spitzenspannung zu der maximal zulässigen Spannung angibt, d.h. als Relativzahl das Ausmaß der Spannungsbelastung beschreibt.

Spannungsrißkorrosion ZF
(tension breakage corrosion)

Oberflächenangriff als Folge chemischer Angriffsmittel beim Vorhandensein mechanischer Spannungen. Sie ist in besonderen Fällen bei Metallen, aber auch an Kunststoffteilen zu beobachten.

Spot-Modell (spot-model) ZF

Fehlermodell zur Beschreibung des Durchbrennmechanismus bei einer Glühlampe. Danach «stirbt» eine Glühlampe aufgrund lokaler Temperaturerhöhung an einer Stelle des Drahtes. Durch Glättung des Drahtes kann man die Lebensdauer einer Wolframwendel vergrößern, was jedoch die Herstellkosten erhöht. Weil an der heißeren Stelle eine Übertemperatur herrscht, verdampft dort auch mehr Material. Dadurch wird der Draht dort wieder dünner als an anderen Stellen. Dadurch wird er dort wieder heißer usw.

Sprungausfall SG
(catastrophic failure, sudden failure)

Ausfall mit unstetiger Schadensursache als Folge eines zufälligen Zusammentreffens ungünstiger Umstände. Dabei überschreitet eine plötzliche Belastungsspitze die temporär niedrige Widerstandsfähigkeit des Elementes. Beispielsweise splittert wegen eines Haarrisses im Glas ein Reedkontakt bei zu starker Erschütterung, und der gesamte Kontakt fällt aus. Ohne die Erschütterung wäre der Kontakt weiter intakt geblieben. Sprungausfälle sind Zufallsausfälle. Sie sind die dominierende Ausfallart im Bereich II der Badewannenkurve mit λ = konst und $\beta = 1$. Sprungausfälle sind nicht vorhersehbar, weil man bei den vielen möglichen Schadensursachen nicht absehen kann, welche Ursache den Ausfall bewirken wird. Es gibt keinen beherrschenden Ausfalleinfluß wie beim systematischen Ausfall.

Standardabweichung LM
(standard deviation)

Positive Quadratwurzel aus der Varianz (Streuung). σ ist ein Maß dafür, wie eng sich die Zufallsvariablen um den Mittelwert μ scharen. Beträgt z.B. bei der Gauß-Verteilung $\mu \pm \sigma$, dann heißt dies, daß bei der Gaußschen Glokkenkurve 68% der Gesamtfläche eingegrenzt sind. Von 100 anfallenden Meßwerten liegen dann 68 in dem betrachteten Streubereich. Bei der Eingrenzung $\mu \pm 3 \cdot \sigma$ liegen 99% aller zu beobachtenden Werte in dem betrachteten Streubereich. Je kleiner also σ bei einer Verteilung ist, desto geringer ist ihre Streuung. σ und μ haben die gleiche Einheit. Ihr Verhältnis nennt man den Variationskoeffizienten $v = \sigma/\mu$, vgl. Tabelle 2.

Statische Fehler (stuck defect) QS

Dauerfehler, z. B. Drahtbruch oder Kurzschluß. Sie sind als Ständigfehler leichter als andere zu orten.

Statistische Maßzahl SG
(statistical parameter)

Es gibt beliebig viele Verteilungen. Um sie zahlenmäßig miteinander vergleichen zu können, bestimmt man die statistischen Maßzahlen. In der Regel begnügt man sich mit den folgenden vier Kenngrößen: Mittelwert μ, Varianz σ^2, Schiefe γ und Exzeß ε. Sie lassen sich aus den zentralen Momenten μ_k mit

$k = 1, 2, 3, 4$ bestimmen. Bei symmetrischen Verteilungen genügt die Angabe von μ und σ, weil $\gamma = 0$ ist.

Statistischer Vertrauensbereich LM
(level of confidence)

Für den Vertrauensbereich (Konfidenzzahl) $L = 2 \cdot a$ läßt sich eine statistische Sicherheit S angeben. Bei der Gauß-Verteilung gilt:

$$a = \frac{c \cdot \sigma}{\sqrt{N}}$$

$$\mu = \bar{x} \pm a$$

a = halbes Konfidenzintervall
σ = Standardabweichung
N = Stichprobenumfang
c = tabellierte Konstante

Beispielsweise ist bei $S = 95\,\%$ der c-Wert auf $1{,}96 \approx 2$ tabelliert. Man kann dann ausrechnen, wie genau man mit einer Stichprobe N bei Angabe eines S-Wertes und Vorgabe des σ-Wertes aus dem $\bar{x}$-Wert den Mittelwert der Grundgesamtheit μ abschätzen kann.

Statistische Sicherheit SG
(significance level)

Aussagesicherheit in Prozent, siehe statistischer Vertrauensbereich.

Stecker (connector) ZK

Als Steckerkontakt bezeichnet man eine ungeschirmte oder geschirmte Stromverbindung (stromführungsfähige Brücke), die ohne wesentliche Veränderung des Kontaktwiderstandes häufig wieder gelöst werden kann. Ein Stecker ist eine Verbindung auf Zeit. Die Steckzahl liegt in der Regel zwischen $10 \cdots 10^3$. Stecker sind wie Relaiskontakte Schwachstellen der Elektronik, weil sie dem Verschleiß unterliegen und deshalb ihre Steckzahl begrenzt ist. Bei reparierbaren Systemen ermöglichen sie aber eine hohe Verfügbarkeit. Ihr großer Streubereich der Ausfallraten macht eine zahlenmäßige Angabe, insbesondere bei zeitlichen Betrachtungen schwierig.

Steckzahl (number of plug-in) ZK

Die Anzahl der Steckungen, die ein Stecker unbeschadet einer wesentlichen Veränderung seines Kontaktwiderstandes übersteht, z. B. 500 Steckungen bis zum ersten Ausfall.

Stetig (continuous) SG

Eigenschaft einer differenzierbaren Funktion. Eine Verteilung nennt man stetig, wenn sich zu jedem Wert der Zufallsvariablen eine von Null verschiedene Wahrscheinlichkeitsdichte angeben läßt.

Stetige Verteilung SG
(continuous distribution)

Zu jedem Wert der Zufallsvariablen läßt sich eine von Null verschiedene Wahrscheinlichkeitsdichte angeben. Dies ist bei abzählbaren Ereignissen wie z. B. beim Würfelspiel nicht der Fall.

Stichprobe (sample) SG

Zufallsentnahme einer Anzahl n aus einer Grundgesamtheit N wobei $n \ll N$. Aus der Verteilung der Stichprobe schließt man auf die Grundgesamtheit und ihre Verteilung. Stichprobenpläne geben Auskunft über die zulässige Fehlerzahl c bei einem bestimmten AQL-Wert, z. B. beim Einfachplan für normale Beurteilung ist bei AQL = 1,0: $c = 3$, $n = 125$, $N = 3201 \cdots 10000$.

Stichprobenpläne ZF
(acceptance sampling plan)

Stichprobentabellen, d. h. Tabellen, die dem Prüfer die Zuordnung folgender Kennwerte geben: AQL-Wert, Annahmewahrscheinlichkeit L, noch zulässige Fehlerzahl c, Zahl der zu prüfenden Teile n, Losumfang N. Es gibt einfache Prüfpläne, Folgeprüfpläne und verschärfte Prüfpläne. Es sind Vorschriften zur Entnahme einer Stichprobe.

Stichprobenprüfung ZF
(sampling inspection)

Prüfung, bei der aus wirtschaftlichen Gründen die Zahl der geprüften Teile n geringer ist als der Losumfang N. Mittels statistischer Methoden wird angegeben, welcher Wert $N - n - c$ bei einer bestimmten statistischen Sicherheit S noch zulässig ist. c ist die zulässige Fehlerzahl. Beispielsweise ist bei $S = 95\%$ und $N = 501 \cdots 1200$ bei einem AQL-Wert von AQL = 0,65 nur $c = 1$ und $n = 50$, d. h. ein Fehler unter 50 Teilen zulässig. Andernfalls wird das Los verworfen.

Stochastisches Ereignis SG
(random event)

Ereignis, das den Gesetzen des Zufalls gehorcht. Bei einem Zufallsausfall ist nicht erkennbar, welcher der vielen existierenden Einflüsse den Ausfall verursacht hat.

Stochastisch unabhängiges Ereignis SG
(stochastical free event)

Ereignis, welches vom vorherigen Ereignis der gleichen Art unabhängig ist. Die bedingte Wahrscheinlichkeit $P(B|A)$ wird zur Wahrscheinlichkeit des Ereignisses $B : P(B)$.

Störfallausfall-Analyse ZF
(malfunction failure analysis)

Hierbei sucht man die unerwünschten Ereignisse bei einem System, die sich aus einer bestimmten Ausfallursache ergeben. Es ist die entgegengesetzte Fragestellung wie bei der Fehlerbaum-Analyse.

Störung (malfunction) SG

Aussetzen oder Beeinträchtigung einer Funktion. Störungen sind in der Regel kurzzeitig. Sie können trotzdem den Betrieb einer Einrichtung schwerwiegend beeinträchtigen, z. B. unauffindbare Wackelkontakte in einem Verdrahtungsfeld.

Streßfaktor (stress factor) ZF

Faktor, der das Verhältnis Mehrbelastung zur Nennbelastung einer Betriebskenngröße angibt. Streßfaktoren betragen bei elektronischen Bauelementen im allgemeinen $1{,}3 \cdots 3$. Höhere Werte führen zur Änderung des Ausfallmechanismus oder zur Zerstörung.

Streß-Strength-Modell ZF
(stress-strength-model)

Gedankliches Modell, welches eine Erklärung für Ausfälle liefert. Im Diagramm zeichnet man dazu auf der y-Achse die Ausfalldichte, auf der x-Achse die Verteilung der Belastung und der Widerstandsfähigkeit auf. Dort, wo die beiden Verteilungen sich überschneiden, gibt es eine Wahrscheinlichkeit für Ausfälle. Den Abstand der Verteilungen gibt der Sicherheitsfaktor an.

Stufenredundanz RS
(stair redundancy)

Redundanzaufwand auf Stufenebene. Man realisiert die Redundanz in mehreren Stufen. Durch die Unterteilung will man beim Ausfall einer Stufe den Gesamtausfall unterbinden. Serien-parallele Anordnungen sind stufenredundant.

Sturgessche Regel LM
(Sturges rule)

Sie gibt einen Hinweis, wie groß man mindestens die Zahl der Klassen bei einem Histogramm wählen muß. Es ist

$$k = 1 + 3{,}3 \cdot \lg n,$$

wobei n der Stichprobenumfang ist.

Systemanalyse-Fehler QS
(system analysis fault)

Fehler, der bei der Systemanalyse entsteht, z. B. dadurch, daß ein wichtiger Parameter außer acht gelassen oder das falsche Modell gewählt wurde.

Systematischer Ausfall SG
(systematic failure)

Ausfall, der sich aufgrund des Verschleiß- und Belastungsmechanismus in seinem Ausfallzeitpunkt mit einer geringen Irrtumswahrscheinlichkeit vorhersagen läßt. Der Gegensatz ist der Zufallsausfall.

Systematischer Fehler (system defect) QS

Fehler, der bezüglich eines oder mehrerer Qualitätsmerkmale einen vorhersehbaren Trend aufweist.

Systemredundanz (system redundancy) RS

Mehraufwand auf Systemebene. Beispielsweise gibt es beim Auto die Handbremse und die Fußbremse mit voneinander unabhängiger Bremswirkung. Der Sicherheit wegen sind zwei Bremssysteme nach verschiedenen Arbeitsprinzipien vorgesehen.

Systemverfügbarkeit SV
(system availability)

siehe Verfügbarkeit

Teilausfall (partial failure) SG

Ausfall eines Teiles der Funktionen einer Betrachtungseinheit.

Teilredundanz RS
(partial redundancy)

Redundanz, die sich nur auf Teile oder Abschnitte einer Betrachtungseinheit bezieht; anzuwenden, wenn diese besonders ausfallgefährdet sind.

TEM (**t**ransmission **e**lectron **m**icroscope) ZF

Beim Transmissions-Elektronenstrahl-Mikroskop werden präparierte Proben mit einer hohen Beschleunigungsenergie (0,1 ··· 0,5 MeV) durchleuchtet. Das Bild wird entweder auf einer Fotoplatte oder einem Fluoreszenzschirm abgebildet, wobei Vergrößerungen 10^3–10^5fach (Auflösung 0,2 ··· 0,3 nm) möglich sind, jedoch keine Oberflächenuntersuchungen. Für die Fehleranalyse in Funktion befindlicher elektronischer Bauelemente ist diese Untersuchungsform nicht geeignet.

Temperaturbelastungsfaktor ZK
(temperature stress factor)

Faktor im Derating-Modell, der den Einfluß der Temperatur auf die Ausfallrate erfaßt. Aus Diagrammen erhält man grafisch mittels der Arrhenius-Gleichung den k-Faktor.

Test (test) QS

Ein Test ist eine Prüfung, bei der die Fragen vorformuliert werden. Man erwartet nur bestimmte Antworten. Prüfzeit und Prüfauswertezeit sind daher kürzer. Man gewinnt mit dem Test jedoch nur eine Go/NoGo-Aussage. Es ist eine attributive Prüfung (zählend).

Thermische Trennung ZF
(thermal separation)

nennt man Risse oder Brüche als Folge von Temperaturschocks oder Temperaturzyklen.

Toleranzanalyse ZF
(toleration analysis)

ist die Bezeichnung für mathematisch-statistische Verfahren, die man auf Schaltungen oder Systeme anwendet, um die Schwankungsbreite der Zielgröße herauszufinden, wenn die verwendeten Systemelemente in ihrem Toleranzbereich variieren. Per Rechnerprogramm bestimmt man heute z.B. die Änderung der Verstärkung einer Verstärkerschaltung, wenn die Schaltungselemente sich in ihrer zulässigen Schwankungsbreite ändern.

Toleranzausfall (tolerance failure) SG

siehe Driftausfall

Totalausfall (blackout failure) SG

Ausfall, bei dem im Gegensatz zum Teilausfall das gesamte System ausfällt. Es sind häufig spontane Ausfälle ohne vorher erkennbare Ursache und Änderungstendenz meßbarer Eigenschaften mit zufälliger Verteilung der Ausfallzeiten. Es ist dabei die Ausfallrate konstant. Beispiel: Platzen eines Reifens, Drahtbruch

Transformationsvariable LM
(transformation variable)

Die Transformation $x = \frac{t - \mu}{\sigma}$ erlaubt es, die dimensionsbehaftete Normalverteilung auf die dimensionslose Φ-Funktion umzurechnen. Dadurch umgeht man den Integrationsprozeß und kann die tabellierten Wertepaare $\Phi - x$ leicht finden.

Treppenfunktion SG
(staircase function)

Die Summenhäufigkeitsfunktion einer diskreten Verteilung ist immer eine Treppenfunktion. Bei gleichwahrscheinlichen Ereignissen (z.B. idealer Würfel) ist die Stufenhöhe dieser Treppenfunktion konstant.

Überbeanspruchungsausfall SG
(overload failure)

Ausfall, der außerhalb der zulässigen Belastungsgrenzen entsteht, z.B. durch falschen Einsatz außerhalb der Grenzwertangaben, infolge Unwissenheit.

Übergangsdiagramm SV
(state diagram, transition diagram)

siehe Zustandsdiagramm.

Übergangsmatrix (transition matrix) SV

Matrix einer Markoffkette, d.h. die zeilen-/spaltenförmige Anordnung der Übergangsraten, mit denen man die Zustandswahrscheinlichkeiten $P_1(t)$, $P_2(t)$ usw. multiplizieren muß, um deren 1. Ableitungen zu erhalten. Die Lösungen $P_1(t)$, $P_2(t)$ usw. führen zur Verfügbarkeitsfunktion eines reparierbaren Systems.

Übergangsraten (transition rates) SV

Als Übergangsraten bezeichnet man die Ausfallraten und die Reparaturraten eines Systems. Die Ausfallrate bezeichnet das $-\dot{P}_i(t)/P_i(t)$-Verhältnis vom Intakt- in den Ausfallzustand, die Reparaturrate beschreibt das $+\dot{P}_i(t)/P_i(t)$-Verhältnis vom Ausfallzustand in den Intaktzustand. Bei einer homogenen Markoffkette sind die Übergangsraten konstant. Die Verweilzeiten genügen einer e-Verteilung.

Überlebenswahrscheinlichkeit SG
(probability of survival)

ist die Wahrscheinlichkeit eines Bauelementes des Bestandes, daß der Ausfall nach dem Zeitpunkt t_i erfolgt.

Man sagt auch Erfolgswahrscheinlichkeit (Komplement der Ausfallwahrscheinlichkeit) dazu.

Übertemperatur (over temperature) ZK

Temperaturdifferenz $\Delta\vartheta_{max}$ zwischen der Arbeitstemperatur ϑ_{max} und der Umgebungstemperatur ϑ_u. Sie ergibt sich z.B. bei einem Transistor aus dem Verhältnis von abgegebener Verlustleistung P_c und dem wirksamen thermischen Widerstand R_{th}. $\Delta\vartheta_{max}$ ist der Temperaturendwert, den die Bauelementoberfläche nach einem Leistungssprung etwa nach dem fünffachen Wert der thermischen Zeitkonstante T_w annimmt.

Umwelteinflußfaktor ZK
(environmental factor)

ist der Faktor K_e, mit dem man die Ausfallrate λ des Bauelementes im stationären Betrieb multiplizieren muß, um den Einfluß bei Erschütterungen zu erfassen. Die Erfahrungswerte für K_e liegen zwischen 1 und 100.

Ungefährliche Fehler QS
(not dangerous defects)

Fehler, der vielleicht zu einer Störung oder zum Ausfall führen kann, jedoch keine gefährlichen Folgen für Mensch und Maschine hat, z.B. Ausfall einer Skalenbeleuchtung.

Unmögliches Ereignis SG
(impossible event)

Ereignis mit der Wahrscheinlichkeit $p \mathrel{\hat{=}} 0\%$. Dies bedeutet, daß keines der zu erwartenden Ereignisse ein «Erfolgsereignis» werden wird.

Unterlastung (derating) ZK

Verringerte Belastung einer Betrachtungseinheit. Viele elektronische Bauelemente werden nicht an der Grenze ihrer Belastbarkeit betrieben. Dadurch ist ihre Ausfallrate geringer. Man verwendet dies im Derating-Modell durch Einflußfaktoren, die mit der Basis-Ausfallrate multipliziert werden. Es gilt dann $k_i < 1$.

Unverfügbarkeit (unavailability) SV

Komplement zur Systemverfügbarkeit. Es ist $A_s + U_s \mathrel{\hat{=}} 100\%$.

URTL-Schaltkreissystem SI
(URTL logic system)

Bezeichnung der Siemens AG für ein Überwachungssystem (**ü**berwachbare **r**esistor-**t**ransistor-**l**ogic), welches für die Eisenbahnsignaltechnik entwickelt wurde. Hierbei besteht die Redundanz in Zwillingsbausteinen, Verwendung einer Positiv-Negativ-Logik und einer Fehleranzeige sowie Systemstillsetzung, wenn ein Fehler erkannt wird (fail-safe).

Variablen-Zuverlässigkeitskenngröße SG
(variable reliability characteristic)

Kenngröße, bei der die Zuverlässigkeitskenngröße eine meßbare Kenngröße ist, die sich über einen kontinuierlichen Wertebereich erstreckt. Solche Größen sind z.B. Mittelwert, Standardabweichung, Schiefe einer Betrachtungseinheit, ferner der Korrelationskoeffizient zweier Meßwertverteilungen.

Varianz (variance) LM

Neben dem Mittelwert ist die Varianz (Streuung) die zweite wichtige statistische Maßzahl zur Kennzeichnung einer Verteilung. Die Quadratwurzel aus der Streuung liefert die Standardabweichung σ. Aus diesem Wert geht hervor, wie eng sich die Zufallsvariablen um den Mittelwert μ scharen, vgl. Tabelle 2.

Variationskoeffizient LM
(coefficient of variation)

Verhältnis von Standardabweichung σ und Mittelwert μ einer Verteilung $v = \sigma/\mu$; in der Zuverlässigkeitstheorie $v = \sigma/m$. Bei $v < 1:3$ empfiehlt sich die Gauß-Verteilung, bei $v > 1:3$ die Lognormal-Verteilung als beschreibende

Verteilung von Verschleißausfällen. v ist eine Vergleichskenngröße für Verteilungen. Sie wird häufig in Prozent angegeben, da σ und μ bzw. m gleiche Einheiten haben.

Verbundwahrscheinlichkeit SG
(compound probability)

Gesamtwahrscheinlichkeit von zwei oder mehr Ereignissen, die gleichzeitig auftreten. Zur Ausrechnung ist entweder die Additionsregel $P(A$ oder $B)$ oder die Multiplikationsregel $P(AB)$, d.h. das «Logisch-UND» anzuwenden.

Verfügbarkeit (availability) SV

Wahrscheinlichkeit, daß eine Anlage oder ein System zu einem vorgegebenen Zeitpunkt im funktionsfähigen Zustand angetroffen wird. Dieser Begriff beschreibt reparierbare Systeme unter Berücksichtigung der Ausfallrate λ und der Reparaturrate μ, d.h. den Zusammenhang zwischen Zuverlässigkeit und Wartbarkeit eines Systems.

Vergleichs-Methode QS
(comparison methode)

Hierbei wird ein «Gut-Muster» mit dem Prüfling verglichen. Es werden die Reaktionen am Ausgang bei geeigneten Testsignalen miteinander verglichen. Man hat bei dieser Prüfung keine Fehlerortung, und das «Gut-Muster» muß immer in Ordnung sein.

Vermaschte Systeme RS
(mashed networks)

Vermaschte, redundante Systeme sind z.B. die m-aus-n Systeme. Ihre Systemfunktion ist schwerer bestimmbar, ebenfalls der MTBF-Wert. Sie sind aufwendig im Aufbau, und es muß geprüft werden, ob ihr Nutzen größer als die Kosten sind.

Verschleiß (wear) ZF

nennt man die allmähliche Abtragung der Oberfläche fester Körper (Abnützung), überwiegend durch mechanischen Angriff. Wirkt eine feste Fläche gegen eine andere feste Fläche, dann spricht man von Gleitverschleiß, z.B. beim Stecker mit oder ohne Schmierung. Strahlverschleiß liegt z.B. vor, wenn ein Sandstrahl auf eine feste Fläche einwirkt. Tropfenschlag nennt man das Einwirken von Flüssigkeitstropfen auf eine Fläche.

Verschleißausfall SG
(wearout failure)

Toleranzausfall mit langsamer Änderung der Parameter. Er entsteht als Folge irreversibler Änderungen wie Korrosion, Abnützung, Deformation, Ermüdung, Diffusion eines Stoffes in einen anderen. Die Ausfallrate steigt mit der Zeit an (zunächst normale Ermüdung, später katastrophale Ermüdung). Der β-Wert ist größer als eins: $\beta > 1$ (Teil III der Badewannenkurve). Beschreibende Verteilung ist die Gamma-Verteilung bzw. die einfachere Weibull-Verteilung. Die individuellen Mittelwerte streuen hierbei um einen ausgeprägten Mittelwert. Durch Wartung kann der Beginn der Alterung verschoben, jedoch nicht aufgehoben werden.

Verschweißen von Kontakten ZF
(contact welding)

Eine Ausfallart (Kurzschlußausfall), die man bei hoher relativer Kontaktstrombelastung pro Querschnitt, bei kapazitiver Last u.U. bereits nach wenigen Schaltzahlen beobachtet. Ausfallkriterium ist die Verschweißkraft der Kontaktstücke, die man messen kann.

4-aus-7 Systeme SI
(4-out-7 systems)

ϱ^*-Systeme, bei denen $\varrho^* = 4$ ist. Hierbei sind Dreifachfehler (drei Fehler gleichzeitig) zulässig ohne daß es zum Systemausfall kommt. ϱ^*-Systeme haben den Vorteil, daß die Ausfallart Leerlauf- oder Kurzschlußausfall unwichtig ist.

Vollausfall (blackout failure) SG

siehe Totalausfall

Vollprüfung (100% inspection) ZF

Jedes Teil des Loses wird geprüft, d.h. Losumfang N und Zahl der geprüften Teile n sind gleich groß. Diese aufwendige Meßmethode ist bei Sicherheitsteilen und Betrachtungseinheiten von großem wirtschaftlichen Wert anzuwenden.

Voralterung (component burn-in) ZF

siehe BURN-IN.

Vorbeugende Wartung QS
(preventive maintenance)

Gegenteil von korrigierender Wartung (Reparatur). Es werden in festgelegten oder zufällig gewählten Abständen Inspektionen vorgenommen und Verschleißteile ausgewechselt. Dadurch hält man die MTTR-Werte klein und erhöht den MTBF-Wert des Systems, weil man zukünftige Ausfälle «vorwegnimmt». Das Verfahren empfiehlt sich dann, wenn eine Betrachtungseinheit ihren Ausfall nicht selbst anzeigen kann.

Wahrscheinlichkeit (probability) SG

Grenzwert der Häufigkeit bei unendlich vielen Ereignissen, die beobachtet werden, d.h. je häufiger man ein Ereignis beobachtet, desto genauer wird die ermittelte Häufigkeit die Wahrscheinlichkeit des Ereignisses approximieren. Es müssen also wiederholte Beobachtungen am gleichen Objekt bei gleichen Versuchsbedingungen gemacht werden. Beispiel: Einmal würfeln heißt: $0 < H < 100\%$. Nach über 1000 Würfen ist die Häufigkeit im Mittel für alle 6 Ziffern gleich $p = 1/N = 1/6$.

Wahrscheinlichkeitspapier SG
(probability paper)

Diagramm der Summenhäufigkeitskurve der Normalverteilung im y-Maßstab derart verzerrt, daß die S-förmige Kennlinie eine Gerade wird. Trägt man in dieses Diagramm die Meßwerte ein, so erhält man in einfacher Weise als x-Wert zum 50%-Punkt den Mittelwert $\bar{x}$ und als x-Wert zum 84%-Punkt den Mittelwert und die Standardabweichung $\bar{x} + s$. Die Ermittlung dieser Größen über das Histogramm dauert länger.

Wartung (maintenance) SV

Summe aller Maßnahmen, um die Funktionsfähigkeit einer Betrachtungseinheit aufrecht zu erhalten oder wiederherzustellen. Man unterscheidet die vorbeugende und die korrigierende Wartung (Reparatur). Bei der vorbeugenden Wartung werden Prüfungen und Inspektionen durchgeführt sowie Bauelemente und Subsysteme ausgetauscht, um zukünftige Verschleißausfälle «vorwegzunehmen».

Wartungsabstand SV
(maintenance distance)

Mittelwert der Abstände, in denen eine Wartung durchgeführt werden muß.

Wartungsrate (repair rate) SV

Kehrwert des Wartungsabstandes.

Weibull-Exponent LM
(Weibull exponent)

Der β-Wert ist der Formparameter der Weibull-Verteilung. Er grenzt die Frühausfälle gegen die Zufallsausfälle ($\beta \leqq 1$) und den Abschnitt konstanter Ausfallrate gegen den Abschnitt der Verschleißausfälle ($\beta \geqq 1$) ab. Im Weibull-Wahrscheinlichkeitspapier ist der β-Wert der Anstieg der Geraden, die sich mittelnd durch die Meßwertpunkteschar legen läßt.

Weibull-Verteilung LM
(Weibull distribution)

Stetige Verteilung positiver Werte mit 3 Parametern, die sich als vielseitige Ausfälle beschreibendes Verteilungsmodell bewährt hat. Sie ist wie folgt definiert:

$$R(t) = e^{-\left(\frac{t-\gamma}{\eta}\right)^{\beta}} \quad \text{für} \quad t > \gamma$$

$$Q = \frac{\eta + \gamma}{\beta}$$

β = Formparameter
γ = Lageparameter
η = charakteristische Lebensdauer
Q = Gütefaktor

Mittels des Gütefaktors Q lassen sich Ausfallmechanismen gegeneinander abgrenzen, vgl. Tabelle 29.

Weibull-Wahrscheinlichkeitspapier LM
(Weibull probability paper)

siehe «Wahrscheinlichkeitspapier». Es handelt sich um Formulare mit einem Koordinatennetz, die nach Eintragen der Meßwerte aus einer Meßreihe eines Lebensdauerversuches die grafische Ermittlung der Weibull-Parameter β und η erlauben.

Whisker (whisker) ZF

Haarförmige Metallauswachsungen extremer Festigkeit von z.B. 1 µm Durchmesser u.U. bis zu 1 mm Länge. Sie werden unter mechanischen Streßbedingungen und bei bestimmten Materialzusammensetzungen mit Zinn und Silber aus der Metalloberfläche herausgequetscht. Man nimmt an, daß sie auf schraubenförmigen Versetzungen basieren. Sie können Brücken bilden und Leiterbahnen kurzschließen. Sie wachsen normalerweise in Monaten, können jedoch in Verbindung mit Lichtbögen auch sehr schnell entstehen.

Wirtschaftlichkeit (economy) SG

Gewährleistung der geforderten Eigenschaftsmerkmale mit den geringsten Anschaffungs- und Unterhaltungskosten.

Worst-Case-Methode ZF
(worst-case design)

Methode der Toleranzanalyse, bei der in die Übertragungsfunktion der Schaltung nur die Eckwerte aus dem Toleranzbereich eines Bauelementes eingesetzt werden. Die Abweichung der Zielgröße Δz bestimmt man über die Taylor-Reihe, die man nach der 1. Ableitung abbricht. Für die einzelnen Einflußgrößen müssen die Einflußfaktoren bestimmt werden. Das Verfahren ist rechnerisch einfach, ergibt aber eine pessimistische Aussage über den Schwankungsbereich der Zielgröße und führt daher zu kostenintensiven, engen Bauelementetoleranzen.

10 °C-Regel (10 degree-rule) ZK

Regel für Bauelemente, deren Ausfallverhalten wesentlich durch chemische oder Diffusionsprozesse bestimmt wird. Dafür gilt die Arrhenius-Regel. Sie besagt, daß eine Absenkung der Temperatur um 10 K eine Verdopplung der Lebensdauer bringt, oder eine Halbierung der Ausfallrate, weil bei Zufallsausfällen $m = 1/\lambda$ ist, vgl. die Herleitung im Kapitel 11.

Zeit-Derating-Faktor ZK
(time derating factor)

Der Faktor $k^{\#}$ berücksichtigt in der Form:

$$\Lambda_a = k^{\#} \cdot \Lambda_e$$

die Reduzierung der Systemausfallrate bei zeitweise eingetretenen Betriebsstillstand gegenüber dem dauernden Ein-Zustand. Es wird in der Regel $k^{\#} < 1$ angenommen.

Zeitraffende Zuverlässigkeitstests ZF
(accelarating reliability tests)

Solche sind zwar erwünscht, um die Prüfzeit (Personal- und Geräteersparnis) abzusenken, jedoch nur unter Berücksichtigung der Strength-Streß-Kurve erlaubt. Diese Kurve sagt aus, daß die Zeit als Ausfallparameter gegen den Streßfaktor als Ausfallparameter austauschbar ist, solange sich die Verteilungsart als Indiz für die vorherrschenden Ausfallmechanismen nicht ändert. Diese Strength-Streß-Kurve ist für jede Bauelementekategorie in aufwendigen Meßreihen zu ermitteln. In der Regel ist nur eine Erhöhung der Belastung um den Faktor 1,3...3, in Sonderfällen um den Faktor 5 zulässig. In vielen Fällen ist jedoch die Reduzierung der Prüfzeit auf die Hälfte oder ein Drittel bereits ein Gewinn.

Zentrale Lebensdauer LM
(median life)

Zeitwert auf der x-Achse der Lebensdauerkurve, bei dem die R-Funktion von 100% auf 50% abgesunken ist. Der $\tilde{m}$-Wert kann ohne Integration aus dem R-Diagramm gewonnen werden. Bei der Gauß-Verteilung ist $\tilde{m} = m$; bei der Exponential-Verteilung ist jedoch der $\tilde{m}$-Wert nur 70% der mittleren Lebensdauer.

Zentrales Moment (central moment) SG

Wichtige statistische Kenngröße, siehe k-tes Moment.

Zufälliger Fehler (random defect) QS

Fehler, der unabhängig von der Zeit auftritt und regellos in seinen Trends ist.

Zufälliges Ereignis (random event) SG

Ereignis, bei dem die Möglichkeit des Auftretens oder Nichtauftretens besteht: $0 < p < 1$, wobei $p = 0$ ein unmögliches Ereignis, $p = 1$ ein sicheres Ereignis ist; vgl. auch stochastisches Ereignis.

Zufallsausfall (random failure) SG

siehe Sprungausfall.

Zufallszahl (random number) SG

Zufallszahlen sind Zahlen aus einem Zahlenbereich, die untereinander nicht korreliert sind. Sie werden durch einen Zufallsgenerator erzeugt, der in der einfachsten Form ein Würfel sein kann. Zufallszahlen sind zufällige Ereignisse, deren Eintreffen nicht vorhersehbar ist.

Zustandsdiagramm SV
(state diagram)

Grafische Darstellung, die auch Übergangsdiagramm genannt wird, bei der die Kreise mit Ziffernangaben die Wahrscheinlichkeitszustände des betrachteten Systems sind. Die Existenz einer exponentiellen Abnahme wird durch einen Verbindungsweg mit wegweisendem Pfeil und Angabe der Ausfallrate bezeichnet. Besteht die Möglichkeit einer Erneuerung, dann weist der Pfeil auf dem Verbindungsweg auf den Kreis hin und man schreibt die Reparaturrate dazu. Entsprechend dem Zustandsdiagramm kann man dann die Übergangsmatrix ansetzen, deren Lösung die gesuchte Verfügbarkeitsfunktion ist.

Zuverlässigkeit (reliability) SG

Fähigkeit einer Betrachtungseinheit – innerhalb der vorgegebenen Grenzen – denjenigen durch den Verwendungszweck bedingten Anforderungen zu genügen, die an das Verhalten ihrer Eigenschaften während einer gegebenen Zeitdauer gestellt sind. Zuverlässigkeit wird als zeitabhängige Wahrscheinlichkeit dargestellt; da bei $t = 0$: $R \mathrel{\hat{=}} 100\,\%$ und bei $t \to \infty$: $R \mathrel{\hat{=}} 0\,\%$ ist, ist eine R-Angabe ohne die dazugehörige Zeitangabe wertlos.

Wesentlich ist ferner, daß die Anforderungen und die Ausfallkriterien, die die Zuverlässigkeit festlegen, vereinbart werden müssen.

Zuverlässigkeitsberechnung RS
(reliability calculation)

Die Berechnung der Überlebenswahrscheinlichkeitsfunktion $R = f(t)$, ausgehend von einem Zuverlässigkeits-Ersatzschaltbild und den Zuverlässigkeitsparametern der Systemelemente (Ausfallrate, Weibull-Faktor), sowie deren Verteilung und Ausfallart. Nach Gewinnung der R-Funktion bestimmt man die mittlere Lebensdauer als eine kennzeichnende Konstante des Systems zum Vergleich mit ähnlichen Systemen.

Zuverlässigkeits-Ersatzschaltbild RS
(reliability equivalent circuit)

Grafische Darstellung in Form eines Netzwerkes (gerichteter Graph), dessen Zweige den Systemkomponenten entsprechen und dessen Knoten die funktionsgemäßen Verknüpfungen zwischen den Komponenten darstellen. Dieses Bild darf nicht mit einer elektrischen Schaltung verwechselt werden. Beispielsweise ist das Zuverlässigkeits-Ersatzschaltbild eines Parallelschwingkreises eine serielle Kette aus den drei Elementen R, L, C. Berücksichtigt man noch die Ausfallraten der nötigen Lötstellen, so ergeben sich beim Reihenschwingkreis sieben Elemente, beim Parallelschwingkreis fünf Elemente im Zuverlässigkeits-Ersatzschaltbild.

Zuverlässigkeitssicherung QS
(reliability assurance)

Teilkomplex der Qualitätssicherung. Man versteht darunter alle Verfahren und Methoden (rechnerisch, grafisch, meßtechnisch und analytisch), um – beginnend bei der Planung über die Entwicklung, Fertigung, Prüfung bis zur Auslieferung beim Anwender – ein Erzeugnis zuverlässig zu gestalten.

2-aus-3 Systeme SI
(2-out-3 systems)

ϱ^*-Systeme, bei denen $\varrho^* = 2$ ist. Hierbei sind Einfachfehler zulässig, ohne daß es zum Systemausfall kommt. ϱ^*-Systeme haben den Vorteil, daß die Ausfallart Leerlauf- oder Kurzschlußausfall unwichtig ist.

11 Herleitung von Formeln der Zuverlässigkeitstheorie

Herleitung der Gleichung (1.4)

Mit der Definitionsgleichung (1.3)

$$\lambda = \frac{f(t)}{R(t)}, \quad \text{der Beziehung} \quad R_1 = \frac{B(t_1)}{B(t_0)},$$

den Gleichungen (1.2) und (1.1)

$$f(t) = \frac{\mathrm{d}F(t)}{\mathrm{d}t} \quad \text{sowie} \quad F(t) = 1 - R(t)$$

erhält man:

$$f(t) = -\frac{\mathrm{d}R(t)}{\mathrm{d}t} = -\frac{\mathrm{d}B(t_1)}{B(t_0) \cdot \mathrm{d}t} \approx \frac{-\Delta B(t_1)}{B(t_0) \cdot \Delta t}$$

$$\lambda = \frac{-\dfrac{\Delta B(t_1)}{B(t_0) \cdot \Delta t}}{\dfrac{B(t_1)}{B(t_0)}} = \frac{-\Delta B(t_1)}{B(t_1) \cdot \Delta t}.$$

Nach kurzer Betriebszeit ist das Kollektiv durch Ausfall noch wenig geschwächt, daher

$$B(t_1) \approx B(t_0) \approx N = \text{Stichprobenumfang}$$

$$\lambda_1 = \frac{-\Delta B(t_1)}{N \cdot \Delta t}.$$

Die Fehlerzahl c ist die Zahl der ausgefallenen Bauelemente, d.h. der Betrag ΔB, der zum Zeitpunkt $t = t_1$ vom Anfangsbestand fehlt, somit:

$$\lambda \approx \frac{c}{N \cdot \Delta t}$$

Definiert man $p = \frac{c}{N}$ als Fehlerprozentsatz und setzt $\Delta t = 1$ Jahr $= 8760$ h, dann hat man $\lambda = \frac{p}{\Delta t}$ und damit die Fehlerwahrscheinlichkeit pro Jahr:

$$p = \lambda \cdot \Delta t,$$

die häufig zum Vergleich benutzt wird.

m und σ vom nichtidealen Würfel

Annahme: $p_1 = p_2 = p_3 = 20\%$ (vgl. Bild 2.2 links)
$p_4 = p_5 = p_6 = 13{,}\overline{3}\%$ denn $\Sigma p_i = 1$

$$E(X) = \sum_{1}^{i} p(x_i) \cdot x_i$$

$$E(X) = 0{,}2 \cdot (1 + 2 + 3) + 0{,}1\overline{3} \cdot (4 + 5 + 6)$$
$$E(X) = 1{,}2 + 2 = 3{,}2$$

Mittelwert:

$$m = 3{,}2$$

$$\mu_2 = E(X)^2 - m^2$$
$$\mu_2 = 0{,}2 \cdot (1 + 4 + 9) + 0{,}1\overline{3} \cdot (16 + 25 + 36) - 3{,}2^2$$
$$\mu_2 = 2{,}570$$

Standardabweichung:

$$\sigma = \sqrt{\mu_2} = \pm\ 1{,}60$$

Das 1. zentrale Moment ist hierbei ungleich Null:

$$\mu_1 = (1 + 2 + 3 - 3 \cdot 3{,}5) \cdot 0{,}2 + (4 + 5 + 6 - 3 \cdot 3{,}5) \cdot 0{,}1\overline{3}$$
$$\mu_1 = -\ 0{,}30$$

Herleitung von m, σ, γ der Funktion $x \cdot e^{-x}$

Wählt man die Funktion $x \cdot e^{-x}$ als Modell für die Ausfalldichtefunktion (Bild 2.2 rechts), dann gilt:

$$f(x) = x \cdot e^{-x}$$

$$\mu = E(x) = \int_0^\infty x \cdot f(x) \cdot dx = \int_0^\infty x^2 \cdot e^{-x} \cdot dx = 2$$

$$E(x^2) = \int_0^\infty x^2 \cdot f(x) \cdot dx = \int_0^\infty x^3 \cdot e^{-x} \cdot dx = 6$$

$$E(x^3) = \int_0^\infty x^3 \cdot f(x) \cdot dx = \int_0^\infty x^4 \cdot e^{-x} \cdot dx = 24$$

da
$$\int_0^\infty e^{-x} \cdot x^n \cdot dx = n!$$

und $2! = 1 \cdot 2$; $3! = 1 \cdot 2 \cdot 3 = 6$; $4! = 1 \cdot 2 \cdot 3 \cdot 4 = 24$ ist.

Damit wird die Varianz nach Gleichung (2.13):

$$\sigma^2 = E(x)^2 - m^2 = 6 - 2^2 = 2$$

und die Standardabweichung

$$\sigma = \sqrt{\sigma^2} = \sqrt{2} = \pm\ 1{,}41$$

Die Schiefe erhält man mit dem 3. zentralen Moment μ_3 wie folgt:

$$\gamma = \frac{1}{\sigma^3}\, E\,[(X - \mu)^3]$$

$$\gamma = \frac{1}{\sigma^3}\, E\,[(x^3 - \mu \cdot x^2 - 2 \cdot \mu \cdot x^2 + 2 \cdot \mu^2 \cdot x + \mu^2 \cdot x - \mu^3)]$$

$$\gamma = \frac{1}{\sigma^3}\, E\,[(x^3) - 3 \cdot \mu \cdot E(x^2) + 2 \cdot \mu^3]$$

$$\gamma = \frac{1}{(\sqrt{2})^3}\,(24 - 3 \cdot 2 \cdot 6 + 2 \cdot 2^3) = \frac{4}{(\sqrt{2})^3} = \frac{4}{\sqrt{2} \cdot 2}$$

$$\gamma = \sqrt{2} = \pm\ 1{,}41$$

Herleitung der Gleichung (2.15)

Für stetige Verteilungen ist nach Gleichung (2.6) der Mittelwert wie folgt definiert:

$$E(x) = \mu = \int_{-\infty}^{+\infty} x \cdot f(x) \cdot dx$$

Da es keine negative Lebensdauer gibt, gilt für die Zuverlässigkeitstheorie mit den Größen t und m entsprechend;

$$m = \int_0^\infty t \cdot f(t) \cdot dt, \quad \text{wobei}$$

$$f(t) = \frac{d\,F(t)}{dt} \quad \text{und} \quad F(t) = 1 - R(t).$$

Damit erhält man

$$m = \int_0^\infty t \cdot \left(-\frac{\mathrm{d}R(t)}{\mathrm{d}t}\right) \cdot \mathrm{d}t$$

Die partielle Integration liefert:

$$\int u \cdot \mathrm{d}v = u \cdot v - \int v \cdot \mathrm{d}u$$

$$u = t; \quad u' = 1$$

$$v' = -\frac{\mathrm{d}R(t)}{\mathrm{d}t}; \quad v = -R(t), \quad \text{somit wird:}$$

$$m = -t \cdot R(t) - \int_0^\infty (-R(t)) \cdot \mathrm{d}t$$

Die R-Funktion ist stets eine monoton abnehmende Funktion mit den Grenzwerten:

$t = 0$: $\quad R(t) = 100\,\% \mathrel{\widehat{=}} 1$
$t = \infty$: $\quad R(t) = 0$

Auch für alle anderen Zeiten ist $t \cdot R(t) = 0$; denn R geht schneller gegen Null als t gegen Unendlich. Es bleibt demnach:

$$m = \int_0^\infty R(t) \cdot \mathrm{d}t$$

Mit der Gleichung (2.15) kann man schneller die m-Werte bestimmen, als mit der Gleichung (2.6).

Herleitung der Gleichung (2.25):

Setzt man nach den Gleichungen (2.22) und (2.23) x und $\frac{1}{b-a}$ in die Gleichung (2.6) ein, so erhält man:

$$\mu = \int_{-\infty}^{+\infty} x \cdot f(x) \cdot \mathrm{d}x = \int_a^b \frac{x}{b-a} \cdot \mathrm{d}x$$

$$\mu = \frac{1}{b-a} \cdot \frac{x^2}{2}\bigg|_a^b = \frac{1}{b-a}\left(\frac{b^2}{2} - \frac{a^2}{2}\right) = \frac{(b-a)\cdot(b+a)}{2\cdot(b-a)}$$

den Mittelwert der Rechteckverteilung:

$$m = \frac{a+b}{2}.$$

Ferner ergibt sich nach Gleichung (2.7):

$$\sigma^2 = \int_{-\infty}^{+\infty} (x - \mu)^2 \cdot f(x) \cdot dx$$

$$\sigma^2 = \int_a^b \left(x - \frac{a+b}{2}\right)^2 \cdot \frac{1}{b-a} \cdot dx.$$

Nach der Integration ergibt sich nach einiger Rechnung dann:

$$\sigma^2 = \frac{(b-a)^2}{12}.$$

Standardabweichung der Rechteckverteilung:

$$\sigma = \frac{b-a}{\sqrt{12}}$$

Herleitung der Gleichung (2.30)

Setzt man die Beziehung (2.26) in die Gleichung (2.15) ein, so erhält man für die mittlere Lebensdauer bei der e-Verteilung:

$$m = \int_0^{\infty} e^{-\lambda \cdot t} \cdot dt$$

$$m = -\frac{1}{\lambda} \cdot e^{-\lambda \cdot t} \Big|_0^{\infty}$$

$$m = -\frac{1}{\lambda} \cdot (e^{-\infty} - e^{-0}) = -\frac{1}{\lambda} \cdot (0 - 1)$$

$$m = \frac{1}{\lambda}$$

Herleitung der Gleichung (2.39)

Setzt man die Gleichung (2.37) in die Gleichung (2.35) und diese in die Gleichung (2.15) ein, so erhält man ein nicht geschlossen lösbares Integral. Nur über eine Reihenentwicklung erhält man den Ausdruck:

$$m = \mu \cdot e^{\mu + \frac{\sigma^2}{2}}$$

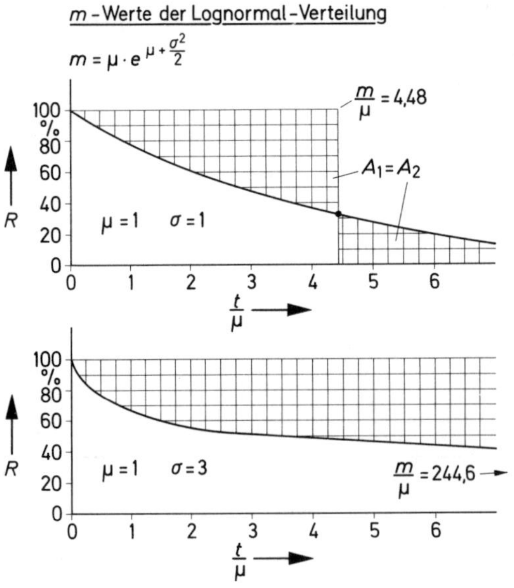

Bild 11.1 Grafische Bestimmung der m-Werte der Logonormal-Verteilung für die Werte $\sigma = 1$ und $\sigma = 3$ bei $\mu = 1$

In Bild 11.1 sind die in Bild 2.9 bereits dargestellten Spezialfälle nochmals mit Karo-Flächen gezeichnet:

$$\mu = 1, \quad \sigma = 1 : m = \mu \cdot e^{1+\frac{1}{2}} = \mu \cdot e^{1,5} = 4{,}48 \cdot \mu$$

$$\mu = 1, \quad \sigma = 3 : m = \mu \cdot e^{1+\frac{3^2}{2}} = \mu \cdot e^{5,5} = 244{,}69 \cdot \mu.$$

Der Fall $\sigma = 0$ führt auf:

$$\mu = 1, \quad \sigma = 0 : m = \mu \cdot e^{1+0} = 2{,}72 \cdot \mu.$$

Der m-Wert kann also über den σ-Wert nicht Null werden, nur über den μ-Wert.

Herleitung der Gleichung (2.44)

Setzt man die Gleichung (2.40) mit $\gamma = 0$ in die Gleichung (2.15) ein, so erhält man ein nichtelementares Integral, das nicht mehr geschlossen lösbar ist:

$$m = \int_0^\infty e^{-\left(\frac{t}{\eta}\right)^\beta} \cdot dt.$$

Man kann es grafisch oder tabellarisch lösen. Die Gleichung (2.44) gibt eine Näherung, die man mittels einer Reihenentwicklung findet. Betrachtet man die in Bild 2.10 dargestellten Spezialfälle, dann kann man sich von der Richtigkeit überzeugen:

Bild 11.2 Grafische Bestimmung der m-Werte der Weibull-Verteilung für die β-Werte 0,5, 1 und 2 bei $\eta = 1$

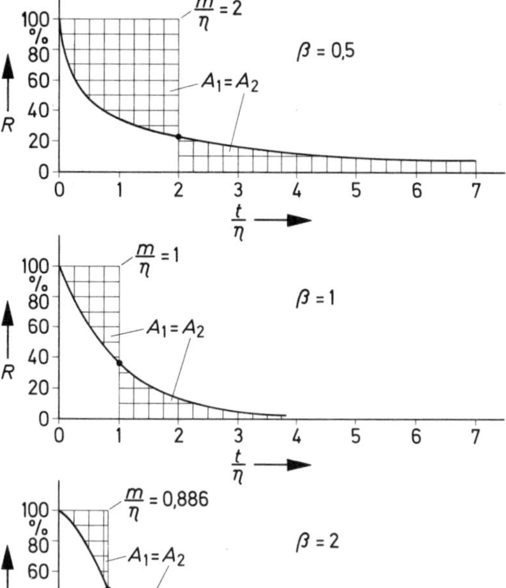

$$\beta = 0{,}5: m = \eta \cdot \Gamma\left(1 + \frac{1}{0{,}5}\right) = \eta \cdot \Gamma 3 = 2 \cdot \eta$$

$$\beta = 1 \quad : m = \eta \cdot \Gamma\left(1 + \frac{1}{1}\right) = \eta \cdot \Gamma 2 = 1 \cdot \eta$$

$$\beta = 2 \quad : m = \eta \cdot \Gamma\left(1 + \frac{1}{2}\right) = \eta \cdot \Gamma 1{,}5 = 0{,}886 \cdot \eta$$

In Bild 11.2 sind diese 3 Fälle grafisch veranschaulicht. Bei der grafischen Integration müssen die beiden Karo-Flächen gleichen Flächeninhalt aufweisen, also $A_1 = A_2$.

Der Spezialfall mit $\beta = 2$ und $z = \frac{t}{\eta}$ führt auf ein bestimmtes Integral und stellt die «error function» dar, d.h. das Gaußsche Fehlerintegral:

$$\beta = 2: m = \int_0^\infty e^{-\left(\frac{t}{\eta}\right)^2} \cdot dt = \eta \cdot \int_0^\infty e^{-z^2} \cdot dz = \eta \cdot \frac{\sqrt{\pi}}{2}$$

Eine gute Näherung stellt der Wert $\sqrt{\pi}/2 = 0{,}886$ dar.

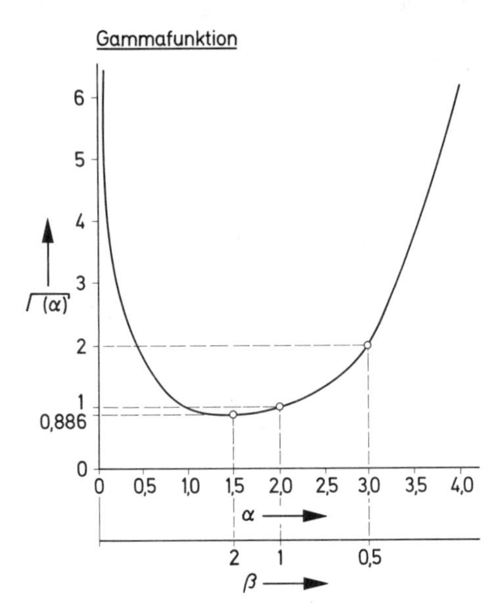

Bild 11.3 Verlauf der Gammafunktion für positive Werte von α mit Eintragung von drei β-Werten der Weibull-Verteilung

Bild 11.3 zeigt den Verlauf der Gammafunktion für positive Werte von α. Die drei behandelten Sonderfälle sind als Kreise eingetragen.

Herleitung der 10 °C-Regel

Nimmt man an, daß das Ausfallverhalten wesentlich durch chemische oder Diffusionsprozesse bestimmt ist, dann kann man die Arrhenius-Gleichung als gültig ansehen und nach Gleichung (3.5) die Temperaturabhängigkeit der Lebensdauer wie folgt angeben:

$$m = m_0 \cdot e^{+\frac{E_a}{k^* \cdot T}} .$$

Senkt man beispielsweise die Gehäusetemperatur von 100 °C um 10 °C, so gilt:

$$T_1 = 273 + 100\,°\mathrm{C} = 373\,\mathrm{K}$$
$$T_2 = 273 + \;\;90\,°\mathrm{C} = 363\,\mathrm{K}$$

$$m_2 = m_0 \cdot e^{+\frac{E_a}{k^* \cdot T_2}}$$

$$m_1 = m_0 \cdot e^{+\frac{E_a}{k^* \cdot T_1}}$$

$$\frac{m_2}{m_1} = e^{+\frac{E_a}{k^*}\left(\frac{1}{T_2} - \frac{1}{T_1}\right)}$$

Bei Silizium-Halbleitern ist der E_a-Wert mit etwa 1,0 e·V anzusetzen, so daß mit der Boltzmann-Konstante k* der Exponent sich wie folgt bestimmt:

$$\frac{E_a}{k^*}\left(\frac{1}{T_2}-\frac{1}{T_1}\right)=\frac{1{,}0\cdot 1{,}6\cdot 10^{-19}V\cdot A\cdot s}{1{,}38\cdot 10^{-23}\dfrac{W\cdot s}{K}}\left(\frac{1}{363\,\mathrm{K}}-\frac{1}{373\,\mathrm{K}}\right)$$

$$\frac{E_a}{k^*}\left(\frac{1}{T_2}-\frac{1}{T_1}\right)=0{,}8563 \quad \text{und} \quad \frac{m_2}{m_1}=\mathrm{e}^{0{,}8563}=2{,}354$$

$$m_2 \geqq 2\cdot m_1.$$

Damit ergibt sich, daß eine Absenkung der Gehäusetemperatur um 10 °C im kritischen Temperaturbereich von etwa 80 ··· 120 °C eine Verdopplung der Lebensdauer oder eine Halbierung der Ausfallrate bringt, weil bei Zufallsausfällen $m=\frac{1}{\lambda}$ ist.

Herleitung der Gleichung (4.4)

Setzt man die Beziehung

$$R_s=\mathrm{e}^{-\lambda_1\cdot t}\cdot\mathrm{e}^{-\lambda_2\cdot t}\cdot\mathrm{e}^{-\lambda_3\cdot t}$$

in die Gleichung (2.15) ein, so erhält man:

$$m_s=\int_0^\infty \mathrm{e}^{-\lambda_1\cdot t}\cdot\mathrm{e}^{-\lambda_2\cdot t}\cdot\mathrm{e}^{-\lambda_3\cdot t}\cdot\mathrm{d}t$$

$$m_s=\int_0^\infty \mathrm{e}^{-(\lambda_1+\lambda_2+\lambda_3)\cdot t}\cdot\mathrm{d}t$$

$$m_s=-\frac{1}{\lambda_1+\lambda_2+\lambda_3}\cdot\mathrm{e}^{-(\lambda_1+\lambda_2+\lambda_3)\cdot t}\Big|_0^\infty$$

$$m_s=\frac{1}{\lambda_1+\lambda_2+\lambda_3}$$

Herleitung der Gleichung (4.6)

Mit der Gleichung (4.5) in (2.15) erhält man:

$$m_s=\int_0^\infty R_s\cdot\mathrm{d}t=\int_0^\infty \mathrm{e}^{-n\cdot\lambda\cdot t}\cdot\mathrm{d}t$$

$$m_s = -\frac{1}{n \cdot \lambda} \cdot e^{-n \cdot \lambda \cdot t} \Big|_0^\infty$$

$$m_s = \frac{1}{n \cdot \lambda}$$

Herleitung von Gleichung (4.11)

Mit Gleichung (4.9) ergibt sich beim Redundanzgrad $r = 3$:

$$R_{sp} = 1 - (1 - e^{-\lambda \cdot t})^3$$

$$R_{sp} = 1 - (1 - e^{-\lambda \cdot t}) \cdot (1 - 2 \cdot e^{-\lambda \cdot t} + e^{-2 \cdot \lambda \cdot t})$$

$$R_{sp} = 1 - (1 - 2 \cdot e^{-\lambda \cdot t} + e^{-2 \cdot \lambda \cdot t} - e^{-\lambda \cdot t} + 2 \cdot e^{-2 \cdot \lambda \cdot t} - e^{-3 \cdot \lambda \cdot t})$$

$$R_{sp} = 1 - (1 - 3 \cdot e^{-\lambda \cdot t} + 3 \cdot e^{-2 \cdot \lambda \cdot t} - e^{-3 \cdot \lambda \cdot t})$$

$$R_{sp} = 3 \cdot e^{-\lambda \cdot t} - 3 \cdot e^{-2 \cdot \lambda \cdot t} + e^{-3 \cdot \lambda \cdot t}$$

Herleitung der Gleichung (4.12)

Es ist die Beziehung (4.9) in die Gleichung (2.15) einzusetzen. Bevor man dies tut, bedient man sich zweckmäßig der folgenden Reihenentwicklung:

$$(1 - x)^n = 1 - \binom{n}{1}x + \binom{n}{2}x^2 - \binom{n}{3}x^3 + \binom{n}{4}x^4 - \dots$$

entsprechend gilt dann für R_{sp}:

$$R_{sp} = 1 - \left(1 - \binom{r}{1} \cdot e^{-\lambda \cdot t} + \binom{r}{2} \cdot e^{-2 \cdot \lambda \cdot t} - \binom{r}{3} \cdot e^{-3 \cdot \lambda \cdot t} + \dots\right)$$

$$m_p = \int_0^\infty \left(1 - 1 + \binom{r}{1} \cdot e^{-\lambda \cdot t} - \binom{r}{2} \cdot e^{-2 \cdot \lambda \cdot t} + \dots\right) \cdot dt$$

$$m_p = \int_0^\infty \binom{r}{1} \cdot e^{-\lambda \cdot t} dt - \int_0^\infty \binom{r}{2} \cdot e^{-2 \cdot \lambda \cdot t} dt + \int_0^\infty \binom{r}{3} \cdot e^{-3 \cdot \lambda \cdot t} dt - \dots$$

$$m_p = -\frac{1}{\lambda}\binom{r}{1} \cdot e^{-\lambda \cdot t} \Big|_0^\infty + \frac{1}{2 \cdot \lambda}\binom{r}{2} \cdot e^{-2 \cdot \lambda \cdot t} \Big|_0^\infty - \frac{1}{3 \cdot \lambda}\binom{r}{3} \cdot e^{-3 \cdot \lambda \cdot t} \Big|_0^\infty + \dots$$

$$m_p = \frac{1}{\lambda}\binom{r}{1} - \frac{1}{2 \cdot \lambda}\binom{r}{2} + \frac{1}{3 \cdot \lambda}\binom{r}{3} - \dots$$

$$r = 1: m_p = \frac{1}{\lambda} \cdot \frac{1}{1}$$

$$r = 2: m_p = \frac{1}{\lambda} \cdot \binom{2}{1} - \frac{1}{2 \cdot \lambda} \binom{2}{2} = \frac{1}{\lambda} \cdot \frac{2}{1} - \frac{1}{2 \cdot \lambda} \cdot \frac{2 \cdot 1}{1 \cdot 2}$$

$$m_p = \frac{2}{\lambda} - \frac{0{,}5}{\lambda} = 1{,}5 \cdot \frac{1}{\lambda} = 1{,}5 \cdot m$$

$$r = 3: m_p = \frac{1}{\lambda} \binom{3}{1} - \frac{1}{2 \cdot \lambda} \binom{3}{2} + \frac{1}{3 \cdot \lambda} \binom{3}{3}$$

$$m_p = \frac{1}{\lambda} \cdot \left(3 - \frac{3}{2} + \frac{1}{3}\right) = 1{,}83 \cdot \frac{1}{\lambda} = 1{,}83 \cdot m.$$

Wie man sieht, entspricht dies der Darstellung:

$$r = 1: m_p = \frac{1}{\lambda}$$

$$r = 2: m_p = \frac{1}{\lambda} + \frac{1}{2 \cdot \lambda} = 1{,}5 \cdot \frac{1}{\lambda}$$

$$r = 3: m_p = \frac{1}{\lambda} + \frac{1}{2 \cdot \lambda} + \frac{1}{3 \cdot \lambda} = 1{,}83 \cdot \frac{1}{\lambda},$$

so daß man ohne Binominalkoeffizienten und wechselndes Vorzeichen vereinfacht schreiben kann:

$$m_p = \sum_{\varrho=1}^{r} \frac{1}{\varrho \cdot \lambda}$$

Herleitung der Gleichung (4.13)

Setzt man (4.10) in (2.15) ein, so erhält man:

$$m_p = \int_0^\infty (2 \cdot e^{-\lambda \cdot t} - e^{-2 \cdot \lambda \cdot t}) \cdot dt$$

$$m_p = 2 \cdot \int_0^\infty e^{-\lambda \cdot t} \cdot dt - \int_0^\infty e^{-2 \cdot \lambda \cdot t} \cdot dt$$

Substitution:

$u = -\lambda \cdot t$	$x = -2 \cdot \lambda \cdot t$
$\frac{du}{dt} = -\lambda$	$\frac{dx}{dt} = -2 \cdot \lambda$
$dt = -\frac{du}{\lambda}$	$dt = -\frac{dx}{2 \cdot \lambda}$

Mit $\int e^x \, dx = e^x$ ergibt sich:

$$m_p = 2 \cdot \int_0^\infty e^u \cdot \left(-\frac{1}{\lambda}\right) \cdot du - \int_0^\infty e^x \cdot \left(-\frac{1}{2 \cdot \lambda}\right) \cdot dx$$

$$m_p = 2 \cdot \left(-\frac{1}{\lambda}\right) \cdot e^{-\lambda \cdot t} \Big|_0^\infty - \left(-\frac{1}{2 \cdot \lambda}\right) \cdot e^{-2 \cdot \lambda \cdot t} \Big|_0^\infty$$

$$m_p = -\frac{2}{\lambda} \cdot (-1) + \frac{1}{2 \cdot \lambda} \cdot (-1) = \frac{2}{\lambda} - \frac{1}{2 \cdot \lambda}$$

$$m_p = 2 \cdot m - 0{,}5 \cdot m \quad \text{mit} \quad m = \frac{1}{\lambda}$$

$$m_p = 1{,}5 \cdot m \quad \text{für Zufallsausfälle}$$

Herleitung der Gleichung (4.20)

Nach dem Ansatz für die Systemfunktion R_s kommt man bei passiver Reserve auf das folgende Faltungsintegral der Funktionen f_1 und R_2:

$$\lambda_1 \cdot \int_0^t e^{-\lambda_1 \cdot t_1} e^{-\lambda_2 \cdot (t - t_1)} \cdot dt_1$$

$$= \lambda_1 \cdot e^{-\lambda_2 \cdot t} \cdot \int_0^t e^{-(\lambda_1 - \lambda_2) \cdot t_1} \cdot dt_1$$

$$= \lambda_1 \cdot e^{-\lambda_2 \cdot t} \cdot \left[-\frac{1}{\lambda_1 - \lambda_2} \cdot e^{-(\lambda_1 - \lambda_2) \cdot t_1} \Big|_0^t \right]$$

$$= \lambda_1 \cdot e^{-\lambda_2 \cdot t} \left[-\frac{1}{\lambda_1 - \lambda_2} \cdot e^{-(\lambda_1 - \lambda_2) \cdot t} + \frac{1}{\lambda_1 - \lambda_2} \right]$$

$$= -\frac{\lambda_1}{\lambda_1 - \lambda_2} \cdot e^{-\lambda_1 \cdot t} + \frac{\lambda_1}{\lambda_1 - \lambda_2} \cdot e^{-\lambda_2 \cdot t}$$

Die gesamte Lösung für R_s lautet dann:

$$R_s = e^{-\lambda_1 \cdot t} + \frac{\lambda_1}{\lambda_1 - \lambda_2} \cdot (e^{-\lambda_2 \cdot t} - e^{-\lambda_1 \cdot t})$$

Herleitung der Gleichung (4.21)

Bei gleichen Einheiten wird mit $\lambda_1 = \lambda_2 = \lambda$ aus dem Faltungsintegral:

$$\int_0^t \lambda \cdot e^{-\lambda \cdot t_1} \cdot e^{-\lambda \cdot (t - t_1)} \cdot dt_1 = \int_0^t \lambda \cdot e^{-\lambda \cdot t} \cdot dt_1$$

Die Integration liefert dann:

$$= \lambda \cdot e^{-\lambda \cdot t} \cdot \int_0^t dt_1 = \lambda \cdot e^{-\lambda \cdot t} \cdot (t_1|_0^t)$$

Damit lautet die gesamte Zuverlässigkeitsfunktion:

$$R_s = e^{-\lambda \cdot t} + \lambda \cdot t \cdot e^{-\lambda \cdot t}$$

$$R_s = e^{-\lambda \cdot t} \cdot (1 + \lambda \cdot t)$$

Herleitung der Gleichung (4.22)

Durch Einsetzen der Gleichung (4.20) in die Formel (2.15) ergibt sich für die mittlere Lebensdauer des Systems:

$$m_s = \int_0^\infty \left[e^{-\lambda_1 \cdot t} + \frac{\lambda_1}{\lambda_1 - \lambda_2} \cdot (e^{-\lambda_2 \cdot t} - e^{-\lambda_1 \cdot t}) \right] \cdot dt$$

$$m_s = \int_0^\infty e^{-\lambda_1 \cdot t} \cdot dt + \int_0^\infty \frac{\lambda_1}{\lambda_1 - \lambda_2} \cdot e^{-\lambda_2 \cdot t} \cdot dt$$

$$- \frac{\lambda_1}{\lambda_1 - \lambda_2} \cdot \int_0^\infty e^{-\lambda_1 \cdot t} \cdot dt$$

$$m_s = - \frac{1}{\lambda_1} \cdot e^{-\lambda_1 \cdot t} \Big|_0^\infty - \frac{\lambda_1}{(\lambda_1 - \lambda_2) \cdot \lambda_2} \cdot e^{-\lambda_2 \cdot t} \Big|_0^\infty$$

$$+ \frac{\lambda_1}{(\lambda_1 - \lambda_2) \cdot \lambda_1} \cdot e^{-\lambda_1 \cdot t} \Big|_0^\infty$$

$$m_s = + \frac{1}{\lambda_1} + \frac{\lambda_1}{(\lambda_1 - \lambda_2) \cdot \lambda_2} - \frac{\lambda_1}{(\lambda_1 - \lambda_2) \cdot \lambda_1}$$

$$m_s = \frac{1}{\lambda_1} + \frac{\lambda_1}{(\lambda_1 - \lambda_2) \cdot \lambda_2} - \frac{\lambda_2}{(\lambda_1 - \lambda_2) \cdot \lambda_2}$$

$$m_s = \frac{1}{\lambda_1} + \frac{\lambda_1 - \lambda_2}{(\lambda_1 - \lambda_2) \cdot \lambda_2}$$

$$m_s = \frac{1}{\lambda_1} + \frac{1}{\lambda_2}$$

Herleitung der Gleichung (4.27)

Bei der passiven Redundanz gibt es den Fall, daß sich beim Umschalten die Ausfallrate der Einheit B von λ'_B sprunghaft auf λ_B ändert und dann wieder konstant bleibt. Es gilt dann:

$$R_B(t) = e^{-[\lambda'_B \cdot t_1 + \lambda_B \cdot (t - t_1)]}.$$

Das Faltungsintegral lautet somit:

$$\lambda_A \cdot \int_0^t e^{-\lambda_A \cdot t_1} \cdot e^{-[\lambda'_B \cdot t_1 + \lambda_B \cdot (t - t_1)]} \cdot dt_1 .$$

Die Systemzuverlässigkeit ist dann:

$$R_s^* = e^{-\lambda_A \cdot t} + \lambda_A \cdot \int_0^t e^{-\lambda_A \cdot t_1} \cdot e^{-[\lambda'_B \cdot t_1 + \lambda_B \cdot (t - t_1)]} \cdot dt_1$$

$$R_s^* = \ldots + \lambda_A \cdot e^{-\lambda_B \cdot t} \cdot \int_0^t e^{-(\lambda_A + \lambda'_B - \lambda_B) \cdot t_1} \cdot dt_1$$

$$R_s^* = \ldots + \frac{\lambda_A \cdot e^{-\lambda_B \cdot t}}{-(\lambda_A + \lambda'_B - \lambda_B)} \cdot e^{-(\lambda_A + \lambda'_B - \lambda_B) \cdot t_1} \Big|_0^t$$

$$R_s^* = \ldots + \frac{\lambda_A \cdot e^{-\lambda_B \cdot t}}{\lambda_A + \lambda'_B - \lambda_B} \cdot [1 - e^{-(\lambda_A + \lambda'_B - \lambda_B) \cdot t}]$$

$$R_s^* = e^{-\lambda_A \cdot t} + \frac{\lambda_A}{\lambda_A + \lambda'_B - \lambda_B} \cdot [e^{-\lambda_B \cdot t} - e^{-(\lambda_A + \lambda'_B) \cdot t}]$$

Herleitung der Gleichung (4.28)

Bei gleichen Einheiten $\lambda_A = \lambda_A = \lambda^*$ vereinfacht sich das Faltungsintegral, aus dem die Gleichung (4.27) hergeleitet wurde, zu

$$\lambda^* \cdot \int_0^t e^{-\lambda^* \cdot t_1} \cdot e^{-[\lambda^{*\prime} \cdot t_1 + \lambda^* \cdot (t - t_1)]} \cdot dt_1$$

Die Systemzuverlässigkeit ist dann:

$$R_s^{*\prime} = e^{-\lambda^* \cdot t} + \lambda^* \cdot \int_0^t e^{-\lambda^* \cdot t_1} \cdot e^{-[\lambda^{*\prime} \cdot t_1 + \lambda^* \cdot (t - t_1)]} \cdot dt_1$$

$$R_s^* = \ldots + \lambda^* \cdot e^{-\lambda^* \cdot t} \cdot \int_0^t e^{-(\lambda^* + \lambda^{*\prime} - \lambda^*) \cdot t_1} \cdot dt_1$$

$$R_s^* = \ldots + \frac{\lambda^* \cdot e^{-\lambda^* \cdot t}}{\lambda^{*\prime}} \cdot e^{-\lambda^{*\prime} \cdot t_1} \Big|_0^t$$

$$R_s^* = \ldots + \frac{\lambda^* \cdot e^{-\lambda^* \cdot t}}{\lambda^{*\prime}} \cdot [1 - e^{-\lambda^{*\prime} \cdot t}]$$

$$R_s^{*\prime} = e^{-\lambda^* \cdot t} + e^{-\lambda^* \cdot t} \cdot \frac{\lambda^*}{\lambda^{*\prime}} \cdot (1 - e^{-\lambda^{*\prime} \cdot t})$$

$$R_s^{*\prime} = e^{-\lambda^* \cdot t} \cdot \left[1 + \frac{\lambda^*}{\lambda^{*\prime}} \cdot (1 - e^{-\lambda^{*\prime} \cdot t})\right]$$

Herleitung der Gleichung (5.34) aus (5.30)

$$\dot{P}_1 = -2 \cdot \lambda \cdot P_1(t) + \mu \cdot P_2(t) \text{ differenziert:}$$

$$\ddot{P}_1 = -2 \cdot \lambda \cdot \dot{P}_1 + \mu \cdot \dot{P}_2 \quad \text{mit} \quad (5.31)$$

$$\dot{P}_2 = +2 \cdot \lambda \cdot P_1(t) - (\lambda + \mu) \cdot P_2(t) \quad \text{wird}$$

$$\ddot{P}_1 = -2 \cdot \lambda \cdot \dot{P}_1 + \mu \cdot [2 \cdot \lambda \cdot P_1(t) - (\lambda + \mu) \cdot P_2(t)]$$

(5.30) aufgelöst nach $P_2(t)$ ergibt:

$$P_2(t) = \frac{\dot{P}_1}{\mu} + 2 \cdot \frac{\lambda}{\mu} \cdot P_1(t) \quad \text{in} \quad \ddot{P}_1:$$

$$\ddot{P}_1 = -2 \cdot \lambda \cdot \dot{P}_1 + 2 \cdot \lambda \cdot \mu \cdot P_1(t) - \lambda \cdot \mu \cdot \frac{\dot{P}_1}{\mu}$$

$$- 2 \cdot \mu \cdot \frac{\lambda^2}{\mu} \cdot P_1(t) - \mu^2 \cdot \frac{\dot{P}_1}{\mu} - 2 \cdot \mu^2 \cdot \frac{\lambda}{\mu} \cdot P_1(t)$$

$$\ddot{P}_1 = -3 \cdot \lambda \cdot \dot{P}_1 - \mu \cdot \dot{P}_1 - 2 \cdot \lambda^2 \cdot P_1(t)$$

DGL 2. Ordnung in der Normalform:

$$\ddot{P}_1 + \dot{P}_1 \cdot (3 \cdot \lambda + \mu) + P_1(t) \cdot 2 \cdot \lambda^2 = 0$$

mit der charakteristischen Gleichung:

$$s^2 + (3 \cdot \lambda + \mu) \cdot s + 2 \cdot \lambda^2 = 0$$

und der Lösung der quadratischen Gleichung:

$$s_{1,2} = -\frac{3 \cdot \lambda + \mu}{2} \pm \sqrt{\frac{(3 \cdot \lambda + \mu)^2}{4} - \frac{2 \cdot 4 \cdot \lambda^2}{4}}$$

$$s_{1,2} = -\frac{3 \cdot \lambda + \mu}{2} \pm \frac{1}{2} \cdot \sqrt{9 \cdot \lambda^2 + 6 \cdot \lambda \cdot \mu + \mu^2 - 8 \cdot \lambda^2}$$

$$\boxed{s_{1,2} = -\frac{3 \cdot \lambda + \mu}{2} \pm \frac{1}{2}\sqrt{\lambda^2 + 6 \cdot \lambda \cdot \mu + \mu^2}}$$

Herleitung der Gleichung (5.43) aus (5.39)

$$\dot{P}_1 = -\lambda \cdot P_1(t) + \mu \cdot P_2(t) \quad \text{differenziert:}$$

$$\ddot{P}_1 = -\lambda \cdot \dot{P}_1 + \mu \cdot \dot{P}_2 \quad \text{mit (5.40)}$$

$$\dot{P}_2 = +\lambda \cdot P_1(t) - (\lambda + \mu) \cdot P_2(t) \quad \text{wird}$$

$$\ddot{P}_1 = -\lambda \cdot \dot{P}_1 + \mu \cdot [\lambda \cdot P_1(t) - (\lambda + \mu) \cdot P_2(t)]$$

(5.39) aufgelöst nach $P_2(t)$ ergibt:

$$P_2(t) = \frac{\dot{P}_1}{\mu} + \frac{\lambda}{\mu} \cdot P_1(t) \quad \text{in} \quad \ddot{P}_1:$$

$$\ddot{P}_1 = -\lambda \cdot \dot{P}_1 + \mu \cdot \lambda \cdot P_1(t) - \lambda \cdot \dot{P}_1$$
$$- \mu \cdot \dot{P}_1 - \lambda^2 \cdot P_1(t) - \mu \cdot \lambda \cdot P_1(t)$$

$$\ddot{P}_1 = -(2 \cdot \lambda + \mu) \cdot \dot{P}_1 - \lambda^2 \cdot P_1(t)$$

DGL 2. Ordnung in der Normalform:

$$\ddot{P}_1 + (2 \cdot \lambda + \mu) \cdot \dot{P}_1 + \lambda^2 \cdot P_1(t) = 0$$

mit der charakteristischen Gleichung:

$$s'^2 + (2 \cdot \lambda + \mu) \cdot s' + \lambda^2 = 0$$

und der Lösung der quadratischen Gleichung:

$$s'_{1,2} = -\frac{2 \cdot \lambda + \mu}{2} \pm \sqrt{\frac{4 \cdot \lambda^2}{4} + \frac{4 \cdot \lambda \cdot \mu}{4} + \frac{\mu^2}{4} - \lambda^2}$$

$$\boxed{s'_{1,2} = -\frac{2 \cdot \lambda + \mu}{2} \pm \frac{1}{2} \cdot \sqrt{\mu^2 + 4 \cdot \lambda \cdot \mu}}$$

Herleitung der Gleichung (5.53)

Nach Gleichung (5.48) lauten die Zustandsgleichungen für den Fall der Dauerverfügbarkeit:

$$\text{I:}\ \dot{P}_1 = -(\lambda_g + \lambda_h) \cdot P_1 + \mu_h \cdot P_2 + \mu_g \cdot P_3 = 0$$

$$\text{II:}\ \dot{P}_2 = +\lambda_h \cdot P_1 - \mu_h \cdot P_2 = 0$$

$$\text{III:}\ \dot{P}_3 = +\lambda_g \cdot P_1 - \mu_g \cdot P_3 = 0$$

$$\text{IV:}\ P_1 + P_2 + P_3 = 1 \rightarrow P_2 = 1 - P_1 - P_3$$

$$\text{IV in I:}\ -(\lambda_g + \lambda_h) \cdot P_1 + \mu_h \cdot (1 - P_1 - P_3) + \mu_g \cdot P_3 = 0$$

$$-(\lambda_g + \lambda_h + \mu_h) \cdot P_1 + (\mu_g - \mu_h) \cdot P_3 = -\mu_h$$

$$\text{III} \rightarrow P_3 = \frac{\lambda_g}{\mu_g} \cdot P_1 \quad \text{eingesetzt ergibt:}$$

$$-(\lambda_g + \lambda_h + \mu_h) \cdot P_1 + (\mu_g - \mu_h) \cdot \frac{\lambda_g}{\mu_g} \cdot P_1 = -\mu_h$$

$$-\left(+\lambda_h + \mu_h + \frac{\mu_h \cdot \lambda_g}{\mu_g}\right) \cdot P_1 = -\mu_h$$

$$P_1 = \left.\frac{\mu_h}{\lambda_h + \mu_h + \frac{\mu_h \cdot \lambda_g}{\mu_g}}\right| \cdot \mu_g$$

$$A_{ss} = \frac{\mu_h \cdot \mu_g}{\lambda_h \cdot \mu_g + \mu_h \cdot \mu_g + \mu_h \cdot \lambda_g}\,.$$

Herleitung der Gleichung (5.54)

Da allgemein gilt: $P_1 + P_2 + P_3 = 1$, gilt auch für $t \rightarrow \infty$: $A_{ss} + A_{ssh} + A_{ssg} = 1$ somit:

$$A_{ssh} = 1 - A_{ss} - A_{ssg}$$

und mit den Gleichungen (5.53) und (5.55):

$$A_{ssh} = \frac{\mu_h \cdot \lambda_g + \mu_g \cdot \lambda_h + \mu_h \cdot \mu_g - \mu_h \cdot \mu_g - \lambda_g \cdot \mu_h}{\mu_h \cdot \lambda_g + \mu_g \cdot \lambda_h + \mu_h \cdot \mu_g}$$

erhält man dann:

$$A_{ssh} = \frac{\lambda_h \cdot \mu_g}{\mu_h \cdot \lambda_g + \mu_g \cdot \lambda_h + \mu_h \cdot \mu_g}\,.$$

Herleitung der Gleichung (5.55)

Nach Gleichung (5.48) lauten die Zustandsbedingungen für den Fall der Dauerverfügbarkeit:

$$\text{I:}\ \dot{P}_1 = -(\lambda_h + \lambda_g) \cdot P_1 + \mu_h \cdot P_2 + \mu_g \cdot P_3 = 0$$

$$\text{II:}\ \dot{P}_2 = +\lambda_h \cdot P_1 - \mu_h \cdot P_2 = 0$$

$$\text{III:}\ \dot{P}_3 = +\lambda_g \cdot P_1 - \mu_g \cdot P_3 = 0$$

$$\text{IV:}\ P_1 + P_2 + P_3 = 1 \rightarrow P_2 = 1 - P_1 - P_3$$

$$\text{IV in I:}\quad -(\lambda_g + \lambda_h) \cdot P_1 + \mu_h \cdot (1 - P_1 - P_3) + \mu_g \cdot P_3 = 0$$

$$-(\lambda_g + \lambda_h + \mu_h) \cdot P_1 + (\mu_g - \mu_h) \cdot P_3 = -\mu_h$$

$$\text{III} \rightarrow P_1 = \frac{\mu_g}{\lambda_g} \cdot P_3 \quad \text{eingesetzt ergibt:}$$

$$-\left(\mu_g + \frac{\lambda_h \cdot \mu_g}{\lambda_g} + \frac{\mu_h \cdot \mu_g}{\lambda_g} - \mu_g + \mu_h\right) \cdot P_3 = -\mu_h$$

$$P_3 = \frac{\mu_h}{\frac{\lambda_h \cdot \mu_g}{\lambda_g} + \frac{\mu_h \cdot \mu_g}{\lambda_g} + \mu_h} \Bigg| \cdot \lambda_g$$

$$A_{ssg} = P_3 = \frac{\lambda_g \cdot \mu_h}{\mu_h \cdot \lambda_g + \mu_g \cdot \lambda_h + \mu_h \cdot \mu_g}$$

Herleitung der Gleichung (5.56)

Im Fall der Dauerverfügbarkeit lauten die Zustandsgleichungen nach Bild 5.11, Fall a:

$$\text{I:}\ \dot{P}_1 = 0 = -2 \cdot \lambda \cdot P_1 + \mu \cdot P_2 + 0$$

$$\text{II:}\ \dot{P}_2 = 0 = +2 \cdot \lambda \cdot P_1 - (\lambda + \mu) \cdot P_2 + \mu \cdot P_3$$

$$\text{III:}\ \dot{P}_3 = 0 = 0 + \lambda \cdot P_2 - \mu \cdot P_3$$

$$\text{IV:}\ P_1 + P_2 + P_3 = 1 \rightarrow P_1 = 1 - P_2 - P_3$$

$$\text{IV in I:}\quad -2 \cdot \lambda \cdot (1 - P_2 - P_3) + \mu \cdot P_2 = 0$$

$$\text{III a:}\ \lambda \cdot P_2 - \mu \cdot P_3 = 0 \rightarrow P_2 = \frac{\mu \cdot P_3}{\lambda}$$

$$-2 \cdot \lambda + 2 \cdot \lambda \cdot P_2 + 2 \cdot \lambda \cdot P_3 + \mu \cdot P_2 = 0$$

$$(2 \cdot \lambda + \mu) \cdot P_2 + 2 \cdot \lambda \cdot P_3 = 2 \cdot \lambda \quad \text{mit III a:}$$

$$(2 \cdot \lambda + \mu) \cdot \frac{\mu}{\lambda} \cdot P_3 + 2 \cdot \lambda \cdot P_3 = 2 \cdot \lambda$$

$$P_3 \cdot \left[(2 \cdot \lambda + \mu) \cdot \frac{\mu}{\lambda} + 2 \cdot \lambda\right] = 2 \cdot \lambda$$

$$P_3 = \frac{2 \cdot \lambda}{2 \cdot \mu + \frac{\mu^2}{\lambda} + 2 \cdot \lambda} = \frac{2 \cdot \lambda^2}{2 \cdot \mu \cdot \lambda + \mu^2 + 2 \cdot \lambda^2}$$

$$A_{ss} = 1 - P_3 = \frac{\mu^2 + 2 \cdot \mu \cdot \lambda}{\mu^2 + 2 \cdot \mu \cdot \lambda + 2 \cdot \lambda^2} \quad \text{mit} \quad \lambda = \frac{1}{m}; \quad \mu = \frac{1}{M}:$$

$$A_{ss} = \frac{\frac{1}{M^2} + \frac{2}{M \cdot m}}{\frac{1}{M^2} + \frac{2}{M \cdot m} + \frac{2}{m^2}} \Bigg| \cdot M^2$$

$$A_{ss} = \frac{1 + 2 \cdot \left(\frac{M}{m}\right)}{1 + 2 \cdot \left(\frac{M}{m}\right) + 2 \cdot \left(\frac{M}{m}\right)^2}$$

Herleitung der Gleichung (5.57)

Mit den Zustandsgleichungen von Bild 5.11, Fall b erhält man für die Dauerverfügbarkeit:

$$\text{I: } \dot{P}_1 = -\lambda \cdot P_1 + \mu \cdot P_2 = 0$$

$$\text{II: } \dot{P}_2 = +\lambda \cdot P_1 - (\lambda + \mu) \cdot P_2 + \mu \cdot P_3 = 0$$

$$\text{III: } \dot{P}_3 = + \lambda \cdot P_2 - \mu \cdot P_3 = 0$$

$$\text{IV: } P_1 + P_2 + P_3 = 1 \rightarrow P_1 = 1 - P_2 - P_3$$

$$\text{IV in I: } -\lambda \cdot (1 - P_2 - P_3) + \mu \cdot P_2 = 0$$

$$+ (\lambda + \mu) \cdot P_2 + \lambda \cdot P_3 = \lambda$$

$$\text{IIIa: } P_2 = \frac{\mu}{\lambda} \cdot P_3 \quad \text{eingesetzt ergibt:}$$

$$(\lambda + \mu) \cdot \frac{\mu}{\lambda} \cdot P_3 + \lambda \cdot P_3 = \lambda$$

$$P_3 \cdot \left[\lambda + \mu + \frac{\mu^2}{\lambda}\right] = \lambda$$

$$P_3 = \frac{\lambda}{\lambda + \mu + \frac{\mu^2}{\lambda}} = \frac{\lambda^2}{\lambda^2 + \mu \cdot \lambda + \mu^2}$$

$$A_{ss} = P_1 + P_2 = 1 - P_3 = \frac{\lambda^2 + \mu \cdot \lambda + \mu^2 - \lambda^2}{\lambda^2 + \mu \cdot \lambda + \mu^2}$$

$$A_{ss} = \frac{\mu^2 + \mu \cdot \lambda}{\mu^2 + \mu \cdot \lambda + \lambda^2} \quad \text{mit} \quad \mu = \frac{1}{M}; \quad \lambda = \frac{1}{m}$$

$$A_{ss} = \frac{\frac{1}{M^2} + \frac{1}{m \cdot M}}{\frac{1}{M^2} + \frac{1}{m \cdot M} + \frac{1}{m^2}} \quad \Bigg| \cdot M^2$$

$$A_{ss} = \frac{1 + \left(\frac{M}{m}\right)}{1 + \left(\frac{M}{m}\right) + \left(\frac{M}{m}\right)^2}$$

Herleitung der Gleichung (5.58)

Mit der Übergangsmatrix in Bild 5.11, Fall c erhält man folgende Zustandsgleichungen:

$$\text{I:} \quad \dot{P}_1 = -2 \cdot \lambda \cdot P_1 + \mu \cdot P_2 = 0$$

$$\text{II:} \quad \dot{P}_2 = +2 \cdot \lambda \cdot P_1 - (\lambda + \mu) \cdot P_2 + 2 \cdot \mu \cdot P_3 = 0$$

$$\text{III:} \quad \dot{P}_3 = + \lambda \cdot P_2 - 2 \cdot \mu \cdot P_3 = 0$$

für den Fall der Dauerverfügbarkeit.

$$\text{IV:} \quad P_1 + P_2 + P_3 = 1 \rightarrow P_1 = 1 - P_2 - P_3$$

$$\text{IV in I:} \quad -2 \cdot \lambda \cdot (1 - P_2 - P_3) + \mu \cdot P_2 = 0$$

$$-2 \cdot \lambda + 2 \cdot \lambda \cdot P_2 + 2 \cdot \lambda \cdot P_3 + \mu \cdot P_2 = 0$$

$$(2 \cdot \lambda + \mu) \cdot P_2 + 2 \cdot \lambda \cdot P_3 = 2 \cdot \lambda$$

$$\text{IIIa:} \quad P_2 = \frac{2 \cdot \mu}{\lambda} \cdot P_3 \quad \text{eingesetzt ergibt:}$$

$$(2 \cdot \lambda + \mu) \cdot \frac{2 \cdot \mu}{\lambda} \cdot P_3 + 2 \cdot \lambda \cdot P_3 = 2 \cdot \lambda$$

$$(4 \cdot \mu + \frac{2 \cdot \mu^2}{\lambda} + 2 \cdot \lambda) \cdot P_3 = 2 \cdot \lambda$$

$$P_3 = \frac{2 \cdot \lambda}{4 \cdot \mu + \frac{2 \cdot \mu^2}{\lambda} + 2 \cdot \lambda} \Bigg| \cdot \lambda$$

$$P_3 = \frac{2 \cdot \lambda^2}{4 \cdot \mu \cdot \lambda + 2 \cdot \mu^2 + 2 \cdot \lambda^2}$$

$$P_3 = \frac{\lambda^2}{2 \cdot \mu \cdot \lambda + \mu^2 + \lambda^2}$$

$$A_{ss} = 1 - P_3 = \frac{2 \cdot \mu \cdot \lambda + \mu^2}{\lambda^2 + 2 \cdot \mu \cdot \lambda + \mu^2}$$

mit $\mu = \frac{1}{M}$ und $\lambda = \frac{1}{M}$ erhält man:

$$A_{ss} = \frac{\frac{2}{M \cdot m} + \frac{1}{M^2}}{\frac{1}{m^2} + \frac{2}{M \cdot m} + \frac{1}{M^2}} \Bigg| \cdot M^2$$

$$A_{ss} = \frac{1 + 2 \cdot \left(\frac{M}{m}\right)}{1 + 2 \cdot \left(\frac{M}{m}\right) + \left(\frac{M}{m}\right)^2}$$

Herleitung der Gleichung (5.59)

Im Fall der Dauerverfügbarkeit lauten die Zustandsgleichungen nach Bild 5.11, Fall d:

$$\text{I:} \quad \dot{P}_1(t) = 0 = -\lambda \cdot P_1(t) + \mu \cdot P_2(t) + 0$$

$$\text{II:} \quad \dot{P}_2(t) = 0 = +\lambda \cdot P_1(t) - (\lambda + \mu) \cdot P_2(t) + 2 \cdot \mu \cdot P_3(t)$$

$$\text{III:} \quad \dot{P}_3(t) = 0 = + \lambda \cdot P_2(t) - 2 \cdot \mu \cdot P_3(t)$$

$$\text{IV:} \quad P_1(t) + P_2(t) + P_3(t) = 1 \rightarrow P_1 = 1 - P_2 - P_3$$

$$\text{IV in I:} \quad -\lambda \cdot (1 - P_2 - P_3) + \mu \cdot P_2 = 0$$

$$\text{IIIa:} \quad +\lambda \cdot P_2 - 2 \cdot \mu \cdot P_3 = 0 \rightarrow P_2 = \frac{2 \cdot \mu \cdot P_3}{\lambda}$$

$$-\lambda + \lambda \cdot P_2 + \lambda \cdot P_3 + \mu \cdot P_2 = 0$$

$(\lambda + \mu) \cdot P_2 + \lambda \cdot P_3 = \lambda$ mit IIIa:

$$(\lambda + \mu) \cdot \frac{2 \cdot \mu \cdot P_3}{\lambda} + \lambda \cdot P_3 = \lambda$$

$$2 \cdot \mu \cdot P_3 + \frac{2 \cdot \mu^2}{\lambda} \cdot P_3 + \lambda \cdot P_3 = \lambda$$

$$\left(2 \cdot \mu + \frac{2 \cdot \mu^2}{\lambda}\right) \cdot P_3 = \lambda \rightarrow P_3 = \frac{\lambda}{2 \cdot \mu + \frac{2 \cdot \mu^2}{\lambda} + \lambda}$$

$$P_3 = \frac{\lambda^2}{2 \cdot \mu \cdot \lambda + 2 \cdot \mu^2 + \lambda^2}$$

$$A_{ss} = 1 - P_3 = \frac{\lambda^2 + 2 \cdot \mu \cdot \lambda + 2 \cdot \mu^2 - \lambda^2}{\lambda^2 + 2 \cdot \mu \cdot \lambda + 2 \cdot \mu^2}$$

$$A_{ss} = \frac{2 \cdot \mu \cdot \lambda + 2 \cdot \mu^2}{\lambda^2 + 2 \cdot \mu \cdot \lambda + 2 \cdot \mu^2} \quad \text{mit} \quad \lambda = \frac{1}{m}; \quad \mu = \frac{1}{M};$$

$$A_{ss} = \frac{\frac{2}{m \cdot M} + \frac{2}{M^2}}{\frac{1}{m^2} + \frac{2}{m \cdot M} + \frac{2}{M^2}} \quad \Bigg| \cdot \frac{M}{2}$$

$$A_{ss} = \frac{1 + \left(\frac{M}{m}\right)}{1 + \left(\frac{M}{m}\right) + \frac{1}{2} \cdot \left(\frac{M}{m}\right)^2}$$

Herleitung der Gleichung (5.60)

Aus Gleichung (5.53) erhält man

$$A_{ss} = \frac{\mu_h \cdot \mu_g}{\mu_h \cdot \lambda_g + \mu_g \cdot \lambda_h + \mu_h \cdot \mu_g}$$

mit: $\lambda_h = \frac{1}{m_h}$ $\quad \lambda_g = \frac{1}{m_g}$

$\mu_h = \frac{1}{M_h}$ $\quad \mu_g = \frac{1}{M_g}$

$$A_{ss} = \frac{\frac{1}{M_h \cdot M_g}}{\frac{1}{M_h \cdot m_g} + \frac{1}{M_g \cdot m_h} + \frac{1}{M_h \cdot M_g}}$$

$$A_{ss} = \frac{M_h^2 \cdot M_g^2 \cdot m_g \cdot m_h}{M_h \cdot M_g \cdot (M_h^2 \cdot M_g \cdot m_g + m_h \cdot m_g \cdot M_g \cdot M_h + M_g^2 \cdot M_h \cdot m_h)}$$

$$A_{ss} = \frac{1}{\dfrac{m_h \cdot m_g \cdot M_g \cdot M_h + M_h^2 \cdot M_g \cdot m_g + m_h \cdot M_g^2 \cdot M_h}{M_h \cdot M_g \cdot m_g \cdot m_h}}$$

$$A_{ss} = \frac{1}{1 + \left(\dfrac{M_h}{m_h}\right) + \left(\dfrac{M_g}{m_g}\right)}$$

Herleitung der Gleichung (5.63)

Setzt man in die Definitionsgleichung (5.61)

$$m_T = \frac{\int_0^T R(t) \cdot dt}{1 - R(T)}$$

die Gleichung (4.10) ein, so erhält man zunächst für das Integral den Ausdruck:

$$\int_0^T (2 \cdot e^{-t/m} - e^{-2 \cdot t/m}) \cdot dt$$

$$= \left[-2 \cdot m \cdot e^{-t/m} - \left(-\frac{m}{2}\right) \cdot e^{-2 \cdot t/m} \right] \Bigg|_0^T$$

$$= -2 \cdot m \cdot e^{-T/m} + \frac{m}{2} \cdot e^{-2 \cdot T/m} - \left(-2 \cdot m + \frac{m}{2}\right)$$

und damit für den m_T-Wert:

$$m_T = \frac{1{,}5 \cdot m + 0{,}5 \cdot m \cdot e^{-2 \cdot T/m} - 2 \cdot m \cdot e^{-T/m}}{1 - (2 \cdot e^{-T/m} - e^{-2 \cdot T/m})}$$

$$m_T = \frac{1{,}5 \cdot m + 0{,}5 \cdot m \cdot e^{-2 \cdot T/m} - 2 \cdot m \cdot e^{-T/m}}{(1 - e^{-T/m})^2}$$

Herleitung der Gleichung (5.64)

Setzt man in die Definitionsgleichung (5.61)

$$m_T = \frac{\int_0^T R(t) \cdot dt}{1 - R(T)}$$

die Gleichung (4.21) mit $m = \frac{1}{\lambda}$ ein, so erhält man zunächst für das Integral den Ausdruck:

$$\int_0^T e^{-t/m} \cdot \left(1 + \frac{t}{m}\right) \cdot dt = \int_0^T e^{-t/m} \cdot dt + \frac{1}{m} \cdot \int_0^T t \cdot e^{-t/m} \cdot dt.$$

Das letzte Integral löst man wie folgt:

$$\int x \cdot e^{c \cdot x} \cdot dt = \frac{e^{c \cdot x}}{c^2} (c \cdot x - 1)$$

mit $c = -\frac{1}{m}$ und $t = x$ wird dann

$$\int t \cdot e^{-t/m} \cdot dt = e^{-t/m} \cdot m^2 \cdot \left(-\frac{t}{m} - 1\right)$$

damit wird dann das Zählerintegral:

$$\int_0^T R(t) \cdot dt = e^{-t/m} \cdot (-m) \Big|_0^T + \frac{1}{m} \cdot \left[e^{-t/m} \cdot m^2 \cdot \left(-\frac{t}{m} - 1\right)\right]_0^T$$

$$\int \ldots = -m \cdot e^{-T/m} + m + [-t \cdot e^{-t/m} - m \cdot e^{-t/m}]\big|_0^T$$

$$\int \ldots = -m \cdot e^{-T/m} + m - T \cdot e^{-T/m} - m \cdot e^{-T/m} - (0 - m)$$

$$\int \ldots = 2 \cdot m - 2 \cdot m \cdot e^{-T/m} - T \cdot e^{-T/m}$$

$$m_T = \frac{2 \cdot m - 2 \cdot m \cdot e^{-T/m} - T \cdot e^{-T/m}}{1 - \left[e^{-T/m} \cdot \left(1 + \frac{T}{m}\right)\right]}$$

Herleitung der Gleichung (6.13)

Mittels der Gleichung (4.33) findet man als Zuverlässigkeitsfunktion für die 3v5-Schaltung:

$$R_{3v5} = 10 \cdot R^3 - 15 \cdot R^4 + 6 \cdot R^5.$$

Wählt man als Modellverteilung die e-Verteilung und benutzt die Gleichung (2.15), so ergibt sich:

$$m_{3v5} = \int_0^\infty (10 \cdot e^{-3 \cdot \lambda \cdot t} - 15 \cdot e^{-4 \cdot \lambda \cdot t} + 6 \cdot e^{-5 \cdot \lambda \cdot t}) \cdot dt$$

$$m_{3v5} = \frac{10}{-3 \cdot \lambda} \cdot e^{-3 \cdot \lambda \cdot t} \Big|_0^\infty - \frac{15}{-4 \cdot \lambda} \cdot e^{-4 \cdot \lambda \cdot t} \Big|_0^\infty + \frac{6}{-5 \cdot \lambda} \cdot e^{-5 \cdot \lambda \cdot t} \Big|_0^\infty$$

$$m_{3v5} = \left(\frac{10}{3} - \frac{15}{4} + \frac{6}{5}\right) \cdot \frac{1}{\lambda} \quad \text{mit} \quad m = \frac{1}{\lambda}:$$

$$m_{3v5} = \left(\frac{200 - 225 + 72}{60}\right) \cdot m = \frac{47}{60} \cdot m$$

$$\boxed{m_{3v5} = 0{,}78 \cdot m}$$

Nach (4.33) erhält man die Zuverlässigkeitsfunktion wie folgt:

$$R_{3v3} = \binom{5}{3} \cdot p^3 \cdot q^{5-3} + \binom{5}{4} \cdot p^4 \cdot q^{5-4} + \binom{5}{5} \cdot p^5 \cdot q^{5-5}$$

$$R_{3v5} = 10 \cdot R^3 \cdot (1 - R)^2 + 5 \cdot R^4 \cdot (1 - R) + R^5$$

$$R_{3v5} = 10 \cdot R^3 \cdot (1 - 2 \cdot R + R^2) + 5 \cdot R^4 - 5 \cdot R^5 + R^5$$

$$R_{3v5} = 10 \cdot R^3 - 20 \cdot R^4 + 10 \cdot R^5 + 5 \cdot R^4 - 4 \cdot R^5$$

$$\boxed{R_{3v5} = 10 \cdot R^3 - 15 \cdot R^4 + 6 \cdot R^5}$$

Herleitung der Gleichung (6.14)

Nach (4.33) erhält man die Zuverlässigkeitsfunktion der 4v7-Schaltung wie folgt:

$$R_{4v7} = \binom{7}{4} \cdot p^4 \cdot q^{7-4} + \binom{7}{5} \cdot p^5 \cdot q^{7-5} + \binom{7}{6} \cdot p^6 \cdot q^{7-6} + \binom{7}{7} \cdot p^7 \cdot q^{7-7}$$

und mit $p = R$ und $q = 1 - R$ wird dann:

$$R_{4v7} = 35 \cdot R^4 \cdot (1 - R)^3 + 21 \cdot R^5 \cdot (1 - R)^2 + 7 \cdot R^6 \cdot (1 - R) + R^7,$$

dies führt dann auf die Gleichung:

$$R_{4v7} = 35 \cdot R^4 - 84 \cdot R^5 + 70 \cdot R^6 - 20 \cdot R^7,$$

eingesetzt in die Gleichung (2.15) ergibt:

$$m_{4v7} = \int_0^\infty (35 \cdot R^4 - 84 \cdot R^5 + 70 \cdot R^6 - 20 \cdot R^7) \cdot \mathrm{d}t \quad \text{mit (2.26) wird:}$$

$$m_{4v7} = \frac{35}{-4 \cdot \lambda} \cdot e^{-4 \cdot \lambda \cdot t} \Big|_0^\infty - \frac{84}{-5 \cdot \lambda} \cdot e^{-5 \cdot \lambda \cdot t} \Big|_0^\infty + \frac{70}{-6 \cdot \lambda} \cdot e^{-6 \cdot \lambda \cdot t} \Big|_0^\infty - \frac{20}{-7 \cdot \lambda} \cdot e^{-7 \cdot \lambda \cdot t} \Big|_0^\infty$$

$$m_{4v7} = \left(\frac{35}{4} - \frac{84}{5} + \frac{70}{6} - \frac{20}{7}\right) \cdot \frac{1}{\lambda} \quad \text{und mit} \quad m = \frac{1}{\lambda}$$

$$\boxed{m_{4v7} = \frac{319}{420} \cdot m = 0{,}76 \cdot m}$$

12 Literaturverzeichnis

12.1 Bücherhinweise zum Thema «Zuverlässigkeit»

1. HUMMITZSCH, P.: *Zuverlässigkeit von Systemen.* Braunschweig: Vieweg Verlag, 2. A. (1965) 100 S., DM 7,40*).
   Bd. 28 der Reihe der Automatisierungstechnik
   Hinweis: Monographie, die in die Grundbegriffe der Zuverlässigkeitstheorie einführt, das Beanspruchungs- und Alterungsproblem behandelt, ferner die Sicherung und Erhöhung der Systemzuverlässigkeit – auf engem Raum eine Übersicht über den ganzen Problemkreis mit einigen einleuchtenden Zahlenbeispielen.
   * Preisangaben sind Richtwerte
2. COX, D. R.: *Erneuerungstheorie.* Wien/München: Oldenbourg-Verlag (1966) 152 S., DM 32,—.
   Hinweis: Niederschrift einer theoretischen Vorlesung, die sich an Statistiker und Wahrscheinlichkeitstheoretiker wendet mit wenig praktischen Bezügen. Behandlung der Verteilungen, Erneuerungsprozesse und Ersatzstrategien – jedoch ohne Zahlenbeispiele und veranschaulichende Diagramme.
3. GNEDENKO, B. W., BEELJAJEW, J. K., SOLOJEW, A. D.: *Mathematische Methoden der Zuverlässigkeitstheorie.* Berlin: Akademie-Verlag (1968) Bd. 1: 222 S., DM 25,—, Bd. 2: 262 S., DM 29,50.
   Hinweis: Zweibändiges in die deutsche Sprache übersetztes russisches Lehrbuch, wobei der 1. Band den Grundgesetzen der Statistik und Verteilungen, Zuverlässigkeit und Erneuerungsprozessen gewidmet ist. In dem 2. Band werden ebenfalls mit großer mathematischer Exaktheit die Parameterschätzung, die Hypothesenprüfung, Prüfpläne und Prüfverteilungen behandelt. Ein praktisch veranlagter Ingenieur wird schwer Zugang zu der Darstellung haben.
4. DUMMER, G. W. A., GRIFFIN, N. B.: *Zuverlässigkeit in der Elektronik.* Berlin: VEB-Verlag Technik (1968) 231 S., DM 18,90
   Hinweis: Buch, welches in der DDR aus dem Englischen übersetzt wurde. Dieses Buch ist ein gelungener Versuch, die statistischen Grundgesetze, Verteilungsarten kurzgefaßt darzustellen und auf die Fragestellungen der praktischen Zuverlässigkeitsprobleme eine Antwort zu geben. Die zahlreichen Zahlenbeispiele, Tabellenwerte und Diagramme vertiefen das Verständnis. Es wurde auf viele Probleme der Elektronik wie Umgebungsbedingungen, Prüfungen u. ä. Bezug genommen.
5. HOFMANN, W.: *Zuverlässigkeit von Meß-, Steuer-, Regel- und Sicherheitssystemen.* München: Karl Thiemig-Verlag (1968) 227 S., DM 16,80
   Hinweis: Erstes deutsches Buch zum Thema Zuverlässigkeit, zugeschnitten auf die Zuverlässigkeits- und Sicherheitsfragen im Kernkraftwerk. Zahlreiche Übersichten, Diagramme und eingestreute Zahlen- und Rechenbeispiele machen das Büchlein gut lesbar.
6. GÖRKE, W.: *Zuverlässigkeitsprobleme elektronischer Schaltungen.* Mannheim: Bibliographisches Institut (1969) 245 S., DM 7,90
   Hinweis: Niederschrift der Habilitationsschrift des Verfassers, die bei den statistischen Grundlagen beginnt und den Leser bis zu den redundanten Systemen mit Mehrheitsentscheidung führt, bei knapper aber präziser Darstellung. Diagramme und Schaltungsskizzen schaffen den Bezug zur Elektronik.
7. BEICHELT, F.: *Zuverlässigkeit und Erneuerung.* Berlin: VEB-Verlag Technik (1970) 79 S., DM 6,75 Automatisierungstechnik 101.
   Hinweis: Monographie, die sich mit der Erneuerungstheorie beschäftigt, flexible wie

starre Ersatzstrategien – ein überwiegend theoretischer Beitrag.

8. DOMBROWSKI, E.: *Einführung in die Zuverlässigkeit elektronischer Geräte und Systeme.* Berlin: AEG-Telefunken (1970) 368 S., DM 38,—
Hinweis: Umfangreiches Buch, das die Brücke zwischen den theoretischen und praktischen Grundlagen der Zuverlässigkeitsarbeit des Ingenieurs schlägt. Es ist entstanden an zentraler Stelle in einem Elektrokonzern, in dem viele Zuverlässigkeitsangaben zusammenkommen. Die Spanne reicht von den Formeln, den Zuverlässigkeitsangaben der Geräte und Systeme bis zur Zuverlässigkeitsanalyse, Messung und Auswertung der Zuverlässigkeit. Es endet mit Prüf- und Wartungsfragen. Es enthält zahlreiches Zahlen- und Bildmaterial zum Thema.
9. STÖRMER, H.: *Mathematische Theorie der Zuverlässigkeit-Einführung und Anwendungen.* München: Oldenbourg-Verlag (1970) 329 S., DM 48,—
Hinweis: Wissenschaftliches Werk mit großer mathematischer Strenge, das bei den Grundlagen beginnt und insbesondere die redundanten Systeme beschreibt, jedoch im 2. Teil auch auf Fragen der statistischen Qualitätskontrolle bis zur Lebensdauerprognose mittels Kurzzeitversuche unter erhöhter Belastung eingeht.
10. KAUFMANN, A.: *Zuverlässigkeit in der Technik.* München/Wien: Oldenbourg-Verlag (1970) 55 S., ca. 18,— DM
Hinweis: Übersetzung aus dem Französischen, geeignet für den, der sich schnell einen Einblick und Überblick über den Problemkreis der technischen Zuverlässigkeit verschaffen will. Erwähnenswert sind die didaktisch geschickt gewählten Beispiele. Sie ermöglichen jedoch nur eine punktuelle und nicht vergleichende Betrachtung der Fälle.
11. SMITH, C.S.: *Exakte Methoden der Qualitätskontrolle und Zuverlässigkeitsprüfung.* München: Verlag Moderne Industrie (1970) 180 S., DM 36,—
Hinweis: Übersetzung eines englischen Buches, welches in leicht faßlicher Darstellung die mathematischen und prüftechnischen Aspekte der Zuverlässigkeitsarbeit darstellt. Hervorragend sind die treffenden Zahlenbeispiele und die Zeichnungen, Diagramme und Übersichten zur Veranschaulichung des Stoffes.
12. BITTER, P. u.a.: *Technische Zuverlässigkeit.* Berlin/New York/Heidelberg: Springer-Verlag (1971) 227 S., DM 39,—
Hinweis: Buch, das aus einer Lehrbriefreihe entstanden ist, verfaßt von einem sechsköpfigen Kollektiv aus einem Flugzeugwerk zur Information staatlicher Stellen über die Zuverlässigkeit, beginnend mit den Wahrscheinlichkeiten und Verteilungen, endend bei gewarteten Systemen und Methoden zur Erfassung von Zuverlässigkeitskenndaten. Bestechend ist die klare, exakte, verständliche Darstellungsweise in Verbindung mit den Zahlenbeispielen und sauberen Diagrammen.
13. HERRMANN, H.: *Zuverlässigkeitsverfahren für die Prozeßmeßtechnik.* München/Wien: Oldenbourg-Verlag (1972) 160 S., DM 40,—
Hinweis: Darstellung der Problematik der Zuverlässigkeit in der Prozeßtechnik, dabei Eingehen auf die Zuverlässigkeitsgrundlagen, Redundanzen, Ausfallarten, die meßtechnischen Aufgaben und die Meßdatenerfassung.
14. HESSE, D.: *Praktische Erfahrungen der Zuverlässigkeitsarbeit.* Berlin: VEB-Verlag Technik (1973) 84 S., DM 6,75
Hinweis: Büchlein, das sich mit der Organisation der Zuverlässigkeitsarbeit, Ökonomie, Zuverlässigkeitsangaben bei Bauteilen, Ausfalldatenerfassung, Prognose und Prüfungsmöglichkeiten von Erzeugnissen beschäftigt.
15. REINSCHKE, K.: *Zuverlässigkeit von Systemen.* Bd. 1: *Systeme mit endlich vielen Zuständen.* Berlin: VEB-Verlag Technik (1973) 227 S., DM 23,10
Hinweis: Buch eines Theoretikers aus der DDR, der anknüpft an die Lehrbücher von Gnedenko. Die Stärke liegt in der Gegenüberstellung der Booleschen und Markoffschen Zuverlässigkeits-Modelle. Der praktisch veranlagte Ingenieur wird jedoch mit der Nomenklatur und der unanschaulichen Darstellung Schwierigkeiten beim Lesen haben.
16. SCHNEEWEISS, W.: *Zuverlässigkeitstheorie.* Eine Einführung in die Mittelwerte von binären Zufallsprozessen. Berlin/Heidelberg/New York: Springer-Verlag (1973) 144S., DM32,–

Hinweis: Ein Ausschnitt, wenn auch ein wichtiger, sind die komplexen redundanten Systeme bei Zuverlässigkeitsbetrachtungen. Das Buch liefert eine strenge mathematische Beschreibung, die jedoch auf Wahrscheinlichkeitstheoretiker zugeschnitten ist.

17. GILB, T.: *Zuverlässige EDV-Anwendungssysteme.* Köln-Braunsfeld: Verlagsgesellschaft R. Müller (1975) 141 S., DM 34,—
Hinweis: EDV-Systeme sind nur dann zuverlässig, wenn nicht nur die Hardware, sondern auch die Software fehlerfrei ist. Während die meisten Bücher bisher die Hardware-Zuverlässigkeit behandelten, wendet sich dieses Buch diesen aktuellen Zuverlässigkeitstechniken zu, ferner den Fehlerquellen und den datametrischen Konzepten für die Zuverlässigkeit.
18. ACKMANN, W.: *Zuverlässigkeit elektronischer Bauelemente.* Heidelberg: Hüthig-Verlag (1976) 136 S., DM 19,80
Hinweis: Wertvolles Büchlein für den, der sich mit der systematischen Prüfung elektronischer Bauelemente befassen muß. Ferner Behandlung der Möglichkeiten der Umweltsimulation und Maßnahmen zur Sicherung der Qualität und Zuverlässigkeit.
19. PREUSS, H.: *Zuverlässigkeit elektronischer Einrichtungen.* Berlin: VEB-Verlag Technik (1976) 276 S., DM 25,—
Hinweis: Darstellung der Faktoren, die die Zuverlässigkeit elektronischer Einrichtungen beeinflussen, weitere Teilthemen: Lebensdauer-Modelle, Redundanz, Wartung, Verfügbarkeit, Qualität mit ökonomischen Betrachtungen.
20. KOPETZ, H.: *Software-Zuverlässigkeit.* München/Wien: Carl Hanser-Verlag (1976) 167 S., DM 28,—.
Hinweis: Behandlung der Begriffe «Fehler», Zuverlässigkeit im Systementwurf, Testmethoden, manuelle und automatische Fehlerbehebung, Software-Wartung und Management zuverlässiger Software.
21. HÖFLE-ISPHORDING, U.: *Zuverlässigkeitsrechnung. Einführung in ihre Methoden.* Berlin: Springer-Verlag (1977) 270 S., DM 48,—
Inhalt: Zuverlässigkeitsberechnung von Systemen nach dem Booleschen Modell und Markoffschen Modell. Das Buch stellt die Gesetzmäßigkeiten der beiden mathematischen Modelle heraus und weist auf Verfahren mit geringem Rechenaufwand hin. Das Buch wendet sich an den theoretisch interessierten Leser.
22. GÄDE, W.: *Zuverlässigkeit – Mathematische Modelle.* München: Hanser-Verlag (1977) 254 S., DM 48,—

12.2 Bücherhinweise zum Thema «Qualitätskontrolle»

1. PLOG, H.: *Schichtdicken-Messung. Verfahren und Geräte.* Saulgau/W.: Leuze-Verlag, 2. A. (1969) 100 S., DM 17,65.
2. BÜTTNER, G., PABST, W.: *Gedruckte Schaltungen.* S. 66–195 in «Verdrahtungen und Verbindungen in der Nachrichtentechnik» von K. G. Faas u. J. Swozil. Frankfurt a. M.: Akademische Verlagsgesellschaft (1974) 628 S., DM 148,—.
3. ENGEL u. KLINGELE: *Rasterelektronenmikroskopische Untersuchungen von Metallschäden.* Köln: Gerling-Institut für Schadensforschung und Schadensverhütung (1974) 216 S., DM 39,80.
4. KREYSZIG, E.: *Statistische Methoden und ihre Anwendungen.* Göttingen: Vandenhoeck & Ruprecht, 3. A. (1968) 422 S., DM 25,—.
5. SCHAAFSMA, A. H., WILLEMZE, F. G.: *Moderne Qualitätskontrolle.* Eindhoven: Philips Technische Bibliothek (1955) 468 S., ca. 28,— DM.
6. NEBEL, C. (Hrg.): *Statistische Qualitätskontrolle.* Stuttgart: Berliner Union (1969) 217 S., DM 54,—.
7. SCHINDOWSKI, E., SCHÜRZ, O.: *Statistische Qualitätskontrolle.* Berlin: VEB-Verlag, 6. A. (1974) 529 S., DM 35,—.
8. STANGE, K.: *Kontrollkarten für meßbare Merkmale.* Berlin/Heidelberg/New York: Springer-Verlag (1975) 158 S., DM 24,—.
9. CROSBY, Ph. B.: *Qualität kostet weniger.* Handbuch der Fehlerverhütung für Führungskräfte. A. Holz, 7141 Hof und Lembach, Lichternberger Str. 27, 2. A. (1972) 185 S., ca. DM 40,—
10. NIEDER, E.: *Fehler-Katalog für den Fernseh-Service-Techniker.* München: Franzis-Verlag Service-Werkstattbuch, 4. A. (1974) 320 S., DM 26,80.
11. GÖRKE, W.: *Fehlerdiagnose digitaler Schaltungen – eine Einführung.* Stuttgart: Teubner-Verlag (1973) 230 S., DM 10,80.

12. REINFELDT, M., TRÄNKLE, U.: *Signifikanztabellen statistischer Testverteilungen.* München/Wien: Oldenbourg-Verlag (1976) 151 S., DM 44,—.
13. *Produktplanung, Wertanalyse, Zuverlässigkeit.* Zürich: Verlag Industrielle Organisation (1974) 201 S., DM 36,—.
14. ZELLER, H.: *Qualitätssteuerung als Führungsaufgabe.* Bad Wörishofen: H. Holzmann Verlag KG (1970) 104 S., DM 10,80.
15. FRANKE, H.: *Qualitäts-Sicherung von Zulieferungen.* 7031 Gräfenau: Lexika-Verlag, 88 S., Kontakt + Studium, Bd. 19
16. ANDERSON, O. u. a.: *Schätzen und Testen.* Berlin/Heidelberg/New York: Springer-Verlag (1976) 385 S., DM 19,80.
17. BLUME, J.: *Statistische Methoden für Ingenieure und Naturwissenschaftler* Bd. 1: *Grundlagen, Beurteilung von Stichproben, einfache lineare Regression, Korrelation.* Düsseldorf: VDI-Verlag (1970) 109 S., DM 13,80

12.3 Zitierte Aufsätze zum Thema «Zuverlässigkeit»

1. ROTTGARDT, J.: Zuverlässigkeit aus der Sicht der Unternehmensführung. *NTZ, NTZ-Kurier,* Nr. 8, Seite K 127–128 (1971).
2. LICHNOWSKI, J., SOZANSKI, J., MANTHEI, E., SCHNEIDER, H.: Die Zuverlässigkeit als technisch-ökonomisches Beurteilungskriterium. *Messen/Steuern/Regeln,* Bd. 19, Nr. 5, S. 107–108 (1976).
3. REINSCHKE, K.: Bemerkungen zur Ausfallrate und zu anderen quantitativen Zuverlässigkeitskenngrößen. *Nachrichtentechnik,* Bd. 19, Nr. 2, S. 41–48 (1969).
4. DGQ-Frankfurt: *Das Lebensdauernetz* – Erläuterung und Handhabung. Köln: Beuth-Verlag (1975) 57 S. Bestell-Nr. 32721, Formblätter-Bestell-Nr. 32722.
5. TITTES, E.: Über die Auswertung von Versuchsergebnissen mit Hilfe der Weibull-Verteilung. *Bosch Techn. Berichte,* Bd. 4, Nr. 4, S. 146–158 (1973).
6. OLSSON, B.: Daten über die Fehlerhäufigkeit von Bauelementen für nachrichtentechnische Anwendungen. *NTZ, NTZ-Kurier,* Seite K 103 (1971).
7. TRAUGOTT, P.: CECC-Gütebestätigung für elektronische Bauelemente. *NTZ, NTZ-Kurier,* Bd. 28, Nr. 1, Seite K 23–24 (1975)
8. RÖMISCH, H.: Zuverlässigkeitsberechnung – Grundlagen. *ETZ-B,* Bd. 23, Nr. 18, S. 425–427, Nr. 19, S. 451–453 (1971).
9. GERLING, W.: Zur Beurteilung von Ausfallraten. Angaben von Halbleiter-Bauelementen. *Qualität & Zuverlässigkeit,* Bd. 19, Nr. 7, S. 152–157 (1974).
10. KAIFLER, E., WERNER, K.: Leistungstransistoren – Hinweise für ihre Anwendung. *Siemens-Bauteile-Informationen,* Bd. 11, Nr. 1, S. 16–20 (1973).
11. DEYER, E., JOBE, Th. C.: For the real cost of a design-factor in reliability. *Electronics,* Bd. 46, Nr. 18, S. 83–89 (1973).
12. MENICOU, G.: Umfassende Rechnerprogramme zur Lösung vielschichtiger Zuverlässigkeitsprobleme. *Elektrisches Nachrichtenwesen,* Bd. 48, Nr. 3, S. 267–276 (1973).
13. HUBER, F. R., FRIEDEL, K.: Zuverlässigkeit der Echtzeit-Telemetrie-Stationen des Satelliten AZUR. *Neues von Rohde & Schwarz,* Nr. 47, S. 16–18 (1971).
14. NEITZEL, W.: Ausfallraten digitaler elektronischer Systeme. *ETZ-B,* Bd. 27, Nr. 16, S. 431–432 (1975).
15. SEIFERT, W., SIMON, H. J.: Systemzuverlässigkeit der Gepäckförderanlage im Flughafen Frankfurt (Main). *Techn. Mitt. AEG-Telefunken,* Bd. 65, Nr. 8, S. 320–323, (1975).
16. KRAUSE, D.: Zuverlässigkeitsanalyse bei Halbleiterspeichern. *Wiss. Ber. AEG-Telefunken,* Bd. 48, Nr. 5, S. 197–212 (1975)
17. MATTERA, L.: Reliability revisited: failure-rate comparisons are given a second look. *Electronics,* S. 83–85 (25. 12. 1975).
18. HNATEK, E. R.: High-reliability semiconductors: paying more doesn't always pay off. *Electronics,* S. 101–105 (3. 2. 1977).
19. UNGER, E.: Zuverlässigkeitssicherung bei elektrischen Meßgeräten. *BBC-Nachrichten,* Nr. 12, S. 504–508 (1976).
20. BRÜMMER, H.: Einführung in die Zuverlässigkeit elektronischer Bauelemente, Geräte und Systeme. *Der Elektroniker,* Nr. 2, S. EL 1–11 (1976).
21. BROUX, J. A.: Sieben Jahre Erfahrung mit dem METACONTA-Vermittlungssystem. *Elektrisches Nachrichtenwesen,* Bd. 50, Nr. 3, S. 189–198 (1975).
22. LORANGER, Jr., A. J.: The case for component burn-in: the gain is well worth the price. *Electronics,* S. 73–78 (23. 1. 1975).

23. WALTER, A.: Industrielle Photoelektronik. *Der Elektroniker,* S. EL 1–10, Nr. 4, S. EL 8–16, Nr. 7, S. 9–15, Nr. 8, S. 7–13 (1974).
24. HÖRSTER, H., KAUER, E., LECHNER, W.: Zur Lebensdauer von Glühlampen: Der Durchbrennmechanismus eines Wolframdrahtes im Vakuum. *Philips, Unsere Forschung in Deutschland,* S. 77–80, Bd. II (1972).
25. BRUCKE, R.: Bestimmung der Lebensdauer von Glimmlampen durch gerafften Test. *Elektronik-Anzeiger,* Bd. 8, Nr. 4, S. 103–104 (1976).
26. BECKER, B.: Erfahrungen mit Glüh- und Gasentladungsanzeigen. Reutlingen: Wandel & Goltermann (1975) Druckschrift Nr. 5044, *Qualitätsprüfung und Fehleranalysen an Bauelementen,* S. 63–67.
27. Fachteil für Optoelektronik: Untersuchung der Fa. ASEA-HAFO. *Der Elektroniker,* Nr. 2, S. M 19–M 24 (1976).
28. LINSE, V.: Anwendungshinweise für Leuchtdioden, Halbleiter-Ziffernanzeigen und optoelektronische Koppelelemente. *Feinwerktechnik & Meßtechnik,* Bd. 84, Nr. 2, S. 53–58 (1976).
29. KEINER, H.: Zuverlässigkeitsuntersuchungen an Flüssigkristallanzeigen. *NTZ-Report,* Nr. 19, S. 23–29 (1974).
30. SCHIEKEL, M.: Stand und Trend bei Anzeige-Elementen mit Flüssigkristallen. *Der Elektroniker,* Nr. 6, S. EL 1–EL 6 (1976).
31. MAYER, U., MERL, W.: Kontaktpflegemittel in der Elektrotechnik. *ETZ-B,* Bd. 23, Nr. 26, S. 656–658 (1971).
32. *Journal Brit. IRE* (May 1961) Seite 401.
33. LUCAS, P., KNIGHT, L.: Observed failure rates of electronic components in computer systems. *Microelectronics & Reliability,* Bd. 15, S. 293–243 (1976).
34. GOEDECKE, H.: Die Zuverlässigkeit von HF-Steckverbindungen der TF-Technik. *Nachrichtentechnik/Elektronik,* Bd. 24, Nr. 8, S. 316–318 (1974).
35. ULBRICHT, H.: Kontaktprobleme in elektronischen Meßgeräten. *Radio Mentor,* Nr. 10, S. 786–789 (1967).
36. HORN, G., VINARICKY, E.: Anforderungen an elektrische Kontakte in Relais. *Zettler-Mitteilungen,* Nr. 33, S. 37–49 (Okt. 1973).
37. NOWACKI, H.: Elektrische Kontakte im Dry-Circuit-Bereich. *Elektronik-Anzeiger,* Bd. 8, Nr. 2, S. 42–44 (1976).
38. BORCHERT, L., RAU, K. L.: Die Kenngrößen induktiver Lastkreise für die Bestimmung der Lebensdauer von Kontakten. *Archiv. f. elektr. Übertragung,* Bd. 18, Nr. 1, S. 60–66 (1964).
39. MÜLLER, H.: Bauelementeprüfung-Teil 1: Qualitative Zuverlässigkeitsaussagen anhand von zeitraffenden Lebensdauerprüfungen mit automatisiertem Meßsystem. *Technisches Messen ATM,* Nr. 4, S. 139–142, J 010–11 (1977).
40. LÖRCHER, O.: Vollausfall und Driftverhalten von einigen passiven Bauelementen. *Technische Zuverlässigkeit in Einzeldarstellungen,* Heft 9, S. 27–56, (1967). München: Oldenbourg-Verlag.
41. REINSCHKE, K.: Zuverlässigkeitsprinzipien bei der Entwicklung technischer Systeme. Teil II. *Messen/Steuern/Regeln,* Bd. 17, Nr. 3, S. 65–69 (1974).
42. VOLLHARDT, G.: Maßnahmen zur Erhöhung der Zuverlässigkeit bei Raumfahrtgeräten. *Siemens-Zeitschrift,* Bd. 48, Beiheft Nachrichtenübertragungstechnik, S. 213–217 (1974).
43. HUGHES, R. J.: Functional redundancy assures greater system reliability. *Electronics,* Bd. 27, Nr. 6, S. 111–114 (1973).
44. FISCHER, K.: Erhöhung der Verfügbarkeit durch geeignete Systemgestaltung. *Messen/Steuern/Regeln,* Bd. 19, Nr. 5, S. 162–166 (1976).
45. SKARUS, W.: Probleme der Zuverlässigkeit technischer informationsverarbeitender und biologischer Systeme. *Messen/Steuern/Regeln,* Bd. 17, Nr. 2, S. 48–50 (1974).
46. SCHÜTZ, H.: Das Ausfallverhalten redundanter digitaler Systeme. *Frequenz,* Bd. 27, Nr. 6, S. 145–150 (1973).
47. STAHL, A., WALDMANN, H., WEIBELZAHL, M.: Redundanz bringt Sicherheit und Zuverlässigkeit. *Elektrotechnik,* Bd. 55, Nr. 11, S. 12–14 (1973).
48. SCHNEIDER, W.: Die Sicherheit von parallelredundanten Schaltwerken – ein Systemvergleich. *Siemens-Forsch. u. Entwickl. Ber.,* Bd. 4, Nr. 1, S. 39–44 (1975).
49. LOHMANN, H.J.: URTL-Schaltkreissystem U1 mit hoher Sicherheit und automatischer Fehlerdiagnose. *Siemens Zeitschrift,* Bd. 48, Nr. 7, S. 490–494 (1974).
50. GUÉRARD, H. W. v.: Monte-Carlo-Simulation technischer Zuverlässigkeit. *Quali-*

tät & Zuverlässigkeit, Nr. 6, S. 121–124 (1977).

51. RENK, K. D., STEINKOPF, U.: Programm zur Analyse elektrischer Schaltungen – eine vergleichende Übersicht. *NTZ*, Nr. 3, K 37–43 (1973).
52. SCHALLOPP, B.: Fehlerbäume und Rechenregeln für das Ausfallverhalten logischer Schaltungen. *Int. Elektron. Rdsch.*, Nr. 1, S. 7–10, (1971).
53. WEBER, G.: Methoden zur Zuverlässigkeitsanalyse von Systemen. *Tagung „Technische Zuverlässigkeit", Tagungsheft*, S. 28–37 (1971).
54. REINER, H.: Defekte IS unter der Lupe. SEL forscht: Fehleranalyse von Integrierten Schaltungen. *Elektronik-Zeitung*, S. 34 (11. 4. 1975).
55. LESTER, R. S.: Elektrische Prüfung – automatische Anwendung einer automatischen Prüfeinrichtung zum Feststellen und Identifizieren von Fehlern auf gedruckten Schaltungen. *Elektronikpraxis*, Nr. 5, S. 95–96 (1975).
56. OEXLE, W., ULBRICHT, H.: Metallographische Untersuchungsmethoden bei der Bauelementeprüfung. *Firmendruckschrift von Wandel & Goltermann, Reutlingen*, 83 S., S. 69–76 (1975).
57. LINDNER, R., OTTO, J., WOLFGANG, E.: On-Wafer Failure Analysis of LSI-MOS Memory Circuits by Scanning Electron Microscopy. *Siemens Forsch. u. Entwickl. Ber.*, Bd. 6, Nr. 1, S. 39–46 (1977).
58. BACH, H. W., EBEL, H., WEHR, P.: Fernsprecher im Crashtest. *Telcom Report*, Bd. 1, Nr. 2, S. 142–147 (1978).
59. Prüfen von Fertigteilen aus kristallinen Thermoplasten. *Technica*, Nr. 24, S. 1713–1716 (1976).
60. SCHAICH, W.: Die Fehlersammelliste – ein wirksames Mittel zur Anhebung des Qualitätsniveaus. *Qualität & Zuverlässigkeit*, Bd. 21, Nr. 11, S. 251–253 (1976).
61. WERNER, K.: Interne Kontaktierungen bei Halbleiter-Bauelementen. *Elektronikpraxis*, Nr. 6, S. 7–8, 10–12 (1977).
62. TELEREL-Qualitätssicherungssystem für Halbleiterbauelemente. *Druckschrift AEG-Telefunken*, Bestell-Nr. S8/V. 1.35/0677, 55 S.
63. Qualitätskosten. Rahmenempfehlung zu ihrer Definition, Erfassung und Beurteilung. *ASQ/AWF-Druckschrift*, Nr. 17, 54 S. (1971). Berlin/Köln: Beuth-Vertrieb.
64. RENFER, W.: Qualitätskosten und betriebliches Rechnungswesen. *Qualität & Zuverlässigkeit*, Bd. 21, Nr. 8, S. 186–188 (1976)
65. STUMPF, Th.: Das Qualitätssicherungssystem eines Elektrounternehmens. *Qualität & Zuverlässigkeit*, Bd. 22, Nr. 11, S. 252–256 (1977).
66. STUMPF, Th.: Die Zuverlässigkeitssicherung an Endprodukten. *BBC-Nachrichten*, Bd. 55, Nr. 10, S. 283–291 (1973).
67. STUMPF, Th., BRÄUNINGER, R.: Fehleranalyse. *Qualität & Zuverlässigkeit*, Bd. 16, Nr. 3, S. 80–84 (1971).
68. GROSSMANN, St.: Automated testing pays off for electronic system makers. *Electronics*, S. 95–109 (19. 9. 74).
69. FLABB, H. O.: Fehlerdiagnose an digitalen Schaltungen mit Methoden der Stochastik. *Dissertation an der RWTH Aachen*, IND, 133 S. (25. 5. 1976).
70. GLÜNDER, G.: Automatisches Prüfen und prüffreundliches Entwickeln, zwei Seiten einer Aufgabe. *Qualität & Zuverlässigkeit*, Bd. 23, Nr. 3, S. 72–75 (1978)
71. PIOTROWSKI, J.: Wartungsorganisation bei BMSR-Einrichtungen. *Messen/Steuern/Regeln*, Bd. 18, Nr. 5, S. 113–116 (1975).
72. ROHMERT, W.: Der Mensch als Einflußgröße auf die Zuverlässigkeit technischer Systeme. *Qualität & Zuverlässigkeit*, Bd. 23, Nr. 2, S. 44–51 (1978).
73. DEIXLER, A., SELWITSCHKA, R.: Qualitäts-Sicherung – Anforderungen und Maßnahmen. *Siemens-Zeitschrift*, Bd. 51, Nr. 9, S. 784–789 (1977).
74. STUMPF, Th.: Qualitätsplanung. *Qualität & Zuverlässigkeit*, Bd. 21, Nr. 2, S. 34–40 (1976).
75. PELKA, R.: Motivation von Vorgesetzten und Mitarbeitern bei der Durchführung eines Null-Fehler-Programms. *Qualität & Zuverlässigkeit*, Bd. 20, Nr. 6, S. 139–141 (1975).
76. KRIPPENDORF, M.: Die Einführung eines Null-Fehler-Programmes. *Qualität & Zuverlässigkeit*, Bd. 21, Nr. 1, S. 17–19 (1976).
77. JUSTEN, R.: Motivation in der Industriegesellschaft. *Qualität & Zuverlässigkeit*, Bd. 20, Nr. 6, S. 122–125 (1975).
78. GASTER, D.: Qualitäts-Revision (quality-

audit). *Qualität & Zuverlässigkeit,* Bd. 21, Nr. 10, S. 229–231 (1976).
79. CROSBY, Ph. B.: Qualitätssicherung von A bis Y. *Zeitschrift für wirtschaftliche Fertigung,* Bd. 64, Nr. 7, S. 385–391, Nr. 8, S. 441–447 (1969).

Aufsätze zum Thema «Zuverlässigkeit in der Elektronik»

12.4.1 Einführungs-/Übersichtsbeiträge

1. FRÜNDT, H. J.: Die Unzuverlässigkeit elektronischer Geräte und ihre Ursachen. *NTZ,* Bd. 13, Nr. 11, S. 524–528 (1960).
2. GIESELER, H.: Die Zuverlässigkeit elektronischer Bauelemente und Geräte. Teil I: *ATM,* S. 75–78, Lieferung 387 (April 1968), Teil II: *ATM,* S. 105–108, Lieferung 388 (Mai 1968).
3. DEIXLER, A.: Zuverlässigkeit. *Qualität & Zuverlässigkeit,* Bd. 16, Nr. 3, S. 65–67 (1971).
4. RÖMISCH, H.: Zuverlässigkeitsberechnung – Grundlagen, *ETZ–B,* Bd. 23, Nr. 18, S. 425–427 (1971).
   Zuverlässigkeitsberechnungen für mechanische Geräte, *ETZ–B,* Bd. 23, Nr. 19, S. 451–453 (1971).
5. EDWIN, K. W., TRAEDER, G.: Zuverlässigkeitskenngrößen der elektrischen Energietechnik. *ETZ–A,* Bd. 94, Nr. 10, S. 569–573 (1973).
6. REINSCHKE, K.: Zuverlässigkeitsprinzipien bei der Entwicklung technischer Systeme. *Messen/Steuern/Regeln,* Bd. 17, Nr. 2, Nr. 4, S. 65–69 (1974).
7. MARGANITZ, A.: Zuverlässigkeit und Sicherheit elektronischer Geräte. *Elektronik,* Nr. 6, S. 213–217 (1974).
8. SCHNEEWEISS, W.: Analyse von Zuverlässigkeitsproblemen bei der Prozeßautomatisierung. *Regelungstechnik,* Bd. 24, Nr. 3, S. 73–80 (1976).
9. SCHAEFER, E.: EP-Serie Zuverlässigkeit. *Elektronikpraxis,* 36 Folgen, jeweils 2 Seiten pro Heft (1976–1979).
10. BRÜMMER, H.: Einführung in die Zuverlässigkeit elektronischer Bauelemente, Geräte und Systeme. *Der Elektroniker,* Nr. 2, Seite EL 1–11 (1976).
11. REINSCHKE, K.: Neuere Methoden der Zuverlässigkeitstheorie. *Messen/Steuern/Regeln,* Bd. 19, Nr. 3, S. 91–94, Nr. 5, S. 175–178 (1976).
12. NAUMANN, S.: Zuverlässigkeit elektronischer Bauelemente und Schaltungen. *ATM,* Nr. 7/8, S. 267–274, Nr. 9, S. 315–322 (1977).

Aufsätze zum Thema «Zuverlässigkeit in der Elektronik»

12.4.2 Verteilungs-Modelle/Lebensdauer-Modelle

1. KLEEDEHN, H. G.: Einführung in die Begriffe Lebensdauer und Zuverlässigkeit. *Nachrichtentechnische Fachberichte,* Bd. 24, S. 1–21 (1961).
2. BECKER, D.: Zur Berechnung von Systemeigenschaften aus den Verteilungsfunktionen der Systembausteine (Methoden der Verteilungstransformation). *Frequenz,* Bd. 21, Nr. 9, S. 286–292 (1967).
3. REINSCHKE, K.: Bemerkungen zur Ausfallrate und zu anderen quantitativen Zuverlässigkeitskenngrößen. *Nachrichtentechnik,* Bd. 19, Nr. 2, S. 41–48 (1969).
4. TITTES, E.: Über die Auswertung von Versuchsergebnissen mit Hilfe der Weibull-Verteilung. *Bosch Techn. Berichte,* Bd. 4, Nr. 4, S. 146–158 (1973).
5. BRENNINGER, W.: Die Lorenz-Verteilung. *Qualität & Zuverlässigkeit,* Bd. 20, Nr. 10, S. 227–228 (1975).
6. OHL, H. L.: Weibull-Analyse. *Qualität & Zuverlässigkeit,* Bd. 21, Nr. 3, S. 56–59 (1976).
7. LIERTZ, H., OESTREICH, U.: Application of Weibull-Distribution to Mechanical Reliability of Optical Waveguides for Cables. *Siemens Forsch. u. Entwickl. Ber.,* Bd. 5, Nr. 3, S. 129–135 (1976).
8. SCHILLMEIER, R.: Die Abstandsmethode. Ein statistisches Verfahren zur Langzeitprognose von Parameterwerten bei elektronischen Bauteilen. *Qualität & Zuverlässigkeit,* Bd. 21, Nr. 11, S. 254–256 (1976).
9. SCHILLMEIER, R.: Driftvorhersage bei elektronischen Bauelementen mittels der Abstandsmethode. *Qualität & Zuverlässigkeit,* Bd. 22, Nr. 5, S. 100–102 (1977).

10. VIERTL, R.: Ein zeitabhängiges Stress-Strength-Modell zur Zuverlässigkeitsbestimmung von Bauteilen und Systemen. *Qualität & Zuverlässigkeit,* Bd. 22, Nr. 7, S. 145–147 (1977).
11. FORSTER, U., UNBEHAUEN, R.: Wahrscheinlichkeitsrechnung und Systemtheorie stochastischer Prozesse. *NTZ,* Bd. 30, (1977), ab Nr. 1 je 2 Arbeitsblätter pro Monat.
12. GÄLWEILER, A.: Die Zuverlässigkeit von Prognosen. *Technica,* Nr. 2, S. 107–112 (1978).

Aufsätze zum Thema «Zuverlässigkeit in der Elektronik»

12.4.3 Zuverlässigkeits-Analysen/Toleranz-Analysen

1. KLÖTZNER, W. G.: Statistische Verfahren zur Analyse von Schaltungen. *NTZ,* Bd. 18, Nr. 12, S. 693–698 (1965).
2. REINSCHKE, K.: Toleranzanalyse elektrischer Schaltungen unter Berücksichtigung statistischer Kompensations- und Überlagerungseffekte. *Nachrichtentechnik,* Bd. 17, Nr. 5, S. 192–199 (1967).
3. BLÜCHER, L. v.: Zur Toleranzbemessung von Bauelementen in elektronischen Geräten. *Wiss. Ber. AEG-Telefunken,* Bd. 41, Nr. 4, S. 216–222 (1968).
4. WEBER, H. W.: PANE, ein EDV-Programm zur Optimierung der Bauelemente-Toleranzen. *Elektronik,* Nr. 4, S. 133–136 (1979).
5. SCHALLOPP, B.: Fehlerbäume und Rechenregeln für das Ausfallverhalten logischer Schaltungen. *Int. Elektr. Rdsch.,* Nr. 1, S. 7–10 (1971).
6. KIRSCHNER, N.: Eine Methode zur Beurteilung der elektrischen Stabilität von TTL-Gattern. *Frequenz,* Bd. 27, Nr. 2, S. 41–44 (1973).
7. GUTSCHE, H.: Ein Beitrag zur Berechnung von Wahrscheinlichkeiten von Systemfunktionen elektrischer Netzwerke. *Frequenz,* Bd. 27, Nr. 2, S. 45–51 (1973).
8. RENK, K. D., STEINKOPF, U.: Programme zur Analyse elektrischer Schaltungen – eine vergleichende Übersicht. *NTZ-Kurier,* Nr. 3, S. K37–K43 (1973).
9. SEIZER, K., SPERING, W.: REGENT – Ein Programmsystem für die rechnergestützte Entwicklung elektrischer Schaltungen. *Wiss. Ber. AEG-Telefunken,* Bd. 46, Nr. 3/4, S. 78–85 (1973).
10. FELLINGER, J., GUTSCHE, H.: Statistische Toleranzanalyse elektrischer Netzwerke. *Frequenz,* Bd. 27, Nr. 8, S. 214–217 (1973).
11. KAROLEWSKI, H.: Zuverlässigkeitsanalysen von Systemen mit ALGOL-Programmen. *Nachrichtentechnik/Elektronik,* Bd. 25, Nr. 11, S. 417–421 (1975).
12. REINSCHKE, K.: Zusammenhang zwischen Zuverlässigkeits-Ersatzschaltungen und Fehlerbäumen. *Nachrichtentechnik/Elektronik,* Bd. 26, Nr. 3, S. 86–88 (1976).
13. REINSCHKE, K., SCHWARZ, P.: Berücksichtigung der Umgebungsbedingungen bei der Schaltungsberechnung. *Nachrichtentechnik/Elektronik,* Bd. 26, Nr. 3, S. 95–99 (1976).
14. KILGENSTEIN, O.: Worst-Case-Berechnung von Stabilisierungsschaltungen. *Der Elektroniker,* Nr. 7, S. 12–18, Nr. 12, S. 8–15 (1976). Nr. 4, S. 4–14, Nr. 11, S. 28–33 (1977). Nr. 2, S. 7–16 (1978).
15. EDWIN, K. W.: Die Bedeutung der Zuverlässigkeitstheorie für Schutzmaßnahmen. *ETZ-B,* Bd. 28, Nr. 6/7, S. 147–151 (1976).
16. WINKLER, A.: Fehlerbaum-Analyse für FI-Schutzschalter. *ETZ-B,* Bd. 29, Nr. 5/6, S. 168–170 (1977).
17. GUÉRARD, H. W. v.: Monte-Carlo-Simulation technischer Zuverlässgkeit. *Qualität & Zuverlässigkeit,* Bd. 22, Nr. 6, S. 121–124 (1977).
18. SCHNEEWEISS, W. G.: Zuverlässigkeitsanalyse von komplexen Datenverarbeitungsstrukturen mit Hilfe von Fehlerbäumen. *Elektronische Rechenanlagen,* Bd. 19, Nr. 3, S. 122–128 (1977).
19. BÄR, W.: Anforderungen an den Zufallsgenerator bei der Lösung von partiellen Differentialgleichungen mit Hilfe der Monte-Carlo-Methode. *Regelungstechnik,* Nr. 3, S. 95–101 (1978).

Aufsätze zum Thema «Zuverlässigkeit in der Elektronik»

12.4.4 Nichtreparierbare redundante Systeme

1. CREASEY, D. J.: Redundancy techniques for use in an air traffic control computer.

Microelectronics and Reliability, Bd. 3, S. 175–192 (1964).
2. Benker, H. A.: Vereinfachte Ableitung von Zuverlässigkeits-Gleichungen. *Elektronik,* Nr. 10, S. 341–344 (1971).
3. Midgalski, J.: Augmenting the reliability of electronic devices through redundancy. *Constronic,* S. 537–556 (Budapest 1972).
4. Brünecke, K., Nikolaizik, J.: Optimierungsprobleme bei Automatisierungsproblemen unter Berücksichtigung der Zuverlässigkeit. *Messen/Steuern/Regeln,* Bd. 16, Nr. 4, S. 88–91 (1973).
5. Hughes jr., R. J.: Functional redundancy assures greater system reliability. *Electronics,* Bd. 27, Nr. 6, S. 111–114 (1973).
6. Michler, E.: Zuverlässigkeitserhöhung durch den Einsatz von Klassifikatoren in redundanten Systemen. *Nachrichtentechnik/Elektronik,* Bd. 23, Nr. 4, S. 140–142 (1973).
7. Schütz, H.: Ausfallverhalten redundanter digitaler Systeme. *Frequenz,* Bd. 27, Nr. 6, S. 145–150 (1973).
8. Gurevic, A.: Vergleich der Zuverlässigkeit zentralisierter und dezentralisierter Systeme. *Messen/Steuern/Regeln,* Bd. 17, Nr. 5, S. 156–157 (1974).
9. Syrbe, M.: Höhere Zuverlässigkeit von Prozeßrechensystemen mit niedrigen Peripheriekosten durch verteilte Mikroprozessoren. *Regelungstechnik,* Nr. 9, S. 264–268 (1974).
10. Schneeweiss, W.: Praxisgerechte Näherungen bei Zuverlässigkeitsanalysen. *NTZ,* Bd. 28, Nr. 8, S. 249–252 (1975).
11. Michler, E.: Eine informationstheoretische Interpretation des Zusammenhanges zwischen Reservierungsniveau und Zuverlässigkeitserhöhung. *Nachrichtentechnik/Elektronik,* Bd. 25, Nr. 10, S. 364–367 (1975).
12. Midgalski, J.: Methoden zur Berechnung der Zuverlässigkeit von Systemen mit komplizierten Strukturen. *Nachrichtentechnik/Elektronik,* Bd. 26, Nr. 3, S. 92–94 (1976).

Aufsätze zum Thema «Zuverlässigkeit in der Elektronik»

12.4.5 Verfügbarkeit von Systemen

1. Reinschke, K.: Zuverlässigkeitsprinzipien bei der Entwicklung moderner technischer Erzeugnisse. *Messen/Steuern/Regeln,* Bd. 17, Nr. 2, S. 41–45 (1974).
2. Oertel, E.: Einige Probleme der Systemzuverlässigkeit. *Messen/Steuern/Regeln,* Bd. 17, Nr. 3, S. 71–72 (1974).
3. Dreger, W.: Vereinbarungen der Verfügbarkeit als Teil der Leistungsangaben eines Systems. *Qualität & Zuverlässigkeit,* Bd. 20, Nr. 2, S. 35–39 (1975).
4. Beuschel, J.: Zuverlässigkeit redundanter Systeme mit Parallelstruktur unter Berücksichtigung der realen Parameter des Schalters. *Messen/Steuern/Regeln,* Bd. 18, Nr. 4, S. 123–127 (1975).
5. Schneeweiss, W.: Praxisnahe Optimierung der Zuverlässigkeit von technischen Systemen. *Angewandte Informatik,* Nr. 5, S. 369–374 (1975).
6. Schneeweiss, W.: Verteilung der Zeitpunkte für logisch festgelegte Zustandsänderungen. *AMT,* Blatt J 010-9, S. 197–198 (Dez. 1975).
7. Geyler, S.: Zustandsfolgen von Fertigungsstrecken als Semi-Markoffsche Ketten. *Messen/Steuern/Regeln,* Bd. 19, Nr. 2, S. 52–55 (1976).
8. Fischer, K.: Erhöhung der Verfügbarkeit durch geeignete Systemgestaltung. *Messen/Steuern/Regeln,* Bd. 19, Nr. 5, S. 163–166 (1975).
9. Keller, S.: Anwendung der Theorie der Geburts- und Todesprozesse auf stochastische Vorgänge in der Massenfertigung. *Messen/Steuern/Regeln,* Bd. 19, Nr. 8, S. 281–283 (1976).
10. Auspurg, H., Petersen, J.: Sicherstellung der Verfügbarkeit beim Siemens-System EDS. *Siemens-Zeitschrift,* Bd. 51, Nr. 3, S. 155–158 (1977).
11. Hofmeister, K. D., Küster, E.: Aspekte der Betreuung von Prozeßrechner-Anlagen des Siemens-Systems 300. *Siemens-Zeitschrift,* Bd. 51, Nr. 8, S. 641–645 (1977).
12. Beichelt, F.: Maximale Verfügbarkeit bei Kostenbeschränkungen. *Messen/Steuern/Regeln,* Bd. 20, Nr. 6, S. 318–320 (1977).

13. HARTMANN, H. L.: Stochastische Prozesse in Nachrichtensystemen. *NTZ,* Bd. 31 (1978) je Heft Arbeitsblatt von 2 Seiten.

Aufsätze zum Thema «Zuverlässigkeit in der Elektronik»

12.4.6 Sicherheit von Systemen

1. WALTHER, V.: Notwendigkeit, Zielsetzung und Grundprobleme von Sicherheitsuntersuchungen an logischen elektronischen Schaltungen. *Deutsche Eisenbahntechnik,* Bd. 12, Nr. 3, S. 347–350 (1964).
2. LÜERS, W.: Drei-Phasen-MT-Schaltkreissystem für die Eisenbahnsignaltechnik. *Siemens-Zeitschrift,* Bd. 43, Nr. 8, S. 660–665 (1969).
3. KRIMMLING, H. J.: Sicherheit und Zuverlässigkeit der kontaktlosen Befehlsgeber BERO. *Siemens-Zeitschrift,* Bd. 45, Nr. 4, S. 263–265 (1971).
4. SCHNEEWEISS, W.: Rationelle Berechnung der Verfügbarkeit komplexer Auswahlsysteme. *Frequenz,* Bd. 26, Nr. 1, S. 8–13 (1972).
5. STAHL, A., WALDMANN, H., WEIBELZAHL, M.: Redundanz bringt Sicherheit und Zuverlässigkeit. *Elektrotechnik,* Bd. 55, Nr. 11, S. 12–14 (1973).
6. LINHARDT, W., KASSENBROCK, H.: Signaltechnisch sichere Trägerfrequenz-Übertragungseinrichtung TF 71 für Eisenbahnen. *Siemens-Zeitschrift,* Bd. 47, Nr. 8, S. 608–612 (1973).
7. GÜLDENPFENNIG, K.: Überwachungs- und Sicherheitsschaltungen eines modernen Fernsehsenders. *Elektronik-Anzeiger,* Bd. 5, Nr. 8/9, S. 171–172 (1973).
8. FLOERKE, H.: Sicherheit industrieller Niederspannungsanlagen. Gibt es objektive Grenzen für Sicherheitsforderungen? *ETZ-B,* Bd. 25, Nr. 19, S. 524–530 (1973).
9. FRECH, G.: Zuverlässigkeit und Sicherheit in Systemen mit hoher Sicherheitsverantwortung. *Signal & Draht,* Bd. 66, Nr. 3, S. 40–47 (1974).
10. KLEIN, M.: Digitale Zugsicherungs- und Zugsteuerungssysteme. *Elektronik-Industrie,* Nr. 5, S. 108–109 (1974).
11. KÜRNER, H.: Störsichere und zerstörsichere integrierte Schaltkreissysteme für die Industrieelektronik. *Regelungstechnische Praxis,* Nr. 10, S. 263–270 (1974).
12. NIX, H. G.: Redundant Electronic Systems for Safety Problems. *Siemens Forsch. u. Entwickl. Ber.,* Bd. 3, Nr. 5, S. 333–338 (1974).
13. SCHITTENHELM, R.: Zur Sicherheit von medizinischen Beschleunigeranlagen. *Strahlentherapie,* Bd. 148, Nr. 5, S. 520–526 (1974).
14. SCHNEIDER, W.: Die Sicherheit von parallelredundanten Schaltwerken – ein Systemvergleich. *Siemens Forsch. u. Entwickl. Ber.,* Bd. 4, Nr. 1, S. 39–44 (1975).
15. NEITZEL, W.: Digitale Sicherheitstechnik. *ETZ-B,* Bd. 26, Nr. 23, S. 598–600 (1974).
16. KRESTEL, E.: Maßnahmen für Sicherheit und Zuverlässigkeit elektromedizinischer Geräte. *Siemens-Zeitschrift,* Bd. 49, Nr. 2, S. 68–72 (1975).
17. SCHNIERL, H.: Kammrelais mit zwangsgeführten Kontakten. Für Steuerungen mit hohen Sicherheitsforderungen. *Bauteile Report,* Bd. 13, Nr. 4, S. 126–128 (1975).
18. HORVATH, T.: Gleichmäßige Sicherheit zur Bemessung von Blitzschutzanlagen. *ETZ-B,* Bd. 27, Nr. 19, S. 526–528 (1975).
19. STUTE, H.: Reaktorschutz. *ATM Meßtechnische Praxis R 73–R 81* (Mai 1975).
20. SCHNEEWEISS, W.: Analyse von Zuverlässigkeitsproblemen bei der Prozeßautomatisierung. *Regelungstechnik,* Bd. 24, Nr. 3, S. 73–80 (1976).
21. BERNHARD, U., CORDS, D.: Steuerungen mit erhöhtem Sicherheitsgrad. *Der Elektroniker,* Nr. 1, S. 1–5 (1976).
22. SAILER, K.: Die Sicherheit elektrotechnischer Erzeugnisse und der internationale Warenaustausch. *Elektrotechnik & Maschinenbau,* Bd. 94, Nr. 2, S. 87–91 (1977).
23. HILLEBRAND, G., HOLZER, H.: Die Anwendung von Zuverlässigkeitsanalysen für die sicherheitstechnische Beurteilung von Kernkraftwerken. *Elektrotechnik & Maschinenbau,* Bd. 93 (1976).
24. WAKERLY, J. F.: Microcomputer Reliability Improvement using Triple-Modular-Redundancy. *Proceedings of the IEEE,* Bd. 64, Nr. 6, S. 889–895 (1976).
25. STOHRMANN, G.: Anlagensicherung – noch zu beherrschen? *Regelungstechnische Praxis,* Nr. 8, S. 204–208 (1976).
26. SCHNEEWEISS, W.: Mittelwerte von fehlerfreier Betriebsdauer und Ausfalldauer pe-

riodisch geprüfter redundanter Systeme mit exponentialverteilter Lebensdauer der Teilsysteme. *Regelungstechnik,* Nr. 4, S. 115–119 (1977).
27. SCHNEEWEISS, W.: Reliability Theory of the Periodically Checked 1-out-of-2-System. *Siemens Forsch. u. Entwickl. Ber.,* Bd. 6, Nr. 6, S. 341–345 (1977).
28. SCHNEEWEISS, W.: Formeln für mittlere fehlerfreie Zeit und mittlere Ausfalldauer von m-von-n-Systemen. *ATM Technisches Messen,* Nr. 10, S. 359–360 (1977).
29. SCHNEEWEISS, W.: Näherungsformeln für die Zuverlässigkeitskenngrößen periodisch geprüfter m-von-n-Systeme mit exponentialverteilter Lebensdauer der Teilsysteme. *Regelungstechnik,* Nr. 10, S. 330–331 (1977).
30. SZYGENDA, S. A.: Fault tolerant design and digital simulation for increased system reliability and design automation. *Computer Aided Design,* Nr. 3, Bd. 9, S. 205–210 (1977).
31. WEGENER, H., LIEBISCH, W.: Sicherheit elektronischer Steuerungen und Maßnahmen zu deren Verfügbarkeit. *ETZ-B,* Bd. 29, Nr. 22, S. 705–707 (1977).
32. MEYER, K.: Sicherheitssysteme für elektronisch gesteuerte Anlagen. *Elektronik,* Nr. 11, S. 59–64, Nr. 12, S. 61–65 (1977).
33. FAULRING, W.: Die Zündschutzart Eigensicherheit. *Industrie-Elektrik + Elektronik,* Bd. 22, Nr. 23, S. 545–548 (1977).
34. LOTT, H. G.: Fail-Safe-Technik. *Der Elektroniker,* Nr. 12, S. 1–4 (1977).
35. BERNSTEIN, K., DÖRING, H.: Zuverlässigkeitsabschätzungen von digitalen m-aus-n Systemen mit fehleranzeigenden Komponenten. *Messen/Steuern/Regeln,* Bd. 21, Nr. 2, S. 91–95 (1978).
36. THEURETZBACHER, N.: Anwendung der Fehlerbaumanalyse in der Eisenbahnsignaltechnik. *Elektrotechnik & Maschinenbau,* Bd. 95, Nr. 2, S. 51–55, 1978).
37. HARTBERGER, J.: Versuchstätigkeit in der ETVA Eisenbahnsicherheit und Zuverlässigkeit. *Elektrotechnik & Maschinenbau,* Bd. 95, Nr. 2, S. 62–67 (1978).
38. LOTT, H. G.: Fail-Safe-Technik in automatischen Anlagen (insbesondere Bahnanlagen). *Technica,* Nr. 4, S. 233–236 (1978).

Aufsätze zum Thema «Zuverlässigkeit in der Elektronik»

12.4.7 Zuverlässigkeit von Bauelementen und Geräten

1. PETRICK, P.: Zuverlässigkeitsbetrachtungen bei elektronischen Geräten. *Elektronikpraxis,* Nr. 4, S. 7–8, 10, 12 (1969).
2. SCHÄR, F.: Zuverlässigkeit und Störeinflüsse bei elektronischen Geräten. *Der Elektroniker,* Nr. 6, S. 283–286 (1969).
3. HUBER, F. R., FRIEDEL, K.: Zuverlässigkeit der Echtzeit-Telemetrie-Stationen des Satelliten AZUR. *Neues von Rohde Schwarz,* Nr. 47, S. 16–18 (1971).
4. MAREK, J.: Zuverlässigkeit keramischer Kondensatoren. *Nachrichtentechnik,* Bd. 22, Nr. 2, S. 60–63 (1972).
5. SUSANSZKY, L.: Zuverlässigkeit der Antennensysteme. *Constronic Budapest,* S. 537–556 (1972).
6. HÖRSTER, H., KAUER, E., LECHNER, W.: Zur Lebensdauer von Glühlampen. Der Durchbrennmechanismus eines Wolframdrahtes im Vakuum. *Philips – Unsere Forschung in Deutschland,* Bd. II, S. 76–80 (1972)
7. o. V.: Extrem zuverlässige Halbleiter für Seekabelverstärker. *Elektronik-Industrie,* Nr. 1/2, S. 6–7 (1973).
8. KAIFLER, E., WERNER, K.: Leistungstransistoren – Hinweise für Ihre Anwendung. *Siemens-Bauteile Informationen,* Bd. 11, Nr. 1, S. 16–20 (1973)
9. PFLEIDERER, H.: Lifetime in Filaments. *Siemens Forsch. u. Entwickl. Ber.,* Nr. 5, S. 273–276 (1973).
10. MARTIN, J.: Wie zuverlässig sind Elkos unter extremen Bedingungen. *Elektronikpraxis,* Bd. 8, Nr. 4, S. 11–12, 14 (1973).
11. ULRICH, F.: Funktionsstörungen von Geräten und Zerstörung von integrierten Schaltungen durch elektrostatisch aufgeladene Personen. *NTZ,* Nr. 6, S. 454–461 (1973).
12. DEGER, E., JOBE, Th. C.: For the real cost of a design factor in reliability. *Electronics,* S. 83–89 (30. 8. 1973).
13. BRETTING, J.: Neue Wanderfeldröhren für europäische Satellitensysteme. *Elektronik-Anzeiger,* Bd. 6, Nr. 1, S. 15–18 (1974).
14. HENRY, R.: Zuverlässigkeit von Avalanche-Dioden. *Internationale Elektronische Rundschau,* Nr. 3, S. 59–60 (1974).

15. PETRICK, P.: Die Zuverlässigkeit von Kondensatoren mit Kunststoffdielektrikum. *Elektronikpraxis,* Nr. 11, S. 25–26, 28 (1974).
16. PAY, Cl.: Zuverlässigkeit von Mikroschaltungen in Dickfilm- und Dickfilm-Hybridtechnik. *Elektronikpraxis,* Bd. 3, Nr. 2, S. 91–95 (1974).
17. KEINER, H.: Zuverlässigkeitsuntersuchungen an Flüssigkristall-Anzeigen. *NTZ-Report 19,* S. 23–27 (1974).
18. GERLING, W.: Zur Beurteilung von Ausfallraten-Angaben von Halbleiter-Bauelementen. *Qualität & Zuverlässigkeit,* Bd. 19, Nr. 7, S. 152–157 (1974).
19. PALZ, G.: Stromversorgung von Satelliten-Wanderfeldröhren hoher Leistung. *Siemens-Zeitschrift,* Bd. 48, Nr. 11, S. 840–846 (1974).
20. BAUTZ, W.: Einfluß der Steckfahnentemperatur auf die Zuverlässigkeit. *ETZ-B,* Bd. 27, Nr. 23, S. 629–631 (1975).
21. BUGALSKI, D., POLAKOWSKI, J.: Complacent about resitor reliability? *Electronic Design,* S. 92–96 (8.11.1975).
22. MATTERA, L.: Component reliability. *Electronics,* S. 91–98 (2.10.1975), S. 87–94 (30.10.1975).
23. KONARSKI, D., EVERT, K.P.: Gewinnung von Zuverlässigkeitsaussagen. *Nachrichtentechnik/Elektronik,* Bd. 25, Nr. 10, S. 367–370 (1975).
24. HERSENER, J., RICKER, Th.: Elektrotransport in Aluminium-Leiterbahnen. *Wiss. Ber. AEG-Telefunken,* Bd. 48, Nr. 2/3, S. 46–54 (1975).
25. Lebensdauer von Leuchtdioden – Fachteil Optoelektronik. *Der Elektroniker,* Nr. 2, S. 19–24 (1976).
26. o.V.: Fertigung mit höchster Zuverlässigkeit: Breitband-Seekabel und Unterwasser-Zwischenverstärker. *Elektronik-Industrie,* Nr. 4, S. 80–81 (1976).
27. o.V.: Reliability study checks moisture levels in ICs. *Electronics,* S. 29–30 (1.4.1976).
28. BAJANESCU, T.I.: Über die Zuverlässigkeit von Optokopplern mit Fototransistoren. *Der Elektroniker,* Nr. 9, S. 14–19 (1976).
29. HEYRAUD, M.: Zuverlässigkeit und Lebensdauer von Gleichstrommotoren: das REE-System. *Feinwerktechnik & Meßtechnik,* Bd. 85, Nr. 3, S. 121–123 (1977).
30. HANITSCH, R., MEYNA, A.: Beitrag zur technischen Zuverlässigkeit von elektrischen Kleinmotoren. *Qualität & Zuverlässigkeit,* Bd. 22, Nr. 6, S. 132–135 (1977).
31. HILBERG, W.: Die Auswirkung von Integrationsfortschritten und Produktionsverbesserungen auf die mittlere Lebensdauer von Halbleiterbauelementen. *Frequenz,* Bd. 31, Nr. 10, S. 302–311 (1977).
32. WEINMANN, G.: Neue Technologien und Techniken in den Produktionsstätten der Nachrichtentechnik. *NTZ,* Bd. 30, Nr. 8, S. 639–645 (1977).
33. WEISSMANTEL, H.: Wie zuverlässig sind Gleichstromkleinstmotore? *Qualität & Zuverlässigkeit,* Bd. 22, Nr. 12, S. 265–267 (1977).
34. WERNER, K.: Interne Kontaktierungen bei Halbleiter-Bauelementen. *Elektronikpraxis,* Nr. 6, S. 7, 8, 10–12 (1977).
35. LINDNER, R., OTTO, J., WOLFGANG, E.: On-Wafer Failure Analysis of LSI-MOS Memory Circuits by Scanning Electron Microscopy. *Siemens Forsch. u. Entwickl. Ber.,* Bd. 6, Nr. 1, S. 39–46 (1977).
36. MORGAN, D. E. u.a.: A survey of Methods for Improving Computer Network Reliability and Availability. *Computer,* Bd. 10, Nr. 11, S. 42–50 (1977).
37. HOLLADAY, A. M.: All-tantalum wet-slug capacitor overcomes catastrophic failure. *Electronics,* S. 105–108 (16.2.1978).
38. FISCHER, F.: Zuverlässigkeit im Transport und Nachrichtenwesen. *Messen/Steuern/Regeln,* Bd. 21, Nr. 2, S. 83–86 (1978).
39. RICHTER, W., NOVICKIJ, P. W.: Quantitative Kenngrößen für das technisch-ökonomische Niveau der Meßeinrichtungen. *Messen/Steuern/Regeln,* Bd. 21, Nr. 3, S. 122–124 (1978).

Aufsätze zum Thema «Zuverlässigkeit in der Elektronik»

12.4.8 Zuverlässigkeit von Geräten und Anlagen

1. SINNECKER, G.: Mechanische Zuverlässigkeit von Mittelspannungs-Leistungsschaltern. *Siemens-Zeitschrift,* Bd. 41, Nr. 11, S. 895–900 (1967)

2. OHL, H.L.: Zuverlässigkeit im Automobilbau. *Qualität & Zuverlässigkeit,* Bd. 17, Nr. 12, S. 255–261 (1972).
3. BEMMANN, H. B.: Systemtheoretische Betrachtungen bei der Zuverlässigkeitsuntersuchung von Baugruppen und Geräten. *Nachrichtentechnik/Elektronik,* Bd. 23, Nr. 5, S. 163–165 (1973).
4. JOSEPH, E. C.: Zukunftstrends der Zuverlässigkeit von Computer-Hardware. *Datascope,* Bd. 4, Nr. 11, S. 3–11 (1973).
5. MENICOU, G., VAN OS, L.: Umfassende Rechnerprogramme zur Lösung vielschichtiger Zuverlässigkeitsprobleme. *Elektrisches Nachrichtenwesen,* Bd. 48, Nr. 3, S. 267–276 (1973).
6. MAYER, H.: Die Betriebssicherheit der Fernmeldeanlagen. *Österreichische Zeitschrift für Elektrizitätswirtschaft,* Bd. 26, Nr. 10, S. 528–539 (1973).
7. HASELOFF, E.: Integrierte Interface-Schaltungen verringern Kosten und erhöhen Zuverlässigkeit. *Elektronik,* Nr. 9, S. 335–338 (1974).
8. CAGNAC, T., PENET, X.: Der Rechner IT 3200 als zentrale Steuerungseinheit des Metaconta-Vermittlungssystems-Betriebsverhalten und Wartungsverfahren. *Elektrisches Nachrichtenwesen,* Bd. 49, Nr. 4, S. 427–433 (1974).
9. KRAKOWSKI, H.: Unterbrechungsfreie Stromversorgung für EDV-Anlagen. *ETZ-B,* Bd. 27, Nr. 2, S. 39–41 (1975).
10. PFÄUTI, P.: Zuverlässigkeit am Beispiel der Flugzeugelektronik. *Der Elektroniker,* Nr. 2, S. 28–35, Nr. 5, S. 5–10 (1975)
11. GRUND, O., HOEDTKE, L.: Zuverlässigkeit im elektronischen Gerätebau. *Messen/Steuern/Regeln,* Bd. 18, Nr. 3, S. 83–85 (1975).
12. BRENNER, J.: Zuverlässigkeit und ihre Bedeutung bei Meß-, Steuer- und Regelgeräten. *BBC-Nachrichten,* Nr. 5/6, S. 360–363 (1975)
13. NEITZEL, W.: Ausfallraten digitaler elektronischer Systeme. *ETZ-B,* Bd. 27, Nr. 16, S. 431–432 (1975).
14. FUSSANGEL, W.: Zur technischen Zuverlässigkeit elektromedizinischer Geräte. *Electromedica,* Nr. 1, S. 29–31 (1976).
15. ANGERMANN, D.: Zuverlässigkeit von Geräten der BBC-Elektronik. *BBC-Nachrichten,* Nr. 1, S. 25–31 (1976)
16. AHKE, K.: Aspekte der Zuverlässigkeit bei der Gestaltung von Steuerungsanlagen. *Messen/Steuern/Regeln,* Bd. 19, Nr. 3, S. 63–65 (1976).
17. KUSKO, A., KNUTRUD, Th., CAIN, J.J.: Designing reliability into equipment having power semiconductors. *Electronics,* S. 112–114 (4. 3. 1976), S. 101–105 (18. 3. 1976).
18. Entladungskurve einer Nickel-Cadmium-Batterie. *ETZ-B,* Bd. 28, Nr. 24, S. 893 (1976).
19. TEMPL, E., DOLMETSCH, P.: Meßgeräte-Zuverlässigkeit diskutiert. *Elektronik,* Nr. 11, S. 103–105 (1976).
20. KLEINSCHMIDT, H. P.: Höhere Zuverlässigkeit bei automatischen Brandmeldeanlagen. *Industrie-Elektrik + Elektronik,* Bd. 21, Nr. 11, S. 230 (1976).
21. BLASBERG, H.J., GÜLDNER, W.: Das Ausfallverhalten von Fernsehgeräten. *Qualität & Zuverlässigkeit,* Bd. 21, Nr. 11, S. 245–248 (1976)
22. EBEL, H., LEHMANN, F.: Fernsprech-Endgeräte – Entwicklung und neuester Stand. *Telefon-Report,* Bd. 13, Nr. 3, S. 117–122 (1977).
23. SOMMER, P., HARTUNG, K. R., SCHOLZ, H., WÜST, S.: Ermittlung der Ausfallraten von Dieselaggregaten und Elektronikkarten zur Bestimmung der Ausfallwahrscheinlichkeit von Sicherheitssystemen. *Qualität & Zuverlässigkeit,* Bd. 22, Nr. 5, S. 97–100 (1977).
24. HNATEK, E. R.: Microprocessor device reliability. *Microprocessor,* Bd. 1, Nr. 5, S. 299–303 (1977).
25. NEUMANN, K., BECKER, R.: Erhöhung der Zuverlässigkeit elektronischer Geräte durch Bildung von Wegwerfgruppen. *Nachrichtentechnik/Elektronik,* Bd. 28, Nr. 4, S. 169–172 (1978).
26. MOELLER, J.: Zuverlässigkeit von Meßwandlern. *Elektrotechnik & Maschinenbau,* Bd. 95, Nr. 4, S. 193–198 (1978).

Aufsätze zum Thema «Zuverlässigkeit in der Elektronik»

12.4.9 Zuverlässigkeit von Systemen

1. HOCHMUTH, H.: Betriebszuverlässigkeit in der Vermittlungstechnik durch Redundanz. *Informationen Fernsprech-Vermittlungstechnik,* Nr. 1, S. 38–41 (1967).

2. GÖBEL, W.: Zuverlässigkeit des DRELOBA-Systems. *Messen/Steuern/Regeln,* Bd. 16, Nr. 4, S. 86–88 (1973).
3. LANG, G.: Einige Gesichtspunkte bei der Zuverlässigkeitseinschätzung der Prozeßeingabe- und -ausgabe-Einrichtung Ursadat 4000. *Messen/Steuern/Regeln,* Bd. 16, Nr. 7, S. 171–174 (1973).
4. REINES, J., PLATT, E. G., BYCKOWSKI, M. C.: Aufbau und Technik des TCS-Systems. *Elektrisches Nachrichtenwesen,* Bd. 48, Nr. 4, S. 395–405 (1973).
5. WHITE, S. E. u.a.: TCS-Schaltkreisentwicklung. *Elektrisches Nachrichtenwesen,* Bd. 48, Nr. 4, S. 406–422 (1973).
6. VOLLHARDT, G.: Maßnahmen zur Erhöhung der Zuverlässigkeit bei Raumfahrtgeräten. *Siemens-Zeitschrift,* Bd. 48 (1974), Beiheft Nachrichten-Übertragungstechnik, S. 213–217
7. GEBERT, Ch.: Die Ermittlung der Zuverlässigkeitskenngrößen für elektronische Geräte und Systeme der Rechentechnik durch Simulation. *Nachrichtentechnik/Elektronik,* Bd. 25, Nr. 4, S. 150–151 (1975).
8. SEIFERT, W., SIMON, H. J.: Systemzuverlässigkeit der Gepäckförderanlage im Flughafen Frankfurt (Main). *Techn. Mitt. AEG-Telefunken,* Bd. 65, Nr. 8, S. 320–323 (1975).
9. BROUX, J. A.: Sieben Jahre Erfahrung mit dem METACONTA-Vermittlungssystem. *Elektrisches Nachrichtenwesen,* Bd. 50, Nr. 3, S. 189–198 (1975).
10. DARTOIS, J. P., GOUARS, B., VIELLEVOYE, L.: Sicherheit und Zuverlässigkeit bei Metaconta L-Ortsvermittlungsstellen. *Elektrisches Nachrichtenwesen,* Bd. 50, Nr. 3, S. 199–206 (1975).
11. MATTERA, L.: Reliability revisited: failurerate comparisons are given a second look. *Electronics,* S. 83–85 (25. 12. 1975).
12. JASWINSKI, J., WEREMEJTSCHIK, W.: Simulationsmethoden zur Bestimmung der Systemzuverlässigkeit. *Nachrichtentechnik/Elektronik,* Bd. 26, Nr. 3, S. 88–92 (1976).
13. BEUSCHEL, J.: Zuverlässigkeitsanalyse elektronischer Steuergeräte. *Messen/Steuern/-Regeln,* Bd. 19, Nr. 3, S. 88–90 (1976).
14. SEEHOFER, G.: Betriebserfahrungen mit einem freiprogrammierbaren Steuerungssystem. *Regelungstechnische Praxis,* Nr. 6, S. 160–164 (1976).
15. DARTOIS, J. P. u.a.: Zehn Jahre Betriebserfahrung mit dem System METACONTA. *Elektrisches Nachrichtenwesen,* Bd. 52, Nr. 2, S. 110–118 (1977).
16. DREGER, W.: Kritische Betrachtungen zur «Lebensdauer» von Systemen. *Qualität & Zuverlässigkeit,* Bd. 23, Nr. 4, S. 99–101 (1978).

Aufsätze zum Thema «Zuverlässigkeit in der Elektronik»

12.4.10 Qualitätsprüfung in der Fertigung

1. KOSCHEL, H., JÄGER, A.: Zeitraffende Zuverlässigkeitsprüfungen an Transistoren. *NTZ,* Nr. 5, 7. S. Sonderdruck (1964).
2. DOMBROWSKI, E., WILDE, H.: Erfassung und Darstellung der Zuverlässigkeitsdaten von Bauelementen. *NTZ,* Nr. 3, S. 136–140 (1968).
3. KUHRT, P.: Anschauliche Deutung von statistischen Begriffen in der Zuverlässigkeitstheorie – Prüfen auf Zuverlässigkeit. Teil I + II *Nachrichtentechnik,* Bd. 19, Nr. 2, S. 49–53, Nr. 3, S. 112–114 (1969).
4. FLEISCHER, Cl.: Zur Zuverlässigkeit von logischen Schaltungen und Systemen. *Nachrichtentechnik,* Bd. 19, Nr. 9, S. 340–345 (1969).
5. HEISS, R., SCHRICKER, G.: Über das Verpakken und Transportieren stoßempfindlicher Güter. *ETZ-B,* Bd. 21, Nr. 17, S. 413–416 (1969).
6. ATHERTON, P. G.: Zuverlässigkeit. *Elektrisches Nachrichtenwesen,* Bd. 45, Nr. 4, S. 360–365 (1970).
7. HEISS, R., SCHRICKER, G.: Vermeidung von Transport- und Lagerschäden durch richtige Verpackung. *ETZ-B,* Bd. 21, Nr. 18, S. 434–437 (1969).
8. VDE-Prüfzeichen für Elektronik-Bauelemente. *Elektro-Anzeiger,* Bd. 23, Nr. 1, S. 13 (1970).
9. FISCHER, F.: Verfahren zur Absicherung der Zuverlässigkeit von Halbleiterbauelementen. *Siemens Zeitschrift,* Bd. 46, Nr. 12, S. 954–958 (1972).
10. STÖGBAUER, R.: Qualitätskontrolle bei der Herstellung von Starkstromkondensatoren. *Industrie-Elektrik + Elektronik,* Bd. 18, Nr. 9, S. 205–208 (1973).

11. THIELE, E.: Was sind AQL-Werte? *Funkschau*, Nr. 6, S. 195–196 (1973).

12. KREBS, V., THÖM, H.: Parameter-Identifizierung nach der Methode der kleinsten Quadrate – ein Überblick. *Regelungstechnik & Prozeßdatenverarbeitung*, Bd. 22, Nr. 1, S. 1–10 (1974).

13. BÄUERLE, R.: Modal-, Zentral- oder arithmetischer Mittelwert? *ATM*, S. 33–34 (Februar 1974).

14. Das TO-66 Plastikgehäuse von RCA – Aufbau, Fertigung und Kontrollen. *Enatechnik*, Nr. 24, S. 3–6 (Febr. 1973).

15. HAENSEL, Ch., SCHMITT, O.: Fertigung und Qualitätssicherung von Nachrichtenübertragungsgeräten. *Siemens Zeitschrift*, Bd. 48, Beiheft Nachrichtenübertragungstechnik, S. 23–28 (1974).

16. FISCHER, H. W.: Ermittlung von Schätzwerten – eine Einführung in die Grundlagen der Fehler- und Ausgleichsrechnung. *ATM*, S. 99–104 (Juni 1974).

17. BEMMANN, H. B.: Sequentielle Lebensdauertests. *Nachrichtentechnik/Elektronik*, Bd. 24, Nr. 9, S. 325–327 (1974).

18. HUHN, K. E.: Der mathematische Hintergrund von Parameter-Testverfahren. *Teletechnik von DeTeWe*, S. 30–74 (1974), S. 37–40 (1975).

19. TRAUGOTT, P.: CECC-Gütebestätigung für elektronische Bauelemente. *NTZ*, Bd. 28, Nr. 1, Seite K 23-24 (1975).

20. BEMMANN, H. B.: Die Aussagesicherheit des Sequential-Quotiententests. *Nachrichtentechnik/Elektronik*, Bd. 25, Nr. 7, S. 258–261 (1975).

21. OESTERER, D.: Der zeitabhängige AQL* zur Qualitätsbeurteilung eingelagerter Geräte. *Wiss. Ber. AEG-Telefunken*, Bd. 48, Nr. 2/3, S. 82–84 (1975).

22. OESTERER, D.: Stichprobenprüfung und Lagerergänzung bei eingelagerten Geräten mit abnehmender Qualität. *Wiss. Ber. AEG-Telefunken*, Bd. 48, Nr. 5, S. 213–217 (1975).

23. KLIMESCH, W.: Anwendung von Variablen-Prüfplänen in der Praxis. *Feinwerktechnik & Meßtechnik*, Bd. 84, Nr. 3, S. 138–140 (1976).

24. BRUCKE, R.: Bestimmung der Lebensdauer von Glimmlampen durch gerafften Test. *Elektronik-Anzeiger*, Bd. 8, Nr. 4, S. 103–104 (1976).

25. BEMMANN, H. B.: Zuverlässigkeitsnachweis elektronischer Geräte. *Messen/Steuern/Regeln*, Bd. 19, Nr. 5, S. 102–106 (1976).

26. SOZANSKI, J., u. a.: Statistische Untersuchungen der Gerätezuverlässigkeit. *Messen/Steuern/Regeln*, Bd. 19, Nr. 5, S. 109–111 (1976).

27. WALDMANN, J. u. a.: Untersuchungen zur Lebensdauer elektronischer Bauelemente. *Nachrichtentechnik/Elektronik*, Bd. 26, Nr. 6, S. 224–227 (1976).

28. SCHLITER, R.: Auswertung von Ausfalldaten. *Nachrichtentechnik/Elektronik*, Bd. 27, Nr. 9, S. 365–367 (1977)

29. BUSSE, L.: Lebensdauerzähler für Dampfturbinen. *BBC-Nachrichten*, Nr. 9, S. 374–380 (1976).

30. VYENIELO, M.: Component quality assurance: which plan is better? *Electronics*, S. 97–99 (30. 9. 1976).

31. REYHL, E.: Welcher Anteil fehlerhafter Produkte ist in der Montage zu erwarten? *Qualität & Zuverlässigkeit*, Bd. 21, Nr. 10, S. 227 (1976)

32. GASTER, D.: Qualitäts-Revision (Quality-Audit). *Qualität & Zuverlässigkeit*, Bd. 21, Nr. 10, S. 229–231 (1976).

33. SCHAICH, W.: Die Fehlersammelliste – ein wirksames Mittel zur Anhebung des Qualitätsniveaus. *Qualität & Zuverlässigkeit*, Bd. 21, Nr. 11, S. 251–253 (1976).

34. STUMPF, Th.: Die Sicherung der Produktqualität. *BBC-Nachrichten*, Nr. 12, S. 467–476 (1976).

35. MOELLER, Ch.: Statistische Eigenschaften stationärer Ausfallprozesse. *Nachrichtentechnik/Elektronik*, Bd. 27, Nr. 12, S. 496–500 (1977).

36. BURGER, H.: MQS-A: Ein fehlerverhütendes Fertigungskontrollsystem. *Elektrotechnik & Maschinenbau*, Bd. 94, S. 425–426 (1977)

37. KUBITZKI, G.: Die Sicherung der Qualität von unterbrechungsfreien Stromversorgungsanlagen. *Techn. Mitt. AEG-Telefunken*, Bd. 67, Nr. 1, S. 70–75 (1977).

38. MÜLLER, H.: Bauelementetypprüfung. *ATM*, Nr. 4, S. 139–142, Nr. 7/8, S. 275–279, Nr. 11, S. 379–386 (1977).

39. BAUMGART, H., SINNECKER, G.: Nachweis der Zuverlässigkeit von T-Schaltern 3AC. *Siemens-Zeitschrift*, Bd. 51, Nr. 5, S. 422–427 (1977).

40. Bödecker, K.: Stückprüfung und Zuverlässigkeit. *Nachrichtentechnik/Elektronik,* Bd. 27, Nr. 9, S. 371–372 (1977).
41. Hirschfeld, G.: Graphische Methode zur Bestimmung der Ausfallwahrscheinlichkeiten von Schweißgeräten. *Qualität & Zuverlässigkeit,* Bd. 22, Nr. 8, S. 169–170 (1977).
42. Schmidt, M.: Sicherheit durch Fertigungsüberwachung. *ETZ-B,* Bd. 29, Nr. 10, S. 346 (1977).
43. Pomplun, W.: Grundgedanken zur Auswahl von AQL- und LQ-Werten in Prüfunterlagen für Fertigung und Einkauf. *Qualität & Zuverlässigkeit,* Bd. 22, Nr. 12, S. 280–282 (1977).
44. Roedler, D.: Einfluß der Meßunsicherheit bei der Prüfung von Produkten. *Elektrisches Nachrichtenwesen,* Bd. 52, Nr. 3, S. 223–230 (1977).
45. Härtler, G.: Statistischer Zuverlässigkeitsnachweis und Information. *Nachrichtentechnik/Elektronik,* Bd. 27, Nr. 10, S. 436–438 (1977).
46. Maier, W.: Qualitätsprüfung von Weichlotverbindungen in der Elektronik. *Qualität & Zuverlässigkeit,* Bd. 23, Nr. 1, S. 5–7 (1978).
47. Emmeneger, M.: Qualitätssicherung im Apparatebau. *BBC-Mitteilungen,* Nr. 5, S. 296–297 (1977).
48. König, R., Weiske, W.: QUALITAS – Informationssystem zur kosten- und problemorientierten Qualitätssteuerung. *Qualität & Zuverlässigkeit,* Bd. 23, Nr. 3, S. 68–71 (1978).

Aufsätze zum Thema: «Zuverlässigkeit in der Elektronik»

12.4.11 Zuverlässigkeitsnachweis im Prüflabor und Umweltsimulation

1. Tretter, J.: Das Langzeitverhalten von Materialien und Einzelteilen der Elektrotechnik. *Frequenz,* Bd. 15, Nr. 2, S. 39–47 (1961).
2. Hempel, H. P.: Über zeitraffende Lebensdauerprüfung von Selen-Gleichrichtern. *ETZ-A,* Bd. 84, Nr. 15, S. 539–542 (1963).
3. Koschel, H., Jäger, A.: Probleme der Zuverlässigkeit von Halbleiterbauteilen. *Siemens-Technische Mitt. Halbleiter,* Bestell-Nr. 2-6300-064, 16 S. (1964).
4. Martin, F.: Das neue Telefunken-Laboratorium für Anlagenerprobung unter klimatischen und mechanischen Bedingungen. *Telefunken-Zeitung,* Bd. 37, Nr. 1, S. 1–2 (1964).
5. Röber, E.: Nachbildung klimatischer Umweltbedingungen im Laboratorium. *Telefunken-Zeitung,* Bd. 37, Nr. 1, S. 3–11 (1964)
6. Raddatz, H.: Nachbildung mechanischer Beanspruchungen im Laboratorium. *Telefunken-Zeitung,* Bd. 37, Nr. 1, S. 11–24 (1964).
7. Lund, P.: Zuverlässigkeitsuntersuchungen an Bauelementen durch Nichtlinearitätsmessungen. *Radio Mentor,* Nr. 3, S. 179–181, Nr. 4, S. 263–265 (1967).
8. Kirby, P. L.: Nichtlinearitätsmessungen bei der Auslese von Widerständen. *Elektronik,* Nr. 12, S. 374–376 (1967).
9. Langenwalter, H. W.: Die Praxis der Stoßprüfung. *VDI-Berichte,* Nr. 135, S. 67–72 (1969).
10. Milk, S.: Aus der Arbeit einer Zuverlässigkeitsprüfstelle. *Siemens-Bauteile-Informationen,* Bd. 7, Nr. 1, S. 8–11 (1969).
11. Tretter, J.: Gegenwärtige Situation und notwendige praktische Schritte auf dem Gebiet der Zuverlässigkeit nachrichtentechnischer Geräte. *NTZ,* Nr. 11, K. 121–125 (1969).
12. Langenwalther, H. W.: Umwelterprobung in der Nachrichtentechnik. *Siemens Zeitschrift,* Bd. 43, Nr. 12, S. 915–922 (1969).
13. Bach, H. W.: Klimatische Erprobung in der Nachrichtentechnik. *Siemens Zeitschrift,* Bd. 43, Nr. 12, S. 922–926 (1969).
14. Jentsch, H. K.: Verfahren zur Qualitätssicherung von Raumflugelementen. *Siemens Bauteile-Informationen,* Bd. 8, Nr. 3, S. 106–107 (1970).
15. Broch, J. T.: Über die zerstörende Wirkung von mechanischen Schwingungen. *Konstruktion/Elemente/Methoden,* Nr. 4, S. 53–60 (1970).
16. Tomasek, K.: Zur Problematik der zeitraffenden Zuverlässigkeitsprüfungen an Si-Transistoren. *NTZ,* Nr. 1, S. 43–48 (1971).
17. Beckmann, R.: Qualitätsvergleich bei Kohleschichtwiderständen. *Messen + Prüfen,* S. 190–193 (Mai 1971).

18. MERZ, H.: Zuverlässigkeit und Qualität. *Technische Rundschau,* Nr. 14, 18 (1972), 22 S. Sonderdruck.

19. MAYER, U., REIMANN, U., SPANGLER, G.: Korrosionsversuche in strömender Atmosphäre. *Elektro-Anzeiger,* Bd. 26, Nr. 4, S. 56–58 (1973).

20. SCHNEIDER, L.: Neues Gehäusematerial für integrierte Schaltungen. *Elektronikproduktion,* Nr. 5, Seite EP 49–52(1973), Elektronik-Industrie.

21. BACH, H. W., COSACK, U.: Industrieklimaprüfungen für nachrichtentechnische Geräte. *Siemens Zeitschrift,* Bd. 47, Nr. 5, S. 373–378 (1973).

22. MÖLLER, K. H.: Bei heiß und kalt bewährt. Klimaprüfungen an elektronischen Bauelementen. *Elektrotechnik,* Bd. 55, Nr. 11, S. 18–19 (1973).

23. P. H.: Unabhängiges Institut für Qualitäts- und Zuverlässigkeitskontrolle. *Elektro-Anzeiger,* Bd. 26, Nr. 9, S. 183 (1973).

24. STRICKERT, K.: Zuverlässigkeitsanforderungen an die elektronische Ausrüstung der Militärtechnik. *Nachrichtentechnik/Elektronik,* Bd. 24, Nr. 9, S. 329–331 (1974).

25. HOFFMANN, Kl.: Umwelterprobung nachrichtentechnischer Geräte. *Siemens Zeitschrift,* Bd. 48 (1974) Beiheft «Nachrichten-Übertragungstechnik», S. 19–22.

26. KAHNAU, H. W., KIENINGER, W.: Feuersicherheitliche Prüfung von Leiterplatten und elektronischen Bauelementen. *ETZ-B,* Bd. 26, Nr. 25, S. 663–692 (1974).

27. NAGEL, G.: Lastwechselprüfungen zum Qualitätsnachweis an Halbleitern. *BBC-Nachrichten,* Nr. 7, S. 421–425 (1975).

28. FRANZ, H. E.: Das Verhalten von Mikrorissen in Abhängigkeit von Temperaturschocks. *Elektronik,* Teil Produktronik, Nr. 9, P 33, S. 87–89 (1975).

29. MAYR, H.: Entwicklung, Grundsätze und heutiger Stand des CECC. Qualitätsbestätigungssystem für Bauelemente der Elektronik. *Qualität & Zuverlässigkeit,* Bd. 20, Nr. 8, S. 184–186 (1975).

30. NAGEL, G.: Qualitätssicherung der Sperrspannungsstabilität von Halbleitern. *BBC-Nachrichten,* Nr. 10, S. 532–536 (1975).

31. BECKER, P.: Das europäische Gütebestätigungssystem für Bauelemente der Elektronik. *Elektronik,* Nr. 1, S. 56–60 (1976).

32. GRIESINGER, W.: Das CECC-Gütebestätigungssystem für Bauelemente der Elektronik. *Bauteile Report,* Bd. 14, Nr. 2, S. 37–38 (1976).

33. HOFFMANN, K., ERB, H. J., RÖDER, H.: Ein neues Verfahren der Zuverlässigkeitsanalyse für Halbleiter-Bauteile. *Frequenz,* Bd. 30, Nr. 1, S. 19–22 (1976).

34. FRISCH, H. D.: Übersicht klimatischer Prüfverfahren für elektrotechnische Geräte. *Qualität & Zuverlässigkeit,* Bd. 21, Nr. 1, S. 7–10, Nr. 5, S. 104–108 (1976).

35. FARKAS, G., NEUMANN, K.: Die Bestimmung der Zuverlässigkeitsparameter nichtredundanter elektronischer Einrichtungen. *Nachrichtentechnik/Elektronik,* Bd. 26, Nr. 3, S. 100–102 (1976).

36. MINDNER: Zuverlässigkeit sowie klimatische und mechanisch-dynamische Umgebungsbedingungen elektrotechnischer und elektronischer Erzeugnisse. *Nachrichtentechnik/Elektronik,* Bd. 26, Nr. 3, S. 118–120 (1976).

37. OLBRICH, G.: Militärische Bauelemente und deren Gütesicherung bei der Beschaffung. *Elektronik-Industrie,* Nr. 11, S. 293–296 (1976).

38. Temperature cycling vs. steady-state burn-in. *Circuits Manufacturing,* S. 52–54 (Sept. 1976).

39. FEIERTAG, R.: Gefährdete Bauelementanschlüsse auf Leiterplatten aus Epoxydharz spannungsoptisch sichtbar gemacht. *Feinwerktechnik & Meßtechnik,* Bd. 84, Nr. 7, S. 326–330 (1976).

40. SCHILLMEIER, R.: Die Abstandsmethode. Ein statistisches Verfahren zur Langzeitprognose von Parameterwerten bei elektronischen Bauteilen. *Qualität & Zuverlässigkeit,* Bd. 21, Nr. 11, S. 254–256 (1976).

41. LE SAEC, L., TABET, D.: Prüfung der Qualität von Bauelementen für militärische Anwendungen und den Einsatz im Weltraum. *Elektrisches Nachrichtenwesen,* Bd. 51, Nr. 4, S. 285–289 (1976).

42. GRILL, K.: Alterungsuntersuchungen an polyäthylenisolierten Adern für Fernsprechkabel. *Elektrisches Nachrichtenwesen,* Bd. 52, Nr. 1, S. 88–91 (1977).

43. HNATEK, E. R.: High-reliability semiconductors: paying more doesn't always pay off. *Electronics,* S. 101–105 (3. 2. 1977).

44. Screening programs for ICs, transistors &

diodes. *Circuits Manufacturing,* S. 44, 46, 48, 50 (Sept. 1976).
45. Kunststoffgekapselte Halbleiter. Vorteile und Nachteile. *Elektronikpraxis,* Nr. 4, S. 111–112 (1977).
46. SCHILLMEIER, O.: Driftvorhersage bei elektronischen Bauelementen mittels der Abstandsmethode. *Qualität & Zuverlässigkeit,* Bd. 22, Nr. 5, S. 100–102 (1977).
47. GODEL, D.: Der Ionisierungsgrad der Luft. Ein wichtiger Klimaparameter. *Elektronikpraxis,* Nr. 6, S. 109–110 (1977).
48. HEMPEL, H.P.: Qualitätssicherung bei Halbleiter-Bauelementen der Leistungselektronik. *ETZ-B,* Bd. 29, Nr. 9, S. 277–281 (1977).
49. Macroton: Testet Bauelemente bei extremen Temperaturen. *Elektronikpraxis,* Nr. 12, S. 95 (1977).
50. BACH, H.W., EBEL, H., WEHR, P.: Fernsprecher im Crashtest. *Telcom Report,* Bd. 1, Nr. 2, S. 142–147 (1978).
51. KUHN, Th.: Zur Voralterung elektronischer Geräte. *Der Elektroniker,* Nr. 2, S. EL 23–25 (1978).

Aufsätze zum Thema «Zuverlässigkeit in der Elektronik»

12.4.12 Sicherung von Qualität und Zuverlässigkeit

1. CROSBY, Ph., B.: Qualitätssicherung von A bis Y. *Zeitschrift für wirtschaftliche Fertigung,* Bd. 64, Nr. 7, S. 385–391, Nr. 8, S. 441–447 (1969).
2. DEIXLER, A., ETZRODT, A.: Zuverlässigkeit von Raumflugbauelementen und ihre Sicherung. *Siemens Zeitschrift,* Bd. 44, Beiheft «Beiträge zur Raumfahrt», S. 154–156 (1970).
3. PRITCHARD, G.H., GUNNESON, A.O.: Qualitätssicherung. *Elektrisches Nachrichtenwesen,* Bd. 45, Nr. 4, S. 366–369 (1970)
4. PETERS, O.: Systemanalytische Methoden bei der Zuverlässigkeitssicherung. *NTZ,* Bd. 24, Nr. 1, S. 25–27 (1971).
5. LINDEN, B.: Betriebssicherheit, eine wichtige Eigenschaft elektronischer Erzeugnisse. *ASEA-Zeitschrift,* Bd. 16, Nr. 6, S. 135–139 (1971).
6. ROTTGARDT, J.: Zuverlässigkeit aus der Sicht der Unternehmensführung. *NTZ,* Nr. 8, S. 127–128 (1971).
7. BRÜNECKE, K., NIKOLAIZIK, J.: Die Zuverlässigkeit beim Entwurf von Automatisierungssystemen. *Messen/Steuern/Regeln,* Bd. 16, Nr. 2, S. 38–41 (1973).
8. IHLEFELDT, G.: Maßnahmen zur Qualitätssicherung von Datenverarbeitungsanlagen. *ETZ,* Bd. 25, Nr. 4, S. 67–69 (1973).
9. STUMPF, Th.: Die Zuverlässigkeitssicherung an Endprodukten. *BBC-Nachrichten,* Bd. 55, Nr. 10, S. 283–291 (1973).
10. HIRSCHI, E.: Qualitätssicherung im Dienste der Landesverteidigung. *Technica,* Nr. 22, S. 2131–2132 (1973).
11. ZELLER, H.: Zuverlässigkeitssicherung in der Fertigung. *Qualität & Zuverlässigkeit,* Bd. 18, Nr. 9, S. 226–230 (1973).
12. LÖFFLER, Ch.: Möglichkeiten zur Erhöhung der Zuverlässigkeit von Automatisierungsgeräten aus der Sicht des Betreibers. *Messen/Steuern/Regeln,* Bd. 17, Nr. 3, S. 62–65, Nr. 6, S. 137–140 (1974).
13. PAUL, D.: Fertigungssicherung elektronischer Baugruppen. *Qualität & Zuverlässigkeit,* Bd. 20, Nr. 1, S. 2–5 (1975).
14. LORANGER jr., J.A.: The case for component burn-in: the gain is well worth the price. *Electronics,* S. 73–78 (23.1.1975).
15. EGBERS, R.: Qualitätssicherung für Industrieelektronik. *Techn. Mitt. AEG-Telefunken,* Bd. 65, Nr. 5, S. 166–169 (1975).
16. KLIMESCH, W.: Qualitätssicherung für zugelieferte Erzeugnisse. *Rationalisierung,* Bd. 26, Nr. 11, S. 264–267 (1975).
17. STUMPF, Th.: Planung des Qualitätssicherungssystems. *Qualität & Zuverlässigkeit,* Bd. 21, Nr. 3, S. 65–67 (1976).
18. VOCHT, R.K.: Qualitätssicherung bei Fremdbezug. *Beschaffung aktuell,* Nr. 4, S. 41–42 (1976).
19. KLAUCK, W.: Qualitätsförderung bei Fremdbezug. *Beschaffung aktuell,* Nr. 5, S. 53–54 (1976).
20. ZIPPERER, M.: Vorausberechnung der Feld-Beanstandungsquote. *ETZ-B,* Bd. 28, Nr. 19, S. 634–636 (1976).
21. LICHNOWSKI, J. u. a.: Die Zuverlässigkeit als technisch-ökonomisches Beurteilungskriterium von Geräten. *Messen/Steuern/Regeln,* Bd. 19, Nr, 5, S. 107–108 (1976).
22. WERNER, G.W., MARONNA, G.: Gezielte Zuverlässigkeitsarbeit auf der Basis der

Theorie der systematischen Schadensbekämpfung. *Messen/Steuern/Regeln,* Bd. 19, Nr. 8, S. 284–288 (1976).

23. UNGER, E. U.: Zuverlässigkeitssicherung bei elektrischen Meßgeräten. *BBC-Nachrichten,* Nr. 12, S. 504–508 (1976).
24. Funktioniert ein LS-Schalter immer sicher? *ETZ-B,* Bd. 29, Nr. 1, S. 9–11 (1977).
25. HEINEMANN, J., TWIEHAUS, J.: Software-Engineering – Sicherung und Kontrolle der Software-Qualität. *Data-Report,* Bd. 12, Nr. 3, S. 7–11 (1977).
26. Sicherung der Qualität technischer Produkte. *Technica,* Nr. 4, S. 170 (1977).
27. EMMENEGER, M.: Qualitätssicherung im Apparatebau. *BBC-Mitt.,* Nr. 5, S. 296–297 (1977).
28. VIERTL, R.: Ein zeitabhängiges Stress-Strength-Modell zur Zuverlässigkeitsbestimmung von Bauteilen und Systemen. *Qualität & Zuverlässigkeit,* Bd. 22, Nr. 7, S. 145–147 (1977).
29. DEIXLER, A., SELWITSCHKA, R.: Qualitätssicherung – Anforderungen und Maßnahmen. *Siemens-Zeitschrift,* Bd. 51, Nr. 9, S. 784–789 (1977).
30. DREGER, W.: Erfassung der Zuverlässigkeit technischer Systeme in Lieferverträgen. *Qualität & Zuverlässigkeit,* Bd. 22, Nr. 9, S. 199–202 (1977).
31. MÜLLER, K. G.: Qualitätssicherung in der Entwicklungsphase. *Qualität & Zuverlässigkeit,* Bd. 22, Nr. 9, S. 202–205 (1977).
32. STUMPF, Th.: Das Qualitätssicherungssystem eines Elektro-Unternehmens. *Qualität & Zuverlässigkeit,* Bd. 22, Nr. 11, S. 252–256 (1977).
33. HABERLAND, V.: Softwaresysteme zur Unterstützung der Entwicklung, Fertigung und Prüfung elektronischer Baugruppen. *Qualität & Zuverlässigkeit,* Bd. 22, Nr. 12, S. 268–272 (1977).
34. JÄHN, R.: Schlußfolgerung aus Erfahrung der Qualitäts- und Zuverlässigkeitssicherung für die weitere Beschleunigung der Zuverlässigkeitsarbeit in der Elektrotechnik/Elektronik. *Nachrichtentechnik/Elektronik,* Bd. 27, Nr. 9, S. 358–360 (1977).
35. BELEITES, E.: Kontinuierliche Zuverlässigkeitsarbeit in allen Phasen des Reproduktionsprozesses – der Weg zur Sicherung der Zuverlässigkeit. *Nachrichtentechnik/Elektronik,* Bd. 27, Nr. 9, S. 361–364 (1977).
36. GASKAROW, D. W., KAISER, S.: Prognostizierung von Driftausfällen. *Nachrichtentechnik/Elektronik,* Bd. 27, Nr. 12, S. 493–496 (1977).
37. ROHMERT, W.: Der Mensch als Einflußgröße auf die Zuverlässigkeit technischer Systeme. *Qualität & Zuverlässigkeit,* Bd. 23, Nr. 2, S. 44–51 (1978).
38. DÜLL, R.: Die Praxis der Fehlerbeurteilung. *Qualität & Zuverlässigkeit,* Bd. 23, Nr. 2, S. 33–36 (1978).
39. MASING, W.: Die Entwicklung der Qualitätsicherung seit Ende der zwanziger Jahre. *Qualität & Zuverlässigkeit,* Bd. 23, Nr. 3, S. 57–59 (1978).

Aufsätze zum Thema «Zuverlässigkeit in der Elektronik»

12.4.13 Instandhaltung/Wartung

1. STAUFER, H.: Computer-Wartung. *Der Elektroniker,* Nr. 6, S. 275–277 (1971).
2. MERTEL, H.: Betrachtungen der Betriebszuverlässigkeit und Wartung von Fernsprechvermittlungen. *Telefon Report,* Bd. 10, Nr. 1/2, S. 3–7 (1974).
3. OESTERER, D.: Optimale Entwurfszuverlässigkeit nichtreparierbarer Geräte bei vorgegebener Verbrauchsstrategie. *Zeitschrift für Operations Research,* Bd. 18, Seite B 185–198 (1974).
4. PLOTTIN, G.: Zuverlässigkeits- und Wartungsfragen bei Empfangs- und Sendesystemen für unbemannte Erdfunkstellen. *Elektrisches Nachrichtenwesen,* Bd. 50, Nr. 2, S. 151–155 (1975).
5. PIOTROWSKI, J.: Wartungsorganisation bei BMSR-Einrichtungen. *Messen/Steuern/Regeln,* Bd. 18, Nr. 5, S. 113–116 (1975).
6. LINGELBACH, W.: Wartung in den Ortsvermittlungsstellen METACONTA L. *Elektrisches Nachrichtenwesen,* Bd. 51, Nr. 1, S. 33–41, S. 42–48 (1976).
7. BABB, A. H., JONES, B. S., WALTON, R. W.: TXE4-Wartungskonzept und -verfahren. *Elektrisches Nachrichtenwesen,* Bd. 51, Nr. 4, S. 253–260 (1976).
8. MARX, H. J.: Die Elektrotechnik in der Instandhaltung. *ETZ-B,* Bd. 28, Nr. 19, S. 632–634 (1976).

9. OESTERER, D.: Optimale Entwurfszuverlässigkeit nicht reparierbarer Geräte beim Auftreten von Fertigungsausschuß. *Wiss. Ber. AEG-Telefunken,* Bd. 49, Nr. 6, S. 254–258 (1976).
10. BEICHELT, F., SCHÖNBURG, R.: Aperiodische prophylaktische Erneuerung von einfachen und doublierten Systemen. *Messen/Steuern/Regeln,* Bd. 20, Nr. 4, S. 201–203 (1977).
11. OESTERER, D.: Probleme der Lagerhaltung und Lagerergänzung bei eingelagerten Ersatzteilen mit abnehmender Qualität. *Qualität & Zuverlässigkeit,* Bd. 22, Nr. 5, S. 109–111 (1977).
12. WOHLFARTH, D.: Zuverlässigkeitsstrategie durch Wartungs- und Reparatur-Verträge. *Qualität & Zuverlässigkeit,* Bd. 22, Nr. 5, S. 112–114 (1977).
13. ZAMOSJKI, W.: Zuverlässigkeitskenngrößen einer Klasse komplizierter Systeme. Problem der Bewertung der Effektivität. *Nachrichtentechnik/Elektronik,* Bd. 27, Nr. 7, S. 303–304 (1977).
14. BEUSCHEL, J.: Zuverlässigkeit redundanter elektronischer Steuerungseinrichtungen bei Instanthaltung. *Messen/Steuern/Regeln,* Bd. 20, Nr. 6, S. 316–317 (1977).
15. CUENDET, G.: Entropie und Negentropie – Instandhaltung des Maschinenparkes als Vorbeugung. *Technica,* Nr. 10, S. 699–703 (1978).

12.5 Übriges Schrifttum zum Thema «Zuverlässigkeit»

1. ETZRODT, A.: (Hrs.): Technische Zuverlässigkeit in Einzeldarstellungen, Hefte Nr. 1–10 erschienen im Zeitraum 1964–1967 in München beim Oldenbourg-Verlag.
2. Tagungshefte der Zuverlässigkeitstagungen in Nürnberg, ausgerichtet von der Nachrichtentechnischen Gesellschaft im VDE, 1965 gemeinsam mit dem VDI/VDE Ausschuß Technik der Regelgeräte, seit 1967 gemeinsam mit der VDI-Fachgruppe Luftfahrt- und Raumfahrttechnik, jetzt VDI-Ausschuß Technische Zuverlässigkeit, und mit der Arbeitsgemeinschaft für Statistische Qualitätskontrolle im AWF, jetzt Deutsche Gesellschaft für Qualität beim AWF, jetzt Deutsche Gesellschaft für Qualität (DGQ) und zwar mit umlaufender Federführung.
   Bezugsquellen für die Unterlagen:
   NTG: 1961, 1963/1965/1967/1973 (und am 29./30. März 1979) 6000 Frankfurt a. M., Stresemann Allee 21
   VDI: 1969/1975, 4000 Düsseldorf 1, Postfach 1139
   ASQ-DGQ: 1971/1977: 6000 Frankfurt a. M., Kurhessenstr. 95.
3. GROTHUS, H.: Schadensfreie Anlagen, Konstruktionen, höchste Zuverlässigkeit und Verfügbarkeit, niedrigste Instandhaltungskosten. Institut für Anlagentechnik, Dipl.-Ing. Grothus (1979), 427 Dorsten 2, Westring 4.
4. VDI 4002, Blatt 1 E (März 72): Erläuterungen zum Problem der Zuverlässigkeit technischer Erzeugnisse. 10 S.
   VDI 4003, Blatt 1 E (März 1972): Zuverlässigkeits-Programmklassen. 6 S.
   VDI 4008 Bl. E (März 1972): Boolesches Modell 6 S.
   VDI 4004/5/7/9/10 alle beziehbar VDI-Verlag, 4 Düsseldorf 1, Graf-Recke-Str. 84
5. AEG-Telefunken-Werksnormen: Zuverlässigkeit elektrischer Bauelemente, Geräte und Anlagen. Zusammenhang zwischen Geräte- und Baugruppenzuverlässigkeit. N 30 0524 (Sept. 1971) 4 S.
6. Siemens-Normen: Statistische Qualitätskontrolle (1973).
   Siemens AG Zentralbereich Technik. Technische Verbände und Normung, 8520 Erlangen, Postfach 325.
7. Liste Deutscher Hersteller, die im CECC-Gütebestätigungssystem anerkannt sind. Prüfstelle des VDE e.V., 6050 Offenbach, Merianstr. 28, 2 Seiten (PM 47) Stand: 1977.
8. Schriften der Deutsche Gesellschaft für Qualität e.V. (DGQ) beziehbar in 6000 Ffm, Hurhessenstr. 95 u.a.:
   DGQ 19: Qualitätslehre, 3. A. (1974) 73 S., DM 19,75
   DGQ 17: Qualitätskosten..., 2. A. (1974) 54 S., DM 17,–
   DGQ 22: Organisation der Qualitätssicherung im Unternehmen (1974) 2 Bd.
   DGQ 21: Anforderungen an das Personal in der Qualitätssicherung (1974)
   SAQ 210: Richtlinien für die Qualitätsberichterstattung (1973) 53 S., DM 12,–
   DGQ 14: Statistische Auswertung von Meß- und Prüfergebnissen, 2. A. (1974) DM 28,30

DGQ/SAQ/ÖPWZ 1: Stichprobentabellen zur Attributprüfung, 5. A. (1973) 58 S. DM 18,–
DGQ 25: Das Lebensdauernetz (1975) 57 S., DM 18,–
DGQ 27: Qualität und Haftung (1976) 82 S., DM 20,–
AWF II-3-1: Kontrollkarten, 2. A. (1973) 75 S.

9. DIN-Blätter beziehbar von Beuth Verlag GMBH, Burggrafenstr. 4–10, 1000 Berlin 30
DIN 25419 T2 (Dez. 77) Störfallablaufanalyse, Auswertung des Störfallablaufdiagramms mit Hilfe der Wahrscheinlichkeitsrechnung
DIN 25 424 E (Nov. 74) Fehlerbaumanalyse – Methode und Bildzeichen
DIN 31 051 T1 (Dez. 74) Instandhaltung-Begriffe
DIN 31 051 T10 (Okt. 77) Instandhaltung-Begriffe
DIN 40 040 (Febr. 73) Anwendungsklassen und Zuverlässigkeitsangaben für Bauelemente der Nachrichtentechnik und Elektronik
DIN 40 041 V (Okt. 67) Zuverlässigkeit elektrischer Bauelemente-Begriffe
DIN 40 042 V (Juni 70) Zuverlässigkeit elektrischer Geräte, Anlagen und Systeme – Begriffe
DIN 40 043 (Juni 77) Zuverlässigkeitsangaben für elektrotechnische Einrichtungen
DIN 40 045 (Jan 69) Richtlinien für die Bildung von klimatischen Prüfklassen für elektrische Bauelemente der Nachrichtentechnik
DIN 40 046 T1 (Nov. 74) Umweltprüfungen für die Elektrotechnik, Begriffe, Einteilung und Reihenfolge der Prüfungen
T1 Bbl. (Febr. 76) Umweltprüfungen für die Elektrotechnik, Verzeichnis der Prüfgruppen und einschlägigen Normen.
Insgesamt umfaßt die DIN 40 046, 54 Teile
DIN 40 080 V (Nov. 73) Verfahren und Tabellen für die Attribut-Stichprobenprüfung
DIN 41 794 T1–T9 (Juni 72) Zuverlässigkeitsangaben für Einzelhalbleiter-Bauelemente und integrierte Schaltungen
DIN 45 900 (Sept. 75) Harmonisiertes Gütebestätigungssystem für Bauelemente der Elektronik – Grundlegende Bestimmungen
DIN 45 901 (Sept. 75)... T_1–T_{12} Verfahrensregeln
DIN 45 902 (Mai 75)... T_1 Umweltprüfverfahren
... T_2 Attribut-Stichprobenprüfungen
DIN 50 010 T1 (Okt. 77) Klimate und ihre technische Anwendung, Klimabegriffe – Allgemeine Klimabegriffe
DIN 55 350 T11 (Jan 76) Begriffe der Qualitätssicherung und Statistik. Begriffe der Qualitätssicherung – Grundbegriffe

10. Zeitschrift «Qualität & Zuverlässigkeit», erscheint monatlich, Jahresabo DM 73,50 78 Freiburg, Hindenburgstr. 64, Rudolf Haufe Verlag

Verwendete Formelzeichen

Deutsche Buchstaben – groß

A, B, C	bauelementspezifische Konstanten
A	Verfügbarkeit
B	Bestand
C_1, C_2	Integrationskonstanten
E_a	Aktivierungsenergie
$E(X)$	Erwartungswert der Zufallsgröße X
F	Ausfallwahrscheinlichkeit
H	relative Häufigkeit
K	Kosten
K_e	Umwelteinflußfaktor
L	Konfidenzintervall, Vertrauensbereich, Annahmewahrscheinlichkeit
M	mittlere Reparaturdauer
MTBF	mittlere Zeit zwischen zwei Ausfällen
MTTFF	mittlere Zeit bis zum ersten Ausfall
MTTR	mittlere Reparaturdauer
N	Stichprobenumfang, Zahl der beobachteten Ereignisse
$O(\Delta t)$	Symbol für eine Summe von Gliedern in denen Δt in höherer als erster Potenz auftritt
$P(A)$	Wahrscheinlichkeit für das Ereignis A
P_1	Wahrscheinlichkeit für den Zustand 1
Q	Gütefaktor einer Weibull-Verteilung (früher: Ausfallwahrscheinlichkeit)
Q_i	Einflußfaktoren
R	Überlebenswahrscheinlichkeit
R_v	Ohmscher Vorwiderstand
S	Sicherheitsgrad, Konfidenzzahl
S_f	Sicherheitsfaktor
T	mittlerer Wartungsabstand, absolute Temperatur
U	Unverfügbarkeit, elektrische Spannung
W	Wahrscheinlichkeit für das Auftreten eines Fehlers
X	Anzahl der Ereignisse einer bestimmten Art (Zufallsgröße)

Deutsche Buchstaben – klein

a	Ausfallhäufigkeit, halbes Konfidenzintervall
	Anstieg einer Geraden, untere Grenze einer Rechteckverteilung
b	Abschnitt auf der y-Achse, obere Grenze einer Rechteckverteilung
c	Fehlerzahl (Anzahl der beobachteten Fehler)
d...	Differential von...
d	Ausfallhäufigkeitsdichte
e	2,71, Eulersche Zahl, Basis des natürlichen Logarithmus
f	Ausfalldichtefunktion, auch Lebensdauerexponent
g	Zahl der gefährlichen Ausfälle, Erdbeschleunigung, Garantiekoeffizient
i	Klassennummer, i 1, 2, 3, 4
k	Ausfalldichte der Linearverteilung, Klassenanzahl 1, 2, 3, 4
	auch diskrete Variable: k
k*	Sicherheitsfaktor, Boltzmann-Konstante
k_1, k_2, k_3	Derating-Faktoren
$k^{\#}$	Zeit-Derating-Faktor
ln...	*L*ogarithmus *N*aturalis von...(Basis e)
ld...	*L*ogarithmus *D*ualis von...(Basis 2)
m	mittlere Lebensdauer
$\tilde{m}$	zentrale Lebensdauer
$\mathrm{m_z}$	Zahl der Systemzustände
m_T	mittlerer Ausfallabstand für ein gewartetes System
n	Anzahl von Ereignissen, Steckzahl, Anzahl der Elemente, Exponent
p	Fehlerwahrscheinlichkeit von Bauelementen
q	Ausfallquote, auch Komplement zu p
r	residueller Erwartungswert, Redundanzgrad, Zahl der parallel arbeitenden Elemente oder Kanäle
s	Standardabweichung der Stichprobe, Zwischenvariable
s_1, s_2	Wurzeln der Stammgleichung einer Differentialgleichung
t	statistische Variable (Zeit oder Schaltspielzahl)
Δt	Prüfzeit
u	Zahl der ungefährlichen Fehler
v	Variationskoeffizient, Geschwindigkeit eines Reaktionsprozesses
x	unabhängige Variable
$\bar{x}$	Mittelwert einer Stichprobe
y	abhängige Variable
z	Zahl der Temperaturzyklen, Zielgröße bei der Toleranzanalyse

Griechische Buchstaben – groß:

$\Gamma(\mathrm{X})$	Gammafunktion
Θ	Schätzwert für den MTBF-Wert
Ω	Einheit Ohm
Λ_s	Systemausfallrate

$\prod \ldots$ Produkt aller Glieder
$\sum \ldots$ Summe aller Glieder
Φ tabellierte Normalverteilungsfunktion für $\sigma = 1$
Lichtstrom einer Lichtquelle in Lumen
Δ Toleranzbereich eines Bauelementewertes, z.B. $R \pm 10\%$

Griechische Buchstaben – klein:

α Wahrscheinlichkeit, daß zum Zeitpunkt $t = 0$ ein System intakt ist; Argument der Gammafunktion
β Weibull-Exponent
γ Schiefe einer Verteilung, Lageparameter der Weibull-Verteilung
ε Exzeß einer Verteilung, auch Einzelfehler
η charakteristische Lebensdauer der Weibull-Verteilung
ϑ Temperatur in °Celsius
λ Ausfallrate
μ Mittelwert der Grundgesamtheit, Reparaturrate
μ_k k-tes Moment der zufälligen Größe X
ν Anzahl der defekten Kanäle
ϱ Kriterienzahl für ein aktives Signal, Zahl der Summenglieder
σ Standardabweichung der Grundgesamtheit
σ^2 Varianz (Streuung) der Grundgesamtheit
φ tabellierte Wahrscheinlichkeitsdichte der Gauß-Verteilung

13 Stichwortverzeichnis

A

B

C

D

E

F

G

H

I

K

L

M

N

O

P

Q

R

S

T

U

V

W

Z